清华大学电气工程系列教材

电力系统调度自动化

Electric Power System Dispatch Automation

吴文传 张伯明 孙宏斌 编著
Wu Wenchuan Zhang Boming Sun Hongbin

清华大学出版社
北京

内容简介

本书全面阐述现代调度自动化系统的基本构成、工作原理及其关键模型和算法。全书共分10章。第1章讨论现代电力系统的特点、电力系统调度体制和现代调度自动化系统的结构功能和发展。第2章介绍变电站自动化的基本内容和作用。第3章介绍电力系统数据采集与监测的相关技术。第4章阐述电力系统数据通信系统的构成和技术,以及远动通信规约的基本概念。第5章介绍调度自动化的主站系统——SCADA/EMS系统的软硬件结构、功能构成和基本内涵。第6章分析电力系统状态估计的模型和算法。第7章讨论实时静态安全分析的模型和算法。第8章阐述自动发电控制系统的基本结构、实现原理和方法。第9章讨论无功电压自动控制系统的基本结构、实现原理和方法。第10章介绍调度员培训仿真系统的基本结构、实现原理和方法。

本书可作为高等院校电力系统专业高年级本科生及研究生的教材,并可供电力系统运行、调度、自动化的科学研究人员参考。

图书在版编目(CIP)数据

电力系统调度自动化/吴文传,张伯明,孙宏斌编著.--北京:清华大学出版社,2011.8(2024.8重印)
(清华大学电气工程系列教材)
ISBN 978-7-302-26063-9

Ⅰ.①电… Ⅱ.①吴… ②张… ③孙… Ⅲ.①电力系统调度-调度自动化系统-高等学校-教材
Ⅳ.①TM734

中国版本图书馆CIP数据核字(2011)第132553号

责任编辑: 张占奎
责任校对: 王淑云
责任印制: 丛怀宇

出版发行: 清华大学出版社
网　　址: https://www.tup.com.cn, https://www.wqxuetang.com
地　　址: 北京清华大学学研大厦A座　　**邮　　编:** 100084
社 总 机: 010-83470000　　**邮　　购:** 010-62786544
投稿与读者服务: 010-62776969,c-service@tup.tsinghua.edu.cn
质 量 反 馈: 010-62772015,zhiliang@tup.tsinghua.edu.cn
印 装 者: 三河市人民印务有限公司
经　　销: 全国新华书店
开　　本: 185mm×260mm　　**印　　张:** 17.25　　**字　　数:** 415千字
版　　次: 2011年8月第1版　　**印　　次:** 2024年8月第11次印刷
定　　价: 55.00元

产品编号:029589-06

序

“电气工程”一词源自英文的“Electrical Engineering”。在汉语中，“电工程”念起来不顺口，因而便有“电机工程”、“电气工程”、“电力工程”或“电工”这样的名称。20世纪60年代以前多用“电机工程”这个词。现在国家学科目录上已经先后使用“电工”和“电气工程”作为一级学科名称。

大致是第二次世界大战之后出现了“电子工程”(Electronic Engineering)这个词。之后，随着科学技术的迅速发展，从原来的“电(机)工程”范畴里先后分出去了“无线电电子学(电子工程)”、“自动控制(自动化)”等专业，“电(机)工程”的含义变窄了。虽然“电(机、气)工程”的专业含义缩小到“电力工程”和“电工制造”的范围，但是科学技术的发展使得学科之间的交叉、融合更加密切，学科之间的界限更加模糊。“你中有我，我中有你”是当今学科或专业的重要特点。因此，虽然高等院校“电气工程”专业的教学主要定位于培养与电能的生产、输送、应用、测量、控制等技术相关的专业人才，但是教学内容却应该有更宽广的范围。

清华大学电机系在1932年建系时，课程设置基本上仿效美国麻省理工学院电机工程学系的模式。一年级学习工学院的共同必修课，如普通物理、微积分、英文、国文、画法几何、工程画、经济学概论等课程；二年级学习电工原理、电磁测量、静动力学、机件学、热机学、金工实习、微分方程及化学等课程；从三年级开始专业分组，电力组除继续学习电工原理、电工实验、测量外，还学习交流电路、交流电机、电照学、工程材料、热力工程、电力传输、配电工程、发电所、电机设计与制造以及动力厂设计等选修课程。西南联大时期加强了数学课程，更新了电工原理教材，增加了电磁学、应用电子学等主干课程和电声学、运算微积分等选修课程。抗战胜利之后又增设了一批如电子学及其实验、开关设备、电工材料、高压工程、电工数学、对称分量、汞弧整流器等选修课程。

1952年院系调整之后，开始了学习前苏联教育模式的教学改革。电机系以莫斯科动力学院和列宁格勒工业大学为模式，按专业制定和修改教学计划及教学大纲。这段时期教学计划比较注重数学、物理、化学等基础课，注重电工基础、电机学、工业电子学、调节原理等技术基础课，同时还加强了实践环节，包括实验、实习和“真刀真枪”的毕业设计等。但是这个时期存在专业划分过细、工科内容过重等问题。

改革开放之后，教学改革进入一个新的时期。为了适应科学技术的发展和人才市场从计划分配到自主择业转变的需要，清华大学电机系在20世纪80年代末把原来的电力系统及其自动化、高电压与绝缘技术、电机及其控制等专业合并成“宽口径”的“电气工程及其自动化”专业，并且开始了更深刻的课程体系的改革。首先，技术基础课的课程设置和内容得到大大的拓展。不但像电工基础、电子学、电机学这些传统的技术基础课的教学内容得到更新，课时有所压缩，而且像计算机系列课、控制理论、信号与系统等信息科学的基础课程以及电力电子技术系列课已经规定为本专业必修课程。此外，网络和通信基础、数字信号处理、现代电磁测量等也列入了选修课程。其次，专业课程设置分为专业基础课和专业课两类，初步完成了从“拼盘”到“重组”的改革，覆盖了比原先3个专业更宽广的领域。电力系统分析、高电压工程和电力传动与控制等成为专业基础课，另外，在专业课之外还有一组以扩大专业知识面和介绍新技术、新进展为主的任选课程。

虽然在电气工程学科基础上新产生的一些研究方向先后形成独立的学科或专业，但是曾经作为第三次工业革命三大动力之一的电气工程，其内涵和外延都会随着科学技术和社会经济的发展而发展。大功率电力电子器件、高温超导线材、大规模互联电网、混沌动力学、生物电磁学等新事物的出现和发展等，正在为电气工程学科的发展开辟新的空间。教学计划既要有相对的稳定，又要与时俱进、不断有所改革。相比之下，教材的建设往往相对滞后。因此，清华大学电机系决定分批出版电气工程系列教材，这些教材既反映近10多年来广大教师积极进行教学改革已经取得的丰硕成果，也表明我们在教材建设上还要不断努力，为本专业和相关专业的教学提供优秀教材和教学参考书的决心。

这是一套关于电气工程学科的基本理论和应用技术的高等学校教材。主要读者对象为电气工程专业的本科生、研究生以及在本专业领域工作的科学工作者和工程技术人员。欢迎广大读者提出宝贵意见。

清华大学电气工程系列教材编委会

2003年8月于清华园

前言

现代电力系统调度运行，一方面面临大机组(大水电和大火电机组)、大容量远距离输电和区域电网互联的传统难题；另一方面，需要应对大规模集中并网和小型分布式接入的间歇式新能源发电的新挑战。电力系统规模和运行机理日益复杂，人类驾驭大电网的能力亟待提高。电力系统调度自动化系统作为电力系统运行调度与控制的大脑，其作用日益显著。与此相适应，需要加强电力系统调度自动化的科学研究，培养电力系统调度运行管理和研发的专门人才，以提高我国电力系统的运行调度和控制的水平，保证电力系统安全、经济运行。

清华大学是国内最早开设电力系统调度自动化课程的单位之一，早在20世纪80年代初，相年德教授、王世缨教授和张伯明教授一道创建了电力系统调度自动化研究室，并面向高年级本科生开设了电力系统调度自动化课程。笔者编写的《电力系统调度自动化》讲义在校内沿用多年，结合多年的授课情况和学生反馈意见对讲义进行了持续的、大幅度的修订，逐渐形成了目前的版本。

电力系统度自动化是电力系统理论、计算数学、最优化原理、自动控制和信息技术在电力系统中的综合应用，具有知识覆盖面广和应用性强的特点。根据专业课的定位，希望通过课程的学习达到以下目的：

(1) 教学内容紧扣行业现状和成熟技术的应用情况，强调培养学生的专业素养，提高学生毕业后在对应领域工作的快速适应能力；

(2) 注重技术内涵和学科发展脉络的讲授，为学生日后从事本领域的科学研究或进一步的深造储备基本的知识和激发兴趣；

(3) 通过研究性的大作业锻炼学生动手能力，培养做创新性研究的基本素质。

针对以上目的，我们在选择具体内容时作如下考虑：

(1) 给出调度自动化知识构架，知识点覆盖变电站、通信和调度中心的各个环节，以期读者能够建立对调度自动化系统的概貌；

(2) 内容选择尽量结合实际，侧重于目前现场真正应用的技术内容，缩小理论与实际的距离；

(3) 在注重掌握基本概念和基本方法的基础上，适当讲授实现技术，提高读者的感性认识；

（4）注意与先修课程和并行专业课程的内容衔接与配合，避免重复；

（5）适当融入一些调度自动化技术发展的内容，例如，支持非高斯分布的抗差状态估计、全局无功电压控制和广域互联的电网仿真技术，以期能激发读者探索与创新的意识。

本书由吴文传、张伯明和孙宏斌编著。张伯明参与撰写了第1、6和7章的部分内容，孙宏斌参与了第9和10章的部分内容，吴文传编写了其他内容并负责全书统稿。本书是作者在繁忙的科研和教学的间隙完成的，其中较多的内容也是作者所在课题组的研究成果。虽然笔者希望能出版精品教材，并多次修改书稿，但是由于编者水平有限，本书难免有错误和内容编排不合理之处，恳请广大读者批评指正，以期后续改进。

编著者

2011年5月于清华园

目录

第1章　绪论…… 1

1.1　现代电力系统的特点 …… 1

1.2　电力系统调度的主要任务 …… 2

1.3　电力系统调度体制和现代调度自动化系统的发展 …… 3

1.3.1　我国的电力系统的分区分级调度…… 3

1.3.2　调度自动化系统的发展…… 5

1.4　调度自动化系统的基本结构 …… 7

1.4.1　信息采集和控制执行子系统…… 7

1.4.2　信息传输子系统…… 8

1.4.3　信息处理子系统…… 8

1.4.4　人机联系子系统…… 9

第2章　子站系统——变电站自动化 …… 10

2.1　引言…… 10

2.2　变电站自动化的基本内容…… 11

2.2.1　继电保护的功能 …… 12

2.2.2　监视控制的功能 …… 13

2.2.3　自动控制装置功能 …… 15

2.2.4　远动及数据通信功能 …… 17

2.3　变电站自动化的结构…… 17

2.3.1　变电站自动化的设计原则和要求 …… 17

2.3.2　集中式变电站自动化系统 …… 18

2.3.3　分层分布式结构集中组屏的变电站自动化系统 …… 19

2.3.4　分散分布式与集中相结合的变电站自动化系统 …… 21

2.4　变电站自动化的发展…… 22

第 3 章 电力系统数据采集 …… 24
3.1 引言 …… 24
3.2 开关量输入电路 …… 25
3.2.1 隔离电路 …… 25
3.2.2 滤波去抖电路 …… 26
3.2.3 驱动控制 …… 26
3.2.4 地址译码电路 …… 27
3.2.5 输入/输出的控制方式 …… 28
3.3 开关量输出电路 …… 28
3.4 模拟量输入电路 …… 29
3.5 模拟量输出电路 …… 33
3.5.1 结构形式 …… 33
3.5.2 D/A 转换器 …… 33

第 4 章 电力系统数据通信 …… 36
4.1 引言 …… 36
4.1.1 电力系统远动通信的基本功能 …… 36
4.1.2 电力系统远动通信的基本结构 …… 37
4.1.3 数据通信的基本原理 …… 37
4.1.4 远动通信配置的基本类型 …… 41
4.2 信息传输与信道 …… 42
4.2.1 电力系统传输信道 …… 42
4.2.2 多路复用 …… 45
4.2.3 数字调制与解调 …… 46
4.3 差错控制 …… 48
4.3.1 概述 …… 48
4.3.2 差错控制方式 …… 48
4.3.3 误码控制编码的分类 …… 49
4.3.4 有关误码控制编码的几个基本概念 …… 49
4.3.5 纠错编码方式简介 …… 50
4.3.6 循环冗余校验码 …… 51
4.4 远动信息传输的基本模式及其规约 …… 52
4.4.1 概述 …… 52
4.4.2 远动信息传输规约 …… 53
4.4.3 IEC 的相关国际标准 …… 58

第 5 章 主站系统——SCADA/EMS 系统 …… 61
5.1 引言 …… 61
5.2 调度自动化的硬件结构 …… 61

5.2.1 集中式系统 …… 61
5.2.2 分布式系统 …… 62
5.3 调度自动化系统的系统软件 …… 64
5.3.1 操作系统 …… 64
5.3.2 开发支持环境 …… 64
5.4 调度自动化系统的应用支持平台 …… 65
5.4.1 任务调度与实时通信子系统 …… 65
5.4.2 数据库管理系统 …… 65
5.4.3 图形系统 …… 68
5.5 SCADA 系统 …… 69
5.5.1 SCADA 系统基本功能 …… 69
5.5.2 SCADA 数据库 …… 74
5.5.3 SCADA 系统的评价指标 …… 74
5.6 EMS 应用软件基本功能 …… 75
5.7 电网与电厂计算机监控系统及调度数据网络安全防护 …… 79
5.8 EMS 系统的发展方向——标准化和组件化 …… 79
5.8.1 开放系统 …… 80
5.8.2 CORBA 简介 …… 81
5.8.3 概要分析 …… 81
5.8.4 主要优点 …… 81
5.8.5 CORBA 的基本框架 …… 82
5.8.6 IEC 61970 标准 …… 83

第 6 章 电力系统实时拓扑分析与状态估计 …… 85
6.1 引言 …… 85
6.1.1 什么是状态 …… 85
6.1.2 谁决定状态 …… 85
6.1.3 厂站的典型接线方式 …… 85
6.2 网络拓扑的实时确定 …… 86
6.2.1 厂站的接线分析 …… 87
6.2.2 网络的接线分析 …… 88
6.3 电力系统静态状态估计 …… 90
6.3.1 概述 …… 90
6.4 量测系统可观测性分析的拓扑方法 …… 92
6.4.1 对量测系统分析的一些基本认识 …… 93
6.4.2 可观测性分析的步骤 …… 93
6.4.3 利用边界注入量测合并量测岛 …… 94
6.4.4 基于潮流定解条件的可观测性分析 …… 97
6.4.5 实时数据的误差和不良数据 …… 100

6.4.6 状态估计问题的数学模型…… 101
6.4.7 极大似然估计…… 105
6.5 电力系统静态状态估计的算法 …… 105
6.5.1 Newton 法解加权最小二乘估计问题 …… 105
6.5.2 快速分解状态估计算法…… 110
6.5.3 稀疏矩阵技术的应用…… 112
6.5.4 状态估计和常规潮流的关系…… 115
6.6 电力系统状态估计中不良数据的检测和辨识 …… 116
6.6.1 概述…… 116
6.6.2 残差方程——量测误差和残差之间的关系…… 117
6.6.3 不良数据的检测…… 119
6.6.4 不良数据的辨识…… 124
6.7 抗差状态估计 …… 132
6.7.1 概述…… 132
6.7.2 *M*-估计 …… 132
6.7.3 最大指数平方抗差状态估计…… 133

第 7 章 电力系统实时静态安全分析…… 141
7.1 绪言 …… 141
7.1.1 电力系统运行的安全性和可靠性…… 141
7.1.2 电力系统运行状况的数学模型…… 142
7.1.3 电力系统实时运行状态的分类…… 143
7.1.4 电力系统安全控制的分类…… 144
7.1.5 安全控制功能的总框图…… 144
7.2 电力系统静态安全分析中的潮流算法 …… 146
7.2.1 直流潮流法简介…… 146
7.2.2 Newton-Raphson 法潮流计算 …… 147
7.2.3 快速解耦潮流计算…… 148
7.3 电力系统静态安全评定 …… 149
7.3.1 矩阵求逆辅助定理…… 149
7.3.2 快速分解法交流开断潮流的计算…… 150
7.3.3 发电机开断的模拟…… 153
7.4 安全控制对策 …… 155
7.4.1 灵敏度分析…… 155
7.4.2 准稳态灵敏度…… 157
7.4.3 校正控制的数学模型…… 160
7.4.4 控制变量变化量 Δu 的求解 …… 162
7.4.5 线性规划的数学模型…… 162

7.5 电力系统安全控制对策 …… 162
7.5.1 电力系统有功安全校正对策分析 …… 163
7.5.2 电力系统无功安全校正对策分析 …… 164
7.6 电力系统最优潮流简介 …… 165

第8章 自动发电控制 …… 168
8.1 引言 …… 168
8.2 分级的有功频率控制 …… 169
8.2.1 一次调频 …… 169
8.2.2 二次调频 …… 176
8.2.3 三次调频 …… 177
8.3 互联电力系统的自动发电控制 …… 178
8.3.1 联合电力系统的自动调频特性分析 …… 178
8.3.2 互联电力系统的控制区和区域控制偏差 …… 180
8.3.3 互联电力系统中单个控制区的AGC控制策略 …… 180
8.3.4 互联电力系统多区域控制策略的应用与配合 …… 181
8.3.5 多区域的优化控制 …… 185
8.4 AGC主站软件的基本构成及其工作原理 …… 187
8.4.1 AGC主站软件概述 …… 187
8.4.2 负荷频率控制的基本流程 …… 189
8.4.3 时差修正和无意电量偿还 …… 192
8.4.4 AGC中的若干问题 …… 194
8.5 自动发电控制性能评价标准与参数的确定 …… 197

第9章 无功电压自动控制 …… 202
9.1 概述 …… 202
9.2 无功电压的基本特性 …… 203
9.3 无功电源、无功补偿及电压调节设备 …… 203
9.3.1 同步发电机 …… 203
9.3.2 输电线路 …… 204
9.3.3 变压器 …… 204
9.3.4 并联电容器 …… 206
9.3.5 并联电抗器 …… 206
9.3.6 串联电容器 …… 206
9.3.7 同步调相机 …… 207
9.3.8 静止补偿器 …… 207
9.4 网省级电网的自动电压控制 …… 207
9.4.1 两级电压控制模式 …… 207

9.4.2 三级电压控制模式 …… 208
9.4.3 第三级电压控制的模型和算法 …… 209
9.4.4 第二级电压控制的模型和算法 …… 210
9.4.5 第一级电压控制的基本工作原理 …… 212
9.5 地区电网的自动电压控制 …… 213
9.5.1 自动电压控制的软件结构 …… 214
9.5.2 滤波 …… 214
9.5.3 校正控制 …… 215
9.5.4 全局优化控制 …… 217
9.5.5 安全监视模块 …… 217

第10章 调度员培训仿真系统 …… 219
10.1 概述 …… 219
10.2 DTS体系结构 …… 219
10.2.1 DTS系统基本概念 …… 219
10.2.2 DTS系统基本功能与模块 …… 219
10.2.3 DTS仿真室结构 …… 221
10.2.4 DTS系统在调度中心网络的位置 …… 222
10.3 软件支撑平台 …… 222
10.4 仿真支持系统(教员台系统) …… 223
10.4.1 教案制作与管理 …… 223
10.4.2 仿真过程控制 …… 224
10.5 电力系统模型 …… 225
10.5.1 稳态模型 …… 225
10.5.2 稳态仿真 …… 227
10.5.3 动态模型 …… 235
10.5.4 暂态时域仿真 …… 236
10.5.5 中长期动态模型 …… 238
10.6 二次设备模型 …… 239
10.6.1 概述 …… 239
10.6.2 自动装置模型 …… 240
10.6.3 继电保护模型 …… 242
10.7 控制中心模型 …… 245
10.7.1 SCADA模型 …… 246
10.7.2 PAS模型(EMS高级应用模型) …… 246
10.7.3 AGC模型 …… 246
10.7.4 AVC模型 …… 246
10.8 培训评估 …… 247
10.9 DTS与EMS的一体化 …… 247

10.10 多调度中心联合培训和反事故演习…… 247
10.10.1 模型集中式 …… 248
10.10.2 分解协调模式 …… 249
10.11 DTS 的应用 …… 252
10.11.1 调度员电网调频操作、调压与无功控制的训练…… 252
10.11.2 调度员倒闸操作训练 …… 252
10.11.3 事故处理的训练 …… 253
10.11.4 恢复操作的训练 …… 253
10.11.5 二次系统的学习 …… 253
10.11.6 运行方式研究和事故分析 …… 254
10.11.7 电网规划研究 …… 254
10.11.8 SCADA/EMS 的测试考核工具 …… 254

参考文献…… 255

第1章 绪论

1.1 现代电力系统的特点

目前我国的电力系统已基本形成大电网、大机组、高电压输电和大区互联的格局。东北电网、华北电网、华中电网、华东电网、西北电网和南方电网已实现互联，形成了全国的统一电网。这种地理分布广阔、规模巨大的现代电力系统，在经济性和稳定性方面带来显著优势：

(1) 各地区不同特性的资源可以互相补充，提高运行的经济性。例如，丰水季由水电区向火电区送电；枯水季由火电区向水电区送电。

(2) 利用各地区的时间差，可以平抑峰谷差，减少总装机容量。

(3) 可以减少总的备用容量，事故下可互相增援，提高系统运行的可靠性。

(4) 各区域负荷随机波动可以互相抵消，使频率、电压更加稳定。

(5) 便于安装大机组，提高电力系统效率。

但这也带来了诸多弊端：

(1) 系统规模大给调度提出了更高的要求，发生大规模连锁故障风险增大，安全分析更加困难，稳定问题较突出。

(2) 各子系统之间如何协调，全局和局部的利益如何统筹考虑，水火电如何配合等都具有挑战性。

由于电能的生产和消费是同时的，不能储存或者储存非常困难，一处的故障可能会引起波及系统的连锁事故。如2003年北美的8·14大停电、瑞典和丹麦的9·23大停电以及意大利的9·28全国大停电都是在大型互联电网中发生的单重由故障引起系统连锁事故进而导致最终系统崩溃的典型事故。

因此，保证规模庞大的电力系统——这个一次系统(或称能量系统)的安全、经济运行，需要建设一套高度信息化、自动化和可靠的调度自动化系统——二次系统(或称信息系统)，实现对电力系统在线计算机监控与调度决策。调度自动化系统实时监视电力系统各部分的电压、潮流、频率和部分相角，并通过各种调节手段和装置自动(或手动)地连续调节有功或无功电源，或者通过网络结构的变化和负荷切换来保证供电质量。

1.2 电力系统调度的主要任务

中华人民共和国《电力法》规定，电网运行实行统一调度、分级管理；各级调度机构对各自调度管辖范围内的电网进行调度，依靠法律、经济、技术并辅以必要的行政手段，指挥和保证电网安全稳定经济运行，维护国家安全和各利益主体的利益。

1. 保证系统运行的安全水平

电网调度的首要任务是保障电网安全、稳定、正常运行和对电力用户安全可靠供电。事故是不可避免的，但系统运行方式不同，调度水平不同，系统承受事故冲击的能力就不同。

为此，一方面调度部门要预先通过大量的计算分析，制定应对意外事故的安全措施，装设安全自动装置和继电保护设备。

另一方面，做好事故预想和处理预案，一旦电网发生故障，调度就要按电网实际情况并参考处理预案，迅速、准确地控制故障范围，保证电网正常运行，并避免对电力用户供电造成影响。

更重要的是要防范于未然，通过一套实时监控和分析决策系统，实时监测电网的运行状态，根据实时负荷水平优化电网的运行方式，提高系统安全裕度。遇到严重事故时，为保证主网安全和大多数用户，尤其是重要用户的正常供电，调度将根据具体情况采取紧急措施，改变发输电系统的运行方式，或临时中断对部分用户的供电。故障消除后，调度要迅速、有序地恢复供电，尽量减少用户停电时间。

2. 保证供电质量

电能质量主要用系统频率、波形和母线电压水平来衡量，这些因素由供需双方的动态平衡来决定。系统功率平衡方程如下：

有功平衡
$$\sum_i P_{Gi} = \sum_i P_{Di} + P_{loss}$$

无功平衡
$$\sum_i Q_{Gi} = \sum_i Q_{Di} + Q_{loss}$$

式中，P_{Gi}、Q_{Gi}分别为发电机 i 的有功、无功出力；P_{Di}、Q_{Di}分别为负荷 i 的有功、无功功率；P_{loss}、Q_{loss}分别为系统的有功、无功损耗。

由于电能不能储存，应时刻保持供需平衡。若有功负荷超过发电有功，系统频率就要下降（如图1.1所示）；无功负荷超过发电无功，母线电压就要降低；这些会给用户造成影响。一般要求将电压和频率控制在某一给定的范围内。因此，调度必须提前预测社会用电需求，并依此进行事前的电力电量平衡，编制不同时段的调度计划和统一安排电力设施的检修和备用。在实际运行过程中，调度一方面要依靠先进的调度自动化通信系统，密切监视发电

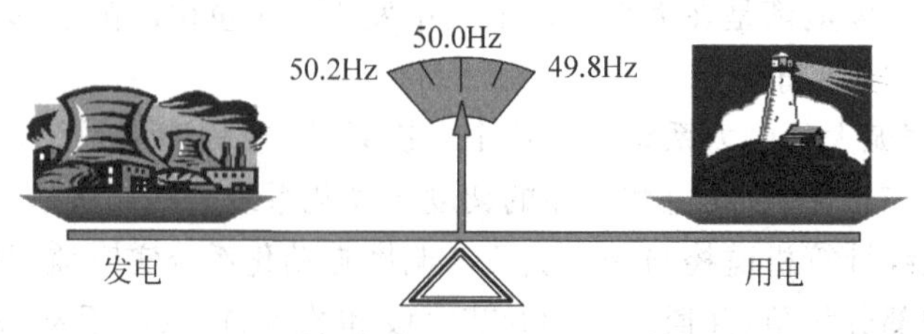

图1.1 功率的动态平衡与系统频率的关系图

厂、变电站的运行工况和电网安全水平，迅速处理时刻变化的大量运行信息，正确下达调度指令；另一方面要实时调整发电出力以跟踪负荷变化，满足用电需求。

3. 保证系统运行的经济性

在同样的负荷水平下，发电机功率分配方案不同，运行的经济性也不同。

(1) 在规划阶段，需要综合考虑国家能源政策和环保政策，合理配置发电厂、燃料与运输，以及输电网络的建设。

(2) 在运行阶段，根据负荷水平，要实时调度安排机组开停，分配机组出力，提高发电机组的经济性，降低输电损失。

4. 保证提供有效的事故后恢复措施

(1) 解除超载运行设备的过载，使系统运行恢复正常。

(2) 恢复已失电区域的电力供应。

(3) 黑启动。

调度的4大任务中，前3项是调度自动化的主要内容，目前都是用计算机完成的；第4项主要靠调度员人工处理，完全依靠计算机处理还有较大技术困难。就目前而言，调度自动化要解决的是用计算机和远动系统帮助调度员高质量地完成以上前3项任务。

1.3　电力系统调度体制和现代调度自动化系统的发展

1.3.1　我国的电力系统的分区分级调度

我国已经进行厂网分开的电力市场化改革，形成了南北两个电网公司和5个发电公司的格局(见图1.2)。发电厂原则上通过电价竞价上网，电网公司负责对电网的建设、维护和调度。

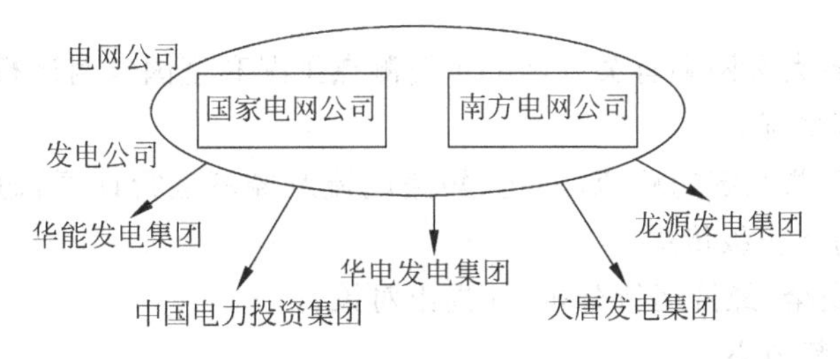

图1.2　中国电力工业组织结构

《电网调度管理条例》根据电压等级和行政区划，把电网调度机构分为5级(如图1.3所示)，即国家调度机构，跨省、自治区、直辖市调度机构，省、自治区、直辖市级调度机构，地区调度机构，县级调度机构。目前我国已建立了较完备的5级调度体系，分别是国家电力调度通信中心和南方电网调度中心；东北、华北、华东、华中、西北调度通信中心，简称网调；各省(直辖市、自治区)电力公司电力调度通信中心，简称省调；此外，还有310多个地调和2000多个县调。

各个网级调度中心的管辖范围如下：

东北电网：辽宁、吉林、黑龙江、内蒙古东部电网；

华北电网：北京、天津、河北、山西、山东、内蒙古西部电网；

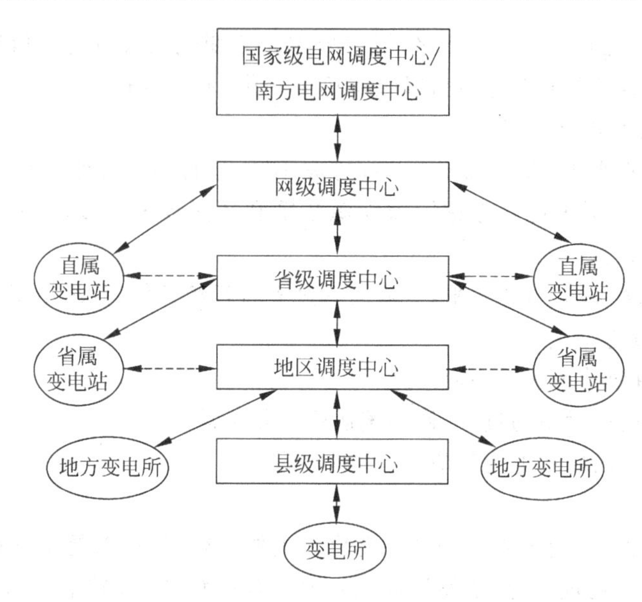

图1.3 中国电网调度体制

华东电网：上海、江苏、浙江、安徽、福建；

华中电网：河南、湖北、湖南、江西、四川、重庆；

西北电网：陕西、甘肃、青海、宁夏回族自治区、新疆维吾尔族自治区；

南方电网：广东、广西、云南、贵州、海南。

1. 国家级调度中心

这是我国电网调度的最高级。在该中心，通过计算机数据通信与各大区的控制中心相连接，协调确定各大区网间的联络潮流和运行方式，监视、统计和分析全国所属区域的电网运行情况。

(1) 在线收集各大区网和有关省网的重要测点工况和全国电网运行状况，作统计分析、生产报表，提供电能情况。

(2) 进行大区互联系统的潮流、稳定、短路电流及经济运行计算，通过计算机通信校核计算的正确性，并向下一级传送。

(3) 作中长期安全、经济运行分析，并提出对策。

2. 网级调度控制中心

网调负责高压电网的安全运行并按规定的发供电计划和监控原则进行管理，提高电能质量和经济运行水平。

(1) 实现电网的数据收集和监控、经济调度和安全分析。

(2) 进行负荷预测，制定开停机计划、水火电经济调度日分配计划，实施闭环自动发电控制、闭环或开环自动无功电压控制。

(3) 省(市)间和有关大区网的供受电量的计划编制和分析。

(4) 进行潮流、稳定、短路电流及离线或在线的经济运行分析计算，通过计算机通信校核各种分析计算的正确性并上报下传。

3. 省级调度中心

省调负责省网的安全运行，并按规定的发供电计划和监控原则进行管理，提高电能质量和经济运行水平。

(1) 实现电网的数据收集和监控。目前省网有两种情况,即独立网及与大区或相邻省网相联,必须对电网中的开关状态、电压水平、功率进行采集计算,进行控制和经济调度。

(2) 进行负荷预测,制定开停机计划、水火电经济调度日分配计划,编制地区间和省间有关网的供受电量的计划,进行闭环自动发电控制、闭环或开环自动无功电压控制。

(3) 进行潮流、稳定、短路电流及离线或在线的经济运行分析计算,通过计算机通信校核各种分析计算的正确性并上报下传。

(4) 进行记录,如功率总加、开关变位、存档和制表打印。

4. 地区调度中心

(1) 采集当地网的各种信息,进行安全监控。

(2) 进行有关站点(集控站点)的远方操作,变压器分接头调节,电容/电抗器的投切等。

(3) 制定并上报本辖区设备的检修计划及其实施。

(4) 用电负荷的管理。

5. 县级调度中心

按县网容量和厂站数可分为超大、大、中、小4级。

(1) 根据不同类型实现不同程度的数据采集和安全监视功能。

(2) 有条件的县调可实现机组起停、断路器远方操作和电力电容器的投切。

(3) 有条件的可实现负荷控制。

(4) 向上级调度发送必要的实时信息。

目前我国电网的电压等级如下:

(1) 1000kV交流,±800kV直流,特高压电网,特大容量电力远距离传送通道,是未来全国电网的骨架;

(2) 750kV、500kV、330kV、220kV交流,±500kV直流,超高压电网,构成大区电网的骨架和大区电网间的联络线;

(3) 110kV、220 kV,高压输电网,构成复杂的输电网络,在各地区间传输电能;

(4) 110kV、66kV和35kV,中压供电网,由枢纽变电站送电到靠近负荷区的本地变电站;

(5) 20kV、10kV以及380V的民用电,低压配电网,本地变电站送电到居民区的杆上变压器或配电室。

1.3.2 调度自动化系统的发展

现代电力系统是由发电网、输电网、配电网和负荷中心组成的庞大的能量系统,需要一个高度信息化和自动化的信息系统来监控和调度。这个系统就是现代能量控制中心系统,是一个集数据采集、控制、通信和分析决策功能于一身的计算机系统。一个现代化的电力系统应该由能量流和信息流构成,其关系如图1.4所示。对信息流的采集、传输、分析和处理构成了调度自动化系统的中心内容。

调度自动化系统基本上与调度体制的分层分级结构一致,即分为国家总调、网调、省调、地调和县调的调度计算机系统。大型地调由于管辖的变电站数量众多,目前普遍建设了负责对若干个变电站进行分片监控的集控站系统。在技术上,这种分级调度控制是有利的,其

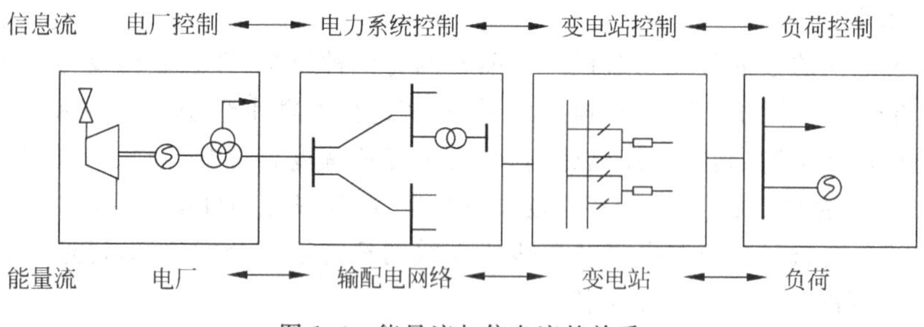

图 1.4　能量流与信息流的关系

优点如下。

(1) 和系统本身的组织结构一致,也适应电能生产的内部特点。

一般来说,高压电网输送功率大,影响电网的全局;而低压网则不然,低压网的事故对全局影响较小。另外,高压网的结构简单,但调度人员对它却倍加注意。低压网虽然结构复杂,线路繁多,但相对重要性低得多,分层后,便于把更大的力量加强到重要层次的计算机系统上,提高系统运行的自动化水平。

(2) 提高运行的可靠性。

调度自动化系统是连续工作的,分层后,系统的故障只影响局部,不致影响其他层次系统的监控。

(3) 提高实时响应的速度。

电力系统规模巨大、结构复杂。分层之后可以把任务分散,每层的各个子系统只处理自己所管辖的区域的监控问题,同一层次之间可以同时平行地独立工作,各子系统的任务减轻了,实时响应速度可以大幅提高。

(4) 变更时灵活性增强。

系统扩大、变更、改变功能都可以分层分散进行,不牵动全局。

(5) 提高投资效率。

电力系统自动化技术与计算机和控制技术的发展以及电网事故的发生紧密相关。图1.5描述了调度自动化技术发展的重大事件。设置电力系统调度员始于1940年。此时引入了模拟盘,将数据展现在模拟盘上,增强了调度员对实际系统运行变化的感知能力,并通过电话发出控制命令。获取数据和远程控制的发展始于模拟技术,自动发电、交换功率和频率控制也采用了模拟技术。在1950—1970年期间,数字计算机被广泛地应用于离线的规划研究。1965年的纽约大停电事件迫使电力公司重新考虑在线的电网可靠性问题,其中最重要的成果就是加速引进了SCADA/EMS。在计算机引入到发电厂后,过程计算机和图形界面也被安装到电力调度控制中心。20世纪60年代末和70年代初,计算机直接用于电力系统调度,条件是有了相当的远动基础,同时系统规模很大,运行极其复杂,需要综合分析。以远动系统为基础,以计算机为核心,组成了调度自动化系统。DyLiacco提出了安全分析的基本构架,调度自动化走向了一个新的阶段。

自1970年以来,状态估计和最优潮流的理论研究取得了重大进展。1978年美国第二次大停电增强了人们对电力网络安全评估的重要性的认识,欧洲的停电事故表明了调度员培训仿真模拟、紧急情况下采取校正控制和电压稳定性方面的重要性。1976年明尼苏达会

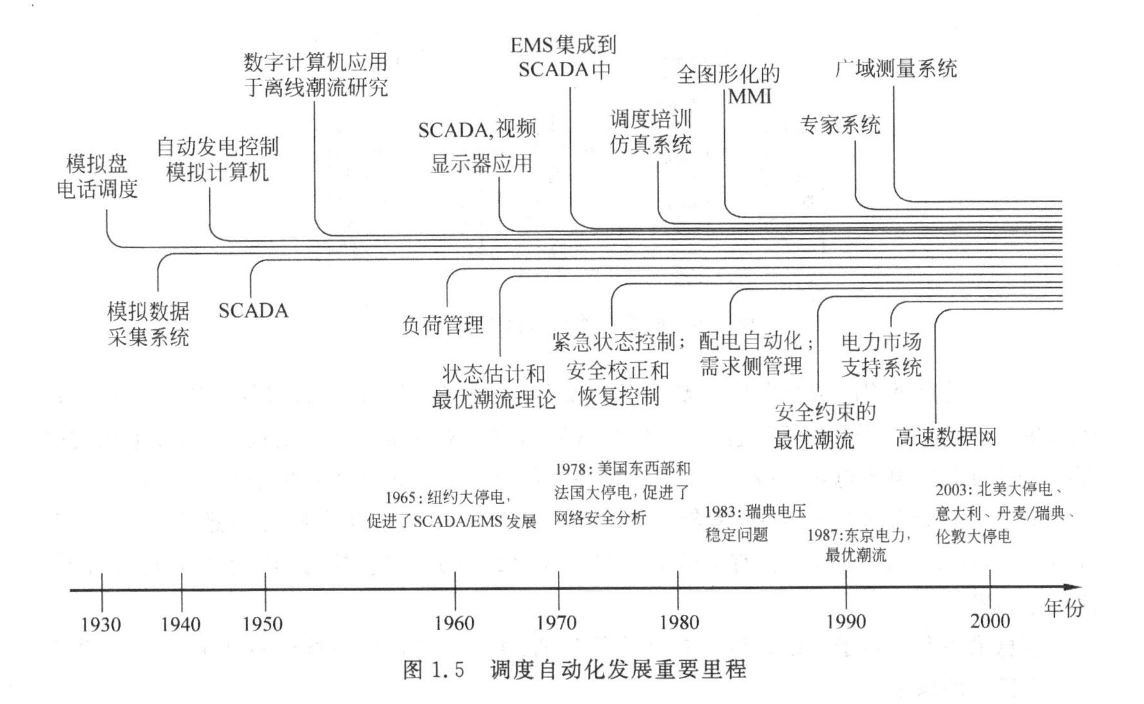

图 1.5 调度自动化发展重要里程

议上首次提出了调度员培训仿真系统(DTS)的概念,并在 20 世纪 70 年代末出现世界上第一台 DTS。20 世纪 80 年代中后期,对于中、低压的配电网络开始实施配电自动化用于提高供电可靠性和用电质量。20 世纪 90 年代开始,国内外掀起了电力市场化改革的热潮,把经济理论引入到电力系统分析决策中,逐步发展出电力市场支持系统。2003 年发生了北美 8・14、瑞典和丹麦的 9・23 大停电以及意大利的 9・28 全国大停电,广域测量系统(WAMS)给出的大量系统崩溃过程的相量信息,为事故分析提供了大量翔实的信息。这种以 GPS 技术为基础发展起来的同步相量测量技术使得人们不仅可以监视系统的稳态信息而且可以监视系统的动态信息,为调度自动化提供了发展空间。20 世纪 90 年代后,高速数据网技术的成熟和推广使得调度自动化系统有可能实现深度互联,逐渐发展成一个分层、分布的智能超级控制中心系统。

1.4 调度自动化系统的基本结构

现代化调度自动化系统由 4 个子系统组成(见图 1.6),即信息采集和控制执行子系统、信息传输子系统、信息处理子系统和人机联系子系统。

1.4.1 信息采集和控制执行子系统

信息采集和控制执行子系统主要起两方面的作用:

(1) 采集调度管辖的发电厂、变电站中各种表征电力系统运行状态的实时信息,并根据需要向调度控制中心转发各种监视、分析和控制所需的信息。采集的量包括遥测、遥信量,电度量,水库水位,气象信息以及保护的动作信号等。

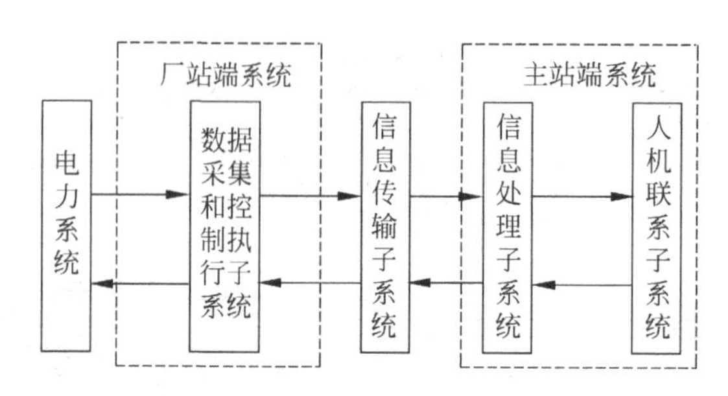

图1.6 调度自动化系统主要子系统

(2) 接受上级调度中心根据需要发出的操作、控制和调节命令,直接操作或转发给本地执行单元或执行机构。执行量包括开关投切操作,变压器分接头位置切换操作,发电机功率调整、电压调整,电容电抗器投切,发电调相切换甚至继电保护的整定值的修改等命令。

上述功能通常在厂站端由综合远动装置实现,或以计算机为核心的远方终端 RTU (remote terminal unit)实现。有综合远动装置或 RTU 的厂站直接与调度中心相连,或由其他厂站转发。

信息采集和执行子系统是调度自动化的基础,相当于自动化系统的眼和手,是自动化系统可靠运行的保证。

1.4.2 信息传输子系统

信息传输子系统将信息采集子系统采集的信息及时、无误地送给调度控制中心。现代电力系统中,信息传输系统的传输信道主要采用电话、电力线载波、微波、同轴电缆和光纤,偏僻的山区或沙漠有少量采用卫星通信。传统的调度自动化系统中大量采用了先进的数字微波技术。电力线载波利用电力系统本身的特点,投资少,但信道少,传输质量差。目前新上的系统主要采用了光纤通信,因为光纤通信可靠性高、速度快、容量大,而且制造成本已大大降低。

信息传输系统也是调度自动化的一项基础设施,犹如自动化系统的神经系统。该系统分布广,而且受天气、环境等的影响,建设的投资量十分大。既要保证信息传输的可靠性、快速性及准确率,又要尽可能节省投资,这就要求做好规划,进行合理布局。

1.4.3 信息处理子系统

信息处理子系统是调度自动化系统的核心,主要由计算机系统组成。它要完成的基本功能如下。

(1) 实时信息的处理,包括形成能正确表征电网当前运行情况的实时数据库,确定电网的运行状态,对超越运行允许限值的实时信息给出报警信息,提醒调度员注意。

(2) 离线分析,可以编制运行计划和检修计划,进行各种统计数据的整理分析。

(3) 现代信息处理系统具有能对运行中的电力系统进行安全、经济和电能质量几方面的分析决策功能,而且是高度自动化的。

(4) 保证系统安全,包括对当前系统的安全监视、安全分析和安全校正。安全监视是调度员经常要做的工作,当发现系统运行状态异常,要及时处理。安全分析主要是预想事故的分析,在预想事故下系统是否仍处在安全运行状态,如果出现不安全运行状态由安全校正功能进行计算并给出校正控制对策。

(5) 保证经济性,主要由计算机作出决策,调整系统中的可调变量使系统运行在最经济的状态。

(6) 提高电能质量,由自动发电控制 AGC 维持系统频率在额定值,及联络线功率在预定的范围之内;自动无功电压控制 AVC 保证系统电压水平在允许的范围之内,同时使系统网损尽可能小。

1.4.4 人机联系子系统

如何以对调度员最为方便的形式将计算机分析的结果显示给调度员,这要通过人机系统来完成。通过人机联系子系统,调度员随时可以了解他所关心的信息,随时掌握系统运行情况,通过各种信息作出判断并以十分方便的方式下达决策命令,实现对系统的实时控制。

人机联系子系统包括模拟盘、图形显示器、控制台键盘、音响报警系统,记录、打印和绘图系统。

习惯上把信息处理和人机联系子系统称为主站端系统,而把数据采集和控制执行子系统称为厂站端系统。各个子系统的详细内涵将在后面的章节介绍。

第2章

子站系统——变电站自动化

2.1 引　　言

为了保证电力系统的安全、经济运行，必须能正确和及时地掌握电力系统的实时运行情况，控制和协调电力系统的运行方式，处理影响系统正常运行的事故和异常情况。而要实现这一切，需要具备一个完善的电力系统信息采集和命令执行系统。该系统一方面把分布在几十、几百甚至几千公里以外的发电厂和变电站的大量表征系统运行状态的信息，及时、正确、可靠地传输到调度中心；另一方面将调度中心的控制和调节命令传送到发电厂和变电站并作用到对应设备。其实，完成这些功能只是变电站二次系统的部分功能——远动。一个完整的变电站二次系统是由远动、继电保护与自动装置、仪器仪表及测量控制和当地监控等功能组成的复杂系统。

传统变电站二次系统按功能分别组屏，相应的就有保护屏、控制屏、录波屏、中央信号屏等。每一个一次设备(如变压器、线路等)的电压、电流互感器的二次侧，都需要引线到相关的模拟屏上；同样，断路器的跳、合操作回路，也需要连接到保护屏、控制屏、远动屏以及自动装置屏上。此外，相应的二次设备(屏)之间也要有信号交换(如保护与远动设备)，因而存在许多连线，使传统的变电站的二次系统存在许多缺点：①安全、稳定性不够。常规的电磁或晶体管保护、自动装置、测量设备接线复杂，连接电缆多，设备结构复杂，难以维护，无自检功能，设备故障无法及时发现，会造成保护的拒动、误动。②难以保证供电质量。缺少调压手段和遏制谐波污染的手段。③占地面积大。常规设备体积大，电缆多，需占用较大土地面积。④无法满足快速计算、实时控制的要求。传输信息不足，缺少远方调控手段。⑤维护工作量大。常规设备结构复杂，维护、检修都比较困难。

随着计算机技术的发展，变电站二次系统得到很大的发展。人们充分利用计算机技术实现了装置的计算机化，从技术管理的综合自动化来考虑全计算机化的变电站二次系统的优化设计，合理共享软件和硬件资源。这就是变电站综合自动化名称的来源。

变电站综合自动化又称变电站自动化，其中变电站自动化是 IEC T57 技术委员会正式采用的术语，而电站综合自动化是在国内的俗称。变电站二次设备按功能分为四大模块：①继电保护及自动装置；②仪器仪表及测量控制；③远动；④当地监控。变电站自动化是将变电站的二次设备经过功能的组合和优化设计，利用先进的计算机技术、通信技术、信号处理技术，实现对全变电站的主要设备和输、配电线路的自动监视、测量、控制、保护并与上级调度通信的综合性自动化功能。

图 2.1 是变电站自动化系统的基本配置。变电站自动化系统是利用多台微型计算机和大规模集成电路组成的自动化系统，它代替了常规的测量和监视仪表、常规控制屏、中央信号系统和远动屏，用计算机保护代替常规的继电保护，实现系统的网络化。变电站自动化系统一方面实现了二次设备的智能化和计算机化，提供强大的数据通信接口；另一方面可以采集到比较全面的数据和信息，并且方便地监视和控制变电站内的各种设备。总的来说，变电站自动化系统具有功能综合化、设备计算机化、结构网络化、操作监视屏幕化、运行管理智能化的特点。它的出现为变电站的小型化、智能化、扩大变电站控制范围及安全可靠性、优质运行提供了现代化技术手段和基础，也使变电站实现无人值守打下了基础。

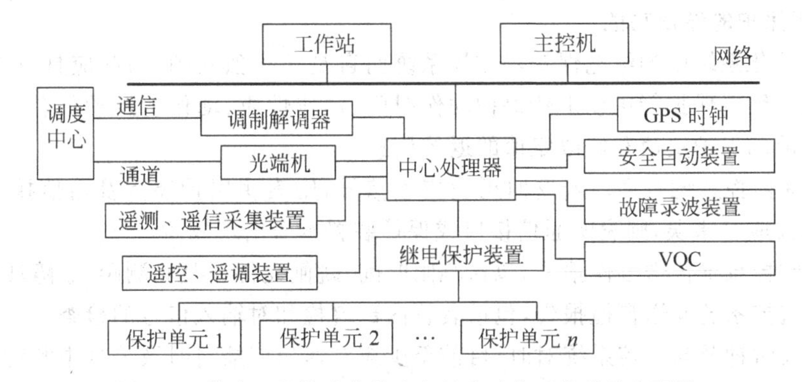

图 2.1 带当地监控功能的变电站自动化系统的基本配置

2.2 变电站自动化的基本内容

我国开展的变电站自动化改造工作主要包括如下两方面的内容：

(1) 对 220kV 及以下中、低压变电站，采用自动化系统，利用计算机和通信技术，对变电站的二次设备进行全面的技术改造，取消常规的保护、监视、测量、控制屏，实现综合自动化，以全面提高变电站的技术和运行管理水平，并逐步实现无人值班或少人值班。

(2) 对于 220kV 以上的高压变电站，主要采用计算机监控系统以提高运行管理水平，同时采用新的保护技术和控制方式，促进各个专业在技术上的协调，达到提高自动化水平和运行管理水平的目的。

总之，变电站自动化的内容应包括以下几方面：

(1) 电气量的采集和电气设备(如断路器)的状态监视、控制和调节。

(2) 实现变电站正常运行的监视和操作，保证变电站正常运行和安全。

(3) 发生事故时，由继电保护和安全自动装置迅速切除故障设备和完成事故后的恢复操作，并由故障录波器完成瞬态电气量的采集和监视。

从发展来看，变电站自动化的内容还应包括高压电气设备本身的在线监测信息(如断路器、变压器和避雷器等的绝缘和状态监测等)。除了需要将变电站采集的信息传送到调度中心外，还要送给检修中心和生产技术部门，以便为电气设备的监视和指定检修计划提供原始数据。

变电站自动化系统是多专业性的综合技术,它以计算机技术为基础,实现了对变电站传统继电保护、控制方式、测量手段、通信和管理模式的全面技术改造,实现电网运行管理的一次变革。仅从变电站自动化的构成和所完成的功能来看,它将变电站的监视控制、继电保护、自动控制装置和远动等所完成的功能组合在一起,通过计算机硬件、模块化软件和数据通信网构成了一个完整的系统。其功能从以下几个方面简单介绍。

2.2.1 继电保护的功能

计算机继电保护主要包括输电线路保护、电力变压器保护、母线保护、电容器保护以及小电流接地系统自动选线、自动重合闸等。继电保护在电力系统运行中,起到实时隔离故障设备的作用,除了其基本的功能外,还需要以下额外的功能。

1. 继电保护的通信功能

综合自动化系统中的继电保护对监控系统而言是相对独立的,因此应具有与监控系统通信的功能。继电保护能主动上传保护动作时间、动作性质、动作值及动作名称,并按控制命令上传当前的保护定值和修改定值的返校信息。

(1) 接受监控系统查询。若返回正确应答信号,则表明保护装置及通信接口完好;若超时无应答或应答错误,则表明通信接口或保护装置本身出现故障。

(2) 向监控系统传送事件报告,包括跳闸时间,跳闸元件、相别、测距、故障波形等。

(3) 向监控系统发送自检报告,包括装置内部自检和对输入信号的检查。

(4) 修改时钟及与监控系统对时,目前至少应有通信广播对时及分秒中断对时的功能。

(5) 修改保护定值。定值要经过系统上传、下装、返校、确认等环节后,保护装置才予以修改。

(6) 接受监控系统投退保护命令,保护信号应具有失电自保持,能够被远方或就地复归。

(7) 接受监控系统查询定值的能力。

(8) 实时向监控系统发送保护主要状态,如功能投退情况、输入量以及保护动作信息。

2. 与系统统一对时功能

时间的精确和统一在电网运行中显得十分重要,尤其当继电保护动作时,只有借助统一的时间才能根据各套继电保护动作的先后顺序正确分析电网发生事故的原因。

3. 存储各种保护整定值功能

4. 设置保护管理机或通信管理机,负责对保护单元的管理

保护管理机起到承上启下的作用,它把保护子系统与监控系统联系起来,向下负责管理和监控保护子系统中各单元的工作状态,并下达调度或监控系统发来的保护类型配置或整定值修改信息。若发现某一保护单元故障或工作异常,或保护动作的信息,则负责上传给监控系统或上传至远方调度中心。保护管理机隔开了保护单元与监控系统的直接联系,可以减少相互间的影响和干扰,有利于提高保护系统的可靠性。

5. 故障自诊断、自闭锁和自恢复功能

每个保护单元应有完善的故障自诊断功能。发现装置内部有故障时,能自动报警,并给出明确故障部位,以利于查找故障和缩短维修时间。对于关键部位故障,如 A/D 转换器故障或存储器故障,则应自动闭锁保护出口。如果是软件受干扰,造成程序出错,应有自启动功能,以提高保护装置的可靠性。

由于继电保护在电力系统中具有非常重要的作用,实现综合自动化不能降低继电保护的可靠性,因此要求:

(1) 继电保护单元按被保护的电力设备单元(间隔)分别独立设置,直接由相关的电流互感器和电压互感器输入电气量,然后由触点输出,直接操作相应的断路器的跳闸线圈。

(2) 保护装置设有通信接口,供接入站内通信网,在保护动作后向变电站层的计算机设备提供报告等,但继电保护功能应不依赖于通信网。

(3) 为避免不必要的硬件重复,以提高整个系统的可靠性和降低造价,特别是对35kV及以下设备,可以配给保护装置其他一些功能,但应以不降低保护装置可靠性为前提。

(4) 除保护装置外,其他一些重要控制设备,例如备用电源自动投入装置、控制电容器投切和变压器分接头有载切换的无功电压控制装置等也依赖于通信网,而设备专用的装置放在相应间隔屏上。

2.2.2 监视控制的功能

变电站自动化取代常规的测量系统,如变送器、录波器、指针式仪表等;改变了常规的操作机构,如操作盘、模拟盘、手动同期及手控无功补偿装置;取代了常规的告警、报警装置,如中央信号系统、光字盘等;取代了常规的电磁式和机械式防误闭锁设备等。下面介绍其主要功能。

1. 实时数据采集与处理

采集变电站电力运行的实时数据和设备运行状态,包括各种状态量、模拟量、脉冲量和保护信号。

(1) 模拟量采集

典型的模拟量包括:各段母线电压幅值;线路、馈线和变压器的电流、有功和无功,电容器的电流、无功以及频率、相位、功率因数等。此外,还有变压器的油温、变电站室温、直流电源电压、站用电电压和功率等。

(2) 状态量的采集

变电站的状态量有断路器的状态、隔离刀闸状态、有载调压变压器的分接头位置、同期检查状态、继电保护动作信号、运行告警信号等。这些信号都以状态量的形式,通过光电隔离电路输入计算机。对于断路器的状态,需要采用中断输入方式或快速扫描方式,以保证对断路器变位的分辨率能在5ms之内。对于隔离刀闸和分接头位置等状态信号,不必采用中断处理方式,可以用定期查询方式读入计算机进行判断。继电保护的动作信息录入计算机的方式分为两种,即常规继电保护装置和早期研制的计算机保护装置。由于不具备通信能力,故其保护动作信息一般取自信号继电器的辅助触点,也以状态量的形式读入计算机;对于具备通信能力的计算机保护,保护动作信号可以通过串行口或局域网通信方式录入计算机。

(3) 脉冲量的采集

变电站采集的典型脉冲量是脉冲电能表输出的电能量,包括有功电能量和无功电能量。这种量的采集在硬件接口上与状态量一样,经过光电隔离后输入计算机。对于电能量的采集，传统的方法是采用机械式的电能表，由电能表盘转动的圈数来反映电能量的大小。这些机械式的电能表无法与计算机直接接口。为了使计算机能够对电能量进行计算，电能计量技术取得了很大发展，目前主要有两种解决方法。

一是电能脉冲计量法，该方法的实质是传统感应式电能表与电子技术结合的产物，即对原感应式的电能表加以改造，使电能表转盘转一圈便输出1个或2个脉冲，用输出的脉冲数代替转盘转动的圈数。计算机可以对这个输出脉冲进行计数，将脉冲数乘以标度系数(与电能常数、电压互感器TV和电流互感器TA的变比有关)，便得到电能量。

二是软件计算方法，其实质是数据采集系统利用交流采样得到的电流、电压值，通过软件计算出有功电能和无功电能。因为电压量及电流量是监控系统或数据采集系统必须采集的基本量，因此这种方法不需要增加专门的硬件，只需设计好计算程序，故称软件计算方法。目前软件计算电能有两种途径，即在数据采集系统中计算和采用计算机电量计量仪表计算。

(4) 数字量采集

数字量的采集主要是指采集变电站内由计算机构成的保护和自动装置的信息。主要有通过监控系统与保护系统通信直接采集的各种保护信号，如保护装置发送的测量值及定值、故障动作信息、自诊断信息、跳闸报告、波形等；全球定位系统的时钟信息；通过与电能计费系统通信采集的电能量等。

2. 运行监视功能

所谓运行监视，主要是指变电站的运行工况和设备状态进行自动监视，即对变电站各种状态量变位情况的监视和模拟量的数值监视。

通过状态量变位的监视，可监视变电站各种断路器、隔离刀闸、接地刀闸、变压器分接头的位置和动作情况，继电保护和自动装置的动作情况以及它们的动作顺序等。

模拟量的监视分为正常的测量和超过限定值的报警、事故模拟量的追忆等。

当变电站有非正常状态发生和设备异常时，监控系统能及时在当地或远方发出事故音响或语音报警，并在CRT显示器上自动推出报警画面，为运行人员提供分析处理事故的信息，同时可将事故信息进行打印记录和存储。

3. 故障测距与录波功能

110kV及以上的重要输电线路距离长、发生故障影响大，当输电线路故障时必须尽快查出故障点，以便缩短维修时间，尽快恢复供电，减少损失。设置故障录波和故障测距是解决此问题的最佳途径。故障测距与录波装置能自动采集和存储电力系统故障信息，继电保护装置、开关等动作行为，并计算出电压电流的有效值，打印电压电流的波形、开关量动作顺序、发生故障时间及故障类型的信息。对电气量进行录波和分析，记录故障和异常运行的变化过程，再现故障和异常运行的电气量变化过程，作为分析电力系统故障原因和查找故障点的主要依据。

变电站的故障录波和测距可采用两种方法实现：一是由计算机保护装置兼做故障记录和测距；二是采用专用的计算机故障录波器，并且录波器应具有串行通信功能，可以与监控系统通信。

4. 事故顺序记录与事故追忆功能

事故顺序记录就是对变电站内的继电保护、自动装置、断路器等在事故时动作的先后顺序自动记录。记录事件发生的时间应精确到毫秒级。自动记录的报告可在CRT显示器上显示和打印输出。顺序记录的报告对分析事故、评价继电保护和自动装置以及断路器的动作情况是非常有用的。

事故追忆是指对变电站内的一些主要模拟量，如线路、主变压器各侧的电流、有功功率、主要母线电压等，在事故前后一段时间内作连续测量记录。通过这一记录可了解系统或某一回路在事故前后所处的工作状态，对分析和处理事故起辅助作用。

5. 控制与安全操作闭锁功能

利用变电站监控系统，操作人员可通过CRT屏幕对断路器和隔离开关进行分闸、合闸操作，对变压器分接头进行调节控制，对电容器组进行投、切控制。同时能接受遥控命令，进行远方操作。

为了保证操作人员和设备的安全，变电站自动化系统一般提供控制与安全操作闭锁功能。所有的操作控制均能实现就地和远方控制、就地和远方切换相互闭锁，自动和手动相互闭锁。并通过软硬件实现"五防"功能。

"五防"功能是指防止带负荷拉、合隔离开关，防止误入带电间隔，防止误分、合断路器，防止带电挂接地线，防止带地线合隔离开关。

6. 谐波的分析和监视功能

波形畸变、电压闪变和三相交流电力系统及供电系统中三相电压或电流的不平衡是影响电能质量的重要因素。随着电子技术的发展和广泛应用，电力系统中的谐波对电力设备、电力用户和通信线路等的有害影响已十分严重。因此，在变电站自动化系统中，要重视对谐波含量的分析和监视。

谐波是一个周期电气量的正弦波分量，其频率是基波频率的整数倍。电力系统中主要的谐波源如下：

(1) 电网的主变压器和配电变压器

变压器铁芯柱的设计，磁通密度往往已超过磁化曲线的弯曲点，磁通密度和励磁电流的变化成非线性关系，即使励磁电流是正弦波，磁通量变化也并非正弦波，超高压的大型变压器更是如此。

(2) 电气化铁路

电力机车是大谐波源，又是单相大负荷，造成三相负荷不平衡。电力机车在区间运行时，上下坡负荷变化很大；平地运行时，两站间速度快，进出站速度慢；启动和行驶时，负荷急剧变化。

(3) 电弧炼钢炉

炼钢炉电弧电流不规则的急剧变化，使电流波形产生严重畸变，引起电网电压波形严重畸变。电弧炼钢炉的谐波主要是2～7次谐波。

(4) 家用电器以及整流逆变装置

家用电器如收音机、电视机、电风扇、空调等都会产生谐波，主要是3、5、7、9次谐波。

7. 其他功能

其他功能主要包括数据处理与记录功能、人机联系功能、打印功能及运行的技术管理功能等。这些功能是选配的，配置了当地监控功能的中、大型变电站需要具备这些功能。

2.2.3 自动控制装置功能

自动控制装置是保证变电站甚至系统安全、可靠供电的重要装置。典型的变电站自动化系统配置的自动装置有无功和电压自动控制装置(VQC)、低频减载装置、备用电源自投装置、小电流接地系统选线装置等。

1. 无功和电压自动控制

变电站无功和电压自动控制是利用有载调压变压器和无功补偿电容器及电抗器进行局部电压及无功补偿的自动调节,使负荷侧母线电压在规定范围内,并使主变高压侧的无功分布在一个合理范围。该类自动控制装置一般采用9区图或17区图的控制原理运行,详细技术实现可参见其他参考书。

2. 自动低频减载

电力系统运行规程规定:电力系统的允许频率偏差为±0.2Hz;系统频率不能长时间运行在49.5～49Hz以下;事故情况下,不能较长时间停留在47Hz以下;系统频率瞬时值不能低于45Hz。

在系统发生故障,有功功率严重缺额,频率下降时,需要有计划、按次序切除负荷,并保证切除负荷量合适,这是低频减载的任务。

自动低频减载分为基本轮和特殊轮。一般负荷的馈线放在基本轮中,按重要程度分5～8轮。频率降到第一轮启动值且延时时间到,则出口断开第一轮规定的线路开关。若频率不能恢复,降到第二轮启动值且延时时间到,则出口断开第二轮规定的线路开关,如此直至所有轮次全部切除。

基本轮全部切除后,若系统频率仍不能恢复到额定值,经过较长时间延时后,启动特殊轮切除负荷。

一般基本轮第一轮整定频率为48.5～47.5Hz,最末轮46.5～46Hz,相邻两轮频率整定差0.25～0.5Hz,时间差0.5s。特殊轮整定频率一般为49～47Hz,动作时限15～20s。

低频减载一般有两种实现方法。

(1) 采用专用的低频减载装置。该装置进行测频并按设置的轮次出口动作,出口继电器接到每条线路的开关上。

(2) 分散到每条线路的保护装置中。现有计算机保护一般对一条线路一套保护,在保护中加设测频环节,将低频减载的轮次整定值和延时设置到保护中即可。

对低频减载装置有如下设计要求:

(1) 在各种运行方式和功率缺额条件下,有计划地切除负荷,防止系统频率降到危险点以下。

(2) 切除负荷尽可能少,防止超调和悬停现象。

(3) 馈线或变压器故障跳闸造成失压时,应可靠闭锁,不能误动。

(4) 电力系统发生低频振荡时不能误动。

(5) 电力系统受谐波干扰时不能误动。

3. 备用电源自投控制(简称备自投,BZT)

备自投装置是当工作电源故障和其他原因被断开后,能迅速自动地将备用电源或其他正常工作电源投入工作,使工作电源被断开的用户不至于停电的一种自动装置。常见的备自投装置有线路备自投、分段开关备自投、桥备用备自投、变压器备自投等。

如图2.2是一种典型的变压器备自投,它具有两种工作方式。

(1) 明备用:正常由1#变压器供电,1#变压器或1#开关故障断开后,BZT自动投入

2＃开关，由2＃变压器供电。

(2) 暗备用：正常1＃变压器、2＃变压器都供电，1＃变压器故障时，BZT自动投入3＃开关或5＃开关保持供电。

备自投控制基本原则如下：

(1) 只有当工作电源确实被断开后，备用电源才能被投入。故障不能由备自投切除。

(2) 因备自投备用对象故障而其保护拒动引起相邻后备保护动作切除工作电源时，应闭锁备自投。

(3) 备自投的延时是为了躲过工作电源引出线故障造成的母线电压下降，故备自投的延时时限应大于最长的外部故障切除时间。

(4) 由人工切除工作电源，备自投不应动作，必要时增加手跳闭锁。

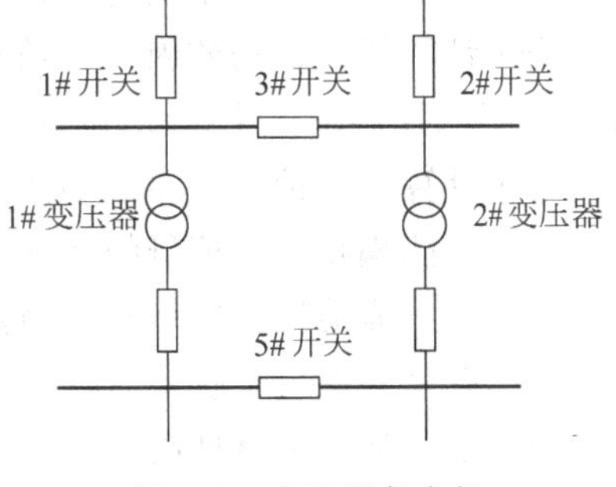

图2.2 变压器备自投

(5) 备用电源不满足有压条件，备自投不应动作。

(6) 备自投只应动作一次，因此要设备自投一次动作闭锁或增加充电条件。

采用计算机实现备自投，可以实现灵活的自动投入控制方式，比如多种备用电源投入方式可以用一台计算机设备实现。同时装置可以自诊断，并可以具有通信功能与继电保护装置相联系。

4. 小电流接地系统选线

小电流接地系统中发生单相接地时并不会产生大的故障电流，为故障的定位和隔离造成很大困难，所以需要专门的设备来选出接地线路(或母线)及接地相，并予以报警。

2.2.4 远动及数据通信功能

变电站自动化的通信功能包括系统内部的现场级通信和自动化系统与上级调度的通信两部分。

变电站自动化系统的现场级通信，主要解决自动化系统内部各子系统与上位机(监控主机)以及各子系统间的数据和信息交换问题，它们的通信范围是变电站内部。对于集中组屏的系统，实际是在主控室内部；对于分散安装的自动化系统，其通信范围扩大至主控室与子系统的安装地(如开关柜)。

变电站自动化系统必须兼有RTU的全部功能，应能将所采集的模拟量和状态量信息，以及事件顺序记录等远传至调度中心，同时应能接收调度中心下达的各种操作、控制、修改定值等命令，即完成RTU的全部四遥功能(遥信、遥测、遥控和遥调)。

2.3 变电站自动化的结构

2.3.1 变电站自动化的设计原则和要求

(1) 变电站自动化系统作为电网调度自动化的一个子系统，应服从电网调度自动化的总体设计。其配置、功能包括设备的布置应满足电网安全、优质、经济运行以及信息分层传输、资源共享的原则。

(2) 分散式系统的功能配置宜采用下放的原则。凡可以在间隔层就地完成的功能，如保护、备用电源自投、电压控制等，无须通过网络和上位机去完成。

(3) 应能全面替代常规二次设备。

(4) 计算机保护的软硬件与监控系统既相对独立，又相互协调。要积极而慎重地推行保护、测量、控制一体化设计，确保保护功能的相对独立性和动作可靠性。

(5) 计算机保护应有通信功能。

(6) 应能满足无人值班的要求，设计时应考虑远方与就地控制操作并存的模式。

(7) 有可靠的通信网络和通信协议。

(8) 有良好的抗干扰能力。

(9) 设备运行可靠性高。

(10) 系统可扩展性好。

(11) 系统的标准化和开放性能要好，应从技术上保证站内自动化系统的硬件接口满足国际标准。

(12) 变电站自动化系统设计中应优先采用交流采样技术，减轻 TA、TV 的负载，提高测量精度。同时，可取消光字牌屏和中央信号屏，简化控制屏，由计算机承担信号监视功能，使任一信息做到一次采集、多次使用。

(13) 建议采用局域网通信方式，尤其是平等网络，如总线型网。从抗电磁干扰角度考虑，在选择通信介质时可优先采用光纤通信方式，这对分散式变电站自动化系统尤为适用。

根据变电站自动化系统设计思想和安装物理位置的不同，其硬件结构可以分为多种类型。从目前国内外的发展来看，根据结构形式可以划分为集中式、分布式、分散(分层)分布式；根据安装物理位置可以划分为集中组屏、分层组屏和分散在一次间隔设备上安装等形式。

2.3.2 集中式变电站自动化系统

集中式结构的变电站自动化主要出现在早期，指采用不同档次的计算机及其外围接口电路，集中采集变电站的模拟量、开关量和数字量等信息，集中进行计算与处理，分别完成计算机监控、计算机保护和一些自动控制功能。这里的集中也并非指由一台计算机完成所有任务，只是每台计算机承担多项任务，例如监控机要负担数据采集、数据处理、开关操作、人机联系等多项任务；担任计算机保护的一台计算机可能要负责几回低压线路的保护等，如图 2.3 所示。

这种结构形式按变电站的规模来配置相应容量、功能的计算机保护装置、监控主机及数据采集系统，并把它们安装在主控室内。主变压器、各种进出线路及站内其他所有电气设备的运行状态通过电流互感器、电压互感器经电缆送到主控室的保护装置或监控计算机上，并与调度中心的计算机通信。

这种系统的主要缺点如下：

(1) 每台计算机的功能集中，如果一台计算机出故障，影响面大，因此必须采用双机热备用模式。

(2) 集中式结构、软件复杂，修改困难、调试麻烦。

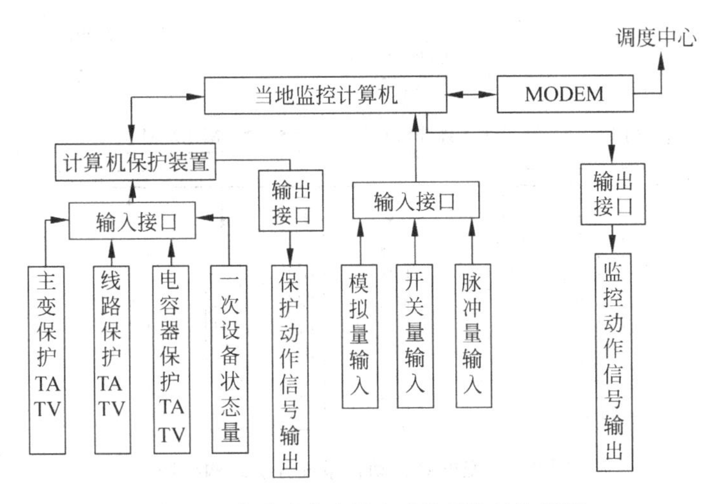

图 2.3 集中式变电站自动化系统结构框图

(3) 组态不灵活，对不同主接线或规模不同的变电站，软、硬件必须另行设计，工作量大。

(4) 集中式保护与一对一的常规保护相比，不直观，不符合运行和维护人员的习惯，调试和维护不方便，程序设计麻烦，只适合保护算法比较简单的情况。

2.3.3 分层分布式结构集中组屏的变电站自动化系统

随着计算机技术和通信技术的发展，特别是 20 世纪 80 年代后期单片机的性能价格比越来越高，研制者有条件将计算机保护和数据采集单元按一次回路进行设计。所谓分布式结构，是指在结构上采用主从 CPU 协同工作方式，各功能模块(通常是各个从 CPU)之间采用网络技术或串形方式实现数据通信。分布式系统提高了处理并行多发事件的能力，解决了集中式结构中独立 CPU 计算处理能力的瓶颈问题，方便系统扩展和维护，局部故障不影响其他模块的运行。

在变电站自动化系统中，通常把继电保护、自动重合闸、故障录波、故障测距等功能综合在一起的装置称为保护单元；而把测量和控制功能综合在一起的装置称为控制或 I/O 单元。这两者通称为间隔级单元(bay level unit)。各种类型的间隔级单元各自拥有独立的单片机，实现数据采集和控制功能，取消了或简化了传统设计中复杂的二次回路。变电站自动化系统按功能逻辑可以划分为站控层、间隔层和过程层 3 级，如图 2.4 所示。

过程层是一次设备与二次设备的结合面，或者说过程层是指智能化电气设备的智能化部分。过程层的主要功能分 3 类：①电力运行的实时电气量检测；②运行设备的状态参数检测；③操作控制的执行与驱动。

(1) 电力运行的实时电气量检测

电力运行的实时电气量检测主要包括电流、电压、相位以及谐波分量的检测，其他电气量如有功、无功、电能量可通过间隔层的设备运算得出。传统的电磁式电流互感器、电压互感器有逐渐被光电电流互感器、光电电压互感器取代的趋势；采集传统模拟量被直接采集数字量所取代，这样做的优点是抗干扰性能强，绝缘和抗饱和特性好，开关装置实现了小型化、紧凑化。

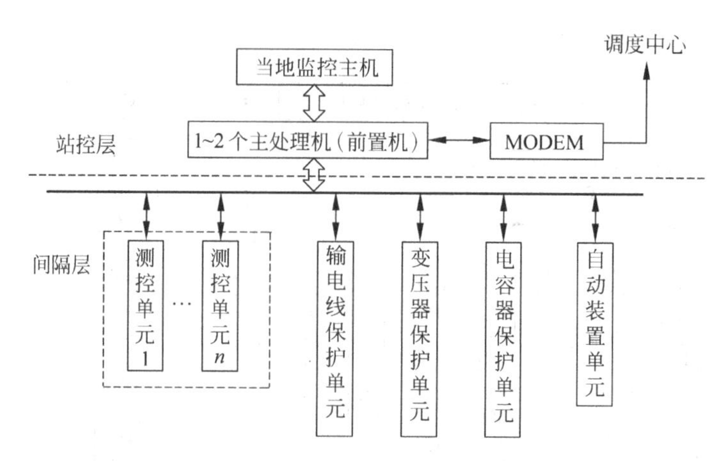

图 2.4 变电站自动化系统分层结构框图

(2) 运行设备的状态参数在线检测与统计

变电站内需要进行状态参数检测的设备主要有变压器、断路器、刀闸、母线、电容器、电抗器以及直流电源系统。在线检测的内容主要有温度、压力、密度、绝缘、机械特性以及工作状态等数据。

(3) 操作控制的执行与驱动

操作控制的执行与驱动包括变压器分接头调节控制，电容、电抗器投切控制，断路器、刀闸合分控制，直流电源充放电控制。过程层的控制执行与驱动大部分是被动的，即按上层控制指令而动作，比如接到间隔层保护装置的跳闸指令、电压无功控制的投切命令、断路器的遥控开合命令等。在执行控制命令时具有智能性，能判别命令的真伪及其合理性，还能对即将进行的动作精度进行控制，能使断路器定相合闸，选相分闸，在选定的相角下实现断路器的关合和开断，使操作时间限制在规定的参数内。又例如对真空开关的同步操作要求能做到开关触头在零电压时关合，在零电流时分断等。

间隔层按一次设备组织，一般按断路器的间隔划分，具有测量/控制和继电保护等装置。测量/控制部分负责该单元的测量、监视、断路器的操作控制和事件顺序记录等；保护部分负责该单元的线路、变压器或电容器等设备的保护、各种录波等。因此，间隔层是由各种不同的单元装置组成，这些单元装置通过总线或以太网接到站控层。总的来说，间隔层设备的主要功能是：①汇总本间隔过程层实时数据信息；②实施对一次设备的保护控制功能；③实施本间隔操作闭锁功能；④实施操作同期及其他控制功能；⑤对数据采集、统计运算及控制命令的发出具有优先级别的控制；⑥承上启下的通信功能，即同时高速完成与过程层及站控层的网络通信功能。

站控层的主要功能就是作为数据集中处理和保护管理的中心，负责上传下达的任务。对下它可以管理各种间隔单元装置，包括监控、保护、自动装置等，采集各种数据并发出控制命令，起到数据集中作用；还可以通过现场总线或以太网完成对保护单元的自适应调整。对上则通过网络，与管理层建立联系，同时将数据传送到管理后台机或调度中心。概括地说，站控层的主要任务是：①通过两级高速网络汇总全站的实时数据信息，不断刷新实时数据库，按时登录历史数据库；②按既定规约将有关数据信息送向调度或控制中心；③接收调度或控制中心有关控制命令并转间隔层、过程层执行；④具有在线可编程的全站操作闭锁控制功能；⑤具有(或备有)站内当地监控、人机联系功能，如显示、操作、打印、报警，甚至图像、声音等多媒体功能；⑥具有对间隔层、过程层诸设备的在线维护、在线组态及在线修改参数的功能；⑦具有(或备有)变电站故障自动分析和操作培训功能。

2.3.4 分散分布式与集中相结合的变电站自动化系统

分散分布式与集中相结合的变电站自动化系统是目前最流行的结构。它是根据高压设备间隔(如一条出线、一台变压器、一组电容器等)的方法设计的，间隔层集测量、控制、保护于一体，设计在同一个机箱中。各间隔单元的设备单元相互独立，仅通过光纤或电缆网络由站控机对它们进行管理和交换信息。能在间隔层完成的功能一般不依赖于通信网络，如保护功能本身不依赖于通信网络。需要指出的是，测控单元和保护虽然设计在一起，但它们的电流测量使用不同的电流互感器。这是因为，保护的工作电流远大于测控单元，需要很高的电磁非饱和区，但不需要太高的精度；而测控单元的电流互感器不需要太大的电磁非饱和区，但需要较高的精度。

这样的组态模式集中了分布式系统的全部优点，此外还最大限度地压缩了二次设备及其繁杂的二次电缆。从安装配置上除了能分散安装在间隔开关柜上外，还可以实现在控制室内集中组屏或分组组屏，即一部分集中在低压开关室内分别组屏(如 10～35kV 的配电线路)。这种将配电线路的保护和测控单元分散安装在开关柜内，而高压线路保护和主变保护装置等采用集中组屏的系统结构称为分散和集中结合的结构，如图 2.5 所示。

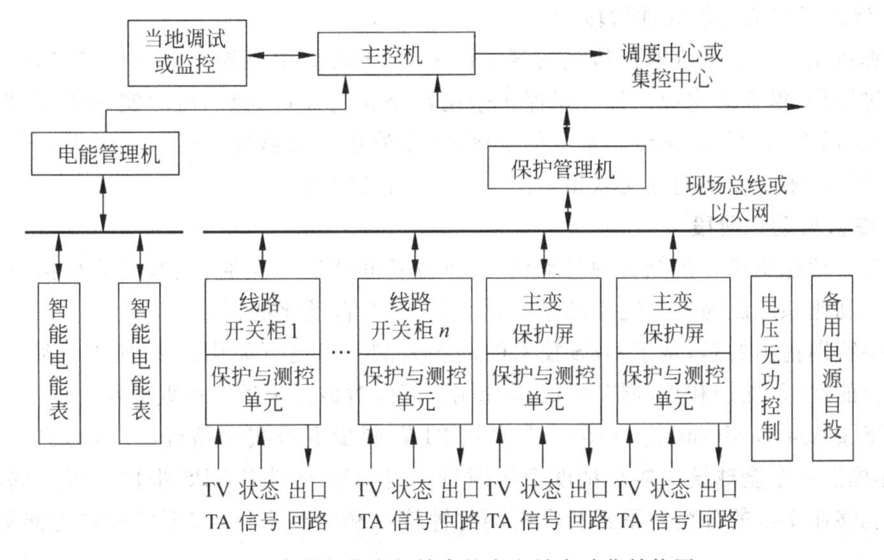

图 2.5 分散与集中相结合的变电站自动化结构图

该结构形式具有如下特点：

(1) 10～35kV 馈线保护采用分散式结构，就地安装，节约控制电缆，通过现场总线或以太网与保护管理机通信。

(2) 高压线路保护和变压器保护采用集中组屏，保护屏安装在控制室或保护室中，同样通过现场总线或以太网与保护管理机通信。使这些重要的保护装置处于比较好的工作环境，有利于提高可靠性。

(3) 其他自动装置,备用电源自投和电压、无功自动控制装置采用集中组屏安装于控制室或保护室内。

(4) 电能量计量系统单独组网,这主要是考虑专业分工。

目前变电站自动化系统的功能和结构都在不停地发展,全分层、分散式的结构是今后的发展方向。主要原因是:①分层、分散式的系统优点突出;②随着新设备、新技术的进展,如光电传感器和光纤通信技术的发展,使得原来只能集中组屏的高压线路保护和主变压器保护装置可以考虑安装在高压场附近,并利用日益发展的光纤技术和网络技术,将这些分散在各开关柜上的保护和测控模块联系起来,构成一个全分散的自动化系统。

2.4　变电站自动化的发展

目前变电站自动化技术已经历了3个发展阶段,即分立元件阶段、计算机化的智能元件阶段和综合自动化阶段。

1. 分立元件阶段

分立元件阶段为自动化开发和生产了大量的自动化设备,比如测量仪表、保护及自动装置等。该阶段以电子元件为主,设备体积大、构造复杂,但最主要的问题是设备间互无联系,各自独立运行,比如测量仪表、保护、自动装置都要对母线电压进行测量,每个元件都要单独装设连接电缆。

2. 计算机化的智能元件阶段

计算机化的测量系统取代传统的测量仪表,不再需要中央控制屏和仪表盘,监视、控制均可通过屏幕、键盘等完成。计算机保护采用数字化的保护原理,可以实现更多、更灵活的保护算法,提高保护的正确性。常见的负序、零序滤过不再需要专门的变送器,可利用程序实现。但仍未解决设备间互无联系,各自独立运行的问题。

3. 综合自动化阶段

综合自动化阶段不仅能实现自动化,而且设备间能够互相通信、共享运行信息,使整个变电站自动化系统成为一个完整的系统,而不是多个自动化的孤岛。

需要特别指出的是,基于GPS技术的动态监测技术已开始引入我国电力系统,它将对电力系统的运行、保护和控制带来深远的影响,下面对该技术做一简要介绍。

GPS(global positioning system)是利用24颗同步卫星实现精确的全球定位功能。此外,它还提供一个全球统一的高精度卫星时钟。电力系统利用GPS提供精确的同步时钟,理论上能够在1μs的分辨率下进行全电网时钟统一和同步采样,实现各种动态测量功能和应用。

传统的测量值都是由各自独立的测量装置利用自身时钟得到的采样结果,各点的测量值不同步,因而只能用于系统稳态监视。由于采用GPS的同步相量测量技术使用了统一的时钟,所以各点的测量可以同时进行。一方面,使得测量数据带有统一的时标,利于应用到快速变化过程的特征分析;另一方面,可以测量系统电流、电压的相角,因而可以实现在线监测发电机的功能和负荷的动态行为,实现在线的系统稳定监视。预计这种广义测量系统将在以下几个方面得到应用。

(1) 系统监测及事故记录

记录下来的数据可以用来复现事故的过程，对控制及保护系统进行评估，从而提高系统的安全性。

(2) 状态估计

由于功角测量设备可以得到实时同步的系统工况(电压/电流幅值及正序功角)，在此基础上进行状态估计可提高结果的精度。

(3) 参数辨识

测量手段的提高为在线系统参数的辨识提供了条件。

(4) 自适应保护

广域保护技术在原理上非常适合自适应保护的整定，特别是当这类保护的整定值依赖于大区系统的运行状况时(如失步保护)。

(5) 各类广域稳控系统

广域测量系统和动态安全分析技术的结合可以实现在实时系统工况上对预想事故集进行稳定分析扫描(以功角、低频振荡、电压或频率的稳定性为准则)。对于潜在的不安全事故，可根据一定的稳控策略来制定相应的稳控措施，从而提高系统的安全性。

第3章

电力系统数据采集

3.1 引　　言

变电站自动化系统的各个单元，如计算机保护、监控系统、自动装置的硬件结构从宏观方面来看都是大同小异，基本上由计算机或单片机及其外部接口电路组成。外部接口电路包括：模拟量输入/输出电路、开关量输入/输出电路、通信电路等。限于篇幅，本章仅简要介绍模拟量输入/输出电路和开关量输入/输出电路的基本结构和原理。

如图3.1所示为数据采集与控制的硬件结构。其中ROM存储程序和数据，RAM存储程序运行过程中产生的临时数据。CPU执行程序，完成采集和控制的功能。目前变电站自动化系统已普遍采用32位CPU。方框内是一个功能模块，既可以在一个装置中包括所有模块，也可以在一个装置中只实现一个模块。如果需要与其他设备通信，可以通过MODEM或网

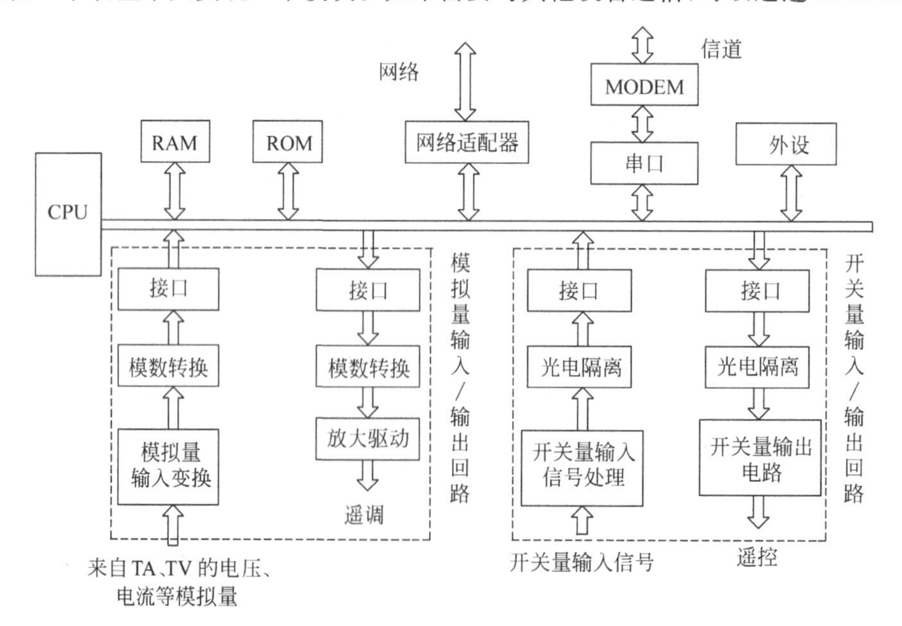

图3.1　数据采集与控制的基本硬件结构

络适配器进行。

一次设备的电压、电流信号是随时间连续变化的模拟信号,而计算机是一种数字电路设备,只能接受数字脉冲,识别数字量,所以需要先把模拟量转换成计算机能接受的数字量。这就需要模拟量输入电路来实现。同时,为了实现对电气设备的调节(如调节发电机的有功出力或励磁电流等),还需要输出模拟信号去驱动执行机构,这就需要利用模拟量输出电路。

开关量输入/输出电路由并行接口、光电耦合电路和有触点的中间继电器组成,主要用于接受开关量信号的输入以及发送跳、合闸信号、本地和后台机的告警信号、压板投送信号以及闭锁信号等。

3.2 开关量输入电路

在变电站中存在大量的以0/1变化的信号量,如断路器、隔离刀闸等的开合状态。这种把开关量输入计算机的电路结构见图3.2,它由隔离电路、去抖电路、信号调节电路、控制逻辑电路、驱动电路、地址译码器等组成。开关量的输出电路与输入电路大致相似。

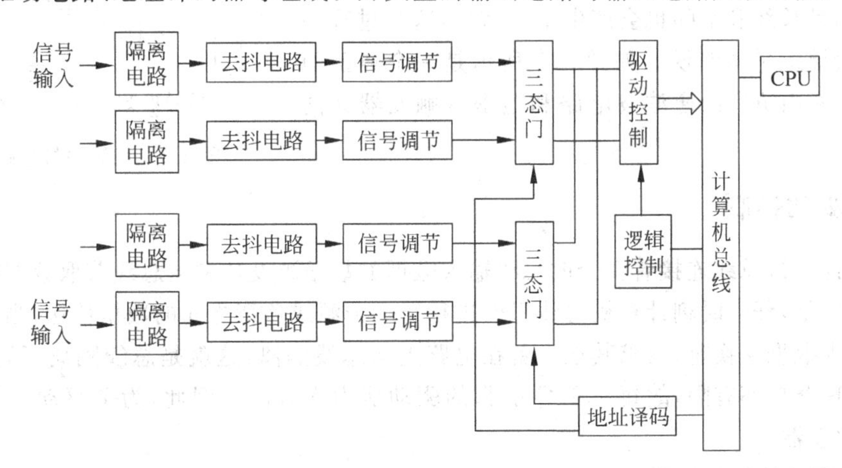

图3.2 开关量输入基本硬件结构

3.2.1 隔离电路

断路器和隔离刀闸的状态一般取自它们的辅助触点。这些触点通常距离测量装置较远,连线较长。为避免连线上引入干扰和保护采集电路的安全,一般信号输入时需采取隔离措施。隔离方法主要有继电器隔离和光电隔离两种。

1. 继电器隔离

这种隔离电路的工作原理很简单,如图3.3所示,以断路器的开、合状态采集为例:

(1) 断路器断开,辅助触点闭合,使得J_2动作,低电平0进入数据采集电路;

(2) 断路器闭合,辅助触点断开,使得J_2释放,高电平1进入数据采集电路。

2. 光电隔离

最常用的隔离电路是光电隔离电路,其原理接线图如3.4所示,工作原理如下:

断路器断开，辅助触点闭合，二极管接通，光敏三极管集电极低电平0进入远动装置。断路器闭合，辅助触点断开，二极管不通，光敏三极管集电极高电平1进入远动装置。

光电耦合器件体积小，响应速度快，不受电磁干扰影响，是理想的隔离方法。

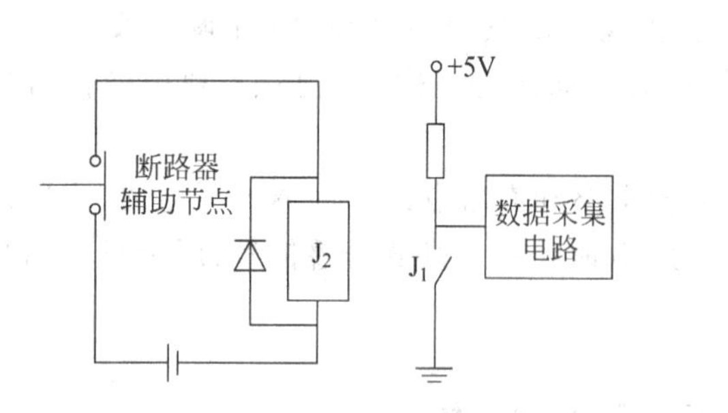

图3.3 继电器隔离的原理接线图

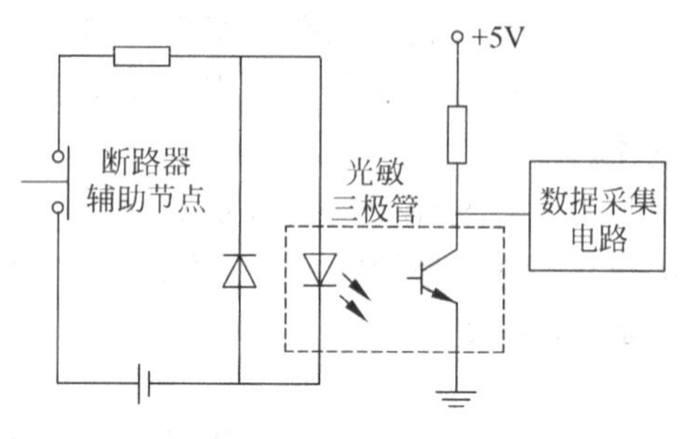

图3.4 光电隔离的原理接线图

3.2.2 滤波去抖电路

因为触点闭合时并不是一步到位，而是有一个抖动的过程，而且长线和空间也会产生干扰信号，这个过程如不处理，会导致采集错误。如图3.5所示是一个典型的消颤电路，它由 RC 低通滤波电路和施密特触发器共同组成。

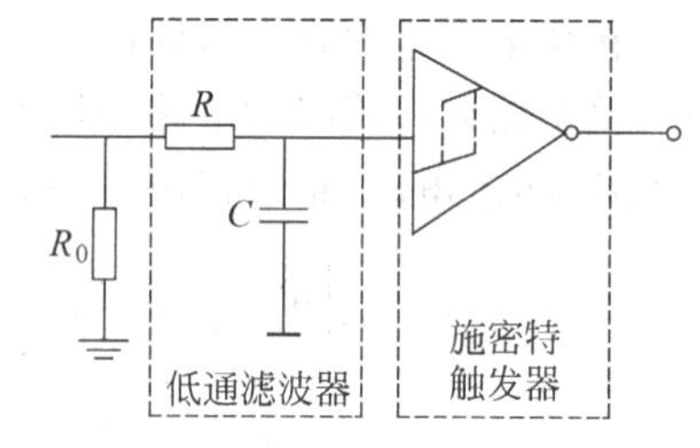

图3.5 滤波去抖电路图

3.2.3 驱动控制

通常计算机总线连接着多个向总线输入数据的数据源设备和从总线获取数据的数据负荷设备。但是，任一时刻计算机总线只能进行与一个源或负荷之间的数据传送，当一个设备与总线发生数据交换时，要求其他设备在电路上与总线隔离，这就是总线隔离问题。此外，由于微处理器功率有限，故每个I/O引脚的驱动能力亦有限。因此，为了驱动负荷需要采用缓冲/驱动器。

1. 三态门的工作原理

计算机系统中一般有三组总线，即数据总线、地址总线和控制总线。为防止信息干扰，要求挂接在总线上的寄存器或存储器等的输出端不仅能呈现0，1两个信息状态，而且还应呈现出第三种状态——高阻抗态，处于这种状态时它们的输出好像被开关断开，与总线隔离。此时，总线可被其他设备占用。三态门就是用于实现上述功能的，它的结构如图3.6所示，除了输入/输出端外，还有一个控制端。

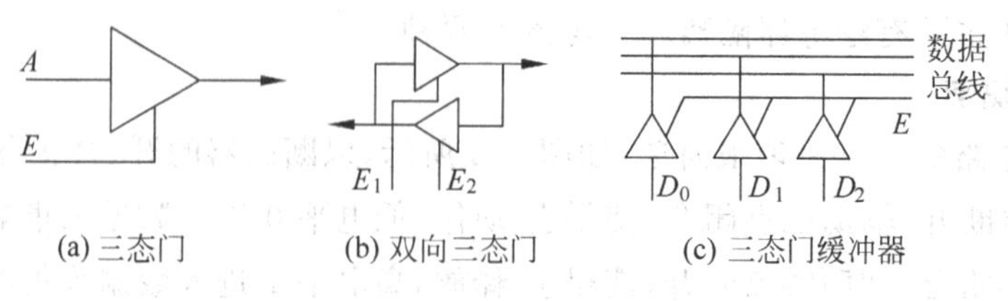

图3.6 三态门电路图

当控制端 $E=1$ 时，输出等于输入。此时总线由该器件驱动，总线上的数据由输入数据决定；当 $E=0$ 时，输出端呈现高阻抗状态，该器件对总线不起作用。当寄存器的输出端与一三态门相连，再由三态门与总线相接，就构成了三态门缓冲器。三态门缓冲器主要用在数据接口电路中，用于与数据总线的配合。

2. 锁存器

计算机系统输出的数据在系统总线上只能存在很短的时间，接口电路必须及时把数据接收并保持，因此输出接口电路需要锁存器。常用锁存器芯片有 74LS273、74LS373、74LS277 等，是由 8 个 D 触发器组成。下面以 74LS373 为例，说明其工作原理。

74LS373 常用接法如图 3.7 所示。其中，$\overline{OE}$为使能控制端。当$\overline{OE}$为低电平时，8 路输出全导通；当$\overline{OE}$为高电平时，输出为高阻态。G 为锁存控制信号。74LS373 有三种工作状态：

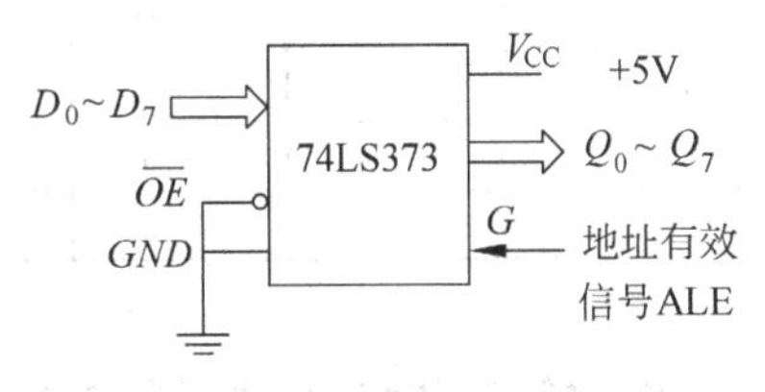

图 3.7 74LS373 常用接法

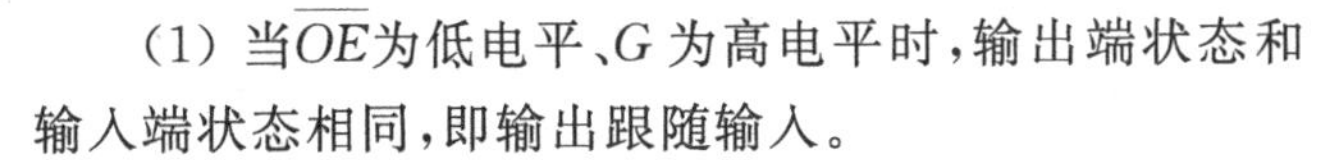

(1) 当$\overline{OE}$为低电平、G 为高电平时，输出端状态和输入端状态相同，即输出跟随输入。

(2) 当$\overline{OE}$为低电平、G 电平降为低电平时(下降沿)，输入端数据锁入内部寄存器中，内部寄存器的数据与输出端相同。当 G 电位保持为低电平时，输入端数据变化不会影响输出端状态。

(3) 当$\overline{OE}$为高电平时锁存器缓冲三态门封闭，即输出端为高阻态。74LS373 的输入端 $D_0\sim D_7$ 与输出端 $Q_0\sim Q_7$ 隔离。

3.2.4 地址译码电路

多数 CPU 的 I/O 指令采用 16 位有效地址 AB_0-AB_{15}，可寻址范围 0-65535 个地址单元，即 64kB 的地址范围。其中 IBM PC 系列的输入/输出指令只采用 AB_0-AB_9 十位地址来表示输入/输出空间，因此其输入/输出端口地址仅为 0-1023，即 1kB，其中前 512 个地址(0000-1FFH)被主板上的输入/输出接口占用，其余 200-3FFH 可以为插在插槽中的输入/输出通道使用，其中又有部分被通用外部设备占用，如并行打印机、彩色显示适配器等。用户扩展的输入/输出设备，应从尚未被占用的端口地址中选用。

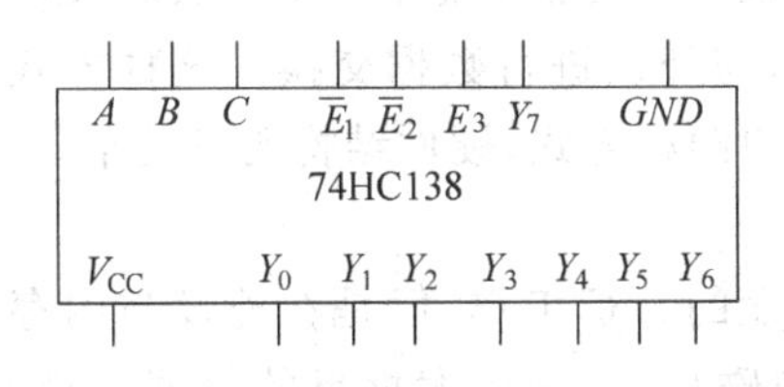

图 3.8 地址译码器 74HC138 的引脚

当输入数字通道比较多时，需要多片三态缓冲器，这时需要进行地址译码，以确定在某一时刻读取哪一片缓冲器中的数据。常用方法有 3-8 译码器。

3-8 译码器最典型的是 74HC138，如图 3.8 所示。它利用高地址进行译码，其真值表见表 3.1。

如上面的真值表，74HC138 具有 3 个选择输入端 A,B,C 用于片选，可组成 8 种输出状态。输出端有 8 个(Y_0,Y_1,Y_2,Y_3,Y_4,Y_5,Y_6,Y_7)，每个输出端分别对应 8 种输出状态中的 1 种，0 电平有效。也就是说，对应每种输入状态，仅允许一个输出端为 0，其余全为 1。74HC138 还有三个使能端 E_3,E_2 和 E_1，必须对它们输入有效电平，译码器才能工作。也就是仅当输入电平为 100 时，才能选通译码器。

表3.1 74HC138的真值表

输入						输出							
使能			片选			Y_0	Y_1	Y_2	Y_3	Y_4	Y_5	Y_6	Y_7
E_3	E_2	E_1	C	B	A								
1	0	0	0	0	0	**0**	1	1	1	1	1	1	1
1	0	0	0	0	1	1	**0**	1	1	1	1	1	1
1	0	0	0	1	0	1	1	**0**	1	1	1	1	1
1	0	0	0	1	1	1	1	1	**0**	1	1	1	1
1	0	0	1	0	0	1	1	1	1	**0**	1	1	1
1	0	0	1	0	1	1	1	1	1	1	**0**	1	1
1	0	0	1	1	0	1	1	1	1	1	1	**0**	1
1	0	0	1	1	1	1	1	1	1	1	1	1	**0**

3.2.5 输入/输出的控制方式

外设和计算机内存或外设间的数据交换一般有四种方式。

1. 同步传输方式

CPU不查询外设的状态,定时与外设交换数据。即认为外设数据随时准备好,CPU要读取其数据时,不需要实现查询其工作状态。总线数据发给外设时也是如此。这种方式只适合于CPU与比较简单而且数据状态变化慢或变化速度固定的外设交换信息。

2. 查询方式

查询方式的工作原理是CPU在输入/输出数据前,先测试外设是否已准备好。只有检测到外设准备好后才发出输入/输出指令。查询方式的优点是程序和硬件接口都比较简单,但CPU的负载较大。

查询方式程序设计简单,硬件接口也简单,但是必须保证执行输入指令时外设数据准备好;而输出指令时,外设是空闲的。这对于外设来说是很难保证的。

3. 中断方式

中断是通过硬件改变CPU的运行方向。由外设根据自己的状态向CPU及时发出中断申请,CPU根据中断的优先级决定中断目前的任务,与外设进行数据交换。这种方式可以有效降低CPU负载,同时提高处理速度。但相比于前两种方式,硬件结构明显复杂。

4. 直接存储器存取方式

虽然中断方式可以在一定程度上实现CPU和外设的并行工作,但是在外设与内存数据交换时还需要通过CPU中转。这对于高速外设(如磁盘)在进行大批量的数据交换时,还是会严重影响CPU的效率。为此,引入DMA(direct memory access)控制器协调外设与内存间的数据交换,中间CPU不参与任何任务,这就是直接存储器存取方式。

3.3 开关量输出电路

典型的开关量输出电路如图3.9所示,它由地址译码器、驱动控制、逻辑控制、锁存器、隔离电路和输出电路构成。

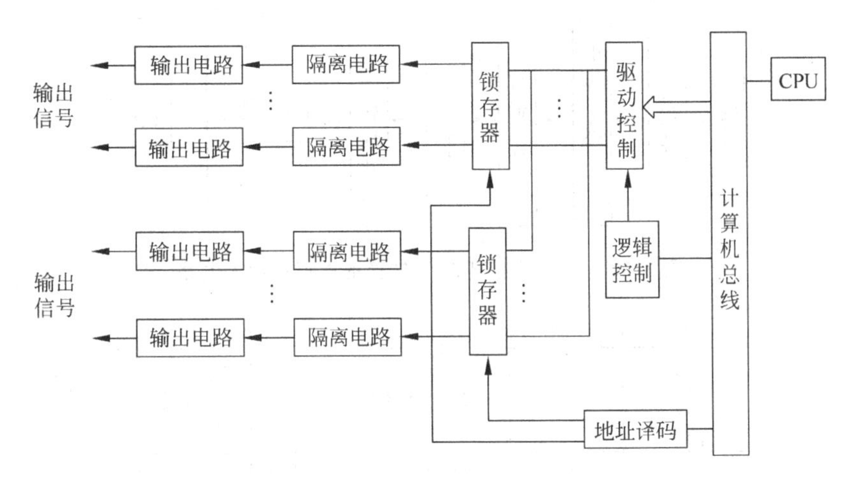

图 3.9 开关量输出电路原理图

地址译码和输出隔离电路的原理与开关量输入电路中的相同。输出通道的主要特点在于由于计算机输出的数据只能在总线上存在很短时间，必须利用锁存器保持信号电平，常用的锁存器有 74LS273，74LS373，74LS573 等。CPU 收到输出指令后，向输出端口送出状态字，地址线上的地址信号选通相应的锁存器，状态字被锁存器保持并通过隔离电路和输出继电器输出。

3.4 模拟量输入电路

电力系统中的电流、电压、温度等都是连续变化的模拟量。模拟量的输入电路是数据采集系统中很重要的电路，变电站保护、自动装置动作速度和测量精度等性能都与该电路紧密相关。模拟量输入电路的主要作用是隔离、规范输入电压及完成模数转换，以便与计算机接口，完成数据采集任务。

根据模数变换原理的不同，数据采集系统中模拟量输入电路有两种方式：一是逐次逼近型 A/D(ADC) 转换方式，该方式直接将模拟量转换成数字量；二是电压/频率变换(VFC)原理进行模/数变换的方式，它是将模拟量电压先转换为频率脉冲量，通过脉冲计数变换为数字量的一种变换方式。本节主要介绍第 1 种。

逐次逼近型 A/D 转换方式由电压形成电路、低通滤波电路、采样保持、多路转换开关及 A/D 变换芯片五部分组成。其基本结构如图 3.10 所示，下面将分别叙述五个部分的结构和作用。

1. 电压形成电路

从电流互感器、电压互感器取的电气信号不满足模/数转换器的输入范围，故需要对它们做进一步变换。

如图 3.11 所示，电压形成电路由中间变换器、*RC* 低通滤波电路、双向限幅电路组成。一般模/数转换器要求输入信号电压为±5V 或±10V，所以采用中间变换器进一步降压。而采用两个串联的稳定压管组成的双向限幅，使后面的采样保持器、多路转换开关和 A/D 转换器的输入信号电压限制在±5V 或±10V 内。

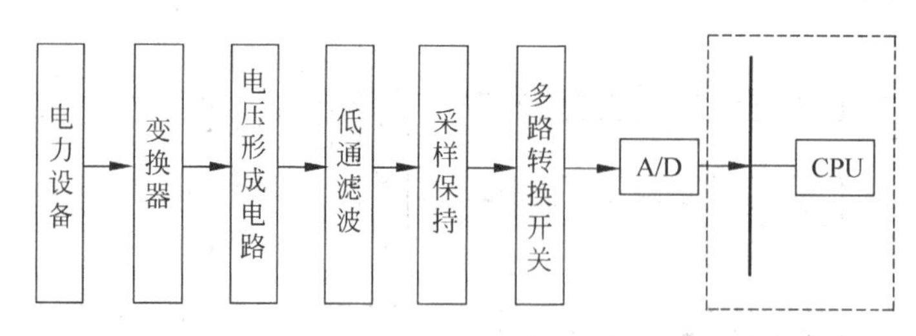

图 3.10 逐次逼近型 A/D 转换的模拟量输入电路

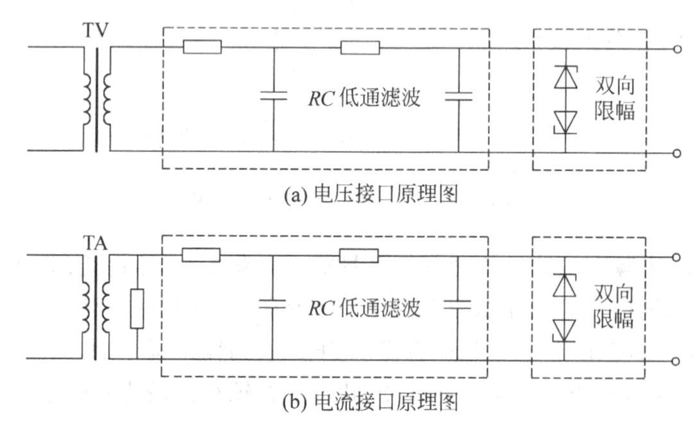

图 3.11 模拟量输入电压形成回路

电压形成电路另一个重要作用是将一次设备的电流互感器、电压互感器的二次回路与计算机 A/D 转换系统隔离，提高了抗干扰能力。

2. 低通滤波

根据模拟信号的采样定理，要确保采样信号能真实反映出原始的信号，采样频率 $f_s \geq 2f_{max}$，其中 f_{max} 是原始信号的最大频率。电力系统在故障的暂态期间，电压和电流含有较高的频率成分，如果要对所有的高次谐波成分均不失真地采样，那么采样频率就要取得很高，这就对硬件采样速度提出很高要求，使成本增高，是不现实的。变电站自动化系统的大部分功能都只需要工频分量，或者是某种高次谐波，故可以在采样前将最高频率分量限制在某一频带内。所以需要采用模拟低通滤波电路，将 $f_s/2$ 以上的频率的谐波过滤掉。

3. 采样保持器

数据采集模块把连续信号形成离散时间信号，这个过程中采集频率的选择是一个重要问题。另外，数据采集模块同时对多个模拟量进行采样，如何协同多路模拟量输入也是一个需要解决的技术问题。还有，A/D 转换是有工作时间的，而模拟量采集输入信号是瞬时的，所以需要对采集信号进行保持。下面分别针对这三个问题展开讨论。

(1) 采样频率的选择方式

根据采样频率与模拟信号基波频率的关系，可以将采样分为异步采样和同步采用。

异步采样就是采样频率与模拟信号的基波频率没有关系，采用固定的采样频率。这种方式的缺点是当模拟信号的基波频率发生较大偏移时，会产生计算误差。

同步采样是采样频率随模拟信号的基波频率的变化而变，一般采用模拟信号的基波频率的整数倍。这种采样方式可以消除基波频率偏移时的计算误差，但电路变得复杂了。

(2) 对多路模拟量输入信号的采集方式

采集模块一般需要同时采集多路模拟信号(如三相电流、三相电压和零序电压、电流)。根据多路信号在采样时间上的对应关系可以分为同时采样、顺序采样和分组同时采样。

同时采样就是在同一时刻上,同时对所有输入信号采样。如图 3.12 所示,可以采用(a)和(b)两种电路,其中图(b)所示电路加了一个多路转换开关,可以节省多个 A/D 转换器。

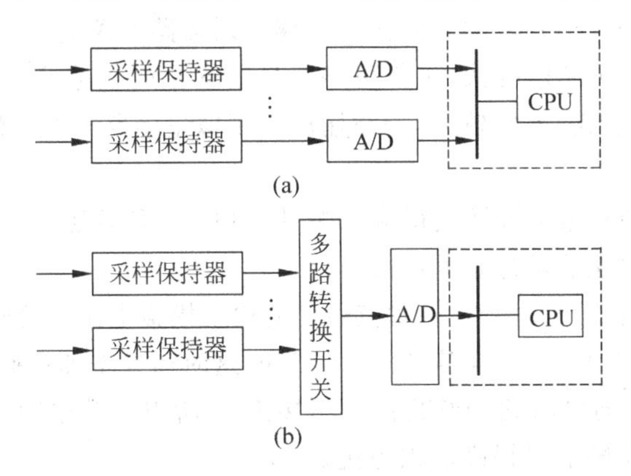

图 3.12 同时采样硬件框图

顺序采样就是在每一个采样周期内,对一个通道完成采样及 A/D 转换后,再开始下一个通道信号的采样,各个通道信号的采样是按顺序排列进行。图 3.13 是顺序采样的一个典型电路。它要求 A/D 转换速度远大于采样器的速度。顺序采样的优点是只需要一个公共的采样保持器。

分组同时采样是前两种采样方式的结合,将所有模拟输入信号分成若干组,在同组内的各模拟信号同时采样,组之间采用顺序采样。

(3) 采样信号的保持

A/D 芯片完成一次转换需要时间。对于变化较快的模拟量,如不采取措施会引起转换误差,一般增加一级采样保持器,在转换期间保持输入 A/D 的模拟信号基本不变。对于变化缓慢的模拟量,可以不设置这一级。

如图 3.14 所示,采样保持电路由保持电容 C_h 和输入输出缓冲放大器 A_1、A_2 和控制开关组成。

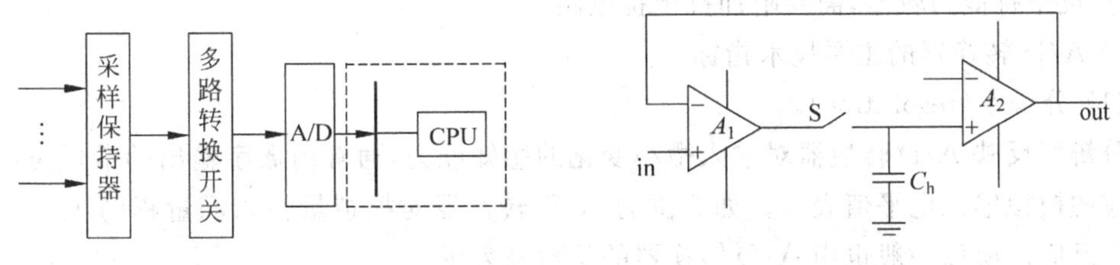

图 3.13 顺序采样硬件框图　　图 3.14 采样保持原理图

采样期间,S 闭合,A_1 通过 S 向 C_h 充电,使输出随输入变化而变化。此时电路处于自然采样状态。

保持期间,S 断开,由于 A_2 的高输入阻抗,使得保持电容 C_h 的电压输出保持充电时的最高值。

一般采样保持电路都集成在一个芯片中，如LF398等，但通常不封装电容，电容由电路设计者自行选配。

4. 多路转换开关

A/D转换芯片价格较高，如AD574A在400～600元间，甚至超过CPU的价格，所以多路模拟量采集通常共用一个A/D转换通道。这要求各个模拟量在多路转换开关的控制下分时地逐一经A/D转换器转换，每次只选通一路。对多路开关的要求是断开时开路阻抗无穷大，导通时阻抗为0，切换速度快，工作可靠。目前常见的多路开关有CD4051B、AD7506等。以AD7506为例，它是16路输入，一路输出的模拟量多路开关CMOS芯片。模拟量多路开关由三部分组成：

(1) 地址输入缓冲和电平转换使得输入端对TTL，CMOS逻辑电平兼容。

(2) 译码和驱动把地址译为通道号代码。

(3) 模拟开关。模拟开关导通，将对应通道的输入模拟电压引至输出端。

若输入模拟通道数目超过16，需多片AD7506，这时需要增加译码器进行片选。

AD7506导通时导通电阻约400Ω，由于不接近0，所以负载电阻一定要比较大，一般在输出后增加一级电压跟随器以提高输入阻抗。

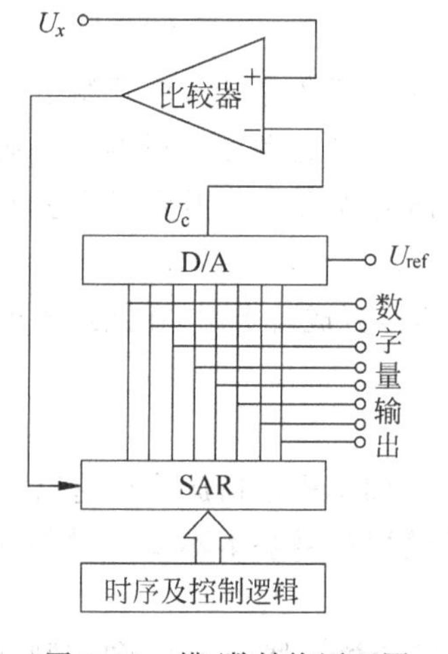

图3.15 模/数转换原理图

5. 模/数转换

1) 工作原理

电力系统数据采集要求比较高的速度，因此一般使用逐次逼近型的A/D转换器。逐次逼近的原理类似于天平称重，其原理图如图3.15所示。它由逐次逼近寄存器SAR、D/A转换器、比较器以及时序和控制逻辑电路组成。

首先，转换前将SAR清0。转换开始后，先将SAR最高位置1，此值由D/A转换器转换成电压U_c，与输入电压U_x比较，若$U_x>U_c$，则该位保留，否则清0。然后再对次高位进行同样过程。直至全部位完成。

2) 特点

① 转换速度快；

② 转换时间固定；

③ 抗干扰能力较差，需要附加抗干扰电路。

3) A/D转换器的主要技术指标

(1) 分辨率(resolution)

分辨率反映A/D转换器对输入微小变化的感知能力，通常用数字输出的最低位(LSB)所对应的模拟输入电平值表示。如8位的A/D转换器对模拟量输入满量程的1/256的增量作出反应。所以一般也用A/D转换器的位数来表示。

(2) 精度

精度有绝对精度和相对精度之分。

绝对精度对应于一个数字量的实际模拟输入电压与理想的模拟输入电压之差。通常以数字量的最小有效位LSB的分数值表示，如$\pm\frac{1}{2}$LSB等。

相对精度指在整个转换范围内，任一数字量所对应的模拟输入量的实际值与理论值之差，用模拟电压满量程的百分比表示。

(3) 转换时间

转换时间指完成一次 A/D 转换需要的时间，即由发出启动转换命令到转换结束信号开始有效的时间间隔。

(4) 电源灵敏度

电源灵敏度指 A/D 芯片的供电电源电压发生变化时产生的转换误差。一般用电源电压变化 1%时对应的模拟量变化的百分数表示。

(5) 量程

量程是指所能转换的模拟输入电压的范围，分单极性、双极性两种。

(6) 输出逻辑电平

多数 A/D 转换器的输出逻辑电平与 TTL 兼容。在考虑数字量输出与计算机总线接口时，需要考虑是否有三态输出，输出是否需要锁存等。

(7) 工作温度范围

一般 A/D 转换器的温度范围在 0～70℃，军品在－55～125℃。

3.5 模拟量输出电路

3.5.1 结构形式

以下介绍模拟量输出电路的主要组成部分(图 3.16)。

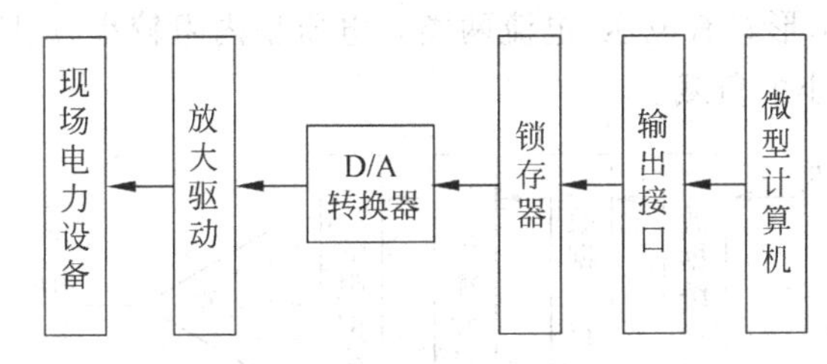

图 3.16 模拟量输出电路图

1. 锁存器

计算机输出的数据在数据总线上稳定的时间很短，所以在 D/A 转换期间必须锁存数据。

2. D/A 转换器

D/A 转换器是关键部件，由给定的数值转换得到模拟输出。

3. 放大驱动

D/A 输出的模拟信号需要经过低通滤波器使波形平滑，为了能驱动受控设备，还必须采用功率放大器作为驱动电路。

3.5.2 D/A 转换器

1. 工作原理

D/A 转换器的作用是将二进制数字量变换为模拟量。它的主要模块是电阻网。如

图3.18所示，电子开关 $S_1 \sim S_4$ 分别受控于输入的4位数字信号，在某一位为“0”即对应开关接地。从而 U_D 的输出可以表示为

$$U_D = D \times \frac{R_f U_R}{R}, \quad D = S_1 2^{-1} + S_2 2^{-2} + S_3 2^{-3} + S_4 2^{-4}$$

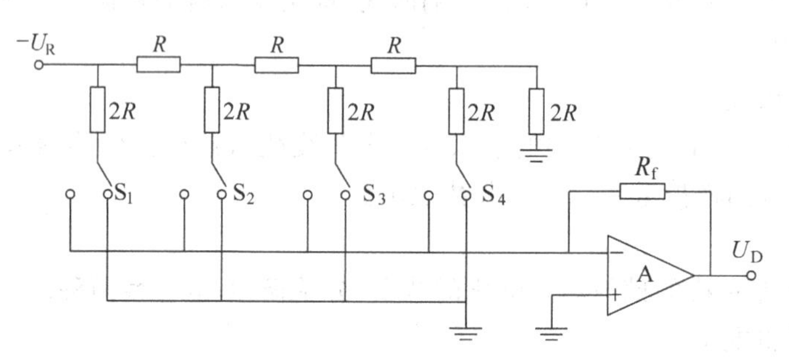

图3.17 4位数/模转换器的电路图

由此可见，输出模拟电压 U_D 正比输入数字量 D，比例常数为 $\frac{R_f U_R}{R}$。输出模拟量的幅值可以通过修改 U_R 和 $\frac{R_f}{R}$ 改变。

2. D/A转换器的结构(见图3.18)

首先将待转换的数字量通过数据缓冲器送至数据锁存器并保持到新的数据存入；锁存器的输出接到电流开关将数字的高低电平转换为开关状态；最后经过电阻网络和运放之后得到输出电压。

D/A转换器的输出形式有电压、电流两类。电压型内阻较小，应匹配大的负载电阻；电流型内阻大，应匹配较小的负载。

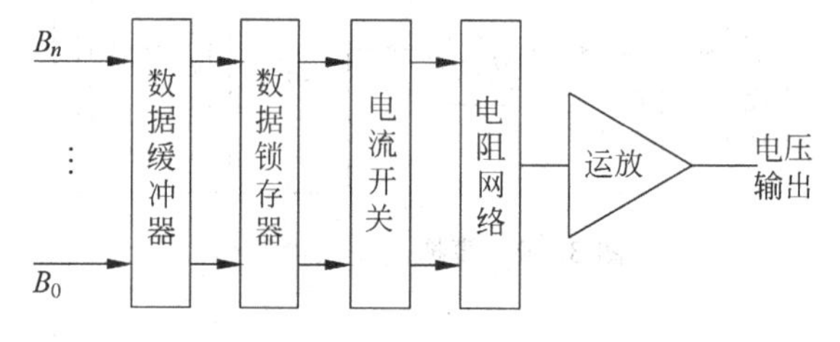

图3.18 D/A转换器的结构图

3. D/A转换器的主要技术指标

(1) 分辨率

一般用D/A转换器的位数表示。

(2) 稳定时间

D/A上施加满刻度变化，其输出稳定的时间。

(3) 输出电平

输出的电平值或安培值。

(4) 绝对精度

对应于给定的满刻度数字量，D/A输出的实际值与理论值的差，一般应低于 $\frac{1}{2}$ LSB。

(5) 相对精度

在满刻度已校准的条件下，在刻度范围内对任一数码的模拟量输出的实际值与理论值之差。

(6) 线性误差

在满刻度范围内，偏离理想线性转换特性的最大值。

(7) 温度系数

对应于每变化1℃，增益、线性度、零点及偏移等参数的变化量。

4. 常见的D/A芯片

常见的D/A芯片有DAC1210、AD588、AD7522等。

第4章 电力系统数据通信

4.1 引　　言

4.1.1 电力系统远动通信的基本功能

1. 远动的基本概念

远动(telecontrol)就是利用远程通信技术，对远方的运行设备进行监视和控制，以实现远程测量、远程信号、远程控制和远程调节。

远程测量(遥测，telemetering)即运用通信技术传输模拟变量(analog)的值。

远程信号(遥信，teleindication，telesignalization)是指对状态信息(status)(如开关位置，报警信号等)的远程监视。

远程切换(遥控，teleswitching)是对具有两个确定状态的运行设备所进行的远程操作，如打开/合上断路器。

远程整定(遥调，teleadjusting)是对具有不少于两个设定值的运行设备进行远程操作，如调整发电机机端电压。

这些名词之间的关系可以用下面的公式表示：

远动 = 远程监控 = 远程(监视 + 控制)
　　= 远程(信号 + 测量) + 远程(切换 + 整定)
　　= 遥信 + 遥测 + 遥控 + 遥调

远程监视 = 远程信号 + 远程测量

远程控制 = 远程切换 + 远程整定

2. 远动通信的任务

远动通信的主要任务是：

(1) 将表征电力系统运行状态的各发电厂和变电站有关的实时信息采集到调度控制中心。

(2) 把得到控制中心的命令发往发电厂和变电站。

其基本任务包括四遥，即遥信、遥测、遥控、遥调。

第3章已经详细讲述了在厂站端如何实现数字量的输入(遥信)、输出(遥控)及模拟量的输入(遥测)、输出(遥调),本章讨论如何在调度控制中心和厂站之间建立数据联系,即通信过程。

4.1.2 电力系统远动通信的基本结构

通信系统分为模拟通信和数字通信。由于数字通信具有抗干扰能力强,易于进行信号处理等优点,是目前采取的主要通信方式。数字通信的一个主要缺点是占用的信道频带较宽。

图4.1给出了数字通信的模型框图。

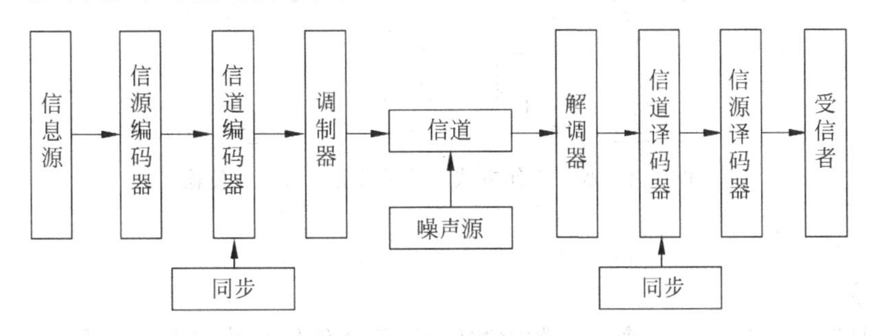

图4.1 数字通信的模型框图

(1) 信息源是产生和发出消息的人或机器,发出的消息可以是连续的或离散的。

(2) 受信者是接受消息的人或机器。

(3) 编码器包括信源编码器和信道编码器。信源编码器是将信息源送出的模拟或数字信号转换为合乎要求的数码序列;信道编码器是给数码序列按一定规则加入监督码元,使接收端能发现或纠正错误码元,以提高传送的可靠性,称为差错控制。

(4) 调制器将信道编码输出的数码变换为适合于信道传送的调制信号(高频信号)后再送往信道。解调器将收到的调制信号转换为数字序列。解调是调制的逆变换。

(5) 信道是传送信号的媒质。

(6) 译码器包括信道译码和信源译码。信道译码对收到的数字序列进行检错和纠错;信源译码将信道译码后的数字序列变换为相应的信号送往受信者。

(7) 同步系统用于保证收发两端步调一致,协同工作。同步是通信的重要组成部分,若收发两侧失去同步,数字通信系统会产生大量错码。

4.1.3 数据通信的基本原理

1. 通信工作方式

(1) 单工通信,消息只按一个方向传送(图4.2)。

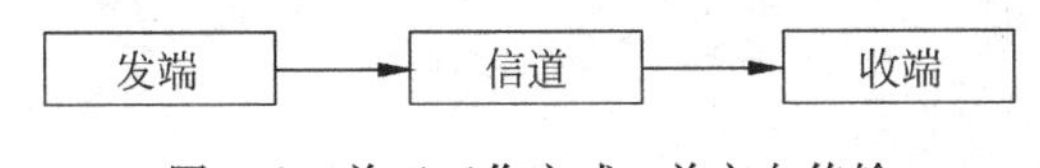

图4.2 单工工作方式:单方向传输

（2）半双工通信，消息可以双向传输，但不能同时双向传输（图4.3）。

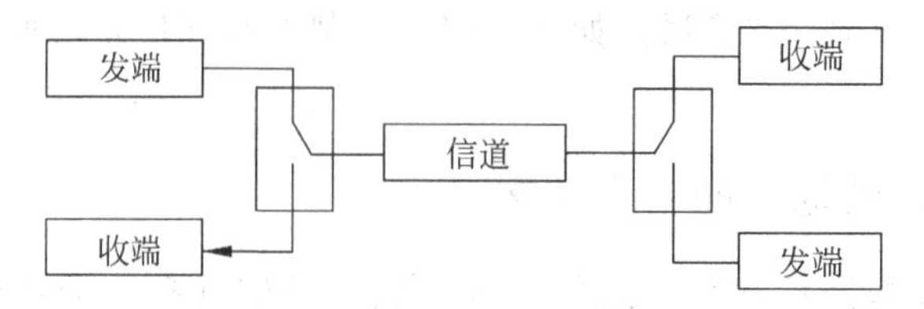

图4.3　半双工工作方式：可不同时上下行双向传输

（3）双工通信，可以双向传输数据（图4.4）。

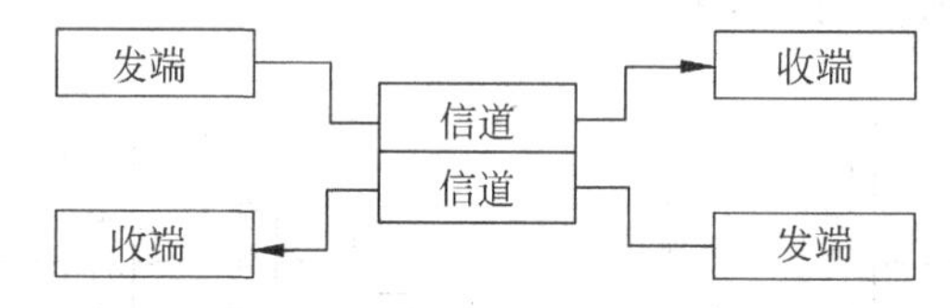

图4.4　双工工作方式：可同时上下行双向传输

2. 基本概念

（1）码元

数据通信中，传送的是一个个离散脉冲信号，每个信号脉冲称为一个码元。

（2）码制

每一码元能代表几种状态，就称为几元码制，图4.5给出了二元码制和四元码制示意图。

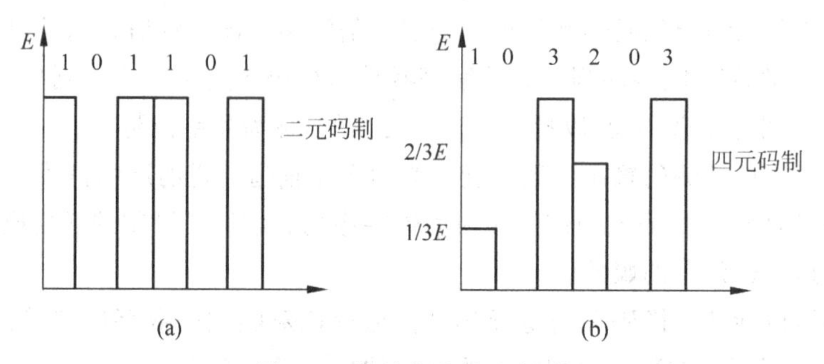

图4.5　信号的码制示意图

（3）数码率（波特率）

每秒传送的码元数，适用于所有码制，是消息传递速率。单位为波特（Baud）。

（4）信息传输速率（比特率）

每秒传输的信息量，单位为bit/s。当采用二元制的码元时，信息传输速率与数码率是相同的。

（5）信息量

信息量I定义为

$$I = \log_a \frac{1}{P}$$

式中，P为消息所表示的事件出现的概率，一般取$a=2$。对于N元码制，每一个消息所表示

的事件可能有 N 种不同的状态，故 $P=1/N, I=\log_2 N$。对于 2 元码制，$P=1/2, I=\log_2 2=1$，所以信息速率和码元速率数值上相等。

(6) 误码率

数据经过传输后，发生错误的码元总数与传输的总码元数之比称为误码率。

3. 数据同步

数据通信要求保持收发双方的时钟一致。如何保持一致就是数据同步要解决的问题。

1) 异步通信

如图 4.6 所示，异步通信中，对每一个数据编码加上一些固定的特殊码，组成一个数据帧。线路上没有数据传输时为空闲态，线路保持高电平。数据开始传输前，先发送一个起始位，占用一个码元的时间，为低电平。数据传输完后，要加上一个停止位，为高电平。

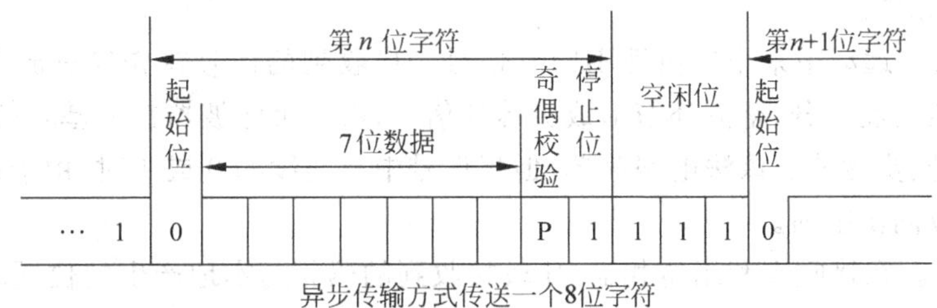

图 4.6 异步通信发送端的信号

如图 4.7 在接收端，采用一个频率为数据速率 16 倍以上的独立时钟，以此时钟频率检测线路上的状态。一旦检测到低电平，则 8 个计数脉冲后再检测一次线路，若仍为低则确定已接收到起始位(排除干扰)。在数据接收完成后，还要检查停止位。检测到高电平的停止位后，该数据帧接收完成。如果误判断了起始位，则停止位的装配就会出错。如图 4.8 所示，由于接收端的时钟频率过高而造成数据接收失败。

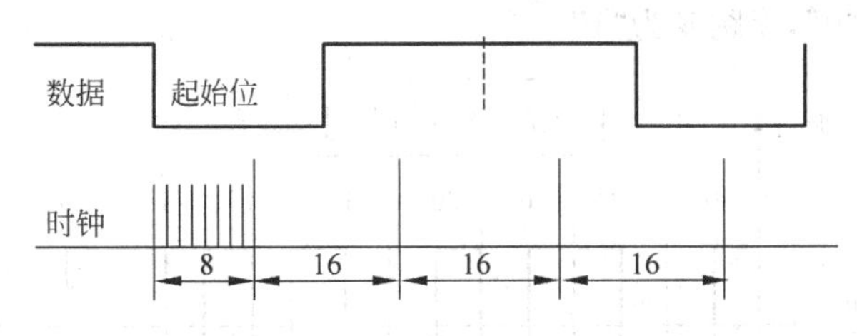

图 4.7 异步通信接收数据原理

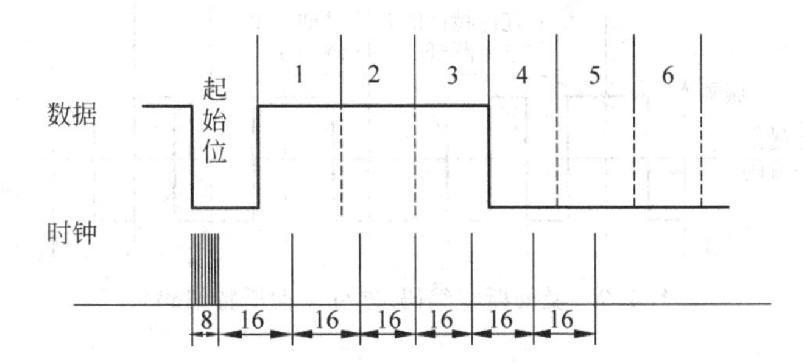

图 4.8 接收时钟频率太高造成接收错误

异步的含义在于收发数据的时钟是相互独立的。由于双方的时钟可能有误差，不能准确地保证16倍关系，可能造成接收错误。正确接收的条件是一个数据帧的时间内累计差不超过半个码元。

2）同步通信

同步通信的特点是收发端的时钟严格一致，使得接收时钟与接收码元间无误差积累问题，可以省略附加码元，提高传输效率。

（1）位同步

为了保证收发方时钟完全一致，需要从接收信息码的脉冲中提取时钟作为接收端的时钟。因此接收端要产生码元定时脉冲序列，此定时脉冲序列与发送端传送过来的码元脉冲序列同频、同相，称为位同步或码元同步。直接从收到的数字序列中提取位同步信号的方法有滤波法和锁相法。

① 滤波法。远动中采用单极性不归0信号。接收到的信号首先经过放大限幅环节形成数字方波，然后经微分、整流环节形成尖脉冲信号，由窄带滤波器提取基频信号，最后经移相电路产生位同步脉冲。该法电路简单，但当信号中有连续的0或1时，由于码元波形无变化，可能造成位同步中断。

② 锁相法。在接收端利用鉴相器，比较接收到的码元与本地产生的位同步的相位。若二者不一致，则鉴相器产生一个调制脉冲去调制本地位同步信号的相位，直到与接收码元的相位一致为止。

为了解决位同步中断问题，在局域网传输中一般采用曼彻斯特编码(Manchester encoding)。这种编码也叫做相位编码(PE)，是一个同步时钟编码技术，被物理层用来编码一个同步位流的时钟和数据。在曼彻斯特编码中，每一位的中间有一跳变，位中间的跳变既作时钟信号，又作数据信号；从高到低跳变表示“0”，从低到高跳变表示“1”。还有一种是差分曼彻斯特编码(图4.9)，每位中间的跳变仅提供时钟定时，而用每位开始时有无跳变表示“0”或“1”，有跳变为“0”，无跳变为“1”。

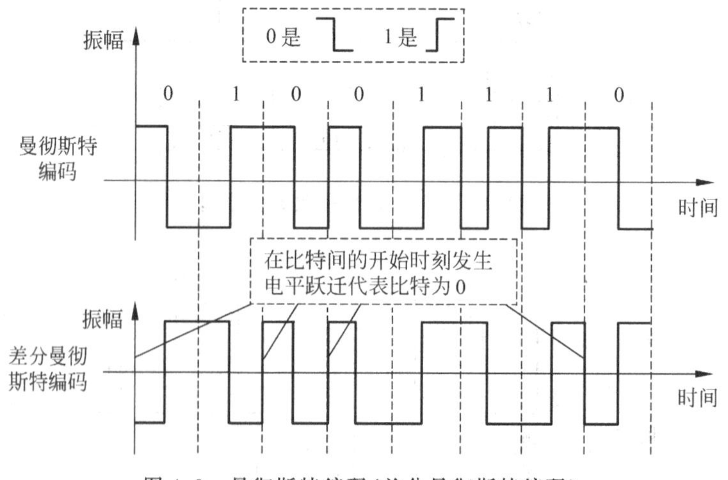

图4.9 曼彻斯特编码(差分曼彻斯特编码)

（2）帧同步(见图4.10)

帧同步编码采用一个特定的同步码，远动中一般采用3个EB90H，接收端收到该同步码后就可以确定一帧的开始或结束，从而把本端的时序与发送端对齐，称为整步。

如果同步码受到干扰变成误码则可能出现漏同步。如果传输数据信号中有数据恰好与同步码相同，则会产生假同步，因此需要进行帧同步保护。

…	同步码	数据码	校验码	同步码	…

图 4.10　帧同步

① 维持状态。收发两端建立同步时，接收端只在一帧的开始接收帧同步码，这个过程叫维持状态。在接收信息码时不判断同步码，以减少假同步。同步以后，由于晶体振荡器的稳定性，即使几个数据帧漏检同步码，也不会导致失步。

② 捕捉状态。在接收端连续多次未收到同步码时，称为失步。这时接收端应对收到的所有信号进行检查，判别同步码，称为捕捉状态。

4.1.4 远动通信配置的基本类型

远动系统中主站与子站通过信道传输信息。若干远动站和连接各远动站的链路的组合称为远动配置。远动通信的典型配置见图 4.11。

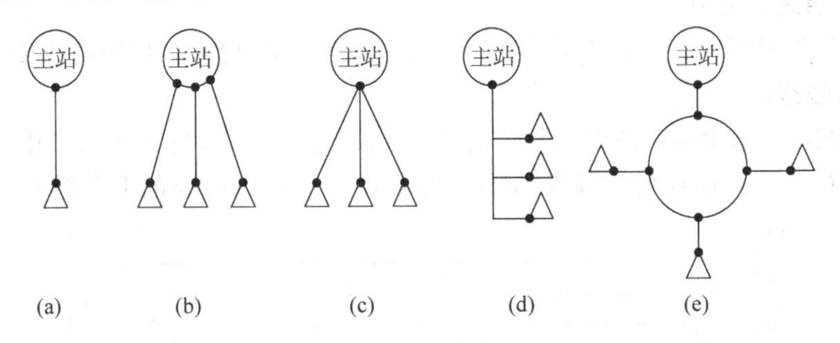

图 4.11　远动通信典型配置

(a) 点对点；(b) 多路点对点；(c) 多点星形；(d) 多点共线；(e) 多点环形

(1) 点对点配置

两站通过专用的传输链路相连。

(2) 多路点对点配置

主站与多个子站通过专用链路相连，主站可同时与各个子站交换数据。

(3) 多点星形配置

主站与多个子站相连，任何时刻只允许一个子站向主站传输数据，主站可选择一个或多个子站传送数据，也可以向所有子站同时传送全局性报文。

(4) 多点共线配置

主站通过公用线路与多个子站相连，任何时刻只允许一个子站向主站传输数据，主站可选择一个或多个子站传送数据，也可以向所有子站同时传送全局性报文。

(5) 多点环形配置

主站可以通过两个路由与子站通信，提高了可靠性。

4.2 信息传输与信道

4.2.1 电力系统传输信道

电力系统传输信道的分类如图4.12所示。

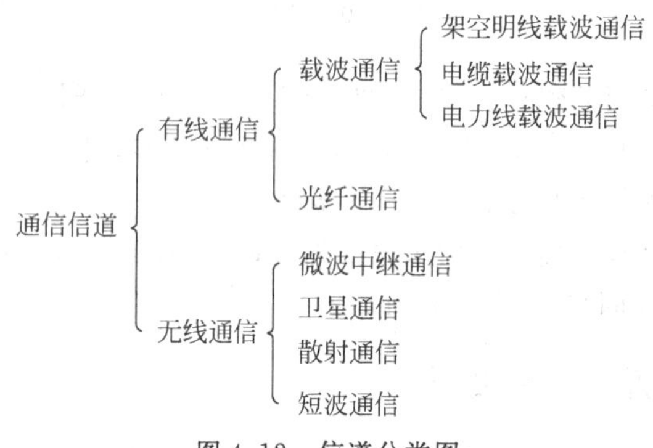

图4.12 信道分类图

1. 架空明线和电缆

二者只用于近距离通信。架空明线只能用于低速传输,电缆可用于高速传输。

2. 电力线载波

电力线载波是远动与载波电话复用信道。如图4.13所示,电力线载波中,通常规定载波电话占用0.3～2.5kHz的音频段,远动信号占用2.7～3.4kHz的上音频段。

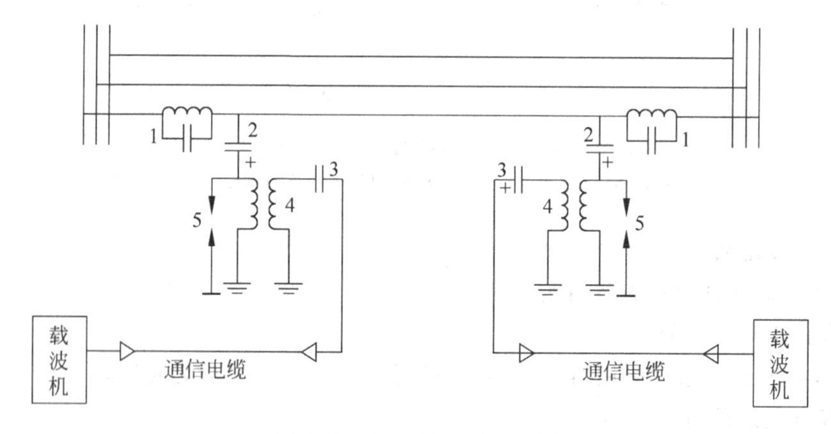

图4.13 电力线载波结构图

1—阻波器;2—高压耦合电容;3—结合滤波器电容;4—结合滤波器;5—保护间隙

远动的数字脉冲信号,先被调制成2.7～3.4kHz的信号,然后送入载波机与电话信号合成0.3～3.4kHz的信号。载波机经过2次调制,将频率搬移到40～500kHz的载波通信频段。这个高频信号,经结合滤波器、高压耦合电容送至电力线。阻波器是*LC*谐振回路,对40～500kHz的高频信号具有很大阻抗,防止高频信号窜入高压母线。结合滤波器、高压耦合电容将电力线上的高电压、大电流与通信设备隔离,保证设备安全。在接收端是一个逆过程。

下面介绍载波机的组成部分、工作原理和结构图。

(1) 组成部分

发信支路,将信号进行载波调制,并放大送到高频通道。

收信支路,从高频通道中选出高频信号,进行解调。

差接系统,连接收、发支路和用户话机的线路,防止振鸣现象。

自动平衡调节系统,为保证通话清晰,自动调节接收支路中放大器的放大倍数,保证通话质量。

自动交换系统,连接少数话机的自动交换。

(2) 工作原理

① 单边带传输。变频后的输出信号有上、下边带,都带有被传输的特性,可以任选一个边带传输,称为单边带传输。单边带传输要解决 2 个主要问题:一是要能很好地滤去相邻无用频率成分和无用边带;二是要在接收端高度准确地重复设置载波。

② 两级调制。两级调制解决滤去相邻无用频率成分和无用边带的问题。若采用一级调制,对高频带通滤波器要求太高,难以实现。设载波频率 100kHz,话音频率 0.3～2.3kHz,调制后,上边带频率为 100.3～102.3kHz,与无用边带相差 0.6Hz,与载波频率相差 0.3Hz,带通滤波很难实现。而若先用 12kHz 调制,取上边带,再用 88kHz 调制,取上边带,也可得到 100.3～102.3kHz 的载波信号,但 2 个带通滤波器制造要求都降低了。

③ 最终同步法。单边带的调制波是一个调幅-调频波,需要一个与发信频率完全一致的载频振荡实现解调。最终同步法就是在发信端发送一个中频载波信号(13kHz),而在收信端收信支路中,用中频窄带滤波器,滤出中频信号,供给二次解调。

(3) 结构图

发送侧结构如图 4.14 所示。

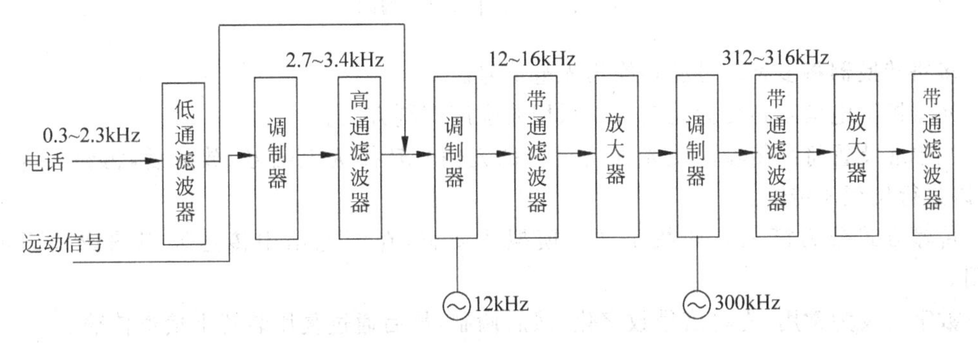

图 4.14 电力线载波发送侧结构图

接收侧结构如图 4.15 所示。

3. 光纤通信

光纤通信是以光导纤维作为信道来传输光信号。光导纤维是利用各种玻璃和塑料制成。单根光导纤维是用具有较低折射率的二氧化硅组成敷层,用具有高折射率的掺杂二氧化硅纤芯制成。该敷层使里面的纤芯与外界隔离,阻止相邻话路串话。光缆由一捆光导纤维组成。

光纤通信具有容量大、中继距离长、抗电磁干扰、传输性能稳定、不受无线电频率限制等

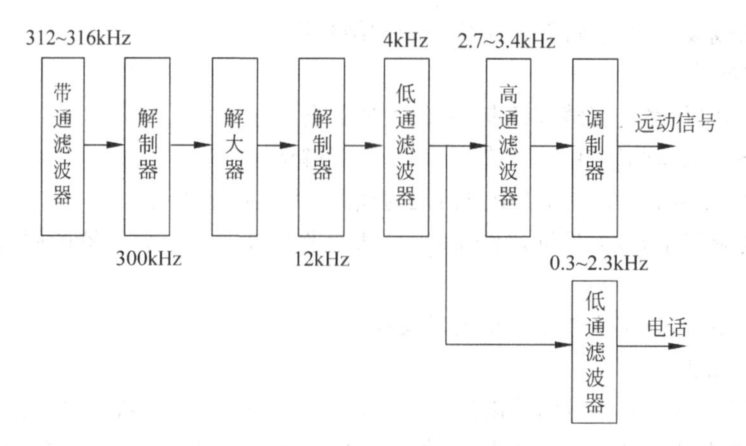

图 4.15 电力线载波接收侧结构图

优点，尤其是彻底克服了强电对通信的电磁干扰，误码率低。光纤敷设方式有架空光缆、地埋光缆和架空地线光缆。其中，架空地线光缆与架空地线结合，既可避雷又能有效传输信息，能随输电线路一起建成，可降低综合造价，优点突出。

1）光纤系统的组成

光纤通信系统由多路转换、光端机、光缆和光中继装置组成。

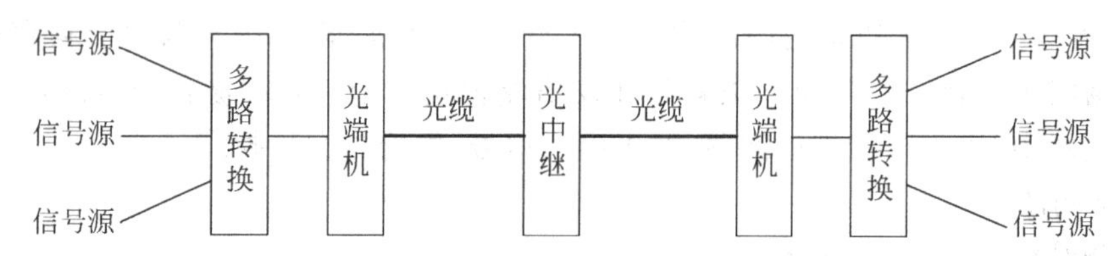

图 4.16 光纤系统结构图

多路转换器将多种信号源转换为光电信号。

光端机将电信号转变为光信号。采用光强度调制方式。

光中继装置将因传输而使光强度衰减的光信号转换为电信号，放大后，再转换为光信号，以进行长距离传输。

传输方式分为模拟式和数字式。模拟式便宜，在配电站中传送监视图像画面可以使用。

数字式较为常用，先将信号数字化，然后调制，最后通过复用装置上信道传输。

2）光端机

（1）模拟式光端机

模拟式光端机有两类调制方式：一是直接调制，光强度与输入的模拟信号成比例；二是预调制，将模拟信号转换为电信号，进行光的有无双值光强度调制。

（2）数字式光端机

光的调制采用脉冲编码调制。来自 PCM 的多路转换装置 PCM 多重信号，经双极-单极转换处理后，经过编码转换，再经电光转换元件变为光信号进入光纤。

在接收侧，光电转换元件将光信号转换为电信号，经过识别再生，数码反变换、单极、双极转换后，进入 PCM。

3）光中继

光中继与光端机结构相同，只是在将光信号转换为电信号后增加了一级放大环节。

5. 微波中继通信

波长为 0.001～1.0m，频率为 300MHz～300GHz 的无线电波称为微波。微波基本上沿直线传播，一般每隔 40～50km 设置一个中继站，在地形高处，也必须设置中继站传输信号。

微波中继分有源、无源两种。无源中继是一种改变微波传送方向的装置，一般在地形高处加装反射板解决山地阻隔微波信号的问题。有源中继是一种信号放大装置，将因传送衰减的信号放大后增加传输距离。

微波中继通信的优点是：微波频段很宽，可以容纳许多无线电频道而互不干扰，一套设备可作多路通信，通信稳定，方向性强，不易受干扰。

我国采用 20GHz 作为电力系统的主干线，8GHz 作为分支频段。

6. 卫星通信

卫星通信也是一种微波通信，中继站设置在人造卫星上。卫星通信容量大，不受大气层扰动的影响，通信可靠性高，不受地域和自然环境限制。卫星通道的频段为上行 5925～6425MHz，下行 3700～4200MHz。

7. 散射通信

散射通信发射功率大，无线电通过对流层散射回到地面，由高灵敏度接收机接收达到通信目的。散射通信的通信距离长，可达 200～300km，可跨越山地，但是需要经过其他通信方式转接到调度中心。该方式适合地域广大的山区。

8. 短波通信

短波频率在 100～1000MHz 范围，采用无线电台来满足电力系统事故抢修和检修的需要，具有体积小、操作简单、组网灵活，是检修通信的良好方式。它比较适合传输话音信号，因干扰较大，不适合传输数据信号。

4.2.2 多路复用

使远动系统在一个信道上传输多路信号的技术叫多路复用技术。

1. 频分多路制

把各路信号安排在不同互不重叠的频段内，在一个信道上传输称为频分多路调制(frequency division multiplexer)，结构图如图 4.17 所示。

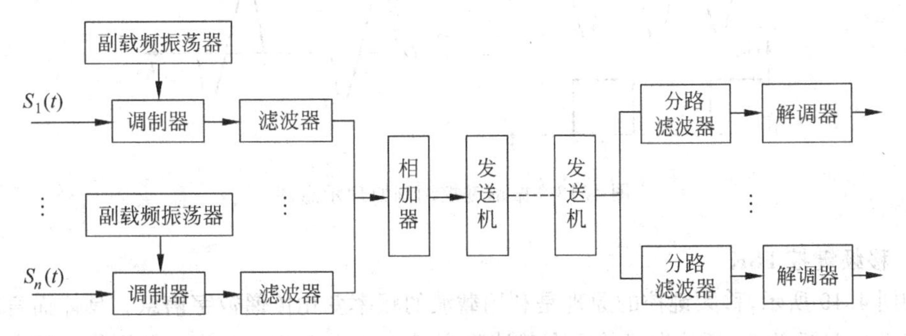

图 4.17 频分多路制结构图

副载频振荡器产生频率为 $f_{s1}, f_{s2}, \cdots, f_{sn}$ 的等幅振荡，经各自调制器将对应的 $S_1(t)$，$S_2(t), \cdots, S_n(t)$ 进行频率搬移，经过滤波器严格限制在各自的频段上，经相加器合成得到群信号 $S_\Sigma(t)$，可以直接发送，也可以再经过一次调制搬移到更高的频率。

解调将 $S_\Sigma(t)$ 加到并联的多个分路滤波器上，实现频率分割。

2. 时分多路制

时分多路是在一个信道上按时间顺序传输多路信号。这时各路信号应是离散的脉冲信号。

发送端首先用时分开关对 n 个信号进行采样，各个信号的采样值在时间轴上顺序排列，然后通过信道传送到接收端。接收端用同步的时分开关分割采样值，被分割的采样值经过各自的低通滤波器恢复得到原来的信号。

同步是指收发两端时分开关同频、同相的旋转。同步是时分多路的主要问题，一般通过发送端发送同步信号对准接收端的时序来实现。

4.2.3 数字调制与解调

1. 调制的概念

数据终端设备送出的原始数据信号一般是频率很低的信号，其能量或功率集中在0频率附近，并具有一定的频率范围，这样的信号称为基带信号。

直接传输基带信号称为基带传输。但是远距离传输不能直接传输基带数据，需要使用频带较窄的正弦波作为载波，用基带信号对载波的某些参量进行控制，使这些参量随基带信号变化，该过程称为调制。

正弦波有幅度、频率、相位三个参数，可以构成调幅、调频、调相三种基本调制形式。

数字调制分为线性调制和非线性调制。线性调制中、调制后信号与基带信号频谱结构相同，只是搬移了频率位置，没有新的频率成分出现，振幅键控属于线性调制。非线性调制则有新的频率成分出现，移频键控及移相键控属于非线性调制。

2. 振幅键控 ASK

振幅键控调制原理如图4.18所示。振幅键控用载波的不同幅值表示二进制的0或1，比如用幅值0表示0，某一恒定幅值表示1。振幅键控 ASK 原理简单，但易受干扰。

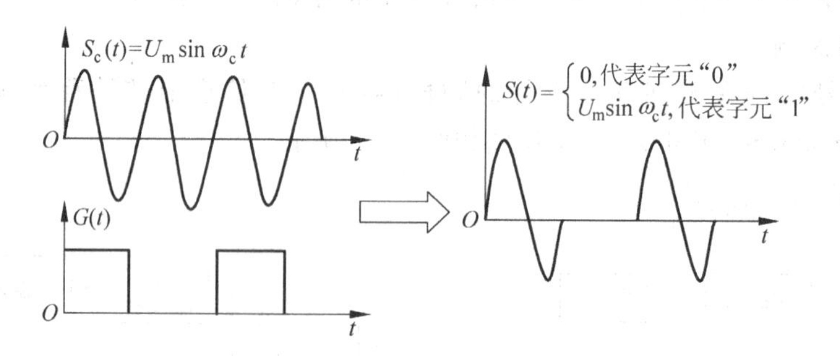

图4.18 振幅键控调制原理示意图

3. 移频键控 FSK

如图4.19所示，移频键控的原理是利用载波的频率变化传递数字信息。具体而言就是发送端产生中心频率 f_0，频偏为 f 的两个载波频率 $f_1 = f_0 + f$，$f_2 = f_0 - f$，分别代表数字0和1。

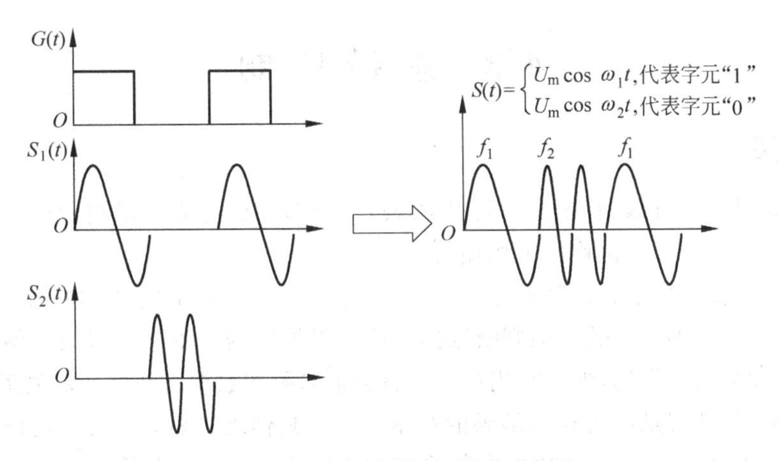

图 4.19 移频键控调制原理示意图

用于电力线载波和微波通道的 MODEM 通常使用 FSK。

4. 移相键控 PSK(图 4.20)

移相键控以载波信号的相位偏移表示二进制数。移相键控可分为绝对移相键控和相对移相键控。如图 4.20(a)所示,绝对移相键控采用两种相位相差 180°的载波信号分别表示 0 和 1。而相对移相键控原理如图 4.20(b)所示,如 0 控制发出与已发出信号群相位相同的信号群表示,1 控制发出与已发出信号群相位相反的信号群表示。

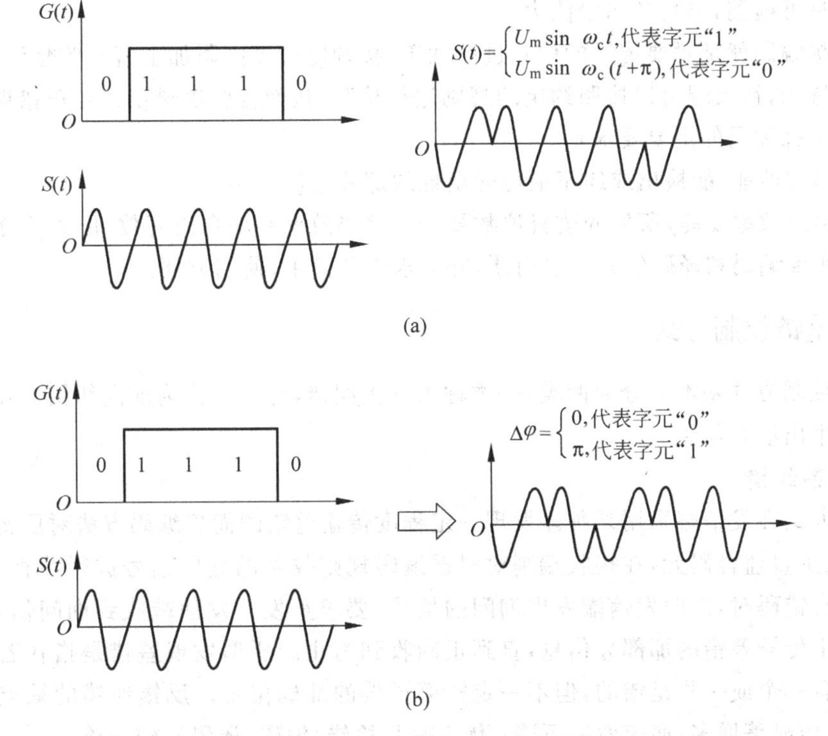

图 4.20 移相键控调制原理示意图

(a) 绝对移相键控;(b) 相对移相键控

4.3 差错控制

4.3.1 概述

差错控制是采用可靠、有效的编码以发现或纠正数字信号在传输过程中由于噪声干扰而造成的错码。差错控制也称抗干扰编码。

为了能判断传送的信息是否有误，可以在传送时增加必要的附加判断数据；如果又能纠正错误，则需要增加更多的附加判断数据。这些附加数据在不发生误码的情况之下是完全多余的，但如果发生误码，即可利用被传信息数据与附加数据之间的特定关系来实现检出错误和纠正错误，这就是误码控制编码的基本原理。具体地说就是：为了使信源代码具有检错和纠错能力，应当按一定的规则在信源编码的基础上增加一些冗余码元(又称监督码)，使这些冗余码元与被传送信息码元之间建立一定的关系，发信端完成这个任务的过程就称为误码控制编码；在收信端，根据信息码元与监督码元的特定关系，实现检错或纠错，输出原信息码元，完成这个任务的过程就称误码控制译码(或解码)。另外，无论检错和纠错，都有一定的误别范围。比如，采用“0”代表开关处于开的状态，“1”代表开关处于合的状态，则一旦发生错误，这种编码是不可检测和辨识的。若采用“00”代表开关处于开的状态，“11”代表开关处于合的状态，则其中一位发生错误，这种编码是可检测，但不具备纠错能力。进一步，采用“000”代表开关处于开的状态，“111”代表开关处于合的状态，则其中一位发生错误，这种编码是可检测，也具备纠错能力。

抗干扰编码就是对要传送的信息进行加工，按预定的规则附加上若干监督码元，使它具有一定的特征，接收端可以按照约定的规则进行检验，从而检验出错误或纠正错误。

对抗干扰编码的主要要求是：

(1) 码的性能，能检出或纠正最可能出现的那些错误类型。

(2) 编码效率要高，所加的监督位数要少。编码效率＝信息码元数/传送的总码元数。

(3) 实现编码和译码的方法要简便，并力求设备简单，使用方便。

4.3.2 差错控制方式

差错控制方式基本上分为两类，一类称为反馈纠错，另一类称为前向纠错。在这两类基础上又派生出混合纠错。

1. 反馈纠错

这种方式在发信端采用某种能发现一定程度传输差错的简单编码方法对所传信息进行编码，加入少量监督码元，在接收端则对根据编码规则收到的编码信号进行检查，一旦检测出(发现)有错码时，即向发信端发出询问的信号，要求重发。发信端收到询问信号时，立即重发已发生传输差错的那部分信息，直到正确收到为止。所谓发现差错是指在若干接收码元中知道有一个或一些是错的，但不一定知道错误的准确位置。反馈纠错的缺点是若干扰严重，则重传显著增多，通信效率下降；优点是只检错，编码、译码比较简单。

2. 前向纠错

这种方式是发信端采用某种在解码时能纠正一定程度传输差错的较复杂的编码方法，

使接收端在收到信码中不仅能发现错码，还能够纠正错码。采用前向纠错方式时，不需要反馈信道，也无需反复重发而延误传输时间，对实时传输有利，但是纠错设备比较复杂。前向纠错的优点是不需要反馈信道，通信效率较高；缺点是译码器复杂，也不能保证纠正成功。

3. 混合纠错

混合纠错的方式是少量纠错在接收端自动纠正，差错较严重，超出自行纠正能力时，就向发信端发出询问信号，要求重发。因此，混合纠错是前向纠错及反馈纠错两种方式的混合。混合纠错的优点是传输可靠性高；缺点是实现比较复杂。

4.3.3 误码控制编码的分类

随着数字通信技术的发展，研究开发了各种误码控制编码方案，各自建立在不同的数学模型基础上，并具有不同的检错与纠错特性，可以从不同的角度对误码控制编码进行分类。

按照误码控制的不同功能，可分为检错码、纠错码和纠删码等。检错码仅具备识别错码功能而无纠正错码功能；纠错码不仅具备识别错码功能，同时具备纠正错码功能；纠删码则不仅具备识别错码和纠正错码的功能，而且当错码超过纠正范围时可把无法纠错的信息删除。

按照误码产生的原因不同，可分为纠正随机错误的码与纠正突发性错误的码。前者主要用于产生独立的局部误码的信道，而后者主要用于产生大面积的连续误码的情况，例如磁带数码记录中磁粉脱落而发生的信息丢失。

按照信息码元与附加的监督码元之间的检验关系可分为线性码与非线性码。如果两者呈线性关系，即满足一组线性方程式，就称为线性码；否则，两者关系不能用线性方程式来描述，就称为非线性码。

按照信息码元与监督附加码元之间的约束方式之不同，可以分为分组码与卷积码。在分组码中，编码后的码元序列每 n 位分为一组，其中包括 k 位信息码元和 r 位附加监督码元，即 $n=k+r$，每组的监督码元仅与本组的信息码元有关，而与其他组的信息码元无关。卷积码则不同，虽然编码后码元序列也划分为码组，但每组的监督码元不但与本组的信息码元有关，而且与前面码组的信息码元也有约束关系。

按照信息码元在编码之后是否保持原来的形式不变，又可分为系统码与非系统码。在系统码中，编码后的信息码元序列保持原样不变，而在非系统码中，信息码元会改变其原有的信号序列。由于原有码位发生了变化，使译码电路更为复杂，故较少选用。

根据编码过程中所选用的数字函数式或信息码元特性的不同，又包括多种编码方式。对于某种具体的数字设备，为了提高检错、纠错能力，通常同时选用几种误码控制编码方式。以下以线性分组码为例，对几种简单的编码方式进行介绍。

4.3.4 有关误码控制编码的几个基本概念

(1) 信息码元与监督码元

信息码元又称信息序列或信息位，这是发端由信源编码后得到的被传送的信息数据比特，通常以 k 表示。由信息码元组成的信息组为 $M=(m_{k-1},m_{k-2},\cdots,m_0)$。监督码元又称监督位或附加数据比特，这是为了检纠错码而在信道编码时加入的判断数据位。通常以 r 表示，即 $n=k+r$ 或 $r=n-k$。

经过分组编码后的码又称为(n,k)码，即表示总码长为 n 位，其中信息码长(码元数)为

k 位，监督码长(码元数)为 $r=n-k$。通常称其为长为 n 的码字(或码组、码矢)。

(2) 许用码组与禁用码组

信道编码后的总码长为 n，总的码组数应为 2^n，即为 2^{k+r}。其中被传送的信息码组有 2^k 个，通常称为许用码组；其余的码组共有 2^n-2^k 个，不传送，称为禁用码组。发端误码控制编码的任务正是寻求某种规则从总码组(2^n)中选出许用码组；而收端译码的任务则是利用相应的规则来判断及校正收到的码字符合许用码组。通常又把信息码元数目 k 与编码后的总码元数目(码组长度)n 之比称为信道编码的编码效率或编码速率，表示为

$$R=\frac{k}{n}=\frac{k}{k+r}$$

这是衡量纠错码性能的一个重要指标，一般情况下，监督位越多(即 r 越大)，检纠错能力越强，但相应的编码效率也随之降低。

(3) 码重与码距

在分组编码后，每个码组中码元为“1”的数目称为码的重量，简称码重。两个码组对应位置上取值不同(1或0)的位数，称为码组的距离，简称码距，又称汉明距离，通常用 d 表示。例如：000与101之间码距 $d=2$；000与111之间码距 $d=3$。对于(n,k)码，许用码组为 2^k 个，各码组之间距离最小值称为最小码距，通常用 d_0 表示。

最小码距 d_0 的大小与信道编码的检纠错能力密切相关。通过分析，可以得到分组编码最小码距与检纠错能力的关系，有以下三条结论：

① 在一个码组内为了检测 e 个误码，要求最小码距应满足

$$d_0 \geqslant e+1$$

② 在一个码组内为了纠正 t 个误码，要求最小码距应满足

$$d_0 \geqslant 2t+1$$

③ 在一个码组内为了纠正 t 个误码，同时能检测 e 个误码($e>t$)，要求最小码距应满足

$$d_0 \geqslant e+t+1$$

4.3.5 纠错编码方式简介

1. 奇偶监督码

奇偶校验码也称奇偶监督码，它是一种最简单的线性分组检错编码方式。其方法是首先把信源编码后的信息数据流分成等长码组，在每一信息码组之后加入一位(1bit)监督码元作为奇偶检验位，使得总码长 n(包括信息位 k 和监督位 l)中的码重为偶数(称为偶校验码)或为奇数(称为奇校验码)。如果在传输过程中任何一个码组发生一位(或奇数位)错误，则收到的码组必然不再符合奇偶校验的规律，因此可以发现误码。奇校验和偶校验两者具有完全相同的工作原理和检错能力，原则上采用任一种都是可以的。

2. 行列监督码

行列监督码是二维的奇偶监督码，又称为矩阵码，这种码可以克服奇偶监督码不能发现偶数个差错的缺点，并且是一种用以纠正突发差错的简单纠正编码。其基本原理与简单的奇偶监督码相似，不同的是每个码元要受到纵和横的两次监督。具体编码方法如下：将若干个所要传送的码组编成一个矩阵，矩阵中每一行为一码组，每行的最后加上一个监督码元，进行奇偶监督，矩阵中的每一列则由不同码组相同位置的码元组成，在每列最后也加上

一个监督码元，进行奇偶监督。

矩阵码的结构如表 4.1 所示，这样，它的一致监督关系按行及列组成。每一行每一列都是一个奇偶监督码，当某一行（或某一列）出现偶数个差错时，该行（或该列）虽不能发现，但只要差错所在的列（或行）没有同时出现偶数个差错，则这种差错仍然可以发现。矩阵码不能发现的差错只有这样一类：差错数正好为 4 的倍数，而且差错位置正好构成矩形的四个角。因此，矩阵码发现错码的能力是十分强的，它的编码效率当然比奇偶监督码要低。

表 4.1 行列监督码

	①	②	③	④	⑤	⑥	⑦	⑧	⑨	⑩	水平校验码元
①	1	1	1	0	0	1	1	0	0	0	1
②	1	1	0	1	0	0	1	1	0	1	0
③	1	0	0	0	0	1	1	1	0	1	1
④	0	0	0	1	0	0	0	0	1	0	0
⑤	1	1	0	0	1	1	1	0	1	1	1
垂直校验码元	0	1	1	0	1	1	0	0	0	1	

4.3.6 循环冗余校验码

循环冗余校验码（cyclic redundancy check，CRC）是线性分组码的一个重要子类，它有严格的代数结构，用代数方法可以找出许多效率高，检错、纠错能力强的循环码。它是一类重要的线性分组码，编码和解码方法简单，检错和纠错能力强，在通信领域广泛地用于实现差错控制。

所谓线性分组码，就是监督位与信息位之间是线性关系的。线性关系指监督位与信息位间的关系是由一组线性方程组来确定的。

利用 CRC 进行检错的过程可简单描述为：在发送端根据要传送的 k 位二进制码序列，以一定的规则产生一个校验用的 r 位监督码（CRC 码），附在原始信息后边，构成一个新的二进制码序列数共 $k+r$ 位，然后发送出去。在接收端，根据信息码和 CRC 码之间所遵循的规则进行检验，以确定传送中是否出错。

在代数编码理论中，将一个码组表示为一个多项式，码组中各码元当作多项式的系数。例如 1100101 表示为 $1\cdot x^6+1\cdot x^5+0\cdot x^4+0\cdot x^3+1\cdot x^2+0\cdot x^1+1$，即 $x^6+x^5+x^2+1$。

1. 生成多项式

一个 (n,k) 码字 C 可以表达为一个 $n-1$ 次的多项式：

$$C(x)=c_{n-1}x^{n-1}+c_{n-2}x^{n-2}+\cdots+c_1x+c_0$$

其中信息字可表示为 $k-1$ 次的多项式，称为信息多项式 $M(x)$：

$$M(x)=m_{k-1}x^{k-1}+m_{k-2}x^{k-2}+\cdots+m_1x+m_0$$

则码多项式

$$C(x)=M(x)G(x)$$

其中 $G(x)$ 是 $n-k$ 次多项式，称为生成多项式。上式表明，任一循环码的码多项式都是生成多项式的倍式。

可以证明，$G(x)$ 是 x^n+1 的因子式，因此可以对 x^n+1 进行因式分解，取 $n-k$ 次因子式就可得到生成多项式$G(x)$。

2. 循环码的编码与检错

(1) 编码

编码就是从信息码得到循环码的码字。步骤如下：

① 将信息多项式$M(x)$乘以x^{n-k}，得$x^{n-k}M(x)$；

② 对x^n+1进行因式分解，取$n-k$次因子式就可得到生成多项式$G(x)$；

③ 将$x^{n-k}M(x)$除以生成多项式，得余式$R(x)$；

④ 将余式跟在信息组后面，就组成循环码的码字，即$C(x)=x^{n-k}M(x)+R(x)$。

例：(7,3)分组码，信息码$M=(101)$，其循环码的编码过程如下：

① $M(x)=1\cdot x^2+0\cdot x^1+1\cdot x^0=x^2+1$

② $M(x)x^{n-k}=(x^2+1)x^4=x^6+x^4$

③ $G(x)$是$x^n+1=x^7+1$的一个多项式为4阶：

$$x^7+1=(x+1)(x^3+x+1)(x^3+x^2+1)$$

$$G(x)=(x+1)(x^3+x+1)=x^4+x^3+x^2+1 \text{ 或}$$

$$(x+1)(x^3+x^2+1)=x^4+x^2+x+1$$

④ $R(x)=(M(x)*x^{n-k})\%G(x)=1\cdot x^3+1\cdot x^2+0\cdot x+0\cdot x^0$

⑤ $C(x)=x^{n-k}M(x)+R(x)=1\cdot x^6+0\cdot x^5+1\cdot x^4+1\cdot x^3+1\cdot x^2+0\cdot x+0\cdot x^0$

可得发送的码字为(101,1100)。

(2) 检错

检错很简单，只需将接收到的7位码字的前3位取出计算余式，与最后4位对比即可。若相同则无错，否则有错。

4.4 远动信息传输的基本模式及其规约

4.4.1 概述

国际标准化组织ISO1983年提出了Open Systems Interconnection，即OSI参考模型。OSI参考模型由7层协议组成，即物理层、数据链路层、网络层、传输层、会话层、表示层和应用层，是目前所有通信协议的参考标准。

1. 物理层

OSI参考模型的最底层是物理层，其任务是提供网络的物理连接，利用物理传输介质为数据链路层提供位流传输。该层负责建立、保持和拆除数据终端设备(DTE)和数据传输设备(DCE)之间的数据通道的规约。规约规定其机械、电气、功能及规约特性。机械特性规定连接器的尺寸及紧固；电气特性规定逻辑电平及码元宽度；功能特性规定连接器针脚的定义和功能；规约特性规定针脚线的相互关系和连接的建立与拆除。典型的有IEC串口协议标准RS-232C,RS-485等。

2. 链路层

链路层在物理层之上，它的任务是在物理层处于各种通信环境条件下，实现无差错的传输服务。物理层仅提供了传输能力，但信号不可避免地会出现畸变和受到干扰，造成传输错误。链路层的主要功能有建立和拆除数据链路；将信息按一定格式组装成帧，以便无差错地传送；此外还具有处理应答，顺序和流量控制等功能。链路层传送的基本单位是帧，其常见的协议有两类：一类是面向字符的传输控制协议，如 BSC(二进制同步通信协议)；另一类是面向比特地传输控制协议，如 HDLC(高级数据链路控制协议)。

3. 网络层

网络层解决的是网络与网络之间，即网际的通信问题。网络层的主要功能是提供路由，即选择到达目的主机的最佳路径，并沿该路径传送数据包。此外，网络层还要能够消除网络拥挤，具有流量控制和拥挤控制的能力。网络层传送的基本单位是分组(或包)，X.25 就是网络层的协议。

4. 传输层

传输层解决的是数据在网络间的传输质量问题，用于提高网络层的服务质量，如消除通信过程中产生的错误，提供可靠的端到端的数据传输，常说的网络服务质量 QoS 就是这一层的主要服务。传输层传送的基本单位是报文。

5. 会话层

用户或进程间的一次连接称为一次会话，如一个用户通过网络登录到一台主机，或一个正在用于传输文件的连接等都是会话。会话层利用传输层来提供会话服务，负责提供建立、维护和拆除两个进程间的会话连接。当连接建立后，管理何时哪方进行操作，对双方的会话活动进行管理。

6. 表示层

表示层负责数据的编码方法，对数据进行加密和解密、压缩和恢复。并不是每个计算机都使用相同的数据编码方案，表示层提供不兼容数据编码格式之间的转换，如转换美国标准信息交换代码(ASCII)和扩展二进制交换码(EBCDIC)。

7. 应用层

应用层是 OSI 参考模型的最高层，它负责网络中应用程序和网络操作系统之间的联系，为用户提供各种应用服务，如电子邮件和文件传输协议等。

4.4.2 远动信息传输规约

远动信息传输规约实际上是应用层协议，它依赖于串行通信和 TCP/IP 框架实现。

1. 基本工作模式

(1) 循环传输方式

发送站按规定的顺序，周期性地将远动信息传送给主站。循环不需主站干预。

(2) 自发传输模式

在发送端发生事件时向主站发送信息。主站收到后应回送一个确认信息，若未收到确认，则延时重发。

(3) 问答传输模式

主站轮询各子站，进行问答通信。子站如有事件发生，可以通知主站，要求抢先发送。

2. 远动通信的主要性能指标

(1) 数据传输可靠性

误码率

$$p_e = \frac{\text{收到的错误码元数}}{\text{发送的总码元数}}$$

残留差错率

$$R = \frac{\text{未被检出的差错报文数}}{\text{发送的报文总数}}$$

残留信息漏失率

$$R_l = \frac{\text{未被检出的漏失报文数}}{\text{发送的报文总数}}$$

拒收率

$$R_R = \frac{\text{检出的差错报文数}}{\text{发送的报文总数}}$$

信息漏失率

$$\text{信息漏失率} = \frac{\text{检出的漏失报文数}}{\text{发送的报文总数}}$$

(2) 准确度

准确度指信息经变换和处理等环节后,信息源与信息宿数值间的偏差。准确度用偏差对满刻度的百分比表示。

(3) 实时性

实时性一般以总传输时间表征。总传输时间指从发送站发生事件开始到接收站收到相应信息为止的总延迟时间。对于不同的信息,要求的总传输时间也不相同,如重要遥测和一般遥测,遥信和遥信变位。

3. 循环远动规约

循环远动称为CDT(cycilc digital transmit),它的主要特点是以厂站为主动方,循环不断地向调度端发送遥信、遥测、变位等数据。它要求发送端与接收端始终保持严格同步,信息按照预先约定好的顺序依次循环发送。

我国1986年颁布了计算机循环远动规约。该规约采用可变帧长、多种帧类别的传送方法。规约规定帧由同步字、控制字、信息字构成。下面介绍其基本概念,详细内容参见《循环远动规约标准:DL451-91》。

1) 帧结构

如下图所示,帧以一个同步字开头,包括控制字和若干个信息字。控制字说明本帧的类别、信息字节的长度、传送的源地址、目的地址等。信息字携带具体的远动数据。帧中可以没有信息字。每种字都是6个字节48位。

同步字	控制字	信息字1	…	信息字 n	同步字	…

2) 同步字

同步字由下图所示的3个EB90组成,共6个字节48位。

EB90	EB90	EB90

3) 控制字

控制字由控制字节、帧类别、帧长、源站址、目的站址和校验码6个字节组成，每个字节的含义如下。

控制字节	帧类别	帧长	源站址	目的站址	校验码

(1) 控制字节

控制字节的每一位定义如下：

E	L	S	D	0	0	0	1

E：扩展位。E=0 协议规定的功能；E=1 用户自定义的功能。

L：帧长定义。L=0 无信息字；L=1 有信息字。

S：源站址定义。

上行 S=1 源站址有内容。源站址字节表示信息发出站号。

下行 S=1 源站址为主站编号。

D：目的站址定义。

上行 D=1 目的站址有内容。目的站址字节表示主站编号。

下行 D= 1 目的站址为信息到达站号。

D=0 表示广播命令。

(2) 帧类别

如表 4.2 所示，规约定义了 18 种帧类别，其中上行帧 6 种，下行帧 12 种。其中上行帧根据上送信息的重要性分为 A 帧、B 帧、C 帧、D1 帧、D2 帧和 E 帧，其更新周期要求如下：A 帧，更新周期小于 3s；B 帧，更新周期小于 5s；C 帧，更新周期小于 20s；D1 帧，传送正常遥信状态；D2 帧，电能计数信息，D 帧以几分钟至几十分钟传送；E 帧，事件顺序记录，连续传送 3 次。

表 4.2 帧类别代码定义

代　码	上行 E=0	下行 E=1
61H	重要遥测 A 帧	遥控选择
C2H	次要遥测 B 帧	遥控执行
B3H	一般遥测 C 帧	遥控撤销
F4H	通信状态 D1 帧	升降选择
85H	电能脉冲计数 D2 帧	升降执行
26H	事件顺序记录 E 帧	升降撤销
57H		设定命令
7AH		设置时钟
0BH		设置时钟校正
4CH		召唤子站时钟
3DH		复归命令
9EH		广播命令

4) 信息字

每个信息字由6个字节构成。功能码一个字节，信息码4个字节，校验码1个字节。规约定义了256个功能码，对应不同的信息内容。

以遥测字为例，如表4-3所示，4个信息字节包含2个遥测字，一个遥测字占用2个字节，12位。其中b11是符号位，b15表示数据是否无效，b14表示数据是否溢出。

表4.3 遥测字的定义

功能码(00H-7FH)		
b7 b6	…	b0
b15 b14	…	b8
b7 b6	…	b0
b15 b14	…	b8
校验码		

5) 帧系列及信息字传送规则

在规定循环时间的前提下，帧系列可以根据需要任意组织，其传统规则包括固定循环传送，帧插入传送和信息字随机插入传送3种。

(1) 固定循环传送

固定循环传送可分为如下几种情况。

① 根据传送D1帧要求的时间确定A帧的重复次数，称为一个段，比如：

AAA……AAD1

② 根据传送D2帧的时间要求确定几个段传送一次D2帧，比如：

AAA……AAD1 AAA……AAD1 AAA……AAD2

③ 在一个段内，根据传送B、C帧的时间要求确定B、C帧的位置，比如：

AABAACAABAAD1

(2) 帧插入传送

帧插入传送用于E帧传送，当E帧出现时，进行插入传送，比如

ABACABAEABACABAEABACABAEABACABAD1

一个段中插入一次，连续传送3次，每次都插入同一位置。

(3) 信息字随机插入传送

对于传送对时的子站时钟返校信息、变位信息、遥控、升降命令返校信息，采用随机插入传送。变位、遥控、升降的返校应连续传3遍，且必须在同一帧内、不许跨帧，若本帧不够，就改到下一帧。子站时钟返校只传一遍。

4. 问答远动规约

问答式远动也称为polling通信。它的特点是主站掌握通信的主动权，子站按主站的要求发送数据。下面介绍几个基本概念，具体参见《远动系统传输规约：DL/T634-1997》。

1) 报文格式

主站发送到子站的报文格式如下：

RTU地址
报文类型
数据长度 N
数据 …
校验码
校验码

其中，RTU地址为目的站地址，FFH作为广播地址，报文类型说明报文的内容、类型。

子站发送到主站的报文格式如下：

RTU 地址		
E	R	报文类型
数据长度 N		
类别标志		
数据 …		
校验码		
校验码		

E：=1 表示有事件记录 =0 无事件记录

R：=1 表示自检出错 =0 表示工作正常

对重要报文采用 16 位校验码，一般报文采用 8 位校验码，确认报文与否认报文不带校验码。

2）主站功能

主站向子站可以发送如表 4.4 所示报文。

表 4.4 主站功能

报文类型	代码	说明
初始化参数设置		
设置模块工作方式与参数 SCON	03H	规定模块类别、扫描速度、死区范围
死区范围 RFAC	04H	设置死区范围
扫描周期 SCAN	11H	设置每种模块的扫描周期
滤波系数 FILTV	13H	设置滤波系数
设置时钟 SCLOCK	0CH	
查询类		
类别询问 ENQ	05H	要求子站传输某种类别的数据
重复询问 REP	1AH	主站未能收到子站的正确回应
类别更新 REFRESH	0BH	强制刷新数据
数据传送 DATREQ	0DH	要求子站发送指定地址的数据
召唤事件记录(时标)	0FH	
管理控制类		
复位 RTURESET	01H	
启动 RTU 扫描 ENBRTU	08H	
停止 RTU 扫描 DISRTU	07H	
启动 I/O 模块扫描 ENBMOD	0AH	
停止 I/O 模块扫描 DISMOD	09H	
其他		
电源合闸确认 PWRACK	12H	
带返校遥控 CTL	1EH	遥控操作时首先发送，子站回送返校后再发遥控执行命令
诊断报文 DIA	0EH	诊断信道可靠性的报文

3）子站功能

子站向主站可以发送如表4.5所示报文。

表4.5 子站功能

报文类型	代码	说明
肯定确认 ACK	06H	已正确收到主站的命令或本站数据无变化
否定确认 NAK	15H	未能正确收到主站的命令
回答类别询问 DATCAT	1BH	对 ENQ 的回应
回答数据召唤 DATREP	1CH	对 DATREQ 的回应
电源合闸 PWRUP	16H	子站刚上电后对主站的所有命令应答，直到主站发送 PWRACK 或 RESET 报文
时标出现	17H	送 SOE 事件顺序记录
模块状态变化	18H	
诊断报文回送 DIAG	0EH	回送诊断信道可靠性的报文

4.4.3 IEC的相关国际标准

1. 厂站与控制中心通信的国际标准——IEC 60870标准

国际电工委员会(IEC)第57技术委员会(电力系统控制和通信)WG03工作组专门从事远动设备和系统传输规约方面的标准编制。工作组的目的是给出一个服务于电力行业的通用通信协议，它最初是想给出一个面向串行连接的可靠的链路层协议(该数据链路层可用于点对点和点对多点的通信)。其定义的远动通信协议IEC60870-5是该领域的基础性标准，并相应制定了配套标准。

IEC 60870标准主要由6部分组成：

- IEC 60870-1：总则
- IEC 60870-2：运行条件
- IEC 60870-3：电气接口
- IEC 60870-4：性能要求
- IEC 60870-5：传输协议
- IEC 60870-6(TASE.2)：调度中心之间交换信息的协议

IEC60870-5标准采用EPA结构(enhanced performance architecture)，由OSI模型简化而来，只有物理层、传输层和应用层三层，以提高传输效率。

链路层，由IEC 60870-5-1(传输帧格式)和IEC 60870-5-2(链路传输规则)描述；应用层，基础部分由IEC 60870-5-3(应用数据的一般结构)，IEC 60870-5-4(应用信息元素的定义和编码)，IEC 60870-5-5(基本应用功能)描述。网络层、传输层、会话层、表示层都为空层，应用层直接映射到链路层。其应用层采用无连接方式，根据应用领域定义了一系列配套标准：IEC 60870-5-101用于常规远动；IEC 60870-5-102用于电能计量信息的接入；IEC 60870-5-103用于继电保护信号接入；IEC 60870-5-104将IEC 60870-5-101用在TCP/IP网络协议之上。到目前为止，IEC 60870-5系列标准都已经成为正式标准。

2. 变电站通信网络标准——IEC 61850

IEC 61850变电站通信网络与系统是变电站综合自动化与通信的标准，主要包括以下几个部分：

- IEC 61850-1：介绍和概述
- IEC 61850-2：术语
- IEC 61850-3：总体要求
- IEC 61850-4：系统和项目管理
- IEC 61850-5：功能通信要求和装置模型
- IEC 61850-6：与变电站有关的 IED 的通信配置描述语言
- IEC 61850-7-1：变电站和馈线设备的基本通信结构 原理和模型
- IEC 61850-7-2：变电站和线路(馈线)设备的基本通信结构 抽象通信服务接口(ACSI)
- IEC 61850-7-3：变电站和馈线设备的基本通信结构 公用数据类
- IEC 61850-7-4：变电站和馈线设备基本通信结构 兼容逻辑节点类和数据类
- IEC 61850-8-1：特定通信服务映射(SCSM) 映射到制造报文规范 MMS(ISO 9506-1 和 ISO 9506-2)和 ISO 8802-3 的映射
- IEC 61850-9-1：特定通信服务映射(SCSM)通过单向多路点对点串行通信链路的采样值
- IEC 61850-9-2：特定通信服务映射(SCSM)通过 ISO/IEC 8802-3 的采样值
- IEC 61850-10：一致性测试

IEC 61850 的主要内容如下：

(1) 定义了变电站自动化系统的功能模型。

(2) 采用模型对象方法，定义了基于客户-服务器体系的数据模型。

(3) 通信协议。定义了数据访问机制(通信服务)和向具体通信协议栈的映射，如在变电站层和间隔层之间的网络采用抽象通信服务接口映射到制造报文规范 MMS(manufacturing messaging specification)。间隔层和过程层间的网络映射成串行单向多点/点对点传输网络或映射成基于 IEEE802.3 标准的过程总线。

IEC 61850 的主要特点如下：

(1) 信息分层，将通信协议体系分为变电站层、间隔层和过程层 3 层。

(2) 面向对象的数据对象统一建模。

(3) 数据自描述。

3. 其他标准

(1) 调度中心标准，IEC 61970 系列：公共信息模型 CIM、组件接口规范 CIS 等。

(2) 配电自动化主站系统标准，IEC 61968 系列：应用于配电管理系统。

目前，调度实时网中的主要的国际标准及其位置如图 4.21 所示。

需要指出的是，控制中心与变电站间的通信协议 IEC 60870 有逐步被 IEC 61850 取代的趋势。主要原因是 IEC 61850 是一种无缝通信系统协议，能有效改善信息技术和自动化技术的设备集成和维护工作量。由于 IEC 61850 可以直接访问现场设备，对各个制造厂的设备采用同一种方法进行访问。这种方法可以用于重构配置，很容易获得新加入设备的名称并用于管理设备属性。目前，面向 IEC 61850 需要进一步研究的一个重要任务是建立从 SCADA 数据库到过程的对象的统一建模以及与 IEC 61970 的数据模型协调一致，从而有可能建立从变电站到控制中心的无缝通信体系。

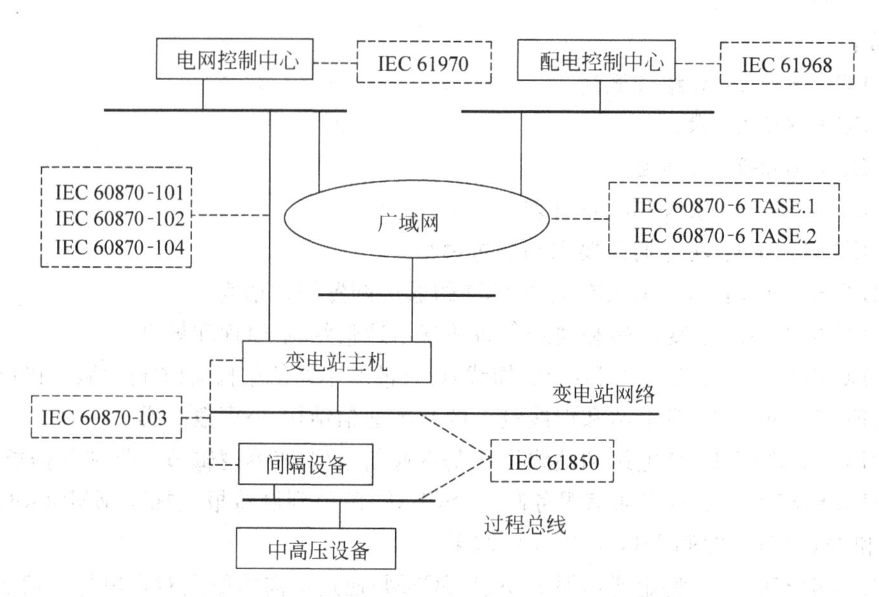

图 4.21　调度实时网中的主要的国际标准

第 5 章

主站系统——SCADA/EMS 系统

5.1 引　　言

调度自动化主站系统也称控制中心调度自动化系统，它是以计算机为中心的分布式、大规模的软、硬件系统，是调度自动化系统的神经中枢。其核心是软件系统，按应用层次可以划分为操作系统、应用支持平台和应用软件。

应用支持平台又称集成平台，一般是指支持“应用编程”的基础，即通过应用编程接口(application program interface，API)的方式提供一定的通用服务。支持平台主要包括任务调度、人机界面系统、数据库和通信支持软件。

应用软件是在支持平台基础上实现的应用功能的程序，主要包括数据采集和监控系统(supervisory control and data acquisition，SCADA)和高级应用软件和调度员培训仿真系统(dispatcher training system，DTS)。SCADA 主要实现对电力系统的实时运行状态数据的采集、存储和显示，以及下达、执行调度员对远方现场的控制命令，它是调度中心的“眼”和“手”。能量管理系统(energy management system，EMS)是在通过 SCADA 采集的电网实时状态的基础上，对电力系统进行经济、安全的评估，并给出调度决策建议，提高调度水平、降低调度员工作强度，它起到一个可以分析决策的“大脑”的作用。DTS 是对电网调度员进行培训、考核以及防事故演习的数字仿真系统。可以在某种意义上说调度自动化系统的自动化和智能化是该领域永恒的发展主题。

5.2 调度自动化的硬件结构

调度自动化系统的硬件结构和配置随着计算机技术的快速发展而迅速变革，下面简要介绍早期的集中式系统和现在的分布式系统的基本特点。

5.2.1 集中式系统

早期的结构形式是一种集中式系统。有一台或互为备用的 2～4 台主机完成所有的采集、通信、处理功能。对主机要求很高，当时一般采用小型机如 PDP-11、VAX 机实现，操作系统采用VMS。各计算机通过铜芯电缆连接在一起。为减少主机的负担,有些系统将通信控制机分离出来。图5.1是一个典型的例子。

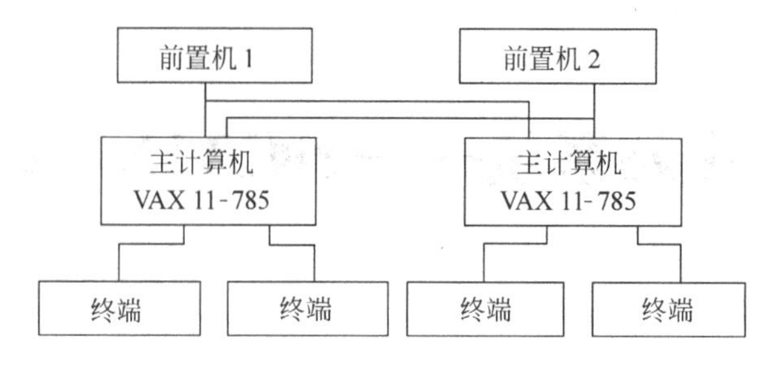

图5.1 集中式系统典型配置

前置机负责通信和控制,主计算机负责数据的处理和人机联系。用户通过亚终端访问系统,这种终端本身没有任何处理功能,完全依赖于主计算机。这种系统的缺点是显而易见的:主机负担过重,系统可靠性不高并且开放性很差。

5.2.2 分布式系统

分布式结构采用网络把多处理机连接在一起,各处理机分担SCADA/EMS/DTS不同的功能,实现数据共享和功能分布,如图5.2所示。

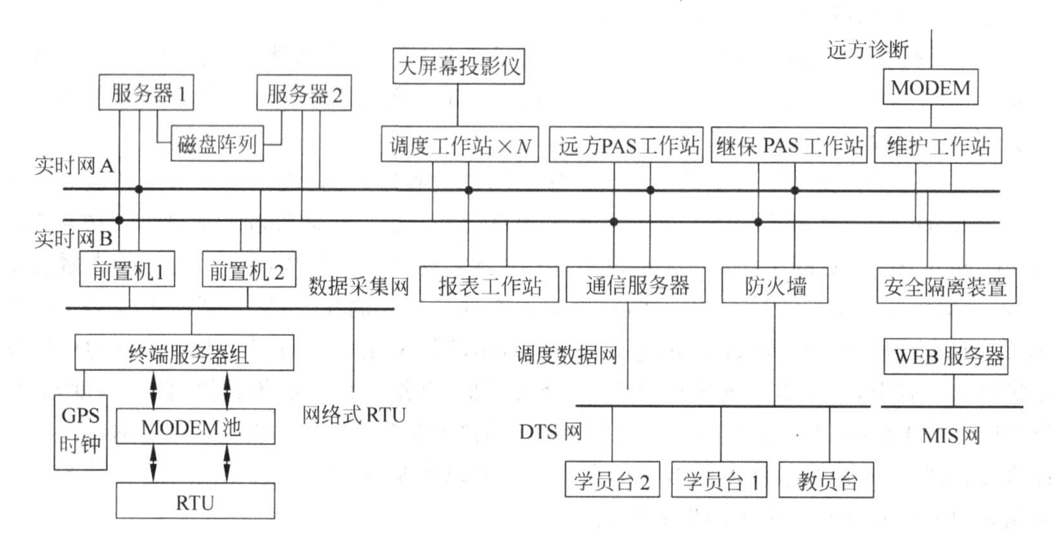

图5.2 分布式系统典型配置

一个分布式系统的典型配置如图5.2所示,该系统可以划分成若干个子系统,并通过高速负载平衡的双以太网互联。各子系统分别是:

- 实时数据采集前置子系统
- 应用/数据库服务器子系统
- 调度/集控/高级应用/维护等人机工作站组成的工作站子系统
- 计算机网络子系统
- WEB服务器

• DTS 子系统

(1) 前置子系统

实时数据采集前置系统是获取电力系统运行信息的关键，也是智能信息分配网络传输的核心。该子系统一般采用终端服务器(terminal server)和前置工作站组成实时数据采集前置通信子系统。终端服务器和工作站组成独立的数据采集网，数据采集网和系统主实时网互不干扰。其中终端服务器是一种智能设备，它把前端接收的串口(RS232/485)信号汇总转化为网络信号，实现与数据采集网的互联。这样连接在数据采集网上的前置工作站就可以把终端服务器前端的串口映射为本机的多个虚拟串口，从而实现对 MODEM 池出来的串口信息的访问。为了提高系统可靠性，一般配置主/备终端服务器组分别接入主备前置工作站，主备前置工作站同时接收实时数据，在双机切换时保证不丢失任何数据。

前置系统和通信服务器之间采用 TCP/IP 协议进行通信，即网络方式，可以方便地接入各种数据。实时数据既可以从 RTU 通道获得，也可通过与 SCADA 系统相连的其他系统获得，或是从网络式 RTU 获得。

RTU 一般采用双通道传输数据。主通道和备用通道可以是一个数字信号通道和模拟信号通道，也可以同是数字信号通道或模拟信号通道，数据来源也可不同，传输速率也可不同，系统自动在两个数据源间择优切换。

MODEM 池由一组智能化的可编程调制解调器板组成。这种调制解调器一般采用两种设计结构。一种是一个 RTU 通道接一个调制解调器板，这样带双路通道的 RTU 需要两块调制解调器板，而系统采用哪一路的信号，需要在两块调制解调器板后接一块切换装置。另一种是把两块调制解调器板合二为一，内部自动判断通道信号质量实现自动信号切换，接出质量好的那一路信号。这种方式省去了通道切换装置，可以提高系统可靠性。

(2) 应用/数据库服务器子系统

应用服务器是指运行应用子系统的核心任务的服务器。应用服务器包括 SCADA 服务器、高级应用服务器、数据交换服务器和 DTS 服务器等。实现各种模块的后台处理功能，对计算机的计算能力要求较高。要求系统 24 小时不间断运行，对于大型系统采用计算机集群。

数据库服务器，顾名思义是用于存储数据的服务器，一般用于运行数据库服务程序并存储数据。数据库服务器一般安装关系型大型数据库，如 Oracle，Sybase，DB2，Informix 以及 Windows 平台下的 SQL Server。这种数据库用于存储历史数据、电网模型数据和管理数据，数据量非常庞大，可以达到上百 GB。数据库服务器要求数据吞吐能力大，硬盘容量大。对于大型系统采用计算机集群和磁盘阵列技术，实现热插拔功能和多机的热备用、在线自动切换服务器。

应用服务器和数据库服务器一般可以合二为一，也可以单独设置。他们共同的特点是要求大容量、高吞吐速率，可靠性高、不间断运行。

(3) 人机工作站组成的工作站子系统

工作站子系统主要实现人机系统，按功能和使用人员的不同可以分为调度、集控、报表、PAS 高级应用和维护等。工作站子系统的计算机可以采用 UNIX 工作站，也可以采用 PC 机，它不要求 24 小时不间断运行。

(4) 计算机网络子系统

网络设备作为SCADA/EMS系统集成的基础，连接服务器和工作站，同时经路由器与外部网络系统相连。网络子系统包括数据采集网和实时数据网(双网)，由网络交换机、网络线、路由器和协议转换器、网管工作站和通信服务器等组成。其中通信服务器通过加/解密装置实现与调度数据网的互联。

(5) WEB服务器

WEB服务器主要用于调度自动化系统对MIS等外部系统发布实时数据的画面、报表以及提供外部用户查询历史数据的服务。为了安全起见，WEB服务器一般通过安全隔离装置实现与实时网的隔离，数据只能从实时网向WEB服务器单向传输。

(6) DTS子系统

DTS子系统由一个或若干个主教员台以及若干学员台组成，用于防事故演习、电网调度员的培训和考核。国调中心主持制定的《全国电力二次系统安全防护总体方案》规定DTS位于二次系统的安全二区，所以它和处于安全一区的SCADA/EMS通过防火墙隔离，独立组网。

5.3 调度自动化系统的系统软件

调度自动化系统的软件包括系统软件、应用支持平台和应用软件。系统软件包括操作系统和开发支持环境；应用支持平台包括人机界面系统和数据库管理系统；应用软件是在应用支持平台上实现的各种特定功能的应用程序。

5.3.1 操作系统

操作系统专门用于计算机资源的控制和管理，使整个计算机系统向用户提供各种服务。操作系统至少完成以下功能：处理器管理、任务调度、存储管理、设备管理、文件管理、时钟管理和系统自诊断等。操作系统的实时性和稳定性是调度自动化系统的基本要求之一，目前主流的操作系统有UNIX(SUN的Solaris，DEC的OSF/1，IBM的AIX，HP的HP-UX、Digital Unix和TRU64 Unix，SCO的SCO-ODT等)，Linux和Windows。考虑到系统的可靠性要求，其中大型地调以上的系统一般采用UNIX或混合系统(关键服务运行在UNIX上，而人机界面采用Windows)。

5.3.2 开发支持环境

调度自动化中常用的开发语言有C/C++、FORTRAN、Delphi和Java等。由于C++的支持面向对象和灵活的语法结构，特别适合用于开发调度自动化系统的人机界面和数据库等大型的软件系统，而C和FORTRAN由于历史原因被大量应用于算法程序的开发。Delphi是一种高度可视化、面向对象的PASCAL语言开发包，由于其易用性，被广泛应用于界面开发。Java虽然具有优越的跨平台能力，但是运行效率低，目前还不能用于实时控制领域，主要以Java Applet形式应用于开发Web发布的界面程序。

在Windows环境下，微软提供了可视化的C/C++开发包Visual C++和Borland公司的C++Builder，被调度自动化领域广泛采用。

UNIX系统的开发工具一般有两种来源：一种是UNIX系统开发商提供的开发包，如CC,cxx,f77,f90等编译器和ld32,ld64连接器等，以及dbx,dbxtool等调式工具；另一种是GNU提供的gcc编译器，以及gdb、DDD等调试工具。

5.4 调度自动化系统的应用支持平台

5.4.1 任务调度与实时通信子系统

调度自动化系统是由大量的完成不同功能的程序组成的，他们之间可能存在相互依赖或冲突。因此，需要有一个性能优良的进程管理系统来实现对进程的协调管理。

另外，作为一个实时系统，需要监视计算机的资源，如磁盘容量、CPU负载等，一旦出现异常需要给出报警。对于关键节点的主计算机出现故障，要迅速把备用机升级为主机，并接管所有任务。

对于采用分布式体系结构的系统，网络通信模块负责各节点工作站之间实时数据的传输和整个网络系统的信息共享。它的设计基于TCP/IP协议，提供高速、可靠、双向的通信机制。一般采用软总线的形式实现，它既支持成组广播，又可以实现点到点通信。所有应用程序的数据通信都通过软总线实现，应用程序作为一对象或组件在软总线上注册就可以获得软总线的通信服务，退出时也需要向软总线撤销注册。

5.4.2 数据库管理系统

1. 数据库技术的基本概念

数据库是有组织地服务于某一中心目的的数据集合。数据库管理系统是管理数据库的软件。它负责数据的存储、安全性、完整性、并发性、恢复和访问。数据库技术在20世纪60年代末作为数据处理的最新技术登上历史舞台。70年代初，E. F. Codd提出的关系代数和关系演算为关系数据库奠定了理论基础。1986年美国国家标准协会(ANSI)通过了关系数据库查询语言SQL标准。进入80年代以后，计算机硬件技术的提高使得计算机应用不断深入，产生了许多新的应用领域，如计算机辅助设计、计算机辅助教学、计算机辅助制造等。这些新的应用领域对数据库系统提出了新要求。由于没能设计出一个统一的数据模型来表示这些新型数据及其相互联系，所以出现了百家争鸣的局面，产生了演绎数据库、逻辑数据库、知识库等新型数据库。到80年代后期和90年代初期，出现了面向对象数据库系统，如GemStone、VBASE及ORION等。

数据库中的数据是高度结构化的，数据联系不但体现在记录内，也体现在记录之间。数据模型主要是指描述这种联系的数据结构形式。在数据库的发展史上，最有影响的数据库模型为层次模型、网状模型和关系模型。其中，关系模型占主要地位，近90%的数据库都采用关系模型。

(1) 层次模型

层次模型是以记录型为节点构成的数据模型，它把客观问题抽象为一个严格的自上而下的层次关系，具有两个基本特点：一是有且仅有一个根节点无双亲；二是其他节点有且仅有一个双亲。层次模型具有层次分明、结构清晰的优点，它适用于描述客观存在的事物中有主次之分的结构关系，缺点是层次模型只能反映实体间一对多的关系。这种模式并不令人满意，数据存在高度的冗余，子树和许多字段值都是重复的。这是由于层次模型不允许元件的原型信息和说明原件实例的信息区分开来。最为典型的层次模型的数据库为IBM的IMS。

（2）网状模型

网状模型是以记录型为节点的网络，它反映了现实世界中较为复杂的事物之间的联系。网状模型的基本特征是一个双亲允许有多个子女，一个子女也可以有多个双亲。网状模型具有以下特点：有一个以上节点无双亲；至少有一个节点有多于一个的双亲。网状模型的表达能力比较强，它能够反映实体间的复杂关系。它既能表达实体间的纵向联系，又能表达实体间的横向联系。但是，网状模型在概念上、结构上和使用上都比较复杂，对计算机的软件和硬件环境要求比较高。

（3）关系模型

关系数据库模型不处理单个记录，而是处理记录的集合，这样的数据模型是面向集合的。所以从结构的概念来看，关系模型是一张二维表，它使用"表"来描述实体，用"键"来描述实体之间的关系。在表中，每一列称为属性，有时也称为字段或域；每一行数据称为一条记录。关系模型既能反映属性之间的一对一关系，又能反映属性之间的一对多关系，还能反映属性之间的多对多关系。

关系模型具有一些优点，例如数据结构简单、概念清楚、符合习惯；能够直接反映出实体之间的一对一、一对多和多对多的三种关系；格式唯一，全部是表格框架，通过公共属性可以建立表与表即实体与实体之间的联系。

关系模型具有严格的理论基础。20世纪80年代以来，计算机厂商新推出的数据库系统几乎都支持关系模型，非关系系统的产品也大都加上了关系接口。数据库领域当前的研究工作也都是以关系方法为基础的。

2. 调度自动化数据库

调度自动化系统与传统的事务型应用相比具有不同的特征。一方面，要维护大量的共享数据和控制数据；另一方面，调度系统中各实时任务的完成具有苛刻的时间限制，同时分析和处理所用的数据是变化的。该类数据具有一定的有效时间区间(如所有遥测和遥信数据需在5s内刷新一遍)，过时的决策或推导是无效的。因此，调度自动化系统的数据库既要能处理永久、稳定的数据，维护数据的完整性和一致性，又要考虑动态数据及其处理上的时间限制，保证数据访问的并发和高效性。所以调度自动化系统需要引入实时数据库。

由于实时数据库由不同厂商开发，没有统一的规范和标准，实现方式也各式各样。但一般采用关系型数据库模型，有些系统也结合了一些层次模型的特点。下面介绍实时数据库的基本要素。

1）数据共享方式

实时数据库除了具备普通数据库的一般要求外，一个最主要的要求就是达到实时响应，即应用程序读写数据库的时间不能超过一定的限值。因此，实时数据库的数据存储和操作都是完全在计算机内存中进行的，所以又称内存数据库。实时数据库是调度自动化系统各模块间进行数据共享与交换的核心场所，所以一般采用共享内存或文件镜像机制，实现数据共享。其中共享内存机制只有UNIX类操作系统才具备，所以该技术逐步被淘汰，而转向采用文件镜像机制。文件镜像机制就是把一定大小的数据文件镜像成某一内存区,应用程序修改该内存区的数据,系统就可以在需要时更新数据文件内容。通过这种方式,不同的应用程序可以同时访问同一文件镜像的内存区,从而实现数据共享。由于应用程序所有的读、写操作都是针对内存变量的,所以效率和共享内存是一样的。

2) 数据库模式

实时数据库一般采用关系型模式,数据库中的记录是严格按固定位置排列的,一旦形成后记录位置不会改变。很多实时数据库中,用记录的位置来表达表之间的关系,如线路记录与节点记录的关系在实时数据库中有如图 5.3 所示的表达。

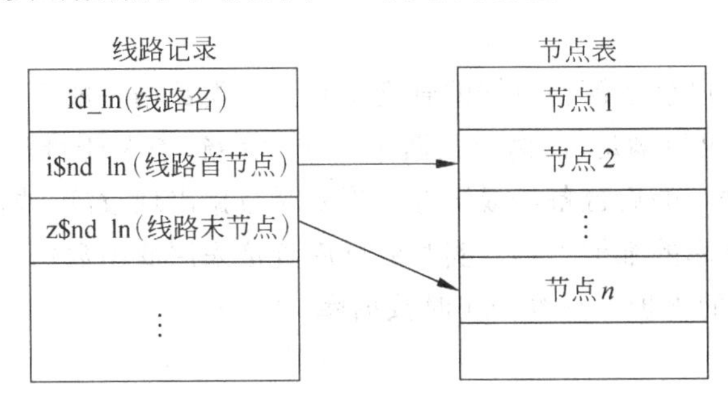

图 5.3 实时数据库模式的一个例子

线路记录中属性 i $ nd_ln(线路首节点序号)和 z $ nd_ln(线路尾节点序号)的值直接记录节点在节点表中的序号。这种存储方式使得数据的检索非常迅速,可以直接定位。

3) 数据库访问接口

(1) 快速接口

数据访问的快速性是实时数据库的基本要求之一。为了提高系统分析和决策核心软件的运行效率,系统提供了一种快速的数据库访问接口。该接口可以实现对数据库字段访问的效率与内存变量操作相等同。其实现的机理是把数据库的整个分区映射到共享内存中,并以 C 语言的结构形式提交给应用程序。该机制提供了高效的数据操作能力,但避开了数据库的安全校核和数据完整性约束,具有一定的风险。设计该接口的指导思想是在实时处理领域宁可只要部分正确及时的数据,也不要严格的过时数据。系统提供一套 PV 操作的例程来避免访问的并发冲突。

(2) 标准 I/O

为了弥补上一种接口的不足,同时保证一定的实时性,数据库提供了另一种访问接口,暂且称为标准 I/O。该访问方式提供安全校核与数据完整性约束,并提供了高效的网络访问机制和严格的并发处理服务。对数据库的任何数据操作都需与数据库服务器交互,因而与上一种访问机制相比效率有所降低。分布式任务、人机界面以及二次开发等应用可以采用这种机制。该接口提供了数据库的本地和异地的打开、关闭、读、写和家族之间的镜像等服务,很好地满足了各种应用要求。这种接口既可以直接访问数据库的记录,也可以通过定义数据库视图来访问一个或多个记录的某些域。

4) 与商用数据库结合

实时数据库系统很好地满足了实时响应的需要,但是一般的实时数据库系统缺乏离线数据的管理和事务处理等功能,在数据量越来越大,数据内容越来越丰富,应用系统对数据库功能需求越来越高的情况下，这些弊端日渐影响实时库的应用。目前成熟的系统都采用商用数据库和实时数据库相结合的开发模式。目前大型的商用数据库软件主要有如下产品：在UNIX下有ORACLE，SYBASE，DB2等，在Windows下还有Microsoft SQL Server。商用数据库在调度自动化系统中主要起到如下作用：

① 历史数据库。由于调度自动化系统需要保存一到三年的电网运行状态数据。这些数据包括有功功率、无功功率、电压幅值、系统频率、开关/刀闸动作信息、SOE、PDR、遥测量越限报警、人工对遥测/遥信的干预信息、遥控信息、系统报警信息、通道故障信息等。这类历史数据一般能达到几千兆字节甚至几百万兆字节，所以需要商用数据库强大的数据维护能力。

② 管理数据或电网静态模型数据的管理工具。这类数据一般不变或变化缓慢，采用商用数据库效率上完全可以满足，而商用数据库是开放系统，有利于维护和数据共享。

③ 作为实时数据库的后台备份或镜像。当实时数据出现故障，或需要备份时使用。

④ 作为实时数据库的维护工具。实时数据库直接采用商用数据库的数据库模式，从而可以利用商用数据库的维护工具维护实时数据库。

5.4.3 图形系统

计算机图形学的研究起源于麻省理工学院。从20世纪50年代初到60年代中，麻省理工学院积极从事现代计算机辅助设计/制造技术的开拓性研究。1952年，在它的实验室里诞生了世界上第一台数控铣床的原型。1957年美国空军将第一批三坐标数控铣床装备了飞机工厂。

计算机图形学和电力工业的结合产生了目前已经广泛应用于电力调度自动化系统中的电力图形系统。随着计算机技术和调度自动化系统的进步，电力图形系统也从无到有，从简单到复杂经历了多个发展阶段。

第一个阶段是显示和人机交互阶段。这个阶段的任务是改善人机交互环境，系统功能要求能编辑并显示厂站单线图和现场采集数据。这个阶段的图形系统模型围绕矢量图形和实时数据库进行建模，主要成果是SCADA系统广泛应用到电力系统中。

第二个阶段是模型建立阶段。这一阶段，电力系统安全和分析得到了普遍的重视。为了建立电网分析所需要的模型，图形系统需要面向设备建模。这个阶段系统的发展分化为两条技术路线。一种是保持矢量图形和实时库核心不变，用户使用手工分别输入系统的一次接线图、设备参数和拓扑连接，显然，这种建模方式非常困难且接线图和拓扑连接实质是重复的信息输入。因此，一部分系统提出了自动制图，即依靠手工输入的拓扑连接关系自动生成一次接线图。生成的一次接线图和手工输入的拓扑连接关系可以互为校验。另一种方式是图模一体化，利用图形生成设备模型和拓扑结构，使得图形和数据库模型一一对应，实现数据的可视化维护。

第三个阶段是图形系统的智能化、开放化阶段。统一的CIM模型和插件技术、脚本技术使得图形系统可以通过一定的配置支持各种电力功能应用。各个功能模块可以如同搭积木一样集成到图形系统中。

一个比较完整的图形系统的功能模块如图5.4所示。

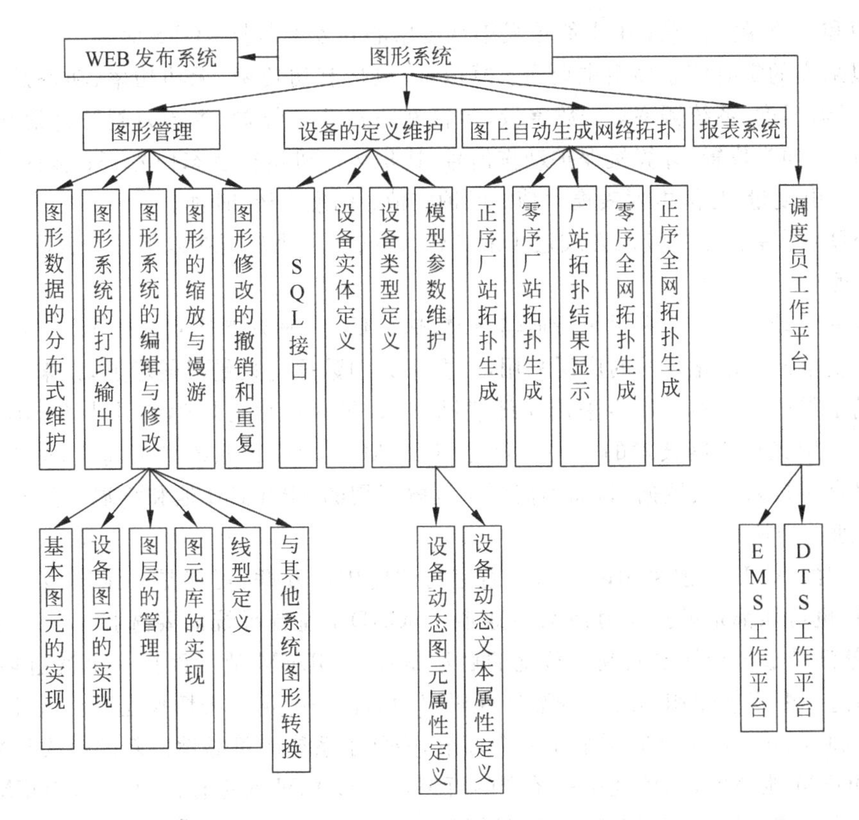

图 5.4 调度自动化图形系统的基本模块

5.5 SCADA 系统

SCADA(supervisory control and data acquisition)系统是调度自动化计算机系统应具有的最基本的功能,即数据采集和监控。第一台 SCADA 系统出现在美国 BPA 建设在 Vancouver 的 Dittmer 控制中心。

5.5.1 SCADA 系统基本功能

1. 数据采集

如图 5.5 所示,SCADA 采集的数据源类型包括:厂站 RTU 传送的数据,如计算机保

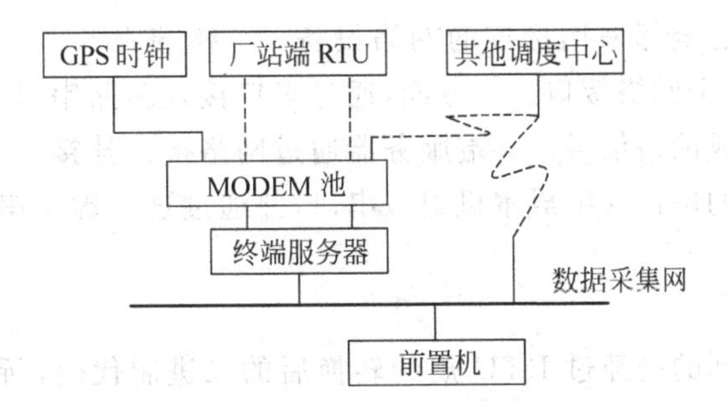

图 5.5 SCADA 的主要数据源

护整定值和故障录波信息；由上级或兄弟调度中心转发的数据；GPS时钟。

可以采集的实时信息类型主要有：模拟量，包括有功功率、无功功率、功率总加、电流、电压、变压器温度、系统频率等；数字量，包括断路器开合位置、主要刀闸开合信号、事故总信号、变压器抽头位置、计算机保护动作信号、通信载波机运行状态信号等；脉冲量，如脉冲电能量等；电度量，智能电度表窗口值；保护定值；标准GPS时钟。

SCADA采集数据的接入方式近年来有较大变化，主要表现在以下几个方面。

(1) 远动通信技术

传统的远动通信主要采用串行通信，传输速率低，一般只能达到几十Kbit/s，并且不稳定。随着变电站自动化技术的广泛采用，需要采集的数据呈数量级的增加，原来的通信模式已不能满足需要。目前已逐步采用光纤联网技术，传输速率可以达到几十Mbit/s到上百Mbit/s。采用光纤联网技术的另一变化是使SCADA的前置系统大为简化，远方RTU的数据可以直接接入采集数据网，而不需要调制解调用的MODEM池和终端服务器。

(2) 通道切换方式

厂站端的RTU一般采用两个通信通道与调度中心互联，可能是一组模拟通道和一组数字通道，也可能都是模拟通道或数字通道。SCADA前置系统需要选择其中一个通道的数据，这就涉及通道切换的问题。传统的做法是在MODEM池后面接一个通道切换柜，由前置机通过判断当前使用的通道的数据误码率的高低来决定是否切换通道。这种模式在前置计算机和MODEM池之间增加了一个环节，降低了系统的可靠性。新的模式是采用智能化的MODEM池，MODEM池由一系列的可编程MODEM通道板。每个MODEM通道板可以接两路通道的信号，由MODEM通道板自己判断两路信号的质量，决定采用哪路信号。前置机接收到的是质量较好的一路信号。

(3) 数据接入方式

因为MODEM池出来的是多路的串口信号，而计算机的串口个数是有限的。传统的做法是采用如图5.6所示的串口扩展卡。这种设备最大的问题是不能热插拔，扩展很不方便。

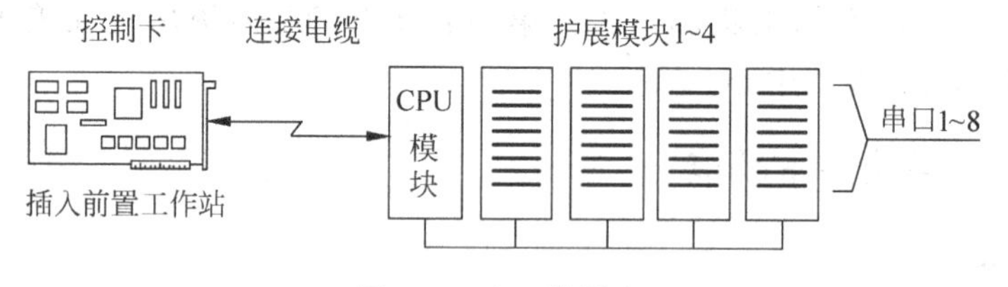

图5.6 串口扩展卡

目前的SCADA已全部采用标准的网络设备——终端服务器。终端服务器有两种接口，即若干个串口和一个网络接口。一方面，通过串口接入多路串口信号，终端服务器可以把这些串口信号转换成网络信号。终端服务器通过网络接口挂接在前置采集网上，前置机可以把终端服务器上的串口映射成本机虚拟串口，并通过这些虚拟串口与终端服务器进行数据交换。

2. 数据预处理

由于前置机接收到的是经过RTU规约转换后的二进制代码，所以需要转换。前置机中的通信程序接收到这种代码后，根据采用的远动规约的种类，首先对代码进行误码分析，然后转换成有意义的工程量，并统计出误码率。

前置机除了进行采集数据的规约转换外，还有以下功能：

① 对模拟量：有物理限值和三级报警限值检查，可定义报警延时和死区；有变化率限值检查；有取绝对值、取反、归零等处理；可人工设定；可代路操作，有旁路代自动识别和计算处理功能；可取用对端量测；可分析可疑数据，并报告给运行人员。

② 对数字量：有滤波和纠错功能，可排除遥信抖动现象，可统计状态量的正确率；可判断遥信变位是事故跳闸还是人工拉闸；可统计开关动作次数，开关动作到指定次数时，进行检修报警；有取反处理和人工设定。

③ 对脉冲量：有数值的有效性和合理性检验；电度分送、受电、分时段进行统计，电度底数可人工置数；可冻结计数和人工设定。

④ 对 GPS 时钟：进行全网统一对时，可与各 RTU 和与上级主站系统进行远方对时，提供人工置入日期和时间操作界面。

3. 信息显示和报警

将系统运行值和设备状态进行显示、供调度员监视用。当运行值越限或设备状态发生非预定变化时及时向调度员告警。

监视内容如下：

① 质量监视——周波和电压运行值。

② 安全限制监视——潮流、电流、水位运行值，周波和电压。

③ 开关状态——开关、刀闸当前的开合状态，检查是否有非计划动作。

④ 停电监视——线路和母线停电状况。

⑤ 计划值执行情况——地区用电，电厂出力，区域交换功率是否超计划值。

⑥ 设备状态——机炉起、停、备用、检修和变压器的运行或检修状态。

⑦ 保护和自动装置的动作状态。

⑧ 自动化系统软硬件故障或投停。

⑨ 远动设备故障或投停、通道故障或投停。

⑩ SOE 信息。

⑪ 遥信状态与相关遥测值矛盾。

⑫ 跳闸分事故和操作。

报警方式有报警窗口显示(有最新报警行)、设备或数据闪烁、事故推画面、语音报警、随机打印等。可根据报警的类别设定不同的报警方式；报警信息可登录到历史库中存档，可按时间段分类检索报警信息；可对整个厂站内所有报警进行确认，也可对单个报警进行确认；可在报警列表上确认也可在厂站单线图上确认报警；允许禁止和恢复某个报警。

信息显示的方法包括模拟盘和彩色 CRT，前者已逐渐被取消。用 CRT 显示时画面分成背景画面和实时数据两部分，背景画面是死的，实时数据是活的，变化的画面上的数和实时数据库通过指针相联。库内数据改变时，画面上的数也随之改变。

常用的画面有：厂站接线单线图，如图 5.7 所示；系统潮流图；表格，包括运行值表；曲线，用于显示负荷、频率、中枢点电压等随时间的变化过程；棒图/饼图，直观显示运行值，备用值等靠近上下限的程度；目录、画面、打印表单或各任务启停执行等画面的目录检索。

这些画面的调用和修改，命令的执行大多采用鼠标。

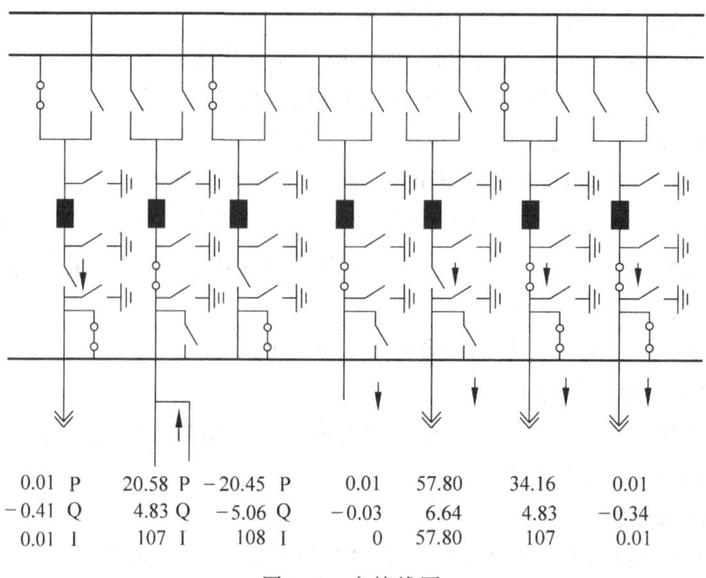

图5.7　主接线图

4. 统计和计算功能

SCADA系统可以通过人机界面在线定义统计或计算公式。计算可以对某一点数据进行,也可以是对一组或多组数据进行。提供成组运算顺序的定义描述界面。数据源可以是实时采集的数据,也可以是运算推导的中间数据或结果数据。统计和计算过程数据或结果数据超出边界条件时给出报警。

SCADA系统可实现代数运算、三角函数运算、逻辑运算、电力系统专用函数运算。同时还支持用户定义的函数运算,有用户公式语法校验功能。实现管辖范围内的有功功率总加、无功功率总加、分时电量总加,计算折算到50Hz的负荷值等,可实现分类/分时、最大值/最小值及其发生时间、平均值/累计值/积分值等多种方式的统计。可统计电压合格率、各联络线功率因素及全网功率因素、线损值、负荷率等运行参考信息。对电度量可分送、受电,分时段进行统计,电度底数可人工置数。开关动作次数统计。可对RTU、前置机和各工作站作月、年运行合格率统计,并把结果和停运时间作报表存档。

5. 调度员遥控遥调操作

调度员利用计算机进行远方切换和远方调整。为了避免误操作,一方面,通过返讯校验法检查命令是否正确。当地RTU收到控制命令并不立即执行,而是在当地先校核一下该命令是否合理。如果正确,将RTU收到的信息返送回主站,主站将发出的信息和回收的信息进行比较,当两者一致时再发出执行命令。RTU执行了遥控命令后再发回确认执行信息。另一方面,在画面上开窗口或者在另一屏上显示操作提示信息,按此提示信息一步一步地操作,每步操作结果都在画面上用闪光、变色、变形等给出反应,不符合操作顺序或操作有错则拒绝执行。

6. 事故追忆和事件顺序记录

事故追忆和事件顺序记录主要用于记录系统发生异常情况和事故发生的顺序,以便事故后分析事故用。

事故追忆 PDR(post disturbance recording)保留事故前和事故后若干数据采集周期的部分重要实时数据,如频率、中枢点电压、主干线潮流等。RTU 可以定时地(5s 一次)将部分重要量测量记入 RTU 缓冲存储器,在那里保留 1min,定时更新。当故障发生时,自动把缓存的内容发往主站并且打印记录,用以分析事故的原因。

事件顺序记录 SOE(sequence of event)对事故时各种开关、继电保护、自动装置的状态变化信号按时间顺序排队,并进行记录。为此,主站应召唤各 RTU 的记录并进行分辨。RTU 的时间基值或时钟必须一致并十分精确;另外,不同厂站 RTU 的时间同步是靠主站发的时间信息码实现的,也可以各厂站接收广播时间码来实现同步。现在更多地用 GPS(global position system) 来实现时钟同步。主站记录的顺序事件的分辨率应不大于 5ms。

7. 网络拓扑动态着色

提供完善的网络拓扑分析功能,可处理任意接线方式的厂站,根据电力系统中开关/刀闸的开/合状态来确定电气连通关系,确定拓扑岛。能以不同的颜色直观地显示出电力系统各个设备的电气状态,如:带电/不带电、电气上是否连通、不同的拓扑岛可用不同的颜色等。着色处理由用户自己定义,不同着色含义由用户自己定义。

8. 打印功能

打印功能可以采用定时启动、人工启动和事件驱动方式,打印周期可设定。打印的驱动事件可选择,包括远动状态变化或 RTU 投退、遥信变位、遥测越限、遥控操作记录、交接班记录、系统设备故障、事件记录、事故追忆、画面复制等。重要运行表格可先在屏幕上显示,由操作人员确认并修改,数据无误后存入数据库,并交付打印。

打印机可定义为专用设备或共享设备;打印设备接口可以有串口或并口;打印机故障时,实现任务在不同打印机间的自动转移;可灵活设置打印参数;具有打印机网络管理功能。

9. 历史数据处理

历史记录数据包括采集数据或人工置数、电网数据或自动化系统数据、计划数据或运算数据。记录的点类型主要有测量数据、状态数据、累计数据、数字数据、报警数据、事件顺序记录数据、继电保护数据、安全装置数据、事故追忆记录和故障录波数据。对于状态量可采用变位记录。用于历史记录的典型数据库点有全网发电总加、全网负荷总加、各局厂发供电总加、各局厂发电量、中枢点电压、系统频率等。

历史记录的存储周期可选择,系统推荐使用的典型的存储周期有:1min、10min、15min、30min、60min 等。历史库中的所有数据均可参与统计和计算。

历史数据可以用于形成日、周、月、季、年报表,历史数据库数据保存时,若超出下列保存时间范围,可将数据转存外设存储媒介:

- 年度报告保存 10 年;
- 日、周、月、季报表保存 1 年;
- 每分钟(或每小时)一点的历史数据保存 1 年。

历史数据库检索可以通过人机界面的图形、曲线、报表上的提示进行。

历史趋势曲线将以直观的方式显示变化趋势;统计数据可用棒图显示。

历史库为负荷预报、各种日/月/年报表、历史趋势曲线等提供数据源。

10. 调度控制系统的状态监视和控制

调度控制系统包括厂站端RTU、信道、主站主控端计算机系统和运行的主备机及各外设等。监视整套系统的运行情况十分重要。SCADA系统有这种功能,能监视每个设备工作正常、故障、异常、离线、在线、可用、停用等状态。在画面上可用不同颜色显示设备不同的状态,设备异常或故障时应报警。

控制系统中的各种设备的运行状态也可以人工改变,例如主备机切换,磁盘、CRT、打字机、Modem、远动通道、电源等的切换,都可以在画面上操作。

11. 报表子系统

报表子系统提供了自由制作报表的工具,有丰富的编辑手段,生成各种图文并茂的图形报表。用于统计、归类各种实时、历史数据和信息,并支持打印和自动网上发布。

12. WEB发布子系统

WEB子系统采用ASP、JAVAApplet等动态网页开发技术,实现对SCADA和PAS功能的所有画面的网上发布。通过WEB,用户可以查询实时数据、历史数据和报警信息。可以以报表和厂站主接线图的形式查询。

13. 外部接口

外部接口主要用于和外部系统交换信息,例如和MIS系统等,向自己的上级调度部门传送信息等。这往往通过计算机通信来实现。

5.5.2 SCADA数据库

数据库是SCADA系统的核心,大部分的SCADA程序都是围绕数据进行工作的,如图5.8所示。

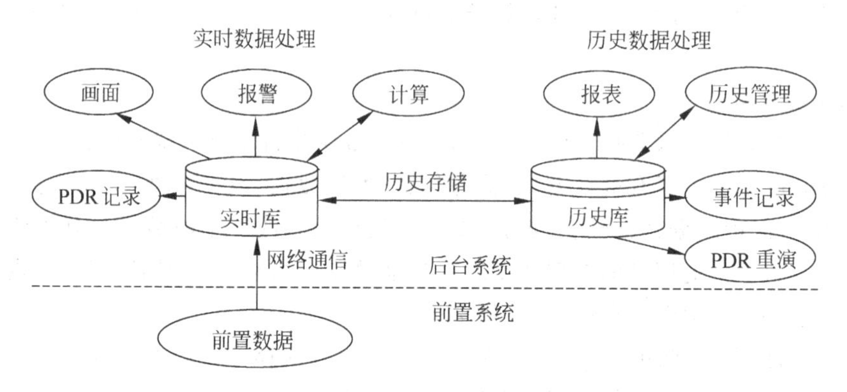

图5.8　数据库在SCADA中的位置

SCADA数据库由实时数据库和历史库组成。实时数据库主要存储需要快速更新和在线修改的数据库,如遥测表、遥信表、计算表达式表等。历史库采用商用数据库实现,用于存储历史的电网状态数据、报警信息和维护操作信息等。

5.5.3 SCADA系统的评价指标

SCADA系统是整个电网调度管理的心脏,其任务是采集来自电网生产与传输过程中的数据和信息,并加以分析和显示,调度人员利用这些信息指导电网生产和运行。调度自动化系统的设计有以下指标。

(1) 系统可用率

系统可用率定义为

$$可用率=\frac{运行时间}{运行时间+停运时间}\times 100\%$$

系统总的可用率要求≥99.9%，关键元件≥99.99%。为保证达到要求的可用率，元件配置必须考虑冗余。

(2) 数据合格率

通信信道传输差错少，数据采集准确。按国家标准：

信道比特差错率$\leqslant 1\times 10^{-4}$

遥信正确率≥99%

遥测准确率≥98%

(3) 系统响应时间

系统响应时间指从请求功能的瞬间到输出可用结果的时间。常用的指标有：

遥信变位传送至主站≤3s

重要遥测越限传送至主站≤3s

遥控遥调命令下送至子站≤3s

有实时数据画面整幅调出时间≤5s

画面刷新周期≤5s

(4) 系统可维护性

系统能够进行维护和更新而不影响系统的正常运转。这要求系统的硬件、软件设计有良好的可扩展性和模块化。

5.6 EMS应用软件基本功能

随着电力系统的发展，人们对其管理水平和管理手段都提出了越来越高的要求。EMS应用软件(PAS)已经是地区及以上各级调度中心的必备功能。图5.9是PAS主要功能和功能模块间的依赖关系。PAS是建立在SCADA采集的全局电网状态上的高级应用。PAS的运行必须基于两方面的数据和模型：SCADA采集的电网实时状态，包括开关/刀闸的开合状态和主要电气设备的有功、无功和电压幅值。下面简要介绍主要功能模块的基本情况。

1. 网络拓扑分析和动态着色

网络拓扑分析功能是PAS其他应用功能的基础，被系统中所有模块调用。该模块根据电力系统中开关/刀闸的开/合状态来确定电气连通关系，确定拓扑岛。

动态着色则是根据电网拓扑监视出的设备状态信息，以不同的颜色直观地显示出电力系统各个设备的电气状态，如带电/不带电、环路/辐射支路、解列岛等。

2. 实时状态估计

在实际电力系统中，由于远动信息不全，系统中某些重要的运行状态信息较难了解和掌握；与系统稳定有关的电压相角信息很难实时测量；运行方式人员计算潮流很难收集到实时潮流数据，从报表收集的数据不可靠，经常造成潮流计算不收敛或者潮流计算结果不合理

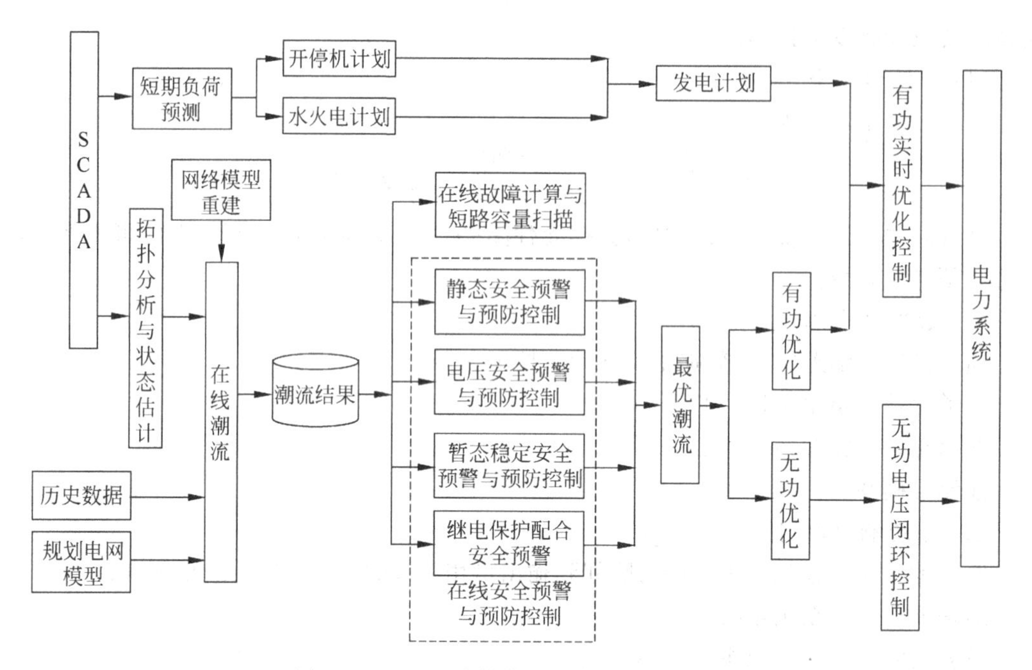

图5.9 PAS的功能模块及其相互依赖关系

的现象；调度员培训仿真系统需要采用实时系统数据完成真实的培训任务；各种EMS高级应用软件的实现都需要在实时数据基础上进行；等等，这些都需要依靠状态估计提供的信息。

状态估计利用量测系统采集的信息估算电力系统的实时运行状态，给出电网中各母线的电压和相角、各线路和变压器的潮流、各母线的负荷和各发电厂的发电机出力。

状态估计软件具有很强的开关错误辨识能力，发现遥信信息错误并予以纠正；也具有对遥测数据中的不良数据进行检测和辨识的能力。在量测系统中存在不良数据时，指出哪些是正常数据，哪些是不良数据。

状态估计软件也是PAS其他功能的基础，没有稳定运行的状态估计，其他功能只能是空中楼阁。

3. 超短期负荷预测

量测系统的配置很难保证全系统的可观测性。对于不可观测区域的潮流分布的计算需要利用母线负荷预测的信息。

母线负荷预测是指超短期母线负荷预测（预测一天内的负荷），一方面要预测出全系统的总负荷，又要把全系统各母线负荷预测出来。不可观测区的母线负荷作为实时量测信息的补充可以用于扩大可观测区，或作为外部系统等值的基础数据。

母线负荷预测也是预想潮流计算的基础，预测一段时间之后的母线负荷，为预防控制和预想事故分析创造条件。

4. 短期负荷预测

由于电力的生产和消费是同时进行的，不能大量储存。所以，预测未来的负荷水平，对于安全、经济的电网调度是非常重要的。

短期负荷预测就是利用数学的方法，根据历史的负荷数据、天气历史数据和预报数据，预测未来一天到一周中每天的负荷曲线。它是调度制定发电计划或交易计划的重要依据。

5. 在线潮流和静态安全评定

在线潮流也称调度员潮流，就是利用实时的断面数据，用户可以通过该模块实现电网调度所有操作对系统潮流分布改变的模拟。

要对拟详细研究的系统(内部系统)进行潮流计算和安全分析，一方面要有内部系统的准确的实时潮流；另外，还应有有关外部系统的足够多的信息。外部系统的运行状态有时是无法知道的，通常采用静态等值的办法来模拟。等值网络对内部系统发生的扰动的响应应和原来未等值的真实网络的响应相同。

在外部网的静态等值基础上，在线潮流计算能够给出基态系统(内部系统)运行状态的信息，而且在系统发生扰动(发电机、输电线开断、出力负荷调节、变压器分头调节等)时仍能给出扰动后内部系统潮流分布的精确结果，完成预想事故的安全分析功能。基态系统可在三种数据源上进行，并在画面上选择：当前的实时数据；历史上保存下来的历史数据断面，实现电网结构不匹配时的断面回放；经过负荷预测产生的预测数据。

对于地调，由于地区电网主要是辐射网，自动装置在运行中起到非常大的作用，当电网设备由于故障退出运行时，备用电源自投装置(BZT)将动作，电网的运行方式将随之自动发生变化。运行人员需要了解电网方式变化后的运行状态，因此需要在潮流计算中模拟自动装置。

6. 自动故障选择

系统中的预想事故为数众多，但并非所有事故都会对系统产生严重影响，而对所有可能的预想事故逐一进行安全分析计算难以满足在线应用的要求。自动故障选择根据当前系统的运行状况自动给出哪些事故是重要的，哪些事故是不重要的，以及它们之间相对重要性的信息。在画面上，能清楚地看到不同事故对系统影响的相对严重程度，使调度员把注意力更多地集中到那些可能发生的重要的故障上。

对网省调电网，自动故障选择主要考虑 $N-1$ 校验。而对辐射状的地调电网，简单地做 $N-1$ 来进行安全评估是不够的，$N-1$ 的结果一般直接引起减负荷，这不符合电网实际。事实上，地调电网中一般存在 BZT 等自动装置来保证供电的可靠性。因此，需要在地调 $N-1$ 校验中，模拟自动装置的动作，来考察事故后新运行方式下系统的安全性；在 $N-1$ 校核中，每条支路的跳开都考虑自动装置的动作，因而 $N-1$ 校核的结果更趋合理。由于考虑了 BZT 等自动装置，往往成了 $N-1+1$ 校验，安全性原则不同。而且，地区电网在进行自动故障选择时，在网省级电网的支路过载和母线电压越限的严重性指标基础上，还增加了失负荷数和失负荷量等指标的排序。不但可以得出地区电网中真正的安全性薄弱点，而且还可以对自动装置的配置进行校核、优化和改进。

7. 校正对策分析(安全约束调度)

校正对策分析软件可告诉用户，当系统故障造成元件运行越限时，或在基态就已存在越限时，应当采取什么措施(调哪些机组出力或变压器分接头)来缓解以致完全消除故障对系统造成的影响。

8. 灵敏度分析

在潮流研究中，有时我们不但要求得潮流解，而且要分析某些变量发生变化时，会引起其他变量发生多大的变化，这时就需要进行潮流灵敏度分析。灵敏度分析在电网控制中有着广泛的应用，例如如何有效地控制母线电压、解除支路过载、降低网损等，都需要灵敏度分析工具。

系统的灵敏度分析基于电力系统的 PQ 解耦模型，根据实际应用的目标不同，将一些重要的灵敏度分为三类，即有功类、无功类和经济类。

9. 最优潮流

系统在正常运行情况下需要随时调整发电机的出力，以维持频率恒定，并使系统运行费用尽可能少。此外，需要调整变压器分接头、投切电容器、调发电机无功，使得系统电压维持在合理的水平，同时使系统输电损耗尽可能小，即避免无功的不合理传送。所有调控操作必须保证系统中所有元件的运行不发生越限现象。这是系统运行调度要实现的最高目标。最优潮流软件就是为了实现这一目标而设计的，它既可用于发电机有功最优调度，也可用于无功最优调度。

总而言之，所谓最优潮流(optimal power flow)是指系统的结构参数和负荷情况都已给定的前提下，调节可以利用的控制变量(如发电机输出功率、可调节分接头档位、电容/电抗器投退)来找到满足所有系统运行约束条件的，并使某一方面的指标(如发电成本或往来损耗)达到最优值下的潮流分布。

10. 在线故障计算与继电保护定值校核

电力系统发生故障是在所难免的。故障以后电力系统中元件上的电流、电压的变化受到故障类型、故障地点、网络结构以及实时潮流等诸多因素的影响，而且可能出现多重故障，因此必须经过计算才能得到。

继电保护定值是根据某些原则整定的。对于某种特定的运行工况，各保护定值之间是否配合，是否满足系统运行的要求，必须经过在线校核才能确定。这部分功能由在线故障电流计算软件、短路容量自动扫描软件和保护定值校核软件等软件实现。其中，对地调电网，故障计算有重要的特点，如考虑外网等值、考虑外网零序、考虑外网大小方式、考虑变压器中性点地刀和消弧线圈的影响等，以满足地调应用的特殊要求。

11. 静态电压稳定分析功能

随着系统负荷的增加或者受系统中出现的不正常事件的影响，有时系统会出现电压稳定问题：负荷母线的电压不能维持在指定值，甚至急剧下降而发生电压崩溃事故。因此，电网运行调度人员应该时刻监视系统的电压稳定情况，了解系统电压稳定的薄弱点，及时采取预防控制措施提高系统整体电压稳定水平，防止电压崩溃事故的发生。尤其是在系统发生故障，引起系统中某些重要的发输电元件退出运行时，系统发生电压稳定性事故的可能性更大。在这种情况下，EMS若能以形象直观的方式指出系统中的电压稳定薄弱点，该点距电压崩溃的距离，以及调整哪些地方的无功补偿元件去提高这些点的电压稳定水平，这将对调度员的调度决策有重要的指导意义。

12. 在线动态安全评定功能

电力系统在故障扰动情况下的动态表现是调度或运方人员十分关心的问题。在某种故障时继电保护及自动装置动作后，系统是否会失去稳定，即使不会失去稳定，这种故障情况下系统的稳定裕度怎样，采取何种措施才能提高系统的稳定裕度，这些都是EMS要解决的问题。由于系统稳定性与系统运行方式密切相关，而系统接线情况和运行方式以及系统的负荷都是变化的，对于某种特定的运行方式进行的稳定分析不能满足需要，而利用实时数据对当前系统进行稳定分析有重要的实用价值。这些稳定分析可以包括静态稳定性、动态稳定性和暂态稳定性评估。

5.7 电网与电厂计算机监控系统及调度数据网络安全防护

《电网与电厂计算机监控系统及调度数据网络安全防护规定》已经国家经济贸易委员会主任办公会议讨论通过，自 2002 年 6 月 8 日起施行。

电力系统安全防护的基本原则是：电力系统中，安全等级较高的系统不受安全等级较低系统的影响。电力监控系统的安全等级高于电力管理信息系统及办公自动化系统，各电力监控系统必须具备可靠性高的自身安全防护设施，不得与安全等级低的系统直接相联。电力监控系统可通过专用局域网实现与本地其他电力监控系统的互联，或通过电力调度数据网络实现上下级异地电力监控系统的互联。各电力监控系统与办公自动化系统或其他信息系统之间以网络方式互联时，必须采用经国家有关部门认证的专用、可靠的安全隔离设施。

根据该规定，调度中心的所有系统分置于四个安全区。

安全区Ⅰ：目前已有或将来要上的有控制功能的系统，以及实时性要求很高的系统。目前包括实时闭环控制的 SCADA/EMS 系统、广域相量测量系统(WAMS)和安全自动控制系统，保护设置工作站(有改定值、远方投退功能)。

安全区Ⅱ：没有实时控制业务但需要通过 SPDnet 进行远方通信的准实时业务系统。目前包括水调自动化系统、DTS(将来需要进行联合事故演习)、电力交易系统、电能量计量系统、考核系统、继保及故录管理系统(没有改定值、远方投退功能)等。

安全区Ⅲ：通过 SPTnet 进行远方通信的调度生产管理系统。目前包括雷电监测系统、气象信息、日报/早报、DMIS(调度 MIS)等。

安全区Ⅳ：包括办公自动化(OA)和管理信息系统(MIS)等。

5.8 EMS 系统的发展方向——标准化和组件化

标准化一直是信息系统的努力方向，也是调度自动化系统发展的必然之路。而组件化是调度自动化软件系统开发的新模式，也是实现标准化的手段之一。调度自动化系统的标准化从整体来说，包含四个层次的问题。

(1) 硬件系统标准化

就是只要符合一定的电气规范，计算机的零配件可以自由搭配，实现即插即用。

(2) 操作系统标准化

通过定义操作系统接口来实现不同操作系统之间的互操作，使应用程序的移植不受操作系统的限制。目前，IEEE 对操作系统本身未做规定，只规定了接口标准 POSIX，并且尚未全部通过。各大计算机厂商都表示将遵守 POSIX 接口标准，但由于接口本身尚未确定，所以要做到真正的开放性系统还有一定的距离。

(3) 软件支持平台标准化

各厂家的支持平台标准化，应用软件可以在不同厂家的平台上工作。主要涉及图形用户界面接口、数据库接口、网络通信接口等方面的标准化。

(4) 应用软件接口标准化

各应用软件在数据达到统一标准后，不同厂家的应用软件模块可以组装到一起或者相互换用，达到真正的开放。其理想目标是实现应用软件模块在不同调度自动化系统中的“即插即用”。

下面将分别从开放性定义、组件技术、EMS应用软件接口规范等几个方面做一简单介绍。

5.8.1 开放系统

1. 定义

(1) IEEE P 1003工作小组制定的POSIX 100 3.0标准中对开放系统的定义

一个开放系统具有这样的能力，使其能运行在多厂家的计算机系统上；实现与其他开放系统的互操作(包括远程应用)；为用户接口提供一致的工作方式。

这一定义强调多厂家系统的集成和用户接口标准化。

(2) IEEE能量控制中心工作小组对开放的EMS的定义

对现存EMS系统提供全部更换或部分扩充的能力，而不必依赖某一厂家。

这一定义强调可用多厂家产品的同时，还强调了对现有EMS的继承性。

(3) 美国电力科学研究院(EPRI)对开放系统的定义

开放系统在接口、服务程序和信息格式等方面为用户提供满意的功能规范，以利于应用软件工程化。

2. 开放系统的特点

(1) 工作站为基本单元

计算机性能价格比优越，系统可以灵活组成。

(2) 冗余配置

各子系统性能要求不一致，高级应用软件要求最高，各子系统配置冗余度也不同。

(3) 硬件可以采用多家的产品

这是开放系统最基本的要求，硬件层次上容易实现开放性。

(4) 严格遵守工业标准

不同厂商的系统要做到开放必须在软件上遵循下列标准：①操作系统接口标准；②图形界面标准；③数据库访问标准；④网络通信标准；⑤语言标准；⑥文件标准。一个EMS符合这些标准，则在系统中任一部件或子系统更换时，就不致引起整个系统的变动，而整个系统更换时，应用软件也不受影响。

(1) 操作系统接口

以现在采用最广泛的UNIX操作系统来说就有20余种产品，实现可移植性尚为时过早，一个EMS只能选用其中的一种。

(2) 图形用户界面接口

目前没有正式的国际标准，但存在着事实上的工业标准，也即从用户广泛使用中推荐产生出来的标准。主要由两部分组成，即窗口标准X-Window和建立在其上的用户界面。MIT推出的X-Window是公认的，图形用户接口却主要有2种，即OSF的Motif和X-Open

的 Open Look，现在已经统一为公共桌面环境 CDE。

(3) 数据库访问接口

除了规定用 SQL 和 DIAS 访问数据外，IEEE 并未对数据库本身做出规定，EMS 厂商都是自己开发实时数据库管理系统，为了更好地处理历史数据，不少 EMS 厂商采用了实时数据库管理系统和商用数据库管理系统相结合的方式，如 WSL 采用 INGRES，CAE 采用 Sybase，EMPROSE 采用 Oracle 等。

(4) 网络通信接口

目前，新开发的 EMS 在局域网上以 OSI 和 TCP/IP 为通信接口标准，广域网上以 X. 25 为通信标准。

5.8.2 CORBA 简介

当前关于分布式组件技术主要有 Object Manage Group（OMG）的 CORBA（Common Object Request Broker Architecture）、Sun 公司的 EJB 和 Microsoft 的 COM＋等。其中，CORBA 技术具有语言无关和平台开放的优点，而且其功能完整性、发展成熟性也是最好的。同时三种技术的核心思想都有一定的共通之处，彼此具有相当的兼容性。

需要指出的是 CORBA 并不一定是分布式实时系统的最佳选择。CORBA 技术也面临着一些挑战，例如，CORBA 不能很好地管理复杂的大型系统。另外，到目前为止其实时性也受到怀疑。

5.8.3 概要分析

CORBA 是一种开放的分布式对象计算结构，是异构计算环境互操作的标准。通过 CORBA，应用程序之间能相互通信，而不管它们的位置、编程语言及操作系统和硬件平台。

CORBA1. 1 于 1991 年提出，1994 年提出 CORBA2. 0，目前已发展到 CORBA3. 0。但是应用最为广泛的还是 CORBA2. 3。它通过 Interface Definition Language（IDL）和 Application Programming Interfaces（API），使得客户端/服务器对象通过 ORB（Object Request Broker）相互通信。CORBA 实现了许多通常的网络通信任务，如对象登记、对象定位、对象激活、错误处理等。

CORBA 作为工业标准定义了分布式计算所需的高层次功能，其目标是构造一个真正开发的基础构架，实现在各种应用之间进行透明通信，而无须了解系统软硬件服务对象的位置、状态和方式。CORBA 规范定义了 IDL 语言及映射、单个 ORB 体系结构、ORB 互操作机制和 COM/CORBA 互操作。

5.8.4 主要优点

CORBA 作为系统集成的一种工业标准体系结构，其主要优点如下：

(1) CORBA 简化了分布式应用的集成，对于最终用户而言，它更易使用，因而在时间和成本方面都有所节约。

(2) CORBA 作为一种抽象的规范定义并不限制具体的实现方案，这一点对于软件供应商而言最具吸引力。这种软件结构与实现手段相分离的特点，使得供应商们可以先利用 IDL 完成软件的结构设计，然后再选择合适的通信机制，以使系统具有最大限度的可用性。

(3) 与原有的基于RPC机制的单纯的C/S结构相比,CORBA结构更有利于资源的灵活、合理利用。因为CORBA是对等式的分布式计算环境,所有应用对象之间的地位是平等的,其担任的角色也是可以转换的,绝大多数CORBA对象都可以担任客户端和服务器两种角色。

(4) COBRA是面向对象的,这意味着面向对象的种种方便与强大功能将在CORBA的使用中得以体现,如系统的开发性、可重用性以及与原有系统的无缝集成和新功能的快速开发等。

(5) CORBA IDL是一种标准,其核心元素的稳定性是有保证的。CORBA产生于拥有700多成员的OMG组织,该组织包括了多家主要的计算机硬件厂商及大的科研院所,并得到X/Open、OSF、X/Consortium等的支持,权威性是毋庸置疑的。自1991年CORBA1.1版本的问世以来,CORBA的功能不断扩展,对异构平台的兼容性不断增强,并且对Java也提供支持。

5.8.5 CORBA的基本框架

CORBA的体系结构如图5.10所示。

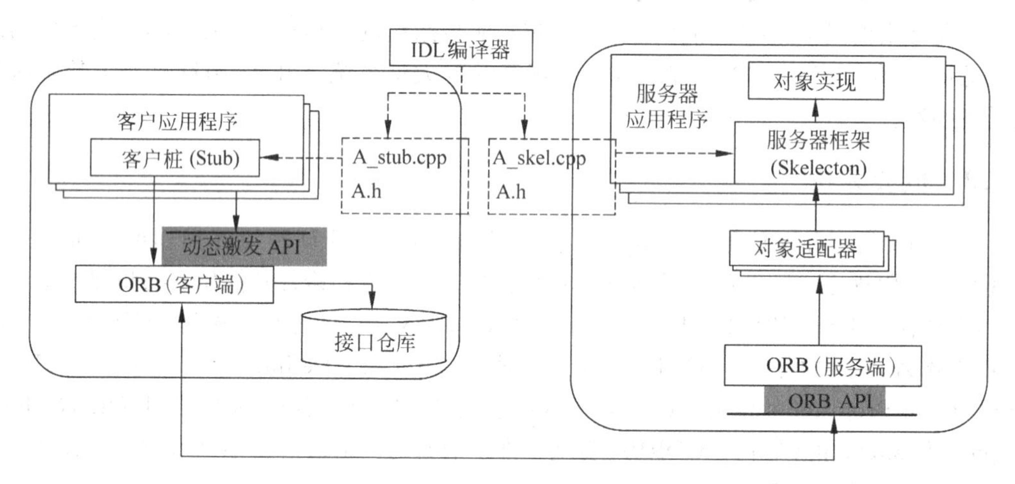

图5.10 CORBA体系结构图

(1) 对象请求代理

CORBA的核心是对象请求代理(object request broker,ORB),ORB是对象间的"通信总线"。ORB实现了对象间透明发出请求和接受响应的基本机制,它负责将客户机的需求传递到本地或远程服务器上,并将结果返回。对一个客户机来说,服务器的位置应该是透明的。

(2) IDL语言

CORBA中相互操作的基础来自IDL(interface definition language),它是一种描述对象封装性的独立语法技术。IDL语言是一种说明性语言,它用来描述对象的接口,而不涉及对象的具体实现。用IDL描述的方法可以用任何提供CORBA服务的语言(C++、Java、Cobol等)实现和调用。程序员可以将CORBA对象按照宿主语言来构造。IDL为基于CORBA的服务和组件提供独立于操作系统和语言的界面。

(3) 对象服务

对象服务主要包括如何使用对象和如何实现对象。对建立任何分布式应用,对象服务总是必需的,而且对象服务总是独立于特定的应用域。例如,生命周期对象服务仅仅定义对象的创建、删除、复制和迁移等约定,而并不指定对象如何实现以及如何被利用。

5.8.6 IEC 61970标准

IEC 61970标准是IEC技术委员会第57分会(电力系统控制与相关通信)的第13工作组在美国EPRI CCAPI项目研究成果的基础上制定的,草案制订了近8年,还没有最后完成。IEC 61970标准的核心内容就是公共信息模型(common information model,CIM)和组件接口规范(component interface specification,CIS)。

其中,公共信息模型(CIM)是一个抽象模型,它表示包含在企业运行中的电力企业的所有主要对象。通过提供一种用对象类和属性及他们之间的关系来表示电力系统资源的标准方法,CIM方便了实现不同卖方独立开发的能量管理系统(EMS)应用的集成,多个独立开发的完整EMS系统之间的集成,以及EMS系统和其他涉及电力系统运行的不同方面的系统,例如发电或配电管理系统之间的集成。这是通过定义一种基于CIM的公共语言(即语法和语义),使得这些应用或系统能够不依赖于信息的内部表示而访问公共数据和交换信息来实现的。而组件接口规范(CIS)规定组件(或应用程序)为了能够以一种标准方式与其他组件(或应用程序)交换信息和/或访问公开数据而应该实现的各种接口。

IEC 61970标准的最终目的是使EMS应用软件组件化和开放化,能即插即用和互联互通,降低了系统集成成本和保护用户资源。

IEC 61970标准系列分导则、术语、CIM和两种级别的CIS共5个部分。导则部分主要提出了一个用来描绘控制中心EMSAPI问题的参考模型,其中应用的组件化有两种方法,一是彻底用组件构造,二是对原来的应用加封套。术语部分列出了标准中用到的术语和定义。CIM定义了覆盖各个应用的面向对象的电力系统模型,是IEC 61970标准的核心。CIM分为3个部分,301是CIM的基本部分,302是CIM用于能量计划、检修和财务的部分,303是CIM用于SCADA的部分。CIS部分定义了API函数的规范,级别1仅对接口做一般性描述,不涉及具体的计算机技术,级别2是级别1对应到CORBA和XML等具体的计算机技术的接口描述。

CIM是IEC 61970标准的基础,由相互关联或继承的类组成,是面向对象的电力系统数据模型。CIM由包组成,包是一系列相关的类的集合,它是人为分组的结果。301包括Core,Topology,Wires,Outage,Protection,Meas,LoadModel,Generation和Domain共9个包。核心包(Core)定义了厂站类Substation、电压等级类VoltageLevel等许多应用公用的模型;拓扑包(Topology)定义连接节点ConnectivityNode和拓扑岛TopologicalIsland等拓扑关系模型;电线包(Wires)定义断路器Breaker、隔离刀闸Disconnector等网络分析应用需要的设备;停运包(Outage)建立了当前及计划网络结构的信息模型;保护包(Protection)建立了用于培训仿真的保护设备的模型,这部分偏于简单,在国内应用需要扩展;量测包(Meas)定义了各应用之间交换变化测量数据,如测点Measurement和限值Limitset等描述;负荷模型包(LoadModel)定义了负荷预测用的负荷模型;发电包(Generation)分为生产包(Production)和发电动态特性包(GenerationDynamics)两个子包,前者定义了用于AGC等应用的发电机模型，后者定义了用于DTS的原动机和锅炉等模型；域包(Domain)是量与单位的数据字典，定义了可能被其他任何包中任何类使用的属性(特性)的数据类型。

CIM中每一个包都是一组类的集合，每个类包括类的属性和与此类有关系的类，比如Wires包中的断路器类(Breaker类)，其属性有ampRating和inTransitTime两个，与此类有关系的类有保护装置类ProtectionEquipment和RecloseSequence。事实上，Breaker类还有断路器名称属性name等从其父类switch继承，switch再从其父类继承，依次类推直到Core包中的Naming类。在CIM中有3种类之间的关系，即聚合、继承和简单关联。聚合是一种整体和局部特殊的关联；继承关系是隐式表示的，简单关联和聚合是要显式表示的，如在资源描述框架中用对象引用来表示，继承不仅包括父类的属性，而且包括继承父类的关联关系；简单关联是CIM中最多的一种关联，它表示类和类之间要相互作用，比如上述Breaker与ProtectionEquipment是一种简单关联，保护动作要跳开开关。

CIS分两个级别，级别1包括401～407，主要涉及如下内容：

401：CIS的总体框架说明；

402：定义了公共服务(common services，CS)给出了数据访问的一般标准，其主要内容来源于OMG组织颁布的UMS data access facility specification，简称数据访问设施(data access facility，DAF)；

403：generic data access：定义了同步的基于请求/回答模式的复杂数据访问接口。这是一种非事实的访问方式。基于CIM的知识，客户程序就可以访问服务器中的数据。利用类接口可以遍历、建立和修改CIM模型数据；

404：high speed data access：是在OPC DA和OMG DAIS的基础上发展而来的，提供了高速数据访问的一个规范。它也可以应用于访问电力系统的实时数据、需要返回结果的命令执行如遥调等。这些数据带有时戳和质量码；

405：generic eventing and subscription：给出了事件和报警的订阅和发布接口；

406：空白；

407：time series data access：提供了访问历史数据的接口。

级别2包括501～503，将CIS映射到CORBA和XML等具体的计算机技术，501是CIM模型从UML转换成XMLRDF格式，用于模型的语法校验，502是CDA映射到CORBA，503定义了互操作实验的CIM XML数据交换格式。

根据体系结构的评价标准，从横向的角度，新一代系统的体系结构应采用面向对象的技术将各种应用按组件接口规范，例如CORBA(公用对象请求代理体系结构)进行封装，形成可以即插即用的组件，用代理技术使组件在不同的软硬件系统上分布化，从而构成一种基于对象请求代理(ORB)互操作机制的分布式对象结构。

IEC 61970标准一方面建议采用CORBA技术在异构平台上可建立分布式应用平台；另一方面，不同厂商的数据库环境和应用软件按照IEC 61970的CIM和CIS接口规范实现互操作和可插拔的目标。

第6章

电力系统实时拓扑分析与状态估计

6.1 引　　言

6.1.1 什么是状态

要对电力系统的运行状态进行分析，首先要确定电网的运行状态。电力系统的运行状态可用各母线的电压幅值和相角来表示。知道母线电压相角和幅值后，其他电气量(如线路潮流，母线的注入功率等)就可以唯一确定。

6.1.2 谁决定状态

电网的运行状态主要由以下三方面因素决定：

(1) 组成电力系统网络的各元件的参数；

(2) 各元件之间的联接情况，这主要由开关、刀闸状态决定；

(3) 边界条件，即各发电和负荷的运行状况。

电力网各元件参数在系统建成之后就已经确定，可以从设计值或投运前的实测值给出。各元件可能的联接关系在系统建成之后也已经确定，为了在各种情况下都能保证系统正常运行，各元件的联接方式应灵活可变，即各厂站的接线方式可以有多种，以适应不同的需要。在实时环境中，元件的实际联接关系由与元件联接的各开关、刀闸的开合状态决定。在某一确定的接线方式下，系统中运行各元件的运行工况可能不同，发电机出力和负荷的大小也是变化的，这些变化决定了系统状态量的变化。

怎样实时确定系统状态量的变化？这要利用实时可用的信息。这些信息包括：确定网络联接情况的开关状态信息和反映系统实时运行状态的量测量信息。这通过实时网络状态分析程序来实现。

6.1.3 厂站的典型接线方式

厂站的接线方式视电压等级、出线数的多少、对电气设备检修的要求以及对继电保护的要求等各种因素的考虑可以有许多种。常用的有以下几种。

(1) 单母线(如图6.1和6.2)：接线简单，造价低廉，但运行不够灵活，不利于清扫和事故处理。单母线可以分段,也可以带旁路母线。单母线适用于出线不很多,电压等级不太高的场合(110kV及以下)。

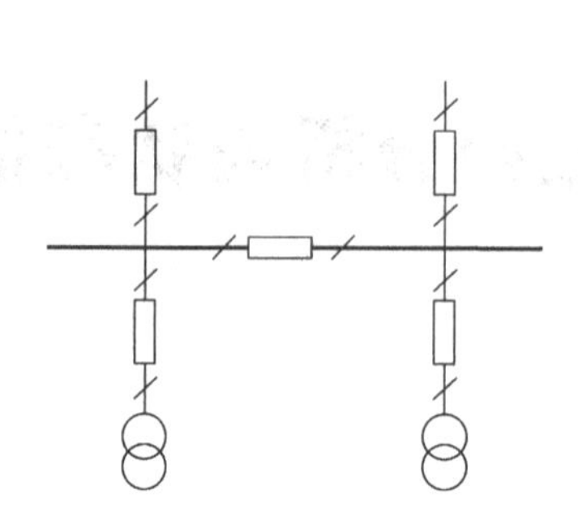

图6.1　单母线分段

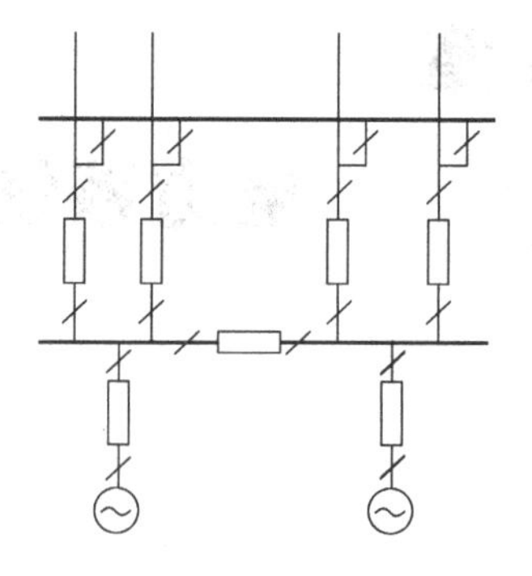

图6.2　单母线分段带旁路母线

(2) 双母线(图6.3),用得最广,当升压装置负荷重,潮流变化大,出线回数多时采用。当220kV出线达4～5回,110kV出线达6～7回时多用双母线,并采用带专用旁路断路器的旁路母线的接线方式。这样,检修出线断路器时可以不停电。双母线操作复杂,投资和占地较多。

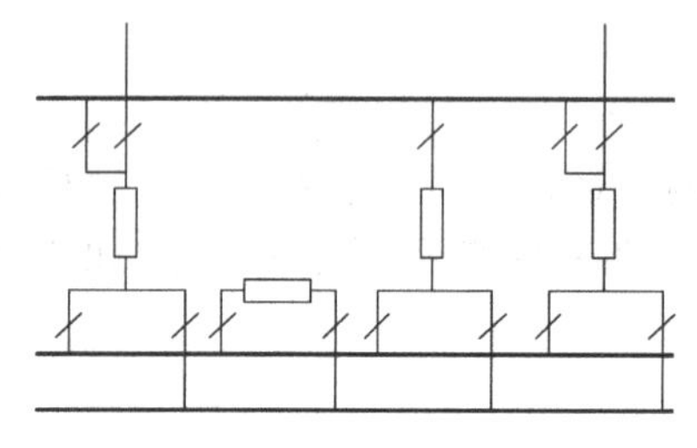

图6.3　双母线带旁母有专用旁路断路器

(3) 倍半开关式接线(图6.4):正常时两组母线同时工作,一条母线故障时,接到该母线上的所有断路器断开,全部电路仍接在另一条母线上,仍可保持正常供电。这种方式可保证检修任意一个断路器不停电。隔离开关只用于检修。这种方式要求电源和出线数最好相同。500kV升、降压变电站中一般都采用这种接线。

(4) 四角形接线(图6.5):一个断路器断开可保证供电,两个断路器同时断开时可以分裂成两个母线。适用于回路数少且已定型的110kV及以上配电装置。

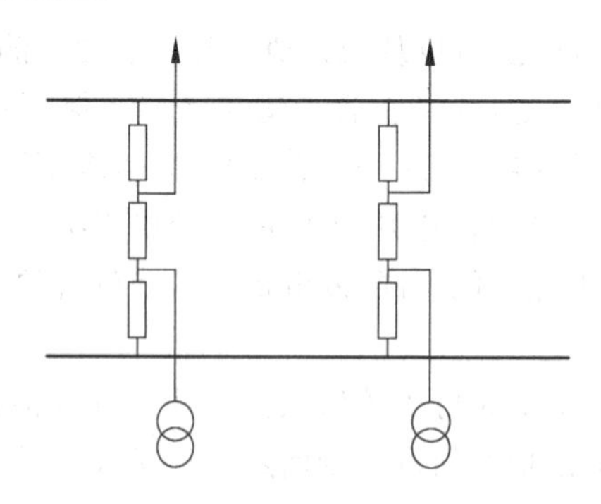

图6.4　倍半开关式接线

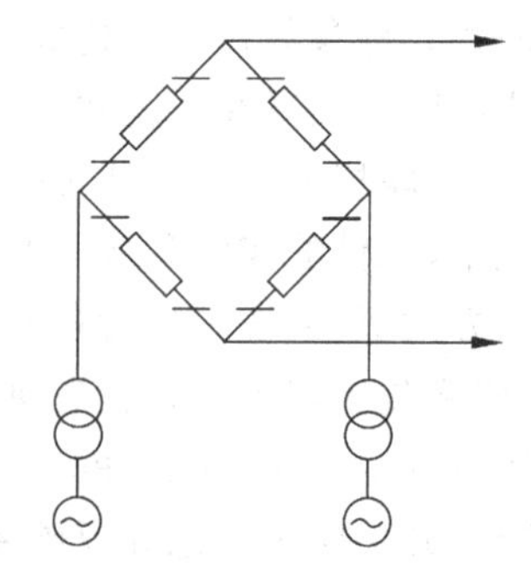

图6.5　四角形接线

6.2　网络拓扑的实时确定

电力系统在运行情况下,在线分析计算的许多程序都是以节点导纳矩阵为基础的。节点导纳矩阵随网络的接线变化而变,而电力系统中经常进行开关操作,网络拓扑也将变化。

若不能迅速而准确地随着开关所处状态的实时变化而修改接线，形成新的节点导纳矩阵，则原有节点导纳矩阵不能反映实际系统，这会导致错误的分析与判断。因此，根据实时开关状态，用计算机自动确定网络联结情况（即电气节点之间的连通情况），并在此基础上确定节点导纳矩阵，才能保证后续各种分析计算程序的正常运行。

节点导纳矩阵是网络分析的基础，而 $\boldsymbol{Y}=\boldsymbol{A}\boldsymbol{Y}_b\boldsymbol{A}^{\mathrm{T}}$，$\boldsymbol{Y}_b$ 是支路导纳对角矩阵，由输变电元件参数决定，是已知的、不变的量。而节点-支路关联矩阵 A 则由网络结构和厂站开关状态决定，是在运行中变化的量，由遥信量决定。

网络拓扑（topology）的实时确定也叫实时接线分析，其任务是实时处理开关信息的变化，自动划分发电厂、变电站的计算用节点，形成新的网络接线，确定连通的最大子网络。同时在新的网络图上分配量测，为后续的在线网络分析程序提供可供计算用的网络结构，参数和实时运行参数的基础数据。

网络的接线分析包括对厂站的接线分析和对系统的接线分析。

6.2.1 厂站的接线分析

在介绍厂站的接线分析前，先介绍两个名词，节点和计算用母线。

节点是电气设备的连接点，包括母线段和设备的普通连接点。

计算用母线简称母线，是指通过闭合的断路器或隔离刀连接在一起的节点的集合。

厂站的接线分析是确定厂站的节点由闭合的断路器或隔离刀联接成多少计算用母线。其输入数据是断路器和它两端的母线编号和断路器状态表，输出结果是每个节点属于哪个电气母线。

如果把开关看作边，节点段看作顶点，在一个变电站内的所有开关将节点连通成一个网络。视开关的开合状态的不同，站内的这个网络可以由一个连通片组成，也可以由两个（或以上）连通片组成。这可以由树搜索方法来确定。以倍半开关接线方式为例，图 6.6(a)的接线图可用图 6.6(b)的网络图表示。

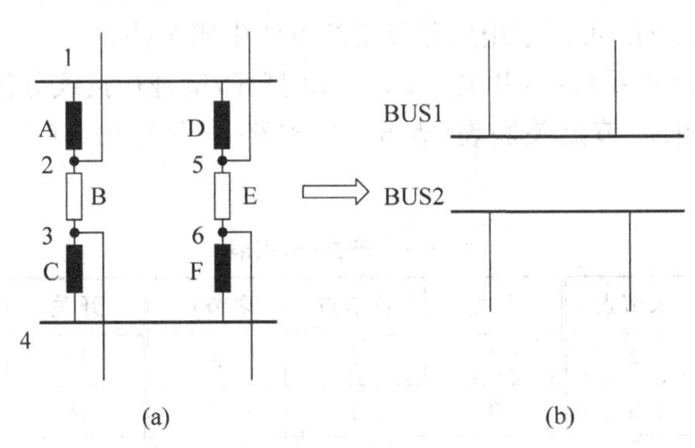

图 6.6 厂站接线图和相应的网络图

(a) 厂站接线图；(b) 相应的网络

如图 6.6 所示，断路器 B 和 E 打开，A、C、D、F 处于闭合状态，则通过接线分析，生成了两个母线 BUS1 和 BUS2。其中 BUS1 包含节点 1,2 和 5，而 BUS2 包含节点 3,4 和 6。这个过程是从节点-支路模型生成母线-支路模型。

6.2.2 网络的接线分析

厂站的接线分析确定了网络的母线，这些母线通过输电线(在不同的厂站之间)或者变压器(在同一厂站内)相互联接，组成了电力网络。网络的接线分析就是要确定由输电线和变压器连通的独立子网络(我们称这种在电气上连接在一起的独立网络为电气岛)；同时确定其中哪些电气岛是有源的(即电气岛内有至少一台发电机运行并向该子网络送电)，哪些电气岛是无源的。

将母线看作顶点，输电线或变压器等支路看作边，用树搜索算法(DFS，BFS)确定连通子网络(岛)，搜索从一个有源节点开始，保证该岛是有源的。一个岛搜索完以后，对未上岛的顶点重新开始以上过程直至所有顶点都划归某岛为止。有源岛(active island)是正在运行的岛，实时网络分析是在这些岛上进行的。无源岛(dead island)在计算中不予考虑。

由于每个设备(例如发电机、负荷)都和一个母线段连接，厂站接线分析已获得了设备和母线的关联关系，所以我们可以容易建立设备-母线关联表。这样，我们不但有了网络拓扑结构的信息，又有了发电机、负荷和母线的连接信息，我们就可以开始网络分析计算了。

从以上的分析可以看到，网络拓扑的确定所用的方法是图论中的一些基本方法，这些方法只涉及逻辑运算，不涉及数值计算。但逻辑运算的计算量也很大，因此，需要采用各种程序设计技巧，例如堆栈技术，分配排号法等方法避免全面查寻搜索。另外，在实时应用中，网络拓扑程序只在有开关变位信号时才运行。由于开关变位有时并不改变网络拓扑结构，或者只改变网络中的局部结构，所以快速的方法是在原来的网络拓扑上进行局部修正，避免重新从头启动网络拓扑程序。

厂站内开关状态的变化可能产生以下情况：

(1) 改变电气接线，不影响发供电，计算用节点数不变。

(2) 切除或投入发电机或负荷，计算用节点数不变。

(3) 母线分段或合并，节点数发生变化。

根据不同的开关变位，可以采用局部修正的方法生成拓扑。

例 6.1 图 6.7 所示系统中，开关 7,9,10,13 打开，试进行接线分析

(1) 输入数据：开关-节点关联表(表 6.1)，支路-节点关联表(表 6.2)和开关-状态表(表 6.3)。

表 6.1 开关-节点表

开关号	首节点	末节点	开关	首节点	末节点	开关	首节点	末节点
1	1	2	8	7	8	15	13	15
2	2	3	9	4	8	16	14	15
3	3	4	10	9	11	17	16	17
4	1	5	11	9	12	18	16	18
5	5	6	12	10	11	19	19	20
6	6	4	13	10	12			
7	1	7	14	15	16			

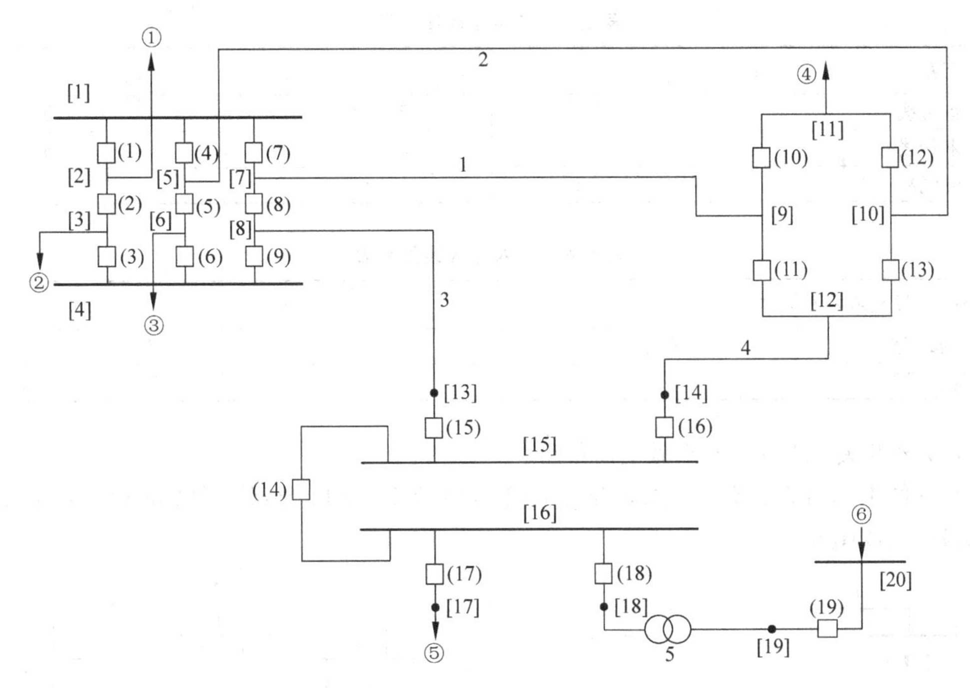

图 6.7 拓扑分析的例题

表 6.2 支路-节点表

支路号	1	2	3	4	5
首节点	7	5	8	12	18
末节点	9	10	13	14	19

表 6.3 开关-状态表

开关号	状态	开关号	状态	开关号	状态
1	合	8	合	15	合
2	合	9	分	16	合
3	合	10	分	17	合
4	合	11	合	18	合
5	合	12	合	19	合
6	合	13	分		
7	分	14	合		

(2) 进行厂站的接线分析，得出节点-母线表(表 6.4)；

表 6.4 节点-母线关联表

节点	1	2	3	4	5	6	7	8	9	10	11	12	13	14	15	16	17	18	19	20
母线	1	1	1	1	1	1	2	2	3	4	4	3	5	5	5	5	5	5	6	6

(3) 进行系统接线分析，输出数据：支路-母线表(表 6.5)，注入-母线表(表 6.6)。生成母线-电气岛和拓扑图；

表 6.5 支路与母线关系表

支路	1	2	3	4	5
首母线	2	1	2	3	5
末母线	3	4	5	5	6
电气岛	1	2	1	1	1

表 6.6 注入与母线关系表

注入(发电或负荷)	1	2	3	4	5	6
挂接节点	2	3	6	11	17	20
挂接母线	1	1	1	4	5	6

(4) 若开关 7、10 闭合,重做上面各步。

拓扑结果如图 6.8 所示。如果开关 7 或 9,10 或 13 合上,母线 1 和 2,3 和 4 联通,拓扑结果最后变成图 6.9。

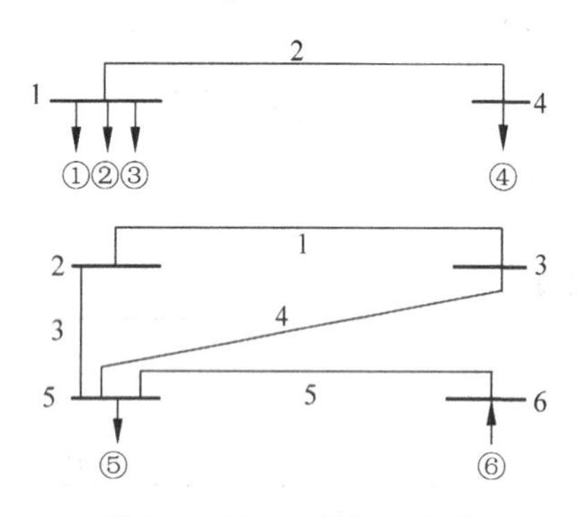

图 6.8 图 6.7 的拓扑结果

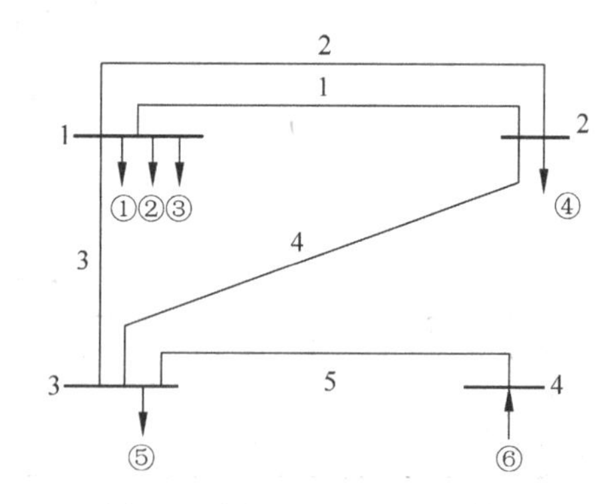

图 6.9 图 6.7 的另一拓扑结果

6.3 电力系统静态状态估计

6.3.1 概述

电力系统状态估计就是根据电网模型,结合电网设备的运行和停运实况,基于 SCADA 系统采集的实时量测,剔除其中的不良数据,对母线电压幅值和相角进行最优估算,并且由此计算流经线路或变压器的有功和无功值,对电力系统的准稳态现状形成完整的了解。

1. 状态估计的必要性

为了保证电力系统运行的安全性和经济性,需要随时对电力系统的运行状态进行监视。一种方法是装设量测系统和远动系统直接把所有我们关心的量测量出来,并且传送到调度中心,然后显示给调度员。但这样做有以下缺点:

(1) 限于条件,直接通过硬件方法测取所有关心的量是不经济的,有时是做不到的。

(2) 有些量(如节点电压角度等)是不容易直接测量的。虽然 GPS 技术使相角测量成为可能,但普遍应用还是未来的事。

(3) 由于仪表有误差,信号传送过程也会产生误差,这些直接采来的量测数据(gross

data)是不完全可靠的,其精度有待提高,其中的不良数据需要除去。

例如图 6.10 所示的电力系统,母线 C、D 在一个厂,A、B 分属两个变电站。在发电厂端装设有远动通道,把线路 CA、CB 和变压器 CD 的潮流(P 和 Q)测出,则母线 C 的电压也可测得。

如果单靠硬件,我们需要在变电站 A、B 装远动通道,测量线路 AB,BA,AC,BC 的潮流和节点 A、B 的电压幅值和角度,这显然是很不经济的。事实上,我们利用在发电厂测得的信息就可以计算出网络中的所有状态量。如果系统中再增加测点,还可以进一步提高计算得出的系统状态量的精度。

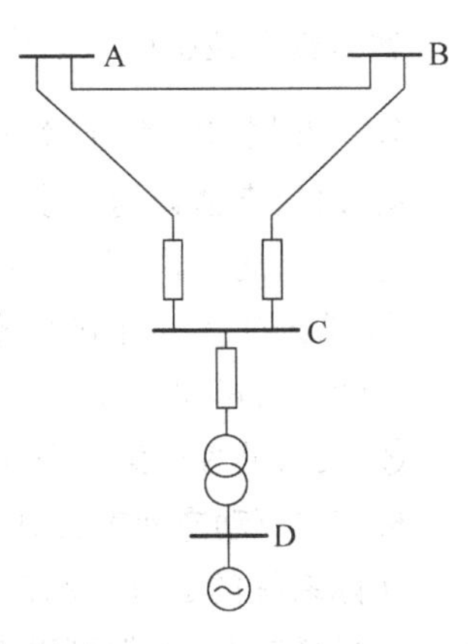

图 6.10 一个小系统的量测配置

因此,单靠硬件手段直接测量系统状态信息是不够的。需要采用软件手段,在硬件测得的量测信息基础上,利用数学的方法计算出系统的状态变量的值,进一步计算出所有关心的量。这样做可以充分发挥已有硬件的潜力,提高数据精度,补充已有量测的不足,排除不良数据的影响,提高实时数据的可靠性和质量。状态估计就是这样一种数学滤波方法,它用量测信息的冗余度来提高数据精度,自动排除随机干扰所引起的错误信息,估计出系统的状态。

提高量测数据精度的方法是对单一量测采用重复量测。在电力系统中,则利用一次采样得到一组多余信息来提高估计精度。

2. 状态估计的基本框图(图 6.11)

(1) 假设数学模型,系统结构 $\boldsymbol{A}$,参数 y_b,量测系统配置(位置和类型),假定无结构错误,无参数误差,无不良数据。

(2) 可观测性分析,根据目前的网络模型和量测配置情况,确定可以进行状态估计的部分网络。

(3) 前置滤波是用简单的方法除去明显大的不良数据。它利用节点功率平衡,超过正常误差极限、开关信息和潮流的一致性、两次采样突变等方法,查出明显大的量测错误。

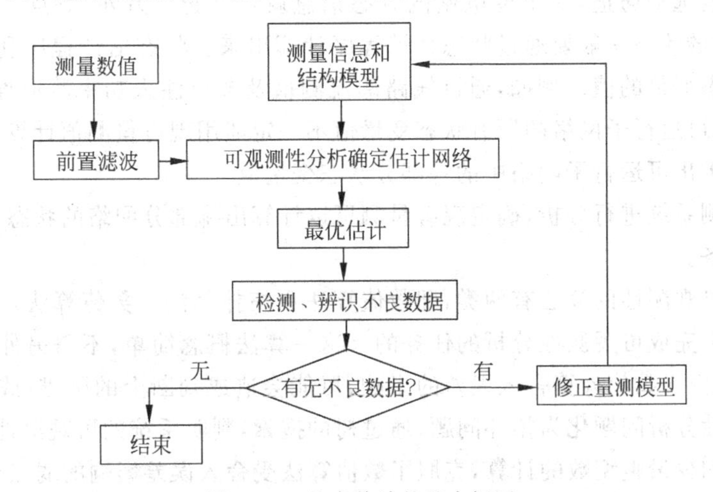

图 6.11 状态估计的基本框图

(4) 状态向量的估计计算。

(5) 检测不良数据。

(6) 辨识,找出不良数据,删除修正之。返回重新进行估计直到没有不良数据为止。

3. 状态估计的I/O数据

输入数据包括网结结构 $\boldsymbol{A}$、参数 y_b、测点位置、类型、量测采样值。

输出数据包括系统状态$\hat{\theta}$,$\hat{V}$和其他物理量。另外给出不良数据的位置和数值。

4. 对状态估计的要求

① 计算速度快、占用内存少、有可靠的收敛性;

② 结果的正确性和有效性;

③ 检测、辨识和校正不良数据,能适应网络结构的变化;

④ 灵活处理任意量测组合,增减量测不需改变程序。

5. 静态/动态状态估计

实际系统的运行状态是随时间而变化的,所以状态估计也应是随时间而变化地进行。在某一采样时刻,我们可以把系统状态看成是常量,与时间的变化无关。这样,我们把在一个采样时刻进行的状态估计叫静态状态估计,它不考虑状态的时变过程。考虑状态的时间变化叫动态状态估计。

状态估计在电力系统中的应用大约是在20世纪60年代末。进入70年代以后,随着计算机在调度中心的广泛采用,状态估计的应用也越来越普遍。70年代末,世界上约有十几个电网在正常运行中使用了状态估计程序,到了80年代中期,世界上近三百个调度控制中心的计算机中有近一半安装了状态估计程序。

6.4 量测系统可观测性分析的拓扑方法

对于运行的子网络,其网络的状态是确定的,可以通过各种测量手段了解这个网络的状态。但在实际系统中,由于条件限制,我们很难直接测出系统中的所有状态变量的值,例如有些变电站没设远动通道,这个变电站的状态信息就不知道;另外,节点电压相角很难测量。因此,电网的状态一般要通过状态估计程序计算出来。状态估计程序利用容易测量的量推求系统状态变量的值。例如,通过线路潮流测值及节点注入功率测值推求 V、θ。由于量测配置不全,可运行子网络的所有状态变量值不一定能用现有量测值计算出来,利用现有量测一般只能求出可运行子网络中的一部分状态变量值。

对现有量测系统进行分析,确定现有量测可以计算出哪部分网络的状态,这是系统可观测性分析的任务。

确定网络可观测性的算法有两类,即数值算法和拓扑算法。数值算法是在信息矩阵的三角分解过程中完成可观测性分析的任务的。这一算法概念简单,不需另外编制可观测性分析的程序,但由于数值计算舍入误差的影响,可能会造成判断上的困难,或者误判。拓扑算法将可观测性分析问题化为拓扑问题,通过树的搜索,判明系统的可观测性。拓扑算法只进行逻辑判断和少量整型数的计算,克服了数值算法受舍入误差影响的弱点,因而得到了广泛的应用。

6.4.1 对量测系统分析的一些基本认识

在进行量测系统分析之前，首先要有一些基本认识。

规则 1：知道支路一端的复电压和支路潮流，可以推算另一端的潮流和电压(图 6.12)。

规则 2：知道支路一端的复电压和支路另一端的潮流，可以推算支路该端的潮流和另一端的电压(图 6.13)。

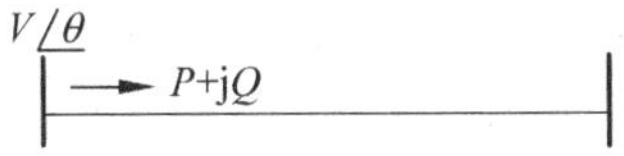

$V\angle\theta$ → $P+jQ$

图 6.12 支路首端量测

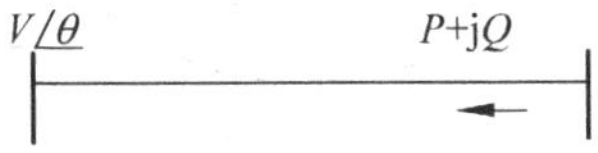

$V\angle\theta$ $P+jQ$ ←

图 6.13 支路末端量测

这两条原则其实包含两条性质：

性质 1：已知支路一端的电压和该支路一端的功率，可计算该支路另一端的电压，即该支路的支路电压是可计算的。

性质 2：网络的树支电压是一组独立变量，可由树支电压计算全网节点电压，进而算出全网潮流。

当电网中的节点可以通过有潮流量测的支路连接在一起时，可以找出支撑这些节点的具有潮流量测的支撑树。这支撑树中的支路的支路电压是可计算的，因此全网节点电压是可以计算的，从而得到全网的潮流可计算。

规则 3：母线注入功率等于所有相连支路潮流的和，这就意味着在相连的所有支路中，若有一个支路无量测，可用母线注入功率量测来代替(图 6.14)。

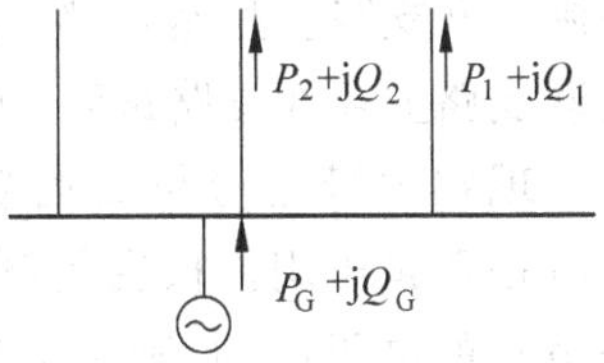

P_2+jQ_2 P_1+jQ_1 P_G+jQ_G

图 6.14 注入量测

第 3 条规则说明，通过母线注入功率量测可以扩大可观测的部分电网的规模。

对于部分电气上连接在一起的电网，只要知道其中任一节点的电压复向量，就可以利用岛内的量测估计出其他所有节点的电压，则该部分网络称为**量测岛**。如果量测岛中有一节点的电压复向量已确定，则该量测岛为**可观测岛**。显然，利用规则 1、规则 2 和规则 3 形成的网络是量测岛。

6.4.2 可观测性分析的步骤

可观测性分析由以下三步组成：

(1) 先用支路潮流量测连通所有可能的母线，也就是从有潮流量测的支路的一端连通到另一端，如此进行拓扑搜索，形成多个量测岛；拓扑搜索的方法可以是深度优先搜索(DFS)，也可以是广度优先搜索(BFS)。

(2) 用可用的注入量测扩大量测岛。

(3) 进一步利用量测岛的边界注入量测把多个量测岛合并成一个或若干个可观测岛。

利用 6.4.1 节提出的规则 1、规则 2 和规则 3 就可以实现前面两步的算法，由于这两步的算法都是针对孤立的单个量测岛的分析，其算法不难理解。最关键是如何利用各量测岛边界的注入量测合并可以合并的多个可观测岛。

值得注意的是，为了保证状态估计结果的正确性，并不是所有的注入量测都能用来合并可观测岛，也就是注入量测存在可用与否的问题。如图 6.15 所示，每个圈代表利用支路量测和部分注入量测形成的量测岛，箭头代表各量测岛边界的注入量测。图中共有 6 个可观测岛和 5 个边界注入量测，通过边界节点 n_1、n_2、n_3 和 n_4 的注入量测进行分析可得量测岛 1、2、3 和 4 可以合并成一个量测岛，而其他岛则不能被合并。可见需要给出一个判断量测岛是否可合并的原理或方法。

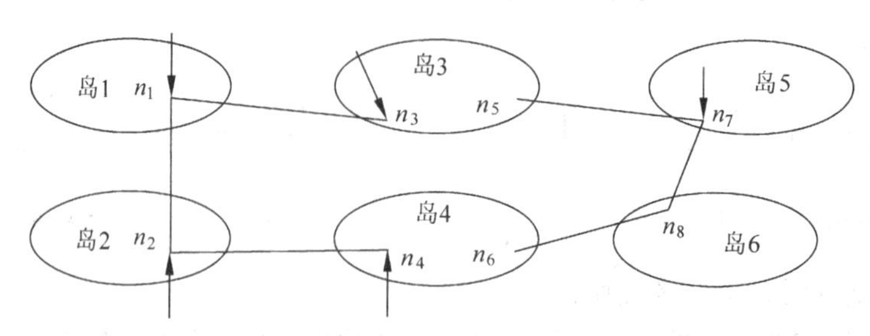

图 6.15 局部注入量测出现冗余

6.4.3 利用边界注入量测合并量测岛

1. 内网等值概念

如图 6.16 所示，经过可观测性分析的第 1 和第 2 步形成若干个量测岛后，系统中的量测可以分为两类，即量测岛内量测和边界注入量测。同样，这时的支路可以分为岛内支路和岛际互联支路。显然，岛际互联支路上是不存在支路量测的。这可以用反证法证明，若岛际互联支路上存在支路量测，则根据性质 1 通过该支路可以合并支路两边的量测岛。

现在关键是分析岛内量测在合并量测岛时是否起作用。根据量测岛的定义，任何一节点的电压已知，则量测岛内其他节点的状态就确定。也就是说，量测岛内的状态变量可以写成边界节点 i 的电压 $\dot{U}_i$ 的函数。

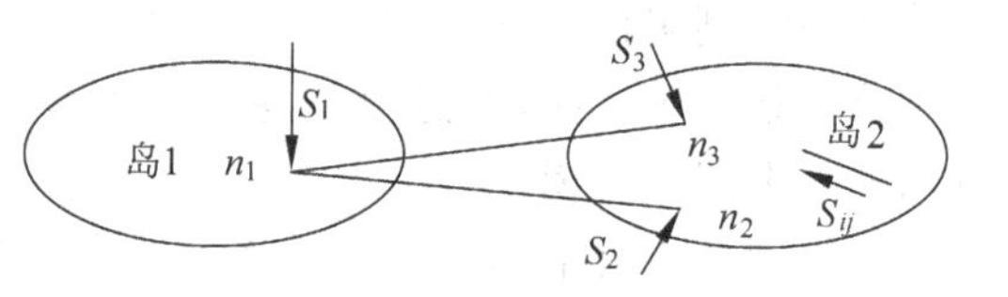

图 6.16 岛际互联系统

因此，量测岛内的量测可以表达成边界节点电压的函数。故研究边界节点 i 的注入量测能否合并量测岛这一问题时，就可以忽略量测岛内的细节，只保留边界注入量测和岛际互联支路，从而使量测岛的合并分析得以简化。

如图 6.17 所示，量测岛内有两个与外部相连的边界节点 1 和 2，把量测岛内与节点 1 和 2 相连的支路的潮流等值成节点 1 和 2 的注入潮流 $\dot{S}_1'$ 和 $\dot{S}_2'$。这样处理后，边界节点 1 和 2 的注入潮流分别为注入量测 $\dot{S}_1^m$ 与等值注入潮流 $\dot{S}_1'$ 之和以及注入量测 $\dot{S}_2^m$ 与等值注入潮流 $\dot{S}_2'$ 之和。因此，图 6.17(a)可以化简为图 6.17(b)，忽略岛内的网络细节。根据量测岛的定义，岛内状态变量可以写成任一节点的电压复相量的函数，例如 $\dot{U}_1$，则节点 1 的等值注入潮流 $\dot{S}_1'=f_1(\dot{U}_1)$。同理，节点 2 的等值注入潮流 $\dot{S}_2'=f_2(\dot{U}_1)$。因此，如果通过相邻量测岛的边界节点电压、岛际互联支路和边界节点注入量测的约束方程可以求出边界节点 1 或 2 的电压，则该量测岛就可以与其他岛合并。

我们将由量测岛的边界节点和岛际互联支路组成的电气上互联的网络称为待并网。

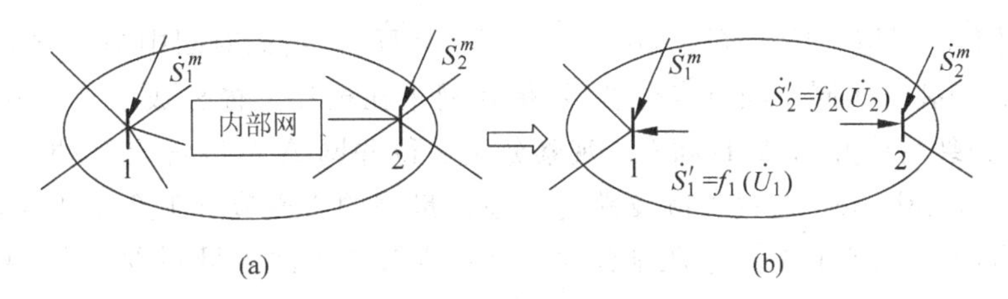

图 6.17 量测岛内部网等值到边界节点的示意图

通过前面的分析，我们可以得到如下量测岛合并的充分条件：

当待并网中有一边界节点电压确定后，通过待并网的注入量测的约束方程可以求出其他边界节点的电压，则与待并网关联的可观测岛可以合并。

2. 节点分裂的概念

观察图 6.18(a)的待并网 1，有注入量测的边界节点可以看出，由这些有注入量测的边界节点发出的岛际互联支路的对端节点是其他量测岛的边界节点，其注入量测方程是自身节点电压和与其有岛际支路直接相联的其他量测岛上边界节点电压的函数，例如节点 2 的注入量测$\dot{S}_2^m=f_2(\dot{U}_1,\dot{U}_2,\dot{U}_3,\dot{U}_4,\dot{U}_5)$。边界节点 6 位于量测岛 V 上且仅与没有注入量测的节点 5 有岛际支路相联，因此，节点 6 的电压不可能出现在待并网 1 中任何一个边界节点注入量测的方程中，因而无法通过边界节点的注入量测方程将其求出。由于类似情况的出现，不便于从整体上利用潮流可解条件分析量测岛的合并，因而采用节点分裂的处理方法，对待并网中没有注入量测的边界节点，按其所联岛际支路数分成多个独立的边界节点，分裂后的这些新生成的节点的电压相等，但拓扑上彼此独立，这样，就可能使原待并网在拓扑上被分成多个更小的网络，称为分裂后待并网。以图 6.18 为例，边界节点 3 和 5 没有注入量测，则可把边界节点 3 和 5 分裂后分别变成 3a、3b、3c、3d 和 5a、5b、5c、5d 等各个独立的边

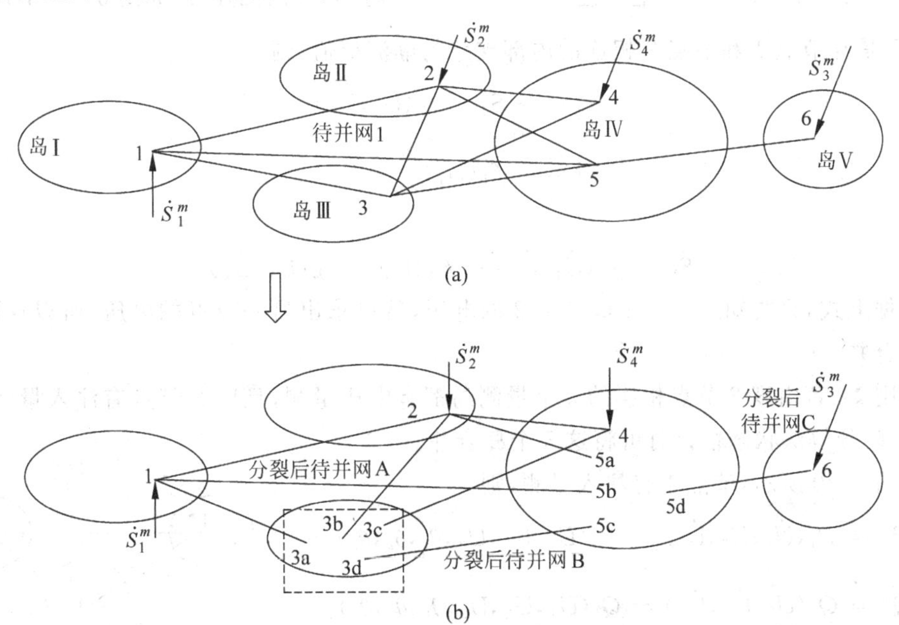

图 6.18 节点分裂示意图

界节点。其中$\dot{U}_{3a}=\dot{U}_{3b}=\dot{U}_{3c}=\dot{U}_{3d}$，$\dot{U}_{5a}=\dot{U}_{5b}=\dot{U}_{5c}=\dot{U}_{5d}$。它们对图中虚线方框外网络方程的作用与节点分裂前相同。经节点分裂后，待并网1在拓扑上被分成了3个互不相联的部分，分别称为分裂后待并网A、B和C。观察分裂后待并网A可以看出，该网上新生成的无注入量测节点3a、3b、3c。通过岛际支路与有注入量测的边界节点1、2、4相联，这就保证了分裂后待并网A上的所有节点电压都包含在其边界节点的注入量测方程中，便于采用潮流定解条件来分析分裂后待并网A的可观测性。

节点分裂概念的引入是为了能够用一个简单的规则(即潮流定解条件)来判断量测岛互联成网状时它们之间的合并问题。在应用潮流定解条件对量侧岛的合并进行判断之前，对没有注入量测的边界节点做节点分裂处理可以有效地简化问题。

3. 量测岛合并的实用判据

为了便于说明，首先定义量测岛边界节点的度的概念：所谓量测岛边界节点的度就是与该节点相联的岛际互连支路的个数。

规则1：若有一边界节点的度为1，且该节点上有注入量测，则该注入量测所在的岛可以和与该边界节点相连的量测岛合并。

下面以图6.19为例进行说明。

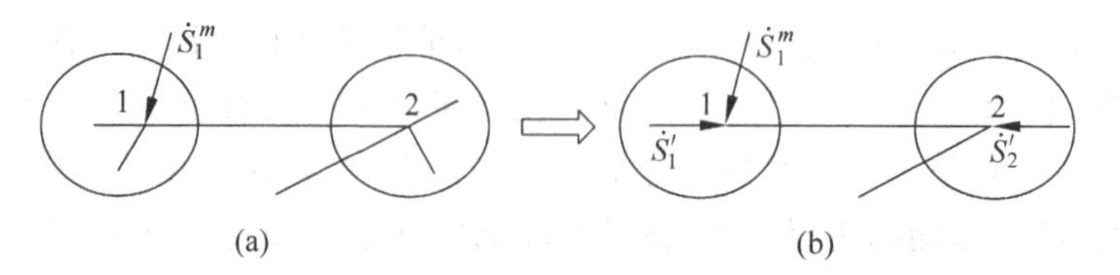

图6.19 规则1的示例

如图6.19所示，节点1上有注入量测$\dot{S}_1^m$，经过内部等值后的网络如图6.19(b)所示，其中$\dot{S}_1'$，$\dot{S}_2'$是与节点1和节点2相连的内部支路的潮流等值，则

$$\begin{cases}\dot{S}_1^m+\dot{S}_1'=f_1(\dot{U}_1,\dot{U}_2)\\ \dot{S}_1'=f_1'(\dot{U}_1)\end{cases}$$

所以

$$\dot{S}_1^m=f_1(\dot{U}_1,\dot{U}_2)-f'_1(\dot{U}_1)=g(\dot{U}_1,\dot{U}_2)$$

根据上式，只要知道节点1或节点2的电压，就可求出另一节点的电压，所以这两个量测岛可合并。

规则2：若由度2节点相连的3个量测岛都有电压量测，且度2节点有注入量测，在不采用P,Q分解法状态估计时可将这3个岛合并。

如图6.20所示，节点1有注入量测，则

$$\begin{cases}P_1^m=P_1(\dot{U}_1,\dot{U}_2,\dot{U}_3)=P_1(U_1,U_2,U_3,\theta_1,\theta_2,\theta_3)\\ Q_1^m=Q_1(\dot{U}_1,\dot{U}_2,\dot{U}_3)=Q_1(U_1,U_2,U_3,\theta_1,\theta_2,\theta_3)\end{cases}$$

由于U_1,U_2,U_3已知，所以上式可以重写为

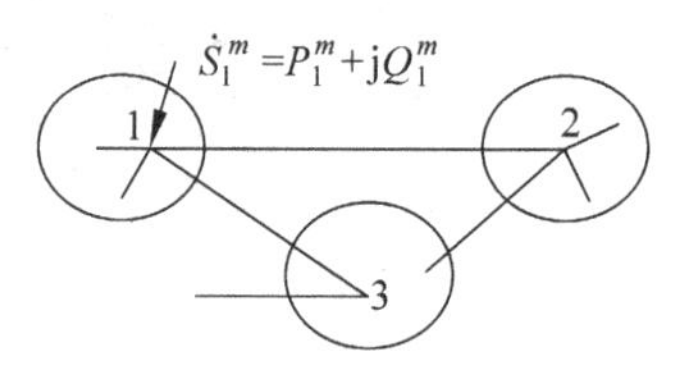

图6.20 规则2的示例

$$\begin{cases} P_1^m = P_1(\theta_1, \theta_2, \theta_3) \\ Q_1^m = Q_1(\theta_1, \theta_2, \theta_3) \end{cases}$$

因此，只要给定三个边界节点中的任一个节点的电压相角，其他节点的电压相角就可以利用上式求出，所以这三个量测岛可合并。

规则 3：若存在 2 个边界节点，其节点的度为 2 且有注入量测，同时他们以及与他们直接相连的所有边界节点所在的量测岛的岛数仅为 3，即可将这 3 个岛合并。此规则可用于各种状态估计算法。

图 6.21(a)和(b)所示的两种情况下，三个量测岛都可以合并，请读者自己证明。

需要指出的是，此规则的适用范围并非仅限于图 6.21 中的那两种特殊情况，只要这 2 个度 2 节点中每一个所建立联系的 3 个量测岛完全相同，就可以直接应用此规则进行判断，因为 3 个岛中含 2 个未知复电压状态量(假定为 U_1 和 U_2)，2 个度 2 节点中每一组有联系的 3 个岛完全相同，就可保证由其建立的 2 个方程中只含 U_1 和 U_2 这 2 个未知量，因此，方程可解，这样的 3 个岛可合并。

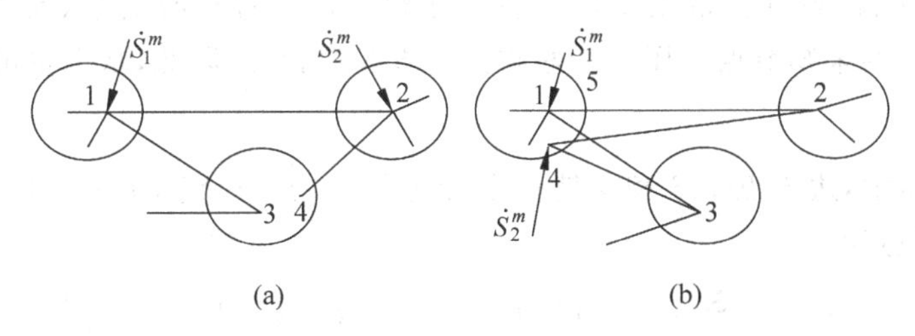

图 6.21 规则 3 的示例

规则 1～规则 3 为度 1、度 2 节点合并的判定规则，与之类似的规则也可推广到度 3，度 4，…节点，但考虑到实际中难以遇到，且会使编程复杂化。所以，在实现中并不需要。

6.4.4 基于潮流定解条件的可观测性分析

通过前面的分析，我们知道判断多个量测岛是否可合并等价于把边界节点的注入量测和选待并网中一节点的电压作为已知条件，与这几个量测岛相连的待并网潮流是否可解。

根据前面的分析，利用等值方法隐去量测岛内部节点后，对无注入的边界节点按其所连岛际支路数进行节点分裂，可生成多个新的拓扑上彼此独立的无注入边界节点，此时就可由所有边界节点和连接边界节点的岛间互联支路做拓扑分析，得到若干分裂后的待并网。由于这些分裂后的待并网上不存在支路潮流量测，只有注入量测，且在含有注入量测的分裂后的待并网中，所有节点电压均包含在其上有注入量测边界节点的注入量测方程中，因此，量测岛是否可合并判断转化为分裂后待并网的潮流定解问题。由于这些分裂后的待并网散布于整个网络中，彼此互不影响，故采用节点分裂法对化简后的待并网进行分析可以将量测岛的合并问题简化。

要想求解一个潮流问题，至少要找到和未知状态量个数相等的独立方程数。设定其中一个量测岛的边界节点可作为$\{U,\theta\}$已知节点。假定分裂后待并网节点数为 n，则未知状态量个数为 $n-1$，这就要求独立方程数为 $n-1$ 个。由于待并网内可能有多个边界节点在同一个量测岛上，而这些边界节点上有注入量测，可能产生某些局部量测冗余，而其他地方量测又不足的情况,因此还不能简单地以节点注入量测数$\geqslant n-1$作为潮流定解条件。

下面给出分裂后待并网上潮流可解,即分裂后待并网上节点所在量测岛可合并的判定规则。

规则4:假定分裂后待并网上边界节点所在量测岛数为n,只要该分裂后待并网中有注入量测的边界节点所属的不同量测岛数$\geqslant n-1$,则这n个岛可合并。

下面对规则4加以简要的分析证明:由量测岛的性质可知,一个量测岛内的未知状态量最多为一个复电压,在分裂后待并网所在的n个量测岛中,选定一个量测岛为基准岛,因基准岛上节点电压被认为是已知量,则这n个量测岛所含未知状态量数最多为$n-1$个复电压。因此,只要能够找到$n-1$个独立复方程解出各岛上的一个复电压即可将此n个岛合并。只要分裂后待并网的边界节点中有注入量测节点所属量测岛数$\geqslant n-1$,就可保证至少有$n-1$个独立的注入复方程。若$n-1$个岛都含具有注入量测的边界节点,则与之同岛且同在一个分裂后待并网无注入量测的边界节点都可作为$\{U,\theta\}$已知的节点来处理。由于经过了节点分裂,这些注入量测的方程中含有分裂后待并网上所有节点的电压变量。将$\{U,\theta\}$节点的电压、相角方程带入到这些注入方程后,并不改变原注入量测方程组的独立性,且使方程组中的未知节点电压数恰好与独立方程数相等,因此,状态量可解,这n个量测岛可合并。

如图6.22所示,边界点1、3和4具有注入量测$\dot{S}_1^m$,$\dot{S}_2^m$和$\dot{S}_3^m$,则关于这三个注入量测的潮流方程可以表达为

$$\begin{cases}\dot{S}_1^m = f_1(\dot{U}_1,\dot{U}_2,\dot{U}_3,\dot{U}_4,\dot{U}_5,\dot{U}_6,\dot{U}_7)\\ \dot{S}_2^m = f_2(\dot{U}_1,\dot{U}_2,\dot{U}_3,\dot{U}_4,\dot{U}_5,\dot{U}_6,\dot{U}_7)\\ \dot{S}_3^m = f_3(\dot{U}_1,\dot{U}_2,\dot{U}_3,\dot{U}_4,\dot{U}_5,\dot{U}_6,\dot{U}_7)\end{cases}$$

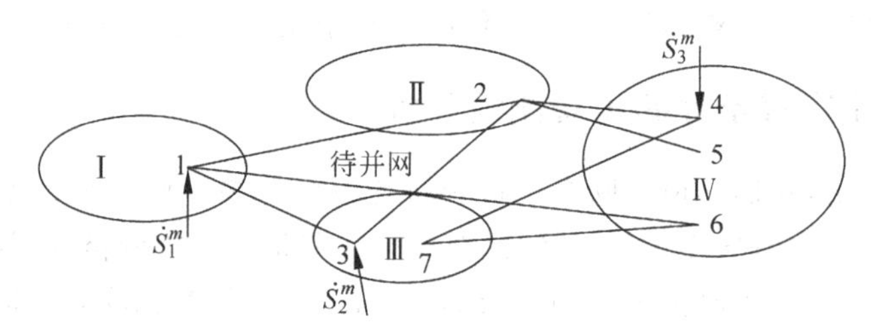

图6.22 规则4的示例

由于节点5、6和节点4在同一量测岛,根据量测岛的定义,可得节点5、6的电压可以表示为节点4电压的函数

$$\begin{cases}\dot{U}_5 = G_5(\dot{U}_4)\\ \dot{U}_6 = G_6(\dot{U}_4)\end{cases}$$

同理,节点7和节点3在同一量测岛,节点7的电压可以表示为节点3电压的函数:

$$\dot{U}_7 = G_7(\dot{U}_3)$$

所以,有注入量测$\dot{S}_1^m$,$\dot{S}_2^m$和$\dot{S}_3^m$的潮流方程可以表达为

$$\begin{cases}\dot{S}_1^m = h_1(\dot{U}_1,\dot{U}_2,\dot{U}_3,\dot{U}_4)\\ \dot{S}_2^m = h_2(\dot{U}_1,\dot{U}_2,\dot{U}_3,\dot{U}_4)\\ \dot{S}_3^m = h_3(\dot{U}_1,\dot{U}_2,\dot{U}_3,\dot{U}_4)\end{cases}$$

该方程中，只要节点1、2、3和4中一个节点的电压确定，则其他节点的电压就可求解，故这四个量测岛可合并。

量测岛合并算法流程如下：

(1) 利用网络图的邻接表信息计算边界节点的度，非边界节点的度为0。扫描所有有注入量测的边界节点，利用规则1和规则3先对初始量测岛进行合并。由于量测岛合并可能使边界节点的度发生变化，此过程要循环进行，直到没有合并操作时为止。

(2) 对无注入量测节点做节点分裂处理，然后对由内网等值和节点分裂处理后余下的边界节点和岛际互连支路做拓扑分析(与前面利用支路量测形成初始量测岛的方法相同，只是这时是由岛际支路形成节点关联矩阵，然后再做深度优先搜索)，可得到若干分裂后待并网，按规则4分别对其进行合并判断，此过程亦要循环进行，直到没有合并操作时为止。

例6.2 对于一4节点系统，图6.23(a)～(e)为按图所列配置量测时，4节点系统的可观测性分析，结果如下。

(1) 对于方式(a)，节点1有电压量测和注入量测，支路42和43有支路量测，则根据规则1或4可得全网可观测。

(2) 对于方式(b)，节点1、2、3有电压量测，节点1有注入量测，支路42有支路量测，则根据规则2可得全网可观测。

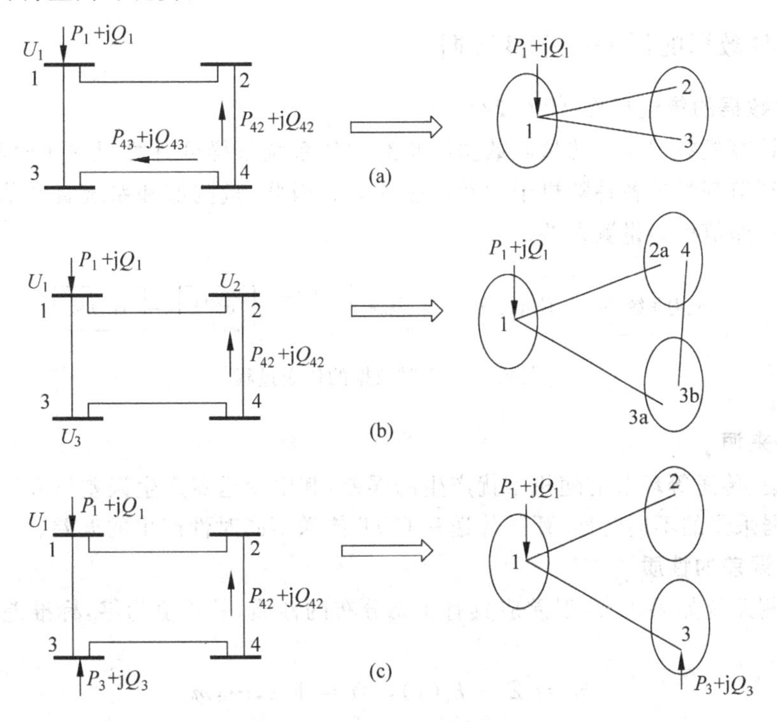

图6.23 可观测性分析示例

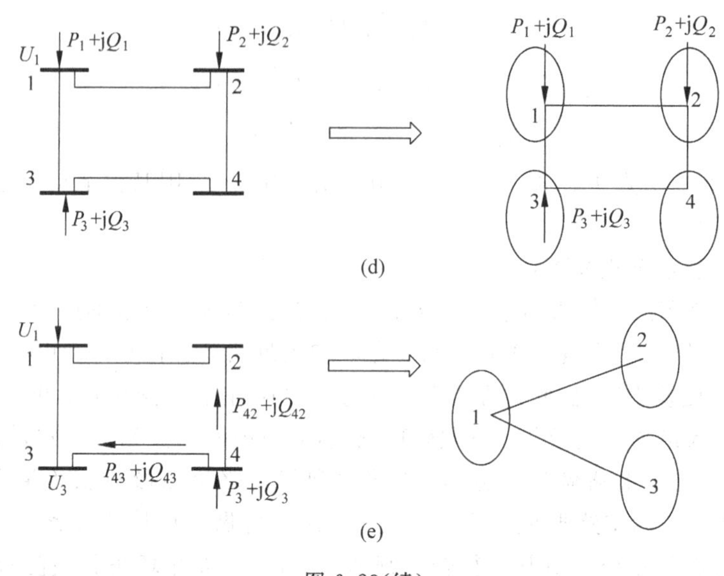

图 6.23(续)

(3) 对于方式(c),节点 1 有电压量测,节点 1、3 有注入量测,支路 42 有支路量测,则根据规则 3 或规则 4 可得全网可观测。

(4) 对于方式(d),节点 1 有电压量测,节点 1、2、3 有注入量测,则根据规则 4 可得全网可观测。

(5) 对于方式(e),节点 1 有电压量测,节点 1、3 有注入量测,支路 42 有支路量测,可得全网不可观测。

6.4.5 实时数据的误差和不良数据

1. 实时数据的传送过程(图 6.24)

存储在计算机数据库中的量测数据值是经过从系统采样到计算机整个过程,这个长过程的每一个环节都受到各种随机干扰而产生误差。因此,量测值和系统真实值之间总是存在差异。这一差值称为量测误差。

图 6.24　实时数据的传送过程

2. 误差来源

(1) 采集、传送等环节的随机干扰产生的误差,其中变送器产生误差较大。

(2) 数据采集的不同时性、死区传送和 CDT 传送不同时性产生的误差。

3. 随机误差的性质

整个量测系统如果正常,误差应具有正态分布的性质,其均值为零,标准差为 σ,即量测 i 的误差为

$$v_i = Z_i - h_i(x),\quad i = 1,2,\cdots,m$$

有

$$Ev_i=0,\quad Ev_i^2=\sigma_i^2,\quad i=1,2,\cdots,m$$

若考查量测 Z,其多次测量的平均值是 μ,如果测量的次数足够多,μ 就可以认为是真值,则 $Z\sim N(\mu,\sigma^2)$,其概率密度函数为

$$p(z)=\frac{1}{\sqrt{2\pi}\sigma}\mathrm{e}^{-\frac{1}{2\sigma^2}(z-\mu)^2},\quad -\infty<z<\infty$$

其均值

$$\mu=\int_{-\infty}^{\infty}zp(z)\mathrm{d}z$$

方差

$$\sigma^2=\int_{-\infty}^{\infty}(z-\mu)^2p(z)\mathrm{d}z$$

如图 6.25 所示。

量测值落在 $\mu-\sigma$ 和 $\mu+\sigma$ 之间的概率,或说量测误差是 σ 的概率是 $p(z)$ 在 $[\mu-\sigma,\mu+\sigma]$ 之间的面积

$$p(|z-\mu|<\sigma)=\int_{\mu-\sigma}^{\mu+\sigma}\frac{1}{\sqrt{2\pi}\sigma}\mathrm{e}^{-\frac{1}{2\sigma^2}(z-\mu)^2}\mathrm{d}z=68.3\%$$

$$p(|z-\mu|<2\sigma)=95.5\%$$

$$p(|z-\mu|<3\sigma)=99.7\%$$

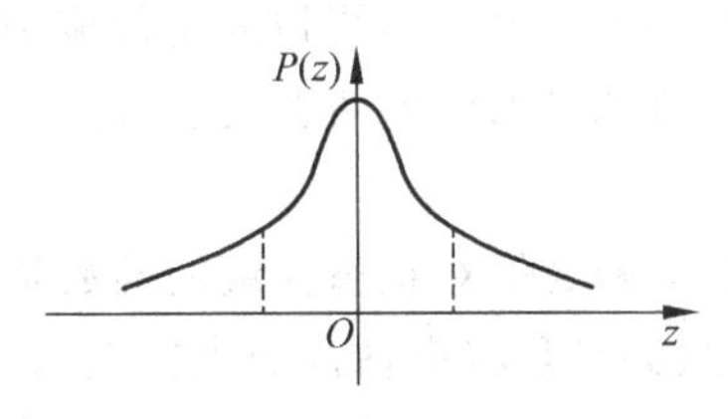

图 6.25 误差的正态分布

可见 z 落在 3σ 范围外只有 0.3%的可能性。

如何理解量测误差:

(1) 例如线路潮流有功功率是 10MW,如果量测系统的量测误差的标准差是 $\sigma=0.1$MW,即有 1%的精度,则 $3\sigma=0.3$MW,如果做 1000 次测量,其中有下面的分布,有多少次量测值落在下列范围之外。

标准差 / 次数	$\sigma_1=0.1$	$\sigma_2=0.3$
317	10±0.1	10±0.3
45	10±0.2	10±0.6
3	10±0.3	10±0.9

仪表精度越高,量测值落在平均值附近的次数越多,或说落在某一范围之外的次数越少,表现在概率密度曲线上就越尖,即 3σ 的范围越小。例如概率密度曲线图中 $3\sigma_1$ 和 $3\sigma_2$ 所包围的面积相等,都是 99.7%,即误差小,说明量测落在均值附近的次数越多。

(2) 也可以认为有 1000 个测点,一次采样送来 1000 个数据,这之中可能有 3 个量测的误差大于 3σ。

我们通常把误差大于 3σ 的量测数据叫不良数据(bad data),如何从大量量测中正确地将不良数据挑选出来,这是状态估计要解决的主要问题之一。

6.4.6 状态估计问题的数学模型

1. 量测系统的数学模型——量测方程

令量测值用 m 维矢量 $\boldsymbol{Z}$ 表示,其分量包括节点电压幅值,支路的有功功率和无功功率

潮流，节点注入有功和无功功率等，记为

$$\boldsymbol{Z}=[Z_1,Z_2,\cdots,Z_m]^{\mathrm{T}}$$

由于量测是有误差的，量测误差用 m 维矢量 $\boldsymbol{v}$ 表示：

$$\boldsymbol{v}=[v_1,v_2,\cdots,v_m]^{\mathrm{T}}$$

据前6.4.5节所述，量测误差是一个服从正态分布的随机变量，其均值为零，其方差为 σ_i^2(σ_i 是第 i 个量测误差的标准差)，则 m 维量测误差矢量 $\boldsymbol{v}$ 的方差阵为

$$\boldsymbol{E}[\boldsymbol{v}\boldsymbol{v}^{\mathrm{T}}]=\boldsymbol{R}=\mathrm{diag}\{\sigma_i^2\}$$

其中，$\boldsymbol{R}$ 为 $m\times m$ 对角矩阵。

对于给定的电力网络，量测真值可以用电力网络的状态变量计算出。系统状态变量用 n 维列矢量 $\boldsymbol{x}=[x_1,x_2,\cdots,x_n]^{\mathrm{T}}$ 表示，它们由节点电压幅值和相角组成。利用欧姆定律和基尔霍夫定律，可以写出量测真值对状态变量的函数式 $\boldsymbol{h}(\boldsymbol{x})=[h_1(\boldsymbol{x}),h_2(\boldsymbol{x}),\cdots,h_m(\boldsymbol{x})]^{\mathrm{T}}$，其分量可以是电压幅值、支路潮流或节点注入功率。于是量测矢量可以写成量测真值和量测误差两者之和，即

$$\boldsymbol{Z}=\boldsymbol{h}(\boldsymbol{x})+\boldsymbol{v} \tag{6-1}$$

若量测真值对状态变量的函数是线性的，则量测方程可写成线性形式：$\boldsymbol{Z}=\boldsymbol{H}\boldsymbol{x}+\boldsymbol{v}$。量测方程(6-1)是状态估计的出发点，它具有以下特点：

(1) 方程个数 m 大于状态变量的个数 n；

(2) 如果量测方程中有 n 个方程是独立的，并假定量测没有误差，即 $\boldsymbol{v}=\boldsymbol{0}$，则在 m 个量测方程中，有 $m-n$ 个方程是多余的方程，亦即用 n 个独立方程求得的 x 自然满足另外 $m-n$ 个方程。这另外 $m-n$ 个方程是多余方程。而实际上量测总是存在随机误差，因此找不到一组 x 既满足(6-1)式中的 n 个方程，同时也满足另外 $m-n$ 个方程。这是一组矛盾方程，找不到常规意义下的解，必须用特殊方法求它满足在某种估计准则意义上的最优估计解。

例6.3　用图6.26所示的直流电路说明上述概念。电阻 $r=10\Omega$，电源电势是10V，电流应为1A。如果把电流表读数和电压表读数作为测量值。x 为状态变量，这里是电流 I，则有

$$\begin{cases}I=x\\V=10x\end{cases}=>\begin{bmatrix}I\\V\end{bmatrix}=\begin{bmatrix}1\\10\end{bmatrix}x$$

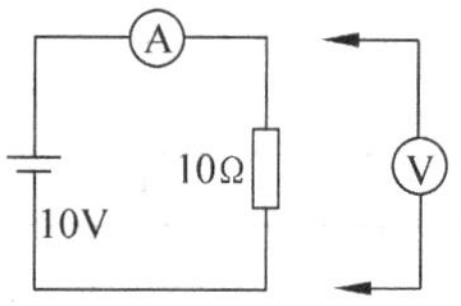

即

$$\boldsymbol{Z}=\begin{bmatrix}I\\V\end{bmatrix},\quad \boldsymbol{H}=\begin{bmatrix}1\\10\end{bmatrix}$$

图6.26　例6.3图

在理想情况下，仪表没有误差。$I=1\mathrm{A}$，$V=10\mathrm{V}$，则

$$\begin{cases}1=x\\10=10x\end{cases}$$

可见两个方程有一个是多余的，这是一组相容方程。

实际上仪表有误差，仪表读数分别是 $I=1.05\mathrm{A}$，$V=9.8\mathrm{V}$。若不考虑误差，则有

$$\begin{cases}1.05=x\\9.8=10x\end{cases}\rightarrow\begin{cases}x=1.05\\x=0.98\end{cases}$$

这是一组矛盾方程，找不到一组 x 满足两者，必须另找办法求其解。

2. 最小二乘估计

(1) 对于线性量测系统的情况

对于线性量测方程

$$\boldsymbol{Z} = \boldsymbol{Hx} + \boldsymbol{v}$$

式中,$\boldsymbol{Z}$ 为 m 维量测矢量;$\boldsymbol{x}$ 为 n 维状态矢量;$\boldsymbol{v}$ 为 m 维量测误差矢量;$\boldsymbol{H}$ 为 m 维量测雅可比矩阵。令使目标函数

$$J(\boldsymbol{x}) = (\boldsymbol{Z} - \boldsymbol{Hx})^{\mathrm{T}}(\boldsymbol{Z} - \boldsymbol{Hx}) = \sum_{i=1}^{m}(Z_i - \boldsymbol{H}_i\boldsymbol{x})^2$$

使 $J(\boldsymbol{x})$取极小值的 $\boldsymbol{x}$ 为$\hat{\boldsymbol{x}}$,则$\hat{\boldsymbol{x}}$即是未知状态矢量 $\boldsymbol{x}$ 的最小二乘估计。使 $J(\boldsymbol{x})$取极小值的准则称为最小二乘准则,根据最小二乘准则求估计值的方法称为最小二乘方法(least square estimation,LSE)。

按照例 6.3,我们有 $m=2$,$Z_1=1.05$,$Z_2=0.98$,$h_1=1$,$h_2=1$,于是有

$$J(x) = (1.05 - x)^2 + (0.98 - x)^2$$

这是一元函数,令

$$\frac{\partial J}{\partial x} = -2(1.05 - x) - 2(0.98 - x) = 0$$

$$x = \frac{1.05 + 0.98}{2} = 1.015$$

$$\hat{x} = 1.015$$

是使 $J(x)$取极小值的$\hat{x}$,最后有$\hat{I}=\hat{x}=1.015\mathrm{A}$,$\hat{V}=10.15\mathrm{V}$。

(2) 对于非线性量测系统的情况

令量测方程是

$$\boldsymbol{Z} = \boldsymbol{h}(\boldsymbol{x}) + \boldsymbol{v}$$

其中 $\boldsymbol{h}(\boldsymbol{x})$为 m 维量测函数矢量,是非线性函数。建立目标函数

$$J(\boldsymbol{x}) = (\boldsymbol{Z} - \boldsymbol{h}(\boldsymbol{x}))^{\mathrm{T}}(\boldsymbol{Z} - \boldsymbol{h}(\boldsymbol{x})) = \sum_{i=1}^{m}(Z_i - h_i(\boldsymbol{x}))^2$$

求取$\hat{\boldsymbol{x}}$使 $J(\boldsymbol{x})$取极小,这时的$\hat{\boldsymbol{x}}$称为 $\boldsymbol{x}$ 的最小二乘估计。

例 6.4 在例 6.3 中,电阻消耗的有功功率可以测得为 9.6W,重新进行 LSE 估计。

解:

量测方程为

$$\begin{cases} Z_1 = x + v_1 \\ Z_2 = Rx + v_2 \\ Z_3 = Rx^2 + v_3 \end{cases}$$

当取标么值时,$R_B=10\Omega$,$R_*=1$,$I_*=1$,$Z_1=1.05$,$Z_2=0.98$,$Z_3=0.96$,所以量测方程为

$$\begin{bmatrix} 1.05 \\ 0.98 \\ 0.96 \end{bmatrix} = \begin{bmatrix} x \\ x \\ x^2 \end{bmatrix} + \begin{bmatrix} v_1 \\ v_2 \\ v_3 \end{bmatrix}$$

$$J(x) = (1.05 - x)^2 + (0.98 - x)^2 + (0.96 - x^2)^2$$

这是一元函数，令

$$\frac{\partial J}{\partial x}=-2(1.05-x)-2(0.98-x)-4x(0.96-x^2)=0$$

$$x^3+0.04x-1.015=0$$

$$x=0.9917$$

可见冗余量测增加后，估计误差进一步减小。

将这两个例题的结果摘录如表6.7所示。

表6.7　例6.3和例6.4的状态估计结果

项目	真值	量测值	误差	估计值	误差	估计值	误差
电流	1	1.05	0.05	1.015	0.015	0.9917	−0.0083
类别		量测值		例6.3		例6.4	

3. 加权最小二乘估计

上面的例子中，如果电流表读数误差标么值是0.05，电压表读数误差标么值是0.02，功率表读数误差标幺值是0.04，显然电压表更准确。如果我们事先知道各仪表读数的精度，并给精度高的仪表读数赋以较大的权值，可望进一步提高估计精度。

例6.5　对例6.3，给电流读数权值为$\frac{1}{0.05^2}$，电压表读数权值$\frac{1}{0.02^2}$，则有

$$J(x)=\frac{1}{0.05^2}(1.05-x)^2+\frac{1}{0.02^2}(0.98-x)^2$$

$$\frac{\partial J}{\partial x}=-2\times\frac{1}{0.05^2}(1.05-x)-2\times\frac{1}{0.02^2}(0.98-x)=0$$

$$x=0.9897$$

估计误差减少到0.0103 p.u.，比例6.3小。

以加权二乘形式建立的目标函数取极小所得的估计叫加权最小二乘估计(weighted least square estimation)，即建立加权二乘目标函数

$$J(\boldsymbol{x})=\sum_{i=1}^{m}w_i(Z_i-\boldsymbol{H}_i\boldsymbol{x})^2\quad(\text{线性形式})$$

或

$$J(\boldsymbol{x})=\sum_{i=1}^{m}w_i(Z_i-h_i(\boldsymbol{x}))^2\qquad(\text{非线性形式})$$

使$J(\boldsymbol{x})$取极小值的$\hat{\boldsymbol{x}}$称为加权最小二乘估计。

选择合适的权对提高估计精度有重要作用。如果量测i的误差的方差是σ_i^2，可以证明，当$w_i=1/\sigma_i^2$时，可以取得最好的估计结果，这种估计叫马尔可夫(Markov)估计。

这时的目标函数如下：

对于线性量测方程有

$$J(\boldsymbol{x})=\sum_{i=1}^{m}(Z_i-\boldsymbol{H}_i\boldsymbol{x})^2/\sigma_i^2\tag{6-2}$$

或者对于非线性量测方程

$$J(\boldsymbol{x})=\sum_{i=1}^{m}(Z_i-h_i(\boldsymbol{x}))^2/\sigma_i^2\tag{6-3}$$

写成矩阵的形式有

$$J(\boldsymbol{x}) = [\boldsymbol{Z} - \boldsymbol{h}(\boldsymbol{x})]^{\mathrm{T}} \boldsymbol{R}^{-1} [\boldsymbol{Z} - \boldsymbol{h}(\boldsymbol{x})] \tag{6-4}$$

式中，$\boldsymbol{R}$ 为量测误差的方差对角矩阵，即 $\boldsymbol{R} = \mathrm{diag}\{\sigma_i^2\}$。求取使(6-4)式为极小的 $\hat{\boldsymbol{x}}$ 即为加权最小二乘估计。

6.4.7 极大似然估计

状态估计的目的是利用量测量估算出最可能的系统状态。在统计学中，一般采用极大似然估计(maximum likelihood estimation，MLE)。加入量测的误差模型建成含未知参数的随机分布，则这些量测误差的联合概率密度分布函数是这些未知参数的函数。这类函数称为似然函数，求似然函数的极大值就可以确定这些未知参数。而量测误差一般被认为是满足正态分布，因此量测误差可以用它的随机分布的均值 μ 和方差 σ^2 来表征。

考虑 m 维相互独立的量测，假设他们都服从正态分布，则他们的联合概率密度函数可以写成各自概率密度函数的乘积，即

$$f_m(\boldsymbol{Z}) = f(z_1) f(z_2) \cdots f(z_m) \tag{6-5}$$

其中，z_i 为第 i 个量测；$\boldsymbol{Z}^{\mathrm{T}} = [z_1, z_2, \cdots, z_m]$；$f(z_i)$ 为第 i 个量测的概率密度函数。

极大似然估计的目标是通过修正未知参数均值 μ 和标准差 σ，使 $f_m(\boldsymbol{Z})$ 取得最大值。对式(6-5)两边取对数得

$$L = \log f_m(\boldsymbol{Z}) = \sum_{i=1}^{m} \log f(z_i) \tag{6-6}$$

由于 $f(z_i) = \dfrac{1}{\sqrt{2\pi}\sigma_i} \mathrm{e}^{-\frac{1}{2}\left(\frac{z_i - \mu_i}{\sigma_i}\right)^2}$，所以

$$L = -\sum_{i=1}^{m} \frac{1}{2} \left(\frac{z_i - \mu_i}{\sigma_i} \right)^2 - \frac{m}{2} \log 2\pi - \sum_{i=1}^{m} \log \sigma_i \tag{6-7}$$

因此，式(6-5)等价于

$$\min \sum_{i=1}^{m} \left(\frac{z_i - \mu_i}{\sigma_i} \right)^2 \tag{6-8}$$

假如量测的标准差 σ_i 已知，则极大似然估计模型式(6-8)就是估计量测的均值 μ_i，使得目标最小。量测的均值 $\mu_i = E(z_i)$，在电力系统中可以写成 $\mu_i = h_i(\boldsymbol{x})$。显然，此时的极大似然估计模型与式(6-4)的加权最小二乘估计是等价的。

6.5 电力系统静态状态估计的算法

6.5.1 Newton 法解加权最小二乘估计问题

前面已经介绍，电力系统静态状态估计的数学描述是在给定一组量测数据 $\boldsymbol{Z}$ 的基础上，确定电力系统状态变量的估计值 $\hat{\boldsymbol{x}}$，使得由式(6-4)确定的加权二乘目标函数达极小值。静态状态估计(以下简称状态估计 SE)的求解问题就是研究采用什么样的计算方法求式(6-4)取最小值的解。这是一个简单的优化问题，目标函数 $J(\boldsymbol{x})$ 是关于 $\boldsymbol{x}$ 的非线性函数。为了便于理解，我们先分析线性量测方程时的求解方法，然后再分析式(6-4)的非线性量测方程的情况。

1. 线性量测方程的情况

假定电力系统的量测方程(6-1)是状态变量 x 的线性函数,即 $\boldsymbol{Z}=\boldsymbol{Hx}+\boldsymbol{v}$。

例如,在直流电路中,电压和电流之间呈线性关系。式(6-4)的目标函数变成

$$J(\boldsymbol{x})=[\boldsymbol{Z}-\boldsymbol{Hx}]^{\mathrm{T}}\boldsymbol{R}^{-1}[\boldsymbol{Z}-\boldsymbol{Hx}] \tag{6-9}$$

这里 $J(\boldsymbol{x})$是关于 $\boldsymbol{x}$ 的二次型。使 $J(\boldsymbol{x})$取极小,应满足的必要条件是

$$\left.\frac{\partial J}{\partial \boldsymbol{x}}\right|_{x=\hat{x}}=-2\boldsymbol{H}^{\mathrm{T}}\boldsymbol{R}^{-1}(\boldsymbol{Z}-\boldsymbol{H}\hat{\boldsymbol{x}})=\mathbf{0}$$

这是关于$\hat{x}$的线性方程组,其解是

$$\hat{\boldsymbol{x}}=(\boldsymbol{H}^{\mathrm{T}}\boldsymbol{R}^{-1}\boldsymbol{H})^{-1}\boldsymbol{H}^{\mathrm{T}}\boldsymbol{R}^{-1}\boldsymbol{Z} \tag{6-10}$$

$\hat{\boldsymbol{x}}$即为加权最小二乘估计。用$\hat{\boldsymbol{x}}$计算的量测值为量测估计

$$\hat{\boldsymbol{Z}}=\boldsymbol{H}\hat{\boldsymbol{x}}$$

如果定义

$$\boldsymbol{G}=\boldsymbol{H}^{\mathrm{T}}\boldsymbol{R}^{-1}\boldsymbol{H} \tag{6-11}$$

其逆 $\boldsymbol{G}^{-1}$为信息矩阵(information matrix,gain matrix),它包含了量测系统结构、网络参数、仪表精度等信息,是状态估计中的一个重要矩阵。另外,常把 $\boldsymbol{G}^{-1}$记为$\boldsymbol{\Sigma}$。

给定一组 $\boldsymbol{Z}$,用式(6-10)可以直接计算出状态估计的结果。

定义估计误差

$$\delta\boldsymbol{x}=\boldsymbol{x}-\hat{\boldsymbol{x}}=\boldsymbol{\Sigma}\boldsymbol{\Sigma}^{-1}\boldsymbol{x}-\boldsymbol{\Sigma}\boldsymbol{H}^{\mathrm{T}}\boldsymbol{R}^{-1}\boldsymbol{Z}=-\boldsymbol{\Sigma}\boldsymbol{H}^{\mathrm{T}}\boldsymbol{R}^{-1}(\boldsymbol{Z}-\boldsymbol{Hx})=-\boldsymbol{\Sigma}\boldsymbol{H}^{\mathrm{T}}\boldsymbol{R}^{-1}\boldsymbol{v}$$

可见估计误差的期望值为

$$E(\delta\boldsymbol{x})=-\boldsymbol{\Sigma}\boldsymbol{H}^{\mathrm{T}}\boldsymbol{R}^{-1}E(\boldsymbol{v})=\mathbf{0}$$

协方差为

$$E(\delta\boldsymbol{x}\delta\boldsymbol{x}^{\mathrm{T}})=\boldsymbol{\Sigma}\boldsymbol{H}^{\mathrm{T}}\boldsymbol{R}^{-1}E(\boldsymbol{v}\boldsymbol{v}^{\mathrm{T}})\boldsymbol{R}^{-1}\boldsymbol{H}\boldsymbol{\Sigma}=\boldsymbol{\Sigma}\boldsymbol{H}^{\mathrm{T}}\boldsymbol{R}^{-1}\boldsymbol{R}\boldsymbol{R}^{-1}\boldsymbol{H}\boldsymbol{\Sigma}=\boldsymbol{\Sigma}$$

一般来说,测点越多$\boldsymbol{\Sigma}$的对角元越小,估计精度越高。

2. 一般非线性量测方程的情况

在电力系统状态估计中,量测量是系统状态量的非线性函数,例如线路有功、无功功率和节点注入有功、无功功率是节点电压幅值和相角的非线性函数。因此量测方程的一般形式如式(6-1)所示,加权二乘目标函数如式(6-4)所示。对于非线性目标函数求极值仍应满足$\frac{\partial J}{\partial \boldsymbol{x}}=\mathbf{0}$这一必要条件,即

$$\frac{\partial J}{\partial \boldsymbol{x}}=-2\boldsymbol{H}^{\mathrm{T}}(\boldsymbol{x})\boldsymbol{R}^{-1}[\boldsymbol{Z}-\boldsymbol{h}(\boldsymbol{x})]=\mathbf{0}$$

或

$$\boldsymbol{H}^{\mathrm{T}}(\boldsymbol{x})\boldsymbol{R}^{-1}[\boldsymbol{Z}-\boldsymbol{h}(\boldsymbol{x})]=\mathbf{0} \tag{6-12}$$

式中,$\boldsymbol{H}^{\mathrm{T}}(\boldsymbol{x})$是量测函数方程对 $\boldsymbol{x}$ 的偏导数矩阵,称为量测雅可比矩阵。式(6-12)是一个非线性方程组,不易用解析的方法直接求解,可以用牛顿-拉夫逊方法迭代求解。

对于非线性方程组 $\boldsymbol{f}(\boldsymbol{x})=\mathbf{0}$,将 $\boldsymbol{x}$ 在 $\boldsymbol{x}_0$ 附近展开为一阶泰勒级数有

$$\boldsymbol{f}(\boldsymbol{x}_0)+\left.\frac{\partial \boldsymbol{f}(\boldsymbol{x})}{\partial \boldsymbol{x}^{\mathrm{T}}}\right|_{x_0}\Delta\boldsymbol{x}=\mathbf{0} \tag{6-13}$$

可以求得 $\boldsymbol{x}$ 的修正量为

$$\Delta \boldsymbol{x} = \boldsymbol{x} - \boldsymbol{x}_0 = -\left[\frac{\partial \boldsymbol{f}(\boldsymbol{x})}{\partial \boldsymbol{x}^{\mathrm{T}}}\right]_{\boldsymbol{x}_0}^{-1} \boldsymbol{f}(\boldsymbol{x}_0) \tag{6-14}$$

如果把(6-12)式的非线性方程组看作 $\boldsymbol{f}(\boldsymbol{x})=\boldsymbol{0}$，则 $\boldsymbol{f}(\boldsymbol{x})$ 对 $\boldsymbol{x}^{\mathrm{T}}$ 的偏导数矩阵，也叫雅可比矩阵，为

$$\left[\frac{\partial \boldsymbol{f}}{\partial \boldsymbol{x}^{\mathrm{T}}}\right] = \frac{\partial}{\partial \boldsymbol{x}^{\mathrm{T}}}[\boldsymbol{H}^{\mathrm{T}}(\boldsymbol{x})\boldsymbol{R}^{-1}(\boldsymbol{Z} - \boldsymbol{h}(\boldsymbol{x}))] \approx -\boldsymbol{H}^{\mathrm{T}}(\boldsymbol{x})\boldsymbol{R}^{-1}\boldsymbol{H}(\boldsymbol{x})$$

这里忽略了$\dfrac{\partial \boldsymbol{H}^{\mathrm{T}}}{\partial \boldsymbol{x}^{\mathrm{T}}}$即$\dfrac{\partial^2 \boldsymbol{h}}{\partial \boldsymbol{x}^2}$的项。将上式代入式(6-14)中有

$$\Delta \boldsymbol{x} = [\boldsymbol{H}^{\mathrm{T}}\boldsymbol{R}^{-1}\boldsymbol{H}]^{-1}\boldsymbol{H}^{\mathrm{T}}\boldsymbol{R}^{-1}(\boldsymbol{Z} - \boldsymbol{h}(\boldsymbol{x}))\big|_{\boldsymbol{x}=\boldsymbol{x}_0} \tag{6-15}$$

或写成

$$\Delta \boldsymbol{x} = \boldsymbol{\Sigma}\boldsymbol{H}^{\mathrm{T}}\boldsymbol{R}^{-1}(\boldsymbol{Z} - \boldsymbol{h}(\boldsymbol{x}))\big|_{\boldsymbol{x}=\boldsymbol{x}_0} \tag{6-16}$$

式中，右端项是 $\boldsymbol{x}$ 的函数，$\boldsymbol{x}$ 在 $\boldsymbol{x}_0$ 处取值。求出 $\Delta \boldsymbol{x}$ 之后，可求得

$$\boldsymbol{x} = \boldsymbol{x}_0 + \Delta \boldsymbol{x} \tag{6-17}$$

由于我们在 $\boldsymbol{x}_0$ 附近将式(6-12)展开为一阶泰勒级数，当 $\boldsymbol{x}_0$ 离 $\boldsymbol{x}$ 的真解十分接近时，一阶泰勒展开才能足够精确，事实上我们很难给出 $\boldsymbol{x}$ 的足够好的初值 $\boldsymbol{x}_0$，一阶泰勒展开忽略掉的项不能忽略。所以，我们必须用迭代的方法逐步修正 $\boldsymbol{x}$ 使它最后逼近非线性方程组的解。迭代公式是

$$\boldsymbol{x}^{(k+1)} = \boldsymbol{x}^{(k)} + \Delta \boldsymbol{x}^{(k)} \tag{6-18}$$

$$\Delta \boldsymbol{x}^{(k)} = [\boldsymbol{H}^{\mathrm{T}}(\boldsymbol{x}^{(k)})\boldsymbol{R}^{-1}\boldsymbol{H}(\boldsymbol{x}^{(k)})]^{-1}\boldsymbol{H}^{\mathrm{T}}(\boldsymbol{x}^{(k)})\boldsymbol{R}^{-1}[\boldsymbol{Z} - \boldsymbol{h}(\boldsymbol{x}^{(k)})] \tag{6-19}$$

直到$\max\limits_i |\Delta \boldsymbol{x}_i^{(k)}| < \varepsilon$ 为止。这时得到的 $\boldsymbol{x}^{(k)}$ 即是最优估计值$\hat{\boldsymbol{x}}$。

上面介绍的是用牛顿法求解加权最小二乘状态估计问题，这种方法叫加权最小二乘法。

对 N 个独立节点的电力系统，其中有一个节点的电压相角给定，作为参考，则有$\hat{\boldsymbol{\theta}}=[\hat{\theta}_1, \hat{\theta}_2, \cdots, \hat{\theta}_{N-1}]^{\mathrm{T}}$ 需要估计，以及 N 个节点电压幅值需要估计，即 $\hat{\boldsymbol{v}}=[\hat{v}_1, \hat{v}_2, \cdots, \hat{v}_N]^{\mathrm{T}}$，总共有 $2N-1$ 个未知量，$\boldsymbol{x}$ 的维数是 $n=2N-1$，共有 m 个量测，$\boldsymbol{Z}$ 为 m 维，则 $\boldsymbol{H}$ 是 $m \times n$ 阶矩阵。定义 $\eta=\dfrac{m}{n}$ 为量测冗余度。

3. 量测雅可比矩阵 $\boldsymbol{H}$

电力系统状态估计中所使用的量测量为电压幅值 V_i，支路有功潮流 P_{ij} 和无功潮流 Q_{ij}，以及节点注入有功 P_i，无功 Q_i。下面举例说明量测雅可比元素的计算方法。

(1) 对于电压幅值量测，量测方程中的量测函数是

$$h_\ell = V_i$$

故有雅可比元素是

$$\boldsymbol{H}_\ell = \overset{i}{[1]}\ell$$

(2) 对支路潮流量测

假定第 ℓ 个量测是在支路(i,j)上的有功量测，在 i 侧，有

$$h_\ell = P_{ij} = V_i^2 g_{ij} - V_i V_j (g_{ij}\cos\theta_{ij} + b_{ij}\sin\theta_{ij}) = P_{ij}(\theta_i, \theta_j, V_i, V_j)$$

若是无功量测，则

$$Q_{ij} = -V_i^2(b_{ij} + y_c) - V_i V_j (g_{ij}\sin\theta_{ij} - b_{ij}\cos\theta_{ij}) = Q_{ij}(\theta_i, \theta_j, V_i, V_j)$$

$$P_{ij}-\mathrm{j}Q_{ij}=\hat{V}_i(\dot{V}_i-\dot{V}_j)(g_{ij}+\mathrm{j}b_{ij})+\mathrm{j}V_i^2y_c$$
$$=(V_i^2-V_iV_j\angle -\theta_{ij})(g_{ij}+\mathrm{j}b_{ij})+\mathrm{j}V_i^2y_c$$

$$\frac{\partial P_{ij}}{\partial \boldsymbol{x}^{\mathrm{T}}}=\begin{bmatrix}\overset{i}{\dfrac{\partial P_{ij}}{\partial \theta_i}} & \overset{j}{\dfrac{\partial P_{ij}}{\partial \theta_j}} & \overset{i}{\dfrac{\partial P_{ij}}{\partial V_i}} & \overset{j}{\dfrac{\partial P_{ij}}{\partial V_j}}\end{bmatrix}$$

$$\frac{\partial Q_{ij}}{\partial \boldsymbol{x}^{\mathrm{T}}}=\begin{bmatrix}\dfrac{\partial Q_{ij}}{\partial \theta_i} & \dfrac{\partial Q_{ij}}{\partial \theta_j} & \dfrac{\partial Q_{ij}}{\partial V_i} & \dfrac{\partial Q_{ij}}{\partial V_j}\end{bmatrix}$$

$$\begin{cases}\dfrac{\partial P_{ij}}{\partial \theta_i}=V_iV_j(g_{ij}\sin\theta_{ij}-b_{ij}\cos\theta_{ij})\approx -V_iV_jb_{ij}\\ \dfrac{\partial P_{ij}}{\partial \theta_j}=-\dfrac{\partial P_{ij}}{\partial \theta_i}\approx V_iV_jb_{ij}\\ \dfrac{\partial P_{ij}}{\partial V_i}=2V_ig_{ij}-V_j(g_{ij}\cos\theta_{ij}+b_{ij}\sin\theta_{ij})\\ \dfrac{\partial P_{ij}}{\partial V_j}=-V_i(g_{ij}\cos\theta_{ij}+b_{ij}\sin\theta_{ij})\end{cases}\tag{6-20}$$

对量测 Q_{ij} 的雅可比矩阵的元素也可以类似地推出。

注意，对于高压电网，$g_{ij}\ll b_{ij}$，电力系统正常运行情况下 Q_{ij} 很小，所以上面 $\partial P_{ij}/\partial V_i$ 和 $\partial P_{ij}/\partial V_j$ 的值远较 $\partial P_{ij}/\partial \theta_i$ 和 $\partial P_{ij}/\partial \theta_j$ 小。这与潮流计算中的雅可比矩阵中的元素的情况相似。

(3) 对注入量测，也可以用线路潮流来表达

$$P_i=\sum_{j\in i}P_{ij}$$

在节点 i 上的有功注入 P_i 和无功注入 Q_i 量测，有节点功率平衡方程

$$\begin{cases}P_i=\sum\limits_{j\in i}V_iV_j(G_{ij}\cos\theta_{ij}+B_{ij}\sin\theta_{ij})=V_i^2G_{ii}+\sum\limits_{j\in i}^{j\neq i}V_iV_j(G_{ij}\cos\theta_{ij}+B_{ij}\sin\theta_{ij})\\ Q_i=\sum\limits_{j\in i}V_iV_j(G_{ij}\sin\theta_{ij}-B_{ij}\cos\theta_{ij})=-V_i^2B_{ii}+\sum\limits_{j\in i}^{j\neq i}V_iV_j(G_{ij}\sin\theta_{ij}-B_{ij}\cos\theta_{ij})\end{cases}$$

它们对状态变量求偏导，这和潮流计算中求雅可比矩阵的元素的情况一样：

$$\begin{cases}\dfrac{\partial P_i}{\partial \theta_i}=-B_{ii}V_i^2-Q_i, & \dfrac{\partial P_i}{\partial \theta_j}=V_iV_j(G_{ij}\sin\theta_{ij}-B_{ij}\cos\theta_{ij})\\ \dfrac{\partial P_i}{\partial V_i}=\dfrac{1}{V_i}(G_{ii}V_i^2+P_i), & \dfrac{\partial P_i}{\partial V_j}=V_i(G_{ij}\cos\theta_{ij}+B_{ij}\sin\theta_{ij})\end{cases}\tag{6-21}$$

式中，G_{ij} 和 B_{ij} 是节点导纳矩阵中的元素，与支路电导 g_{ij} 和支路电纳 b_{ij} 不完全相同，两者相差负号。无功注入功率 Q_i 的偏导数也可类似求出。

量测雅可比矩阵的元素中变量含义如下：g_{ij} 为支路 ij 的电导；b_{ij} 为支路 ij 的电纳；g_{ij0} 为支路 ij 在 i 侧的接地电导；b_{ij0} 为支路 ij 在 i 侧的接地电纳。

定义如下变量：

$$d_{ij}=V_iV_j(g_{ij}\sin\theta_{ij}-b_{ij}\cos\theta_{ij})\approx -V_iV_jb_{ij}$$
$$c_{ij}=V_iV_j(g_{ij}\cos\theta_{ij}+b_{ij}\sin\theta_{ij})\approx 0$$
$$e_{ij}=2V_i^2(g_{ij}+g_{ij0})-c_{ij}\approx 0$$

$$f_{ij} = -2V_i^2(b_{ij}+b_{ij0})+V_iV_jb_{ij}$$

则典型量测的雅可比矩阵元素可列成表 6.8 所示。

表 6.8 典型量测的雅可比矩阵元素

	$\frac{\partial}{\partial\theta_i}$	$\frac{\partial}{\partial\theta_j}$	$V_i\frac{\partial}{\partial V_i}$	$V_j\frac{\partial}{\partial V_j}$
P_{ij}	d_{ij}	$-d_{ij}$	e_{ij}	$-c_{ij}$
P_i	$\sum_{j\in i}d_{ij}$	$-d_{ij}$	$\sum_{j\in i}e_{ij}$	$-c_{ij}$
Q_{ij}	$-c_{ij}$	c_{ij}	f_{ij}	$-d_{ij}$
Q_i	$-\sum_{j\in i}c_{ij}$	c_{ij}	$\sum_{j\in i}f_{ij}$	$-d_{ij}$
V_i	0	0	V_i	0

以上公式推导用到了如下的矩阵、矢量的偏导运算公式：

$$\frac{\partial(\boldsymbol{AB})}{\partial\alpha}=\frac{\partial\boldsymbol{A}}{\partial\alpha}\boldsymbol{B}+\boldsymbol{A}\frac{\partial\boldsymbol{B}}{\partial\alpha}$$

$$\frac{\partial(\boldsymbol{h}^{\mathrm{T}}\boldsymbol{Ah})}{\partial x}=2\frac{\partial\boldsymbol{h}^{\mathrm{T}}}{\partial x}\boldsymbol{Ah}$$

$$\frac{\partial(\boldsymbol{h}^{\mathrm{T}}\boldsymbol{h})}{\partial\alpha}=2\frac{\partial\boldsymbol{h}^{\mathrm{T}}}{\partial\alpha}\boldsymbol{h}=2\boldsymbol{h}^{\mathrm{T}}\frac{\partial\boldsymbol{h}}{\partial\alpha}$$

$$\frac{\partial(\boldsymbol{h}^{\mathrm{T}}\boldsymbol{Ah})}{\partial\alpha}=2\frac{\partial\boldsymbol{h}^{\mathrm{T}}}{\partial\alpha}\boldsymbol{Ah}=2\boldsymbol{h}^{\mathrm{T}}\boldsymbol{A}\frac{\partial\boldsymbol{h}}{\partial\alpha}$$

4. 牛顿法状态估计程序框图

牛顿状态估计的计算流程如图 6.27 所示。

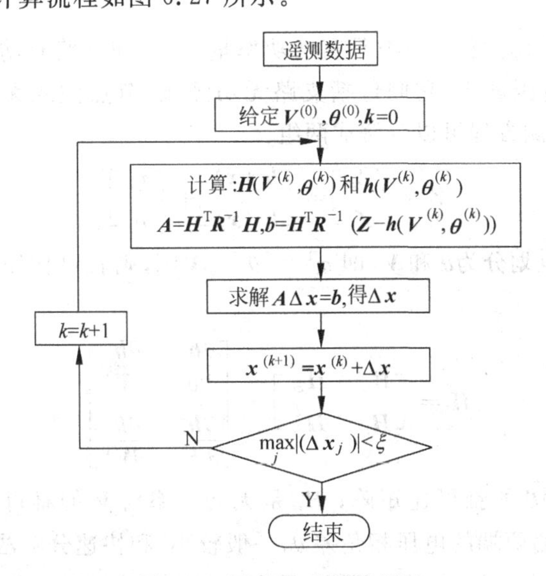

图 6.27 牛顿法的计算框图

5. 一个计算实例

对 IEEE14 母线电力系统，如果选其中一个节点为参考点，这个节点的电压相角为零，则待求的系统状态变量为 14 个母线上的电压幅值和 13 条母线上的电压相角，状态变量个数为 $2\times14-1=27=n$。这个系统有 67 个量测，即 $m=67$，很明显。H 矩阵是 $m\times n=67\times27$ 阶的。给定 67 个量测值，用牛顿法迭代计算状态变量的值。计算收敛后，目标函数值为 41.9，接近量测系统的冗余量测数 $k=m-n=40$。考查指标

$$R=\frac{\sum \text{量测估计误差}^2}{\sum \text{量测误差}^2}=\frac{\sum_{i=1}^{m}(h_i(\hat{\boldsymbol{x}})-h_i(\boldsymbol{x}))^2}{\sum_{i=1}^{m}(z_i-h_i(\boldsymbol{x}))^2}=0.54$$

说明通过状态估计，量测误差被减小了。就是说，在统计意义上，估计的量测值比实测的量测值更接近于真实值。

如果我们要知道每条支路两端的有功和无功潮流，每个母线的电压幅值和角度，每个节点的注入有功和无功功率，我们必须安装

$$M=(2\times2\times b)+(N\times2-1)+N\times2=4(N+b)-1$$

个测量仪表，b 和 N 分别是系统的支路和母线数。对这个系统 $b=21$，$N=14$，上面 M 值为 139。这里我们只安装了 67 个测量仪表，另外 72 个测点的量测值没有办法直接获得。通过状态估计，这些测点的量测值可以通过状态估计的结果用 $\hat{\boldsymbol{V}}$，$\hat{\boldsymbol{\theta}}$ 直接计算出来。

另外，从现有的技术水平看，测量电压相角是不太容易的事，而用状态估计的方法，电压相角很容易计算出来。

6.5.2 快速分解状态估计算法

在电力系统潮流计算中，可以利用高压电网中 $P-Q$ 解耦的特点，发展出快速解耦(fast decoupled)潮流计算方法；类似地，在状态估计中，也可以利用同样的方法发展出快速分解状态估计计算方法。

首先把量测划分为两大类：一类是有功功率量测，例如支路有功潮流和节点注入有功功率；另一类是无功电压量测，它们包括支路无功潮流、节点注入无功功率和电压幅值量测。这样划分以后，量测方程可以分解成两组：

$$\boldsymbol{Z}=\begin{bmatrix}\boldsymbol{Z}_a\\\boldsymbol{Z}_r\end{bmatrix}=\begin{bmatrix}\boldsymbol{h}_a(\boldsymbol{x})\\\boldsymbol{h}_r(\boldsymbol{x})\end{bmatrix}+\begin{bmatrix}\boldsymbol{v}_a\\\boldsymbol{v}_r\end{bmatrix}\tag{6-22}$$

如果把状态变量也划分为 $\boldsymbol{\theta}$ 和 $\mathbf{V}$，即 $x^{\mathrm{T}}=[\boldsymbol{\theta}^{\mathrm{T}}\quad \mathbf{V}^{\mathrm{T}}]$，则雅可比矩阵也可以写成分块的形式：

$$\boldsymbol{H}=\begin{bmatrix}\boldsymbol{H}_{aa} & \boldsymbol{H}_{ar}\\\boldsymbol{H}_{ra} & \boldsymbol{H}_{rr}\end{bmatrix}=\begin{bmatrix}\dfrac{\partial\boldsymbol{h}_a}{\partial\boldsymbol{\theta}^{\mathrm{T}}} & \dfrac{\partial\boldsymbol{h}_a}{\partial\mathbf{V}^{\mathrm{T}}}\\\dfrac{\partial\boldsymbol{h}_r}{\partial\boldsymbol{\theta}^{\mathrm{T}}} & \dfrac{\partial\boldsymbol{h}_r}{\partial\mathbf{V}^{\mathrm{T}}}\end{bmatrix}\tag{6-23}$$

式中，$\boldsymbol{H}_{aa}$ 是有功功率对 $\boldsymbol{\theta}$ 的雅可比矩阵；$\boldsymbol{H}_{rr}$ 是无功功率对 $\mathbf{V}$ 的雅可比矩阵。对于高压电网，有 $r\ll x$，考虑到支路两端的电压相角差 θ_{ij} 一般较小，和快速分解法潮流计算中的情况一样，$\boldsymbol{H}_{ar}$ 和 $\boldsymbol{H}_{ra}$ 数值上较小，可以忽略。因此，量测雅可比矩阵可以简化成

$$\boldsymbol{H}=\begin{bmatrix}\boldsymbol{H}_{aa} & \\ & \boldsymbol{H}_{rr}\end{bmatrix}$$

再引入第二个假设

$$\sin\theta_{ij}\approx 0,\quad \cos\theta_{ij}\approx 1,\quad V_i=V_j=V_0$$

则

$$\boldsymbol{H}_{aa}=-V_0^2\boldsymbol{B}_a$$
$$\boldsymbol{H}_{rr}=-V_0\boldsymbol{B}_r$$

根据常规潮流的计算经验，形成 $\boldsymbol{B}_a$ 时，支路电导取支路电抗的负倒数($B_{aij}=-1/x_{ij}$)，即忽略支路电阻，并且忽略对有功功率分布影响较小的变压器非标准变比和线路对地电容；而形成 $\boldsymbol{B}_r$ 时，支路电导取支路导纳的虚部 $B_{rij}=-x_{ij}/(r_{ij}^2+x_{ij}^2)$，这样处理有最好的收敛性。于是信息矩阵可以简化成

$$\boldsymbol{H}^{\mathrm{T}}\boldsymbol{R}^{-1}\boldsymbol{H}=\begin{bmatrix}\boldsymbol{H}_{aa}^{\mathrm{T}}\boldsymbol{R}_a^{-1}\boldsymbol{H}_{aa} & \\ & \boldsymbol{H}_{rr}^{\mathrm{T}}\boldsymbol{R}_r^{-1}\boldsymbol{H}_{rr}\end{bmatrix}=\begin{bmatrix}V_0^4\boldsymbol{B}_a^{\mathrm{T}}\boldsymbol{R}_a^{-1}\boldsymbol{B}_a & \\ & V_0^2\boldsymbol{B}_r^{\mathrm{T}}\boldsymbol{R}_r^{-1}\boldsymbol{B}_r\end{bmatrix}$$

自由矢量可简化成

$$\begin{aligned}\boldsymbol{H}^{\mathrm{T}}\boldsymbol{R}^{-1}(\boldsymbol{Z}-\boldsymbol{h}(\boldsymbol{x}))&=\begin{bmatrix}\boldsymbol{H}_{aa}^{\mathrm{T}} & \\ & \boldsymbol{H}_{rr}^{\mathrm{T}}\end{bmatrix}\begin{bmatrix}\boldsymbol{R}_a^{-1} & \\ & \boldsymbol{R}_r^{-1}\end{bmatrix}\left(\begin{bmatrix}\boldsymbol{Z}_a\\ \boldsymbol{Z}_r\end{bmatrix}-\begin{bmatrix}\boldsymbol{h}_a(\boldsymbol{x})\\ \boldsymbol{h}_r(\boldsymbol{x})\end{bmatrix}\right)\\
&=\begin{bmatrix}\boldsymbol{H}_{aa}^{\mathrm{T}}\boldsymbol{R}_a^{-1}(\boldsymbol{Z}_a-\boldsymbol{h}_a(\boldsymbol{x}))\\ \boldsymbol{H}_{rr}^{\mathrm{T}}\boldsymbol{R}_r^{-1}(\boldsymbol{Z}_r-\boldsymbol{h}_r(\boldsymbol{x}))\end{bmatrix}\\
&=\begin{bmatrix}V_0^2(-\boldsymbol{B}_a^{\mathrm{T}})\boldsymbol{R}_a^{-1}(\boldsymbol{Z}_a-\boldsymbol{h}_a(\boldsymbol{x}))\\ V_0(-\boldsymbol{B}_r^{\mathrm{T}})\boldsymbol{R}_r^{-1}(\boldsymbol{Z}_r-\boldsymbol{h}_r(\boldsymbol{x}))\end{bmatrix}\end{aligned}$$

令

$$\begin{aligned}&\boldsymbol{A}=V_0^2\boldsymbol{B}_a^{\mathrm{T}}\boldsymbol{R}_a^{-1}\boldsymbol{B}_a\quad \boldsymbol{a}=-\boldsymbol{B}_a^{\mathrm{T}}\boldsymbol{R}_a^{-1}(\boldsymbol{Z}_a-\boldsymbol{h}_a(\boldsymbol{x}))\\ &\boldsymbol{B}=V_0\boldsymbol{B}_r^{\mathrm{T}}\boldsymbol{R}_r^{-1}\boldsymbol{B}_r\quad \boldsymbol{b}=-\boldsymbol{B}_r^{\mathrm{T}}\boldsymbol{R}_r^{-1}(\boldsymbol{Z}_r-\boldsymbol{h}_r(\boldsymbol{x}))\end{aligned}\tag{6-24}$$

则 $\Delta\boldsymbol{\theta}$ 和 $\Delta\boldsymbol{V}$ 的计算公式是

$$\boldsymbol{A}\Delta\boldsymbol{\theta}=\boldsymbol{a}\quad 和 \quad \boldsymbol{B}\Delta\boldsymbol{V}=\boldsymbol{b}\tag{6-25}$$

求解这两个方程即可得到 $\boldsymbol{\theta}$ 和 $\boldsymbol{V}$ 的修正量。

由快速分解 SE 的计算公式我们可以看到：

(1) 牛顿法是同时求解 $\Delta\boldsymbol{\theta}$ 和 $\Delta\boldsymbol{V}$，要求解的线性方程组的维数 $n=n_a+n_r$，其中 n_a 是相角变量的维数，n_r 是幅值变量的维数；而快速分解法代之以分别求解两个维数较低的(n_a 和 n_r)线性方程组。

(2) 牛顿法在每次迭代求解线性方程组时，线性方程组的系数矩阵要用前次迭代计算出的 $\boldsymbol{V}$、$\boldsymbol{\theta}$ 计算出来，而快速分解法的 $\boldsymbol{A}$ 和 $\boldsymbol{B}$ 都是常数矩阵，在迭代过程中不用重新计算，显然 FD 法的计算量大大减少了。

两种算法的比较见表 6.9。

表 6.9 牛顿法与快速分解法状态估计算法比较

算　法	牛顿法状态估计	快速分解法状态估计
求解方式	同时解 $\Delta\boldsymbol{\theta}$ 和 $\Delta\boldsymbol{V}$	分别解 $\Delta\boldsymbol{\theta}$ 和 $\Delta\boldsymbol{V}$
问题维数	$n=n_a+n_r$	n_a 和 n_r
系数矩阵	变化	固定

FD状态估计的算法流程见图6.28。

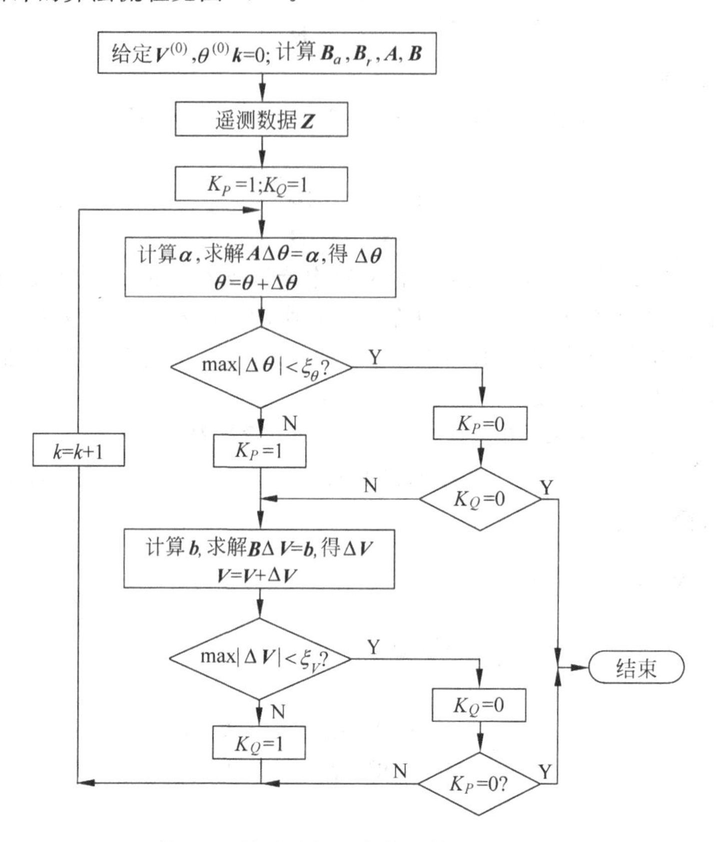

图6.28　快速分解状态估计算法程序框图

6.5.3　稀疏矩阵技术的应用

在电力系统计算中，许多计算都要解形如$\boldsymbol{Ax}=\boldsymbol{b}$的线性方程组，而这里的系数矩阵$\boldsymbol{A}$往往是十分稀疏的，其中的大部分元素是零元，小部分元素是非零元。例如在牛顿状态估计计算中，$\boldsymbol{A}=\boldsymbol{H}^{\mathrm{T}}\boldsymbol{R}^{-1}\boldsymbol{H}$是信息矩阵，在FD状态估计算法，$\boldsymbol{A}$被分解为两个低阶矩阵$\boldsymbol{B}_a^{\mathrm{T}}\boldsymbol{R}_a^{-1}\boldsymbol{B}_a$和$\boldsymbol{B}_r^{\mathrm{T}}\boldsymbol{R}_r^{-1}\boldsymbol{B}_r$。下面以FDSE的$\boldsymbol{P}$-$\boldsymbol{\theta}$迭代方程为例说明系数矩阵的稀疏结构。

1. 信息矩阵的稀疏结构

在FDSE的$\boldsymbol{P}$-$\boldsymbol{\theta}$迭代方程$\boldsymbol{A}\Delta\boldsymbol{\theta}=\boldsymbol{a}$中，系数矩阵

$$\boldsymbol{A}=V_0^2\boldsymbol{B}_a^{\mathrm{T}}\boldsymbol{R}_a^{-1}\boldsymbol{B}_a$$

因为$\boldsymbol{R}_a^{-1}$是对角矩阵，它的存在不影响$\boldsymbol{A}$的结构，V_0^2是标量也不考虑，所以$\boldsymbol{A}$的结构是由$\boldsymbol{B}_a^{\mathrm{T}}\boldsymbol{B}_a$决定的，显然$A_{ij}$是否等于0取决于$\boldsymbol{B}_{ai}^{\mathrm{T}}\boldsymbol{B}_{aj}$。

其中$\boldsymbol{B}_{ai}$是$\boldsymbol{B}_a$的第i个列矢量，当某量测和节点i有关联时，$\boldsymbol{B}_{ai}$的相应那个量测的位置上有非零元，否则为零元。

以图6.29中的四节点系统为例来说明。量测配置为：S_{32}，S_{43}，S_{14}，S_3。

这个4节点系统的节点导纳矩阵如图6.29(b)所示，其中在1,3之间和2,4之间为零元。图(c)是量测雅可比矩阵的稀疏结构，对支路潮流量测，$\boldsymbol{B}_a$的相应行只有两个非零元，

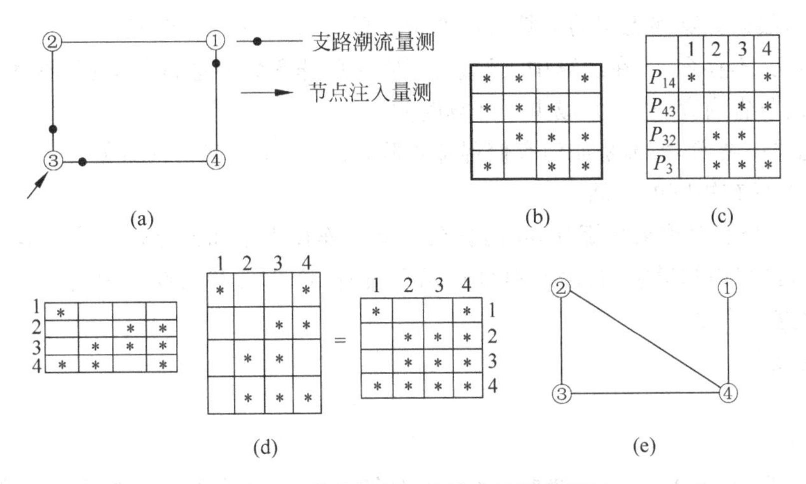

图 6.29 说明信息矩阵稀疏结构的图例

(a) 4 节点系统；(b) 导纳阵结构；(c) $\boldsymbol{B}_a$ 的结构；(d) 信息矩阵的结构；(e) 信息矩阵所对应的网络图

分别在该支路两端节点处。对注入量测，除了在注入所在的节点处有非零元外，在和注入所在节点有支路直接相联的节点处也有非零元。在节点 3 有注入量测，则在雅可比矩阵的行矢量中，除了节点 3 外，在节点 2，4 处也有非零元。这是因为 2，3 和 4，3 有支路直接相连。从图(d)给出的根据 $\boldsymbol{B}_a^{\mathrm{T}}\boldsymbol{B}_a$ 的计算出信息矩阵 $\boldsymbol{A}$ 的结构，我们可以看到信息矩阵中的非零元的分布规律：

(1) 支路潮流量测将在该支路两端节点所在位置上产生非零元，例如 1-4，2-3，3-4，和导纳矩阵的自导纳和互导纳相对应。

(2) 注入量测除了在注入量测所在节点和与该节点有支路直接相连的节点之间产生非零元外(例如注入 P_3 在 A 阵的 2-3，3-4 处产生非零元)，还在和节点 3 有支路联系的节点(如 2、4)之间产生非零元，对应 $\boldsymbol{A}$ 矩阵的网络图上，这些节点之间有相应的支路联系，例如图(e)中的支路 2-4。

(3) 如果某支路 $i-j$ 两端没配置潮流量测，节点 i,j 上又无注入量测，和节点 i,j 有支路相连的节点 k 上也无注入量测，这时，信息矩阵的 i,j 处将是零元，信息矩阵相对应的网络图上，i,j 处无支路，尽管导纳图上 i,j 处是非零元。也就是说，信息矩阵网络图和导纳阵网络图不一定一致。

例如，图(e)和图(a)就不一样。图(a)中的支路 1-2 在图(e)中不存在。信息矩阵的结构和系统网络结构有关，也和量测系统的配置有关。在电力系统中，大部分量测是支路潮流量测，节点注入量测相对较少，所以信息矩阵的结构和导纳矩阵的结构十分相似。即使有节点注入量测，它们的存在也只会使信息矩阵在该节点的相邻节点之间产生零元。电力网络中一个节点的相邻节点一般平均只有 3～4 个，所以由于注入量测引入而在信息矩阵中产生的非零元也不太多，信息矩阵仍像节点导纳矩阵一样是稀疏矩阵，可以用稀疏矩阵技术来求解状态估计中的线性方程组。

2. 稀疏矩阵技术在 SE 中的应用

稀疏矩阵技术的核心思想就是排零存储，排零运算。我们知道，存储稀疏矩阵中的零元将占用很大的存储空间；另外任何元素，不管是零元还是非零元，他们和零元的乘法运算其结果仍为零，如果做这些无用的运算将耗费很多的计算时间。稀疏矩阵技术就是只存储矩阵中的非零元，不存零元，在运算中，只做与矩阵中的非零元所进行的运算，不做与零元的运算，这样可以节省内存，也大大减少了计算时间。

要实现这一技术，关键是如何存储稀疏矩阵，在计算中如何访问方便。

(1) 一般稀疏矩阵的存储

令 $\boldsymbol{A}$ 是一个非对称稀疏矩阵，我们看在稀疏矩阵技术中如何存储这个矩阵。对于矩阵 $\boldsymbol{A}$ 中的元素，当我们知道它的行号、列号和元素值时，这个元素就唯一确定了。一种方法就是直接存储这三个量：

元素值 a_{ij}

行号 i

列号 j

对 $n\times m$ 阶矩阵 $\boldsymbol{A}$，满阵存储要 $n\times m$ 个存储单元。如果 $\boldsymbol{A}$ 中非零元素个数为 τ，用上述方法存储要 3τ 个存储单元。这种存储方法只有在 $3\tau<n\times m$，即 $\tau<\frac{n\times m}{3}$时才节省内存。

当每行的非零元不止一个时，在同一行的非零元的行指标都一样，不必每个都存，另一种方法是按行依次存储非零元和非零元的列指标，同时记下每行第一个非零元的位置。这种方法在 $n\ll\tau$ 时可进一步减少内存。

以图 6.30 的 $\boldsymbol{A}$ 矩阵为例来说明：

VA$=a_{12}\quad a_{15}\quad a_{21}\quad a_{23}\quad a_{26}\quad a_{34}\quad a_{41}\quad a_{46}$

JA=2　5　1　3　6　4　1　6

IA=1　3　6　7　9

VA 按行顺序存 $\boldsymbol{A}$ 中的非零元，JA 存非零的列号，IA 存每行第一个非零元在 VA 中的位置(首地址)。例如第 2 行第 1 个非零元在 VA 中的第 3 个位置，第 3 行第 1 个非零元在 VA 中的第 6 个位置，那么，VA 中从 3 到 5 这三个元素都属第 2 行的元素，行号都是 2，列号由 JA 给出。

一般来说，第 i 行的非零元的值是 VA(k)，列号为 JA(k)，其中

$$k=\mathrm{IA}(i),\cdots,\mathrm{IA}(i+1)-1$$

状态估计中的雅可比矩阵的转置 $\boldsymbol{H}^{\mathrm{T}}$ 就是按这种方法存储的。$\boldsymbol{H}^{\mathrm{T}}$ 是 $n\times m$ 矩阵，对于线路潮流量测 $\boldsymbol{H}^{\mathrm{T}}$ 的每列只有两个非零元(这里我们只考虑有功—相角之间的关系)，如果对有 300 个节点，600 个支路量测，$\boldsymbol{H}^{\mathrm{T}}$ 中非零元数为 $\tau=1200$。按上面的方法占用内存 $2\tau+n=2700$，而按满矩阵存储占内存为 $n\times m=300\times600=180\,000$，相差 67 倍，内存节省极其可观。

(2) 对称稀疏矩阵的存储

对于对称矩阵，其下三角部分是上三角部分的转置，我们只需存储上三角部分即可。其对角元的行、列号相等，而且是按自然数顺序排列的，所以我们可以单独存储对角元素。对称稀疏矩阵的存储主要考虑其上三角非零元的存储，其存储方法和前面介绍的存储方法相同。以图 6.31 为例来说明：

	a_{12}			a_{15}	
a_{21}		a_{23}			a_{26}
			a_{34}		
a_{41}					a_{46}

图 6.30 **A** 矩阵

a		a		a
	a		a	
		a		a
			a	a
				a

图 6.31 对称矩阵 **A**

DA＝a_{11}　a_{22}　a_{33}　a_{44}　a_{55}

UA＝a_{13}　a_{15}　a_{24}　a_{35}　a_{46}

JA＝3　5　4　5　6

IA ＝1　3　4　5　6

DA 存 **A** 的对角元，UA 按行存 **A** 的上三角非零元，JA 存非零元的列号，IA 存 **A** 的每行上三角非零非对角元在 UA 中的位置(首地址)。同样要检出 **A** 的第 i 行上三角非零非对角元，只需扫描 UA 中从 IA(i)到 IA($i+1$)－1 的元素，即

元素值　UA(k)

列　号　JA(k)　for k＝IA(i),…,IA($i+1$)－1

对角元为 DA(i)。

信息矩阵 $\boldsymbol{H}^{\mathrm{T}}\boldsymbol{R}^{-1}\boldsymbol{H}$ 是对称矩阵，它就是按这种方法存储的。如果量测全是支路潮流量测，则信息矩阵对应的网络图和导纳矩阵对应的网络图相同(假定每条支路上都有至少一个量测)。如果网络的支路数为 b，节点数为 n，则上述存储方法需占用内存为 $2n+2b$。当 $n=300$，$b=400$ 时，内存占用为 1400。若满矩阵存储，则需占用 $n^2=90000$，相差 64 倍。

6.5.4 状态估计和常规潮流的关系

常规潮流中，如果把 PQ 节点给定功率作为注入量测，把 PV 节点给定的有功功率和电压幅值作为有功注入量测和电压幅值量测，则其量测数 m 恰好等于待求的状态变量数 n。潮流方程是 n 维的，求解 n 个未知数，方程可解，求得的状态变量值代入潮流方程，潮流方程严格满足($<\varepsilon$)。

对于状态估计，给定的量测量可以是潮流计算中的那些给定量，还可以是支路的有功无功潮流等量测量，给定量的个数 m 大于状态变量的个数。按非线性方程有无解的意义上说，方程数 m 大于状态变量的个数 n，要求多余的 $m-n$ 个方程是相容方程，即用 n 个独立方程求得的 $\boldsymbol{x}$ 自然满足另 $m-n$ 个方程。实际上，由于量测误差的存在，这些方程不可能同时满足，就是说，找不到一组 $\boldsymbol{x}$ 使得 m 个量测方程都为零，这 m 个方程是矛盾方程，没有严格满足这些方程的解。某组 $\hat{\boldsymbol{x}}$ 可能使残差(潮流中的修正方程)$\boldsymbol{r}=\boldsymbol{Z}-\boldsymbol{h}(\hat{\boldsymbol{x}})$ 的某些分量变小，甚至可使部分分量为零，但其他方程的残差会很大。状态估计是求取最小二乘意义下残差方程的解。若把 $\boldsymbol{r}$ 看作是 m 维空间的一个矢量，这就相当于求取使残差矢量的长度最短的解。而潮流计算中这个残差的长度为零。

从状态估计的迭代公式

$$\Delta \boldsymbol{x} = (\boldsymbol{H}^{\mathrm{T}}\boldsymbol{R}^{-1}\boldsymbol{H})^{-1}\boldsymbol{H}^{\mathrm{T}}\boldsymbol{R}^{-1}(\boldsymbol{Z}-\boldsymbol{h}(\boldsymbol{x}))$$

可以看到，如果将权矩阵 $\boldsymbol{R}^{-1}$ 取为单位阵，并假定 $m=n$，且 $\boldsymbol{H}$ 有逆，则上面的公式退化成

$$\Delta \boldsymbol{x} = (\boldsymbol{H}^{\mathrm{T}}\boldsymbol{H})^{-1}\boldsymbol{H}^{\mathrm{T}}(\boldsymbol{Z}-\boldsymbol{h}(\boldsymbol{x})) = \boldsymbol{H}^{-1}\boldsymbol{H}^{-\mathrm{T}}\boldsymbol{H}^{\mathrm{T}}(\boldsymbol{Z}-\boldsymbol{h}(\boldsymbol{x})) = \boldsymbol{H}^{-1}(\boldsymbol{Z}-\boldsymbol{h}(\boldsymbol{x}))$$

这和潮流迭代公式一样。我们可以把常规 LF 看做状态估计中 $\boldsymbol{R}^{-1}$ 取单位阵，$m=n$ 的一个特例。

通过以上分析我们可以列举两者之间的一些对应关系，如表 6.10 所示。

表 6.10　常规潮流与状态估计的对应关系

	常规潮流	状态估计
状态变量 $\boldsymbol{x}$	$\boldsymbol{\theta},\boldsymbol{V}$	$\boldsymbol{\theta},\boldsymbol{V}$
状态变量个数	$2N-1$	$2N-1$
量测量 $\boldsymbol{Z}$ 的类型	V_i,P_i,Q_i	$V_i,P_i,Q_i,P_{ij},Q_{ij},I_{ij},I_i$
量测量 $\boldsymbol{Z}$ 的数目 m	$m=2N-1$	$m>2N-1$
量测误差 v	$=0$	$\neq 0$
量测量权重 $\boldsymbol{R}_i^{-1}$	1	$1/\sigma_i^2$
迭代矩阵	$\boldsymbol{H}^{-1}$	$(\boldsymbol{H}^{\mathrm{T}}\boldsymbol{R}^{-1}\boldsymbol{H})^{-1}\boldsymbol{H}^{\mathrm{T}}\boldsymbol{R}^{-1}$
残差 $\boldsymbol{r}=\boldsymbol{Z}-\boldsymbol{h}(\hat{\boldsymbol{x}})$	$\boldsymbol{r}=\boldsymbol{0}$	$\boldsymbol{r}\neq\boldsymbol{0}$
目标函数 $\boldsymbol{J}(\hat{\boldsymbol{x}})$	$J=\sum r^2=0$	$J=\sum(\boldsymbol{r}/\sigma)^2\approx m-n$
角度为 0 的母线	平衡母线	参考母线

有两点要强调：

(1) 状态估计中的“估计”一词和日常口语中的“估计”含义不尽相同。日常口语中的“估计”有预测的含义，即有推测的含义，被理解为不准确的推论；而 SE 中的估计严格基于本次采样中获得的反映系统实时运行状态的信息，用数学的方法拟合系统的真实状态。如果量测绝对准确，“估计”出的系统状态也绝对准确。在某一量测系统中，估计的准确性完全取决于量测值的准确性。

(2) 状态估计直接取用从 SCADA 采来的实时信息，同时性比较好，只要量测和远动系统正常，这些原始数据可以反映当时系统的运行状况，再加上状态估计利用了冗余的量测信息，形成了对状态量的重复量测，从而获得了比量测精度更高的状态估计结果。正因为这样，状态估计的结果成为电网在线和离线分析的主要数据来源。

6.6　电力系统状态估计中不良数据的检测和辨识

6.6.1　概述

不良数据是由于量测系统或远动系统故障而产生的明显偏离真实量测值的量测数据。正常的量测其量测误差应在 3σ 的误差范围之内，而不良数据的误差要明显大于 3σ。由于不良数据的产生是不可避免的，所以状态估计程序应当具有检测和辨识不良数据的功能，及时发现不良数据并把它们从正常量测中挑选出来，排除它们对状态估计结果的影响，提高状态估计的可靠性。

1. 几个术语

① 不良数据的检测，判断某次量测采样中是否存在不良数据的功能，英文为 bad data detection，意为发现不良数据的存在。

② 不良数据的辨识，发现某次量测采样中存在不良数据后，确定哪个(或哪些)量测是不良数据的功能，英文为 bad data identification。

③ 不良数据的剔除，对辨识出的不良数据，用某种方法排除它们对状态估计结果的影响，英文为 bad data suppression。

2. 不同水平的检测和辨识功能

(1) 人工检测和辨识

有经验的调度员经常根据以下三个原则来判断遥测数据是否可靠：

① 量测极限值检查，量测值超过正常限值，而系统无事故也无异常。

② 量测突变检查，变化速率明显超过正常。

③ 量测数据的相关性检查，对一个变化的量测，看其相关量测是否变化。

人工检测不可靠，有局限性。例如节点功率不平衡，但很难判断是哪条支路上的量测有问题。线路送端功率比受端小，是送端测值偏小还是受端测值偏大，不好下结论。

(2) 计算机实时检测和辨识(数据的预处理)

① 利用远动功能实现，例如遥测字中加奇偶校验码。

② 粗检测和辨识，计算机用逻辑判断的方法处理掉一些明显的不良数据。例如，将上述人工判断逻辑用计算机实现，或取几次采样值的平均，看本次采样是否明显偏离这个平均值等方法。这只能发现明显的不良数据，对数值较小的不良数据则难以发现。由于粗检测的快速性，常用来作为状态估计的数据预处理。

(3) 状态估计程序中的检测和辨识

这是更高水平的程序功能。它是通过大量正常的冗余量测，利用数学处理的方法处理不良数据。在粗检测阶段难以发现的不良数据，也能在这里发现。这里我们要主要介绍的就是状态估计程序中的不良数据的检测和辨识方法。这方面的内容十分丰富，这里我们只能介绍几种最基本的也是最常用的方法：J 检测，r_W 和 r_N 检测与辨识方法。

6.6.2 残差方程——量测误差和残差之间的关系

1. 残差方程

量测误差 $\boldsymbol{v}$ 定义为量测值 $\boldsymbol{Z}$ 和量测真值 $\boldsymbol{h}(\boldsymbol{x})$ 两者之差，它服从正态 $N(0,\sigma^2)$ 分布。由于量测误差以 99.75% 的概率落在 $\pm3\sigma$ 的范围之内，所以，一般认为误差大于 3σ 的量测为不良数据。

残差 $\boldsymbol{r}$ 定义为量测值 $\boldsymbol{Z}$ 和用估计的状态 $\hat{\boldsymbol{x}}$ 计算出的量测估计值 $\boldsymbol{h}(\hat{\boldsymbol{x}})$ 两者之差。

$$\boldsymbol{r} = \boldsymbol{Z} - \boldsymbol{h}(\hat{\boldsymbol{x}}) \tag{6-26}$$

$$\boldsymbol{v} = \boldsymbol{Z} - \boldsymbol{h}(\boldsymbol{x}) \tag{6-27}$$

如果我们能知道系统状态真值 $\boldsymbol{x}$，则量测误差很容易由(6-27)式计算出来，我们就可以把误差大于 3σ 的量测挑选出来，看起来好像不良数据的检测和辨识很容易。而实际上，真实的系统状态是无法知道的，真实的量测误差也是一个未知数。状态估计的结果，我们知道状态的估计值，进而可以求出量测残差 $\boldsymbol{r}$，如何通过量测残差 $\boldsymbol{r}$，了解量测误差 $\boldsymbol{v}$ 的情况，就是不同的不良数据的检测辨识方法要解决的问题。

如果将 $\boldsymbol{h}(\hat{\boldsymbol{x}})$ 在真值 $\boldsymbol{x}$ 附近展开为一阶泰勒级数，即令 $\Delta\boldsymbol{x}=\hat{\boldsymbol{x}}-\boldsymbol{x}$，我们有

$$\boldsymbol{h}(\hat{\boldsymbol{x}}) = \boldsymbol{h}(\boldsymbol{x}) + \boldsymbol{H}(\boldsymbol{x})\Delta\boldsymbol{x} \tag{6-28}$$

将式(6-28)代入式(6-26)中有

$$\boldsymbol{r}=\boldsymbol{Z}-\boldsymbol{h}(\boldsymbol{x})-\boldsymbol{H}(\boldsymbol{x})\Delta\boldsymbol{x}=\boldsymbol{v}-\boldsymbol{H}(\boldsymbol{x})\Delta\boldsymbol{x} \tag{6-29}$$

由加权最小二乘法的基本原理,状态估计$\hat{\boldsymbol{x}}$应满足(6-12)式的优化条件,即

$$\boldsymbol{H}^{\mathrm{T}}(\hat{\boldsymbol{x}})\boldsymbol{R}^{-1}(\boldsymbol{Z}-\boldsymbol{h}(\hat{\boldsymbol{x}}))=\boldsymbol{0} \quad 或 \quad \boldsymbol{H}^{\mathrm{T}}(\hat{\boldsymbol{x}})\boldsymbol{R}^{-1}\boldsymbol{r}=\boldsymbol{0}$$

将式(6-29)代入上式有

$$\boldsymbol{H}^{\mathrm{T}}(\hat{\boldsymbol{x}})\boldsymbol{R}^{-1}(\boldsymbol{v}-\boldsymbol{H}(\boldsymbol{x})\Delta\boldsymbol{x})=\boldsymbol{0}$$

或写成

$$\Delta\boldsymbol{x}=[\boldsymbol{H}^{\mathrm{T}}(\hat{\boldsymbol{x}})\boldsymbol{R}^{-1}\boldsymbol{H}(\boldsymbol{x})]^{-1}\boldsymbol{H}^{\mathrm{T}}(\hat{\boldsymbol{x}})\boldsymbol{R}^{-1}\boldsymbol{v}$$

将上式代入式(6-29),有

$$\begin{aligned}\boldsymbol{r}&=\boldsymbol{v}-\boldsymbol{H}(\boldsymbol{x})[\boldsymbol{H}^{\mathrm{T}}(\hat{\boldsymbol{x}})\boldsymbol{R}^{-1}\boldsymbol{H}(\boldsymbol{x})]^{-1}\boldsymbol{H}^{\mathrm{T}}(\hat{\boldsymbol{x}})\boldsymbol{R}^{-1}\boldsymbol{v}\\&=\{\boldsymbol{I}-\boldsymbol{H}(\boldsymbol{x})[\boldsymbol{H}^{\mathrm{T}}(\hat{\boldsymbol{x}})\boldsymbol{R}^{-1}\boldsymbol{H}(\boldsymbol{x})]^{-1}\boldsymbol{H}^{\mathrm{T}}(\hat{\boldsymbol{x}})\boldsymbol{R}^{-1}\}\boldsymbol{v}\end{aligned}$$

因为$\hat{\boldsymbol{x}}$和$\boldsymbol{x}$十分接近,上式中的量测雅可比矩阵都可以在$\hat{\boldsymbol{x}}$处取值,即

$$\boldsymbol{r}=\boldsymbol{W}\boldsymbol{v} \tag{6-30}$$

$$\boldsymbol{W}=\boldsymbol{I}-\boldsymbol{H}(\boldsymbol{H}^{\mathrm{T}}\boldsymbol{R}^{-1}\boldsymbol{H})^{-1}\boldsymbol{H}^{\mathrm{T}}\boldsymbol{R}^{-1}=\boldsymbol{I}-\boldsymbol{H}\boldsymbol{\Sigma}\boldsymbol{H}^{\mathrm{T}}\boldsymbol{R}^{-1} \tag{6-31}$$

式(6-30)就是残差方程,$\boldsymbol{W}$是残差灵敏度矩阵。$\boldsymbol{W}$具有以下性质:

(1) $\boldsymbol{W}$是奇异矩阵,其秩为$k=m-n$;

(2) $\boldsymbol{W}$是等幂矩阵,$\boldsymbol{WW}=\boldsymbol{W}$;

(3) $\boldsymbol{WR}^{-1}\boldsymbol{W}=\boldsymbol{R}^{-1}\boldsymbol{W}$;

(4) $\boldsymbol{WRW}^{\mathrm{T}}=\boldsymbol{WR}=\boldsymbol{RW}^{\mathrm{T}}$;

(5) $0<W_{ii}<1$。

残差方程描述了残差和量测误差之间的线性关系,即残差可以用量测误差的线性组合来表示:

$$r_i=\sum_{j=1}^{m}w_{ij}v_j=w_{i1}v_1+w_{i2}v_2+\cdots+w_{im}v_m$$

$\boldsymbol{W}$矩阵的元素就是相应的比例系数。量测i的残差r_i和所有量测误差有关。

从式(6-26)可见,如果$\boldsymbol{W}$有逆,则可以求解式(6-26),用残差矢量$\boldsymbol{r}$计算出量测误差矢量$\boldsymbol{v}$,存在在量测误差中的不良数据很容易找出来。但是,由于$\boldsymbol{W}$矩阵不可逆,它是$m\times m$阶的,而它的秩是$m-n$,所以它是奇异矩阵,不可逆,所以我们不能通过对$\boldsymbol{W}$求逆,用$\boldsymbol{r}$求出$\boldsymbol{v}$。

如果$\boldsymbol{W}$对角占优,则具有最大量测误差的量测,所对应的残差一般也大,但当冗余量测数k较低时,$\boldsymbol{W}$可能不满足对角占优的条件,最大残差和最大量测误差并不一致,这时,不良数据的辨识会发生困难。

通过残差方程,我们可以求出残差的方差矩阵。

$$\begin{aligned}\mathrm{Var}(\boldsymbol{r})&=E[\boldsymbol{rr}^{\mathrm{T}}]=E[\boldsymbol{Wvv}^{\mathrm{T}}\boldsymbol{W}^{\mathrm{T}}]=\boldsymbol{W}E[\boldsymbol{vv}^{\mathrm{T}}]\boldsymbol{W}^{\mathrm{T}}\\&=\boldsymbol{WRW}^{\mathrm{T}}=(\boldsymbol{I}-\boldsymbol{H\Sigma H}^{\mathrm{T}}\boldsymbol{R}^{-1})\boldsymbol{R}(\boldsymbol{I}-\boldsymbol{R}^{-1}\boldsymbol{H\Sigma H}^{\mathrm{T}})\\&=\boldsymbol{R}-\boldsymbol{H\Sigma H}^{\mathrm{T}}=\boldsymbol{WR}\end{aligned} \tag{6-32}$$

而残差的期望值是

$$E[\boldsymbol{r}]=E[\boldsymbol{Wv}]=\boldsymbol{W}E[\boldsymbol{v}]=\boldsymbol{0} \tag{6-33}$$

令

$$\boldsymbol{D} = \mathrm{diag}(\boldsymbol{WR}) \tag{6-34}$$

所以

$$\boldsymbol{r} \sim N(0,\boldsymbol{D}) \tag{6-35}$$

我们将 $\boldsymbol{r}$ 的统计性质和量测误差的统计性质相比：

$$\boldsymbol{v} \sim N(0,\boldsymbol{R}) \tag{6-36}$$

由于 $\boldsymbol{H\Sigma H}^{\mathrm{T}}$ 的对角元素 $\boldsymbol{H}_i\boldsymbol{\Sigma H}_i^{\mathrm{T}}$ 在$\boldsymbol{\Sigma}$ 是非负定的情况下是大于等于零的，所以 $\boldsymbol{r}$ 的方差总是小于误差 $\boldsymbol{v}$ 的方差，这也体现了滤波的效果。

残差和量测误差之间的线性关系在不良数据检测和辨识中发挥着重要的作用。

2. 加权残差

加权量测残差(weighted residual)定义为

$$r_{Wi} = \frac{r_i}{\sigma_i} \tag{6-37}$$

式中，r_i 是量测 i 的残差，即 $r_i = z_i - h_i(\hat{\boldsymbol{x}})$；$\sigma_i$ 是量测 i 的量测误差的标准差。与之对应我们定义加权量测误差

$$v_{Wi} = \frac{\nu_i}{\sigma_i} \tag{6-38}$$

由于 $v_i \sim N(0,\sigma_i^2)$，所以 $v_{Wi} \sim N(0,1)$。

3. 正则化残差

正则化残差(normalized residual)定义为

$$r_{Ni} = \frac{r_i}{\sigma_{Ni}} \tag{6-39}$$

式中，$\sigma_{Ni} = \sqrt{D_{ii}}$，是残差的标准差；$\boldsymbol{D} = \mathrm{diag}\{\boldsymbol{R} - \boldsymbol{H\Sigma H}^{\mathrm{T}}\} = \mathrm{diag}(\boldsymbol{WR})$是残差的方差。$r_{Ni}$ 的期望值是

$$E(r_{Ni}) = \frac{E(r_i)}{\sigma_{Ni}} = 0$$

r_{Ni} 方差为

$$V(r_{Ni}) = \frac{V(r_i)}{\sigma_{Ni}^2} = \frac{\sigma_{Ni}^2}{\sigma_{Ni}^2} = 1$$

所以

$$r_{Ni} \sim N(0,1)$$

另有

$$r_{Wi} \sim N(0,\sigma_{Ni}^2/\sigma_i^2)$$

由于 $R_{ii} \geqslant D_{ii}$，所以 $\sigma_i \geqslant \sigma_{Ni}$，故有 $r_{Wi} \leqslant r_{Ni}$。

正则化残差也是加权残差的一种。

6.6.3 不良数据的检测

当量测中存在不良数据时，量测误差的矢量中某些分量将有个别分量(相应于不良数据点)的值明显变大，由残差方程(6-26)可见，量测残差也会明显变大，由目标函数的公式(6-4)可知，用估计的状态$\hat{\boldsymbol{x}}$代入目标函数，将使目标函数的数值变大。所以通过检查估计后的残

差或目标函数值，并和在正常量测误差作用下的相应值进行比较，就有可能发现不良数据是否存在，因此就有利用估计后目标函数 J 和利用某种残差进行不良数据检测的方法。下面分别介绍。

1. 检测

利用估计后的目标函数进行不良数据检测的方法简称为 $J(\hat{x})$ 检测：

$$J(\hat{\boldsymbol{x}}) = [\boldsymbol{Z} - \boldsymbol{h}(\hat{\boldsymbol{x}})]^{\mathrm{T}}\boldsymbol{R}^{-1}[\boldsymbol{Z} - \boldsymbol{h}(\hat{\boldsymbol{x}})] = \boldsymbol{r}^{\mathrm{T}}\boldsymbol{R}^{-1}\boldsymbol{r} = \sum_{j=1}^{m} r_{Wj}^2 \tag{6-40}$$

首先考查正常误差分布的情况下，$J(\hat{x})$ 的统计性质。将残差方程代入式(6-40)后有

$$J(\hat{\boldsymbol{x}}) = \boldsymbol{v}^{\mathrm{T}}\boldsymbol{W}^{\mathrm{T}}\boldsymbol{R}^{-1}\boldsymbol{W}\boldsymbol{v} = \boldsymbol{v}^{\mathrm{T}}\boldsymbol{R}^{-1}\boldsymbol{W}\boldsymbol{v}$$

定义 $\boldsymbol{A}=\boldsymbol{R}^{-1}\boldsymbol{W}$ 则有

$$J(\hat{\boldsymbol{x}}) = \boldsymbol{v}^{\mathrm{T}}\boldsymbol{A}\boldsymbol{v} = \sum_{i=1}^{m} v_i^2 A_{ii} + \sum_{i=1}^{m}\sum_{\substack{j=1 \\ j\neq i}}^{m} A_{ij}v_i v_j$$

于是 $J(\hat{x})$ 的数学期望值是

$$E[J(\hat{\boldsymbol{x}})] = \sum_{i=1}^{m} A_{ii}E(v_i^2) + \sum_{i=1}^{m}\sum_{\substack{j=1 \\ j\neq i}}^{m} A_{ij}E(v_i v_j)$$

由于量测误差互不相关，即 $E(v_i v_j)=0,(i\neq j, Ev_i^2=\sigma_i^2)$，故有

$$\begin{aligned}E[J(\hat{\boldsymbol{x}})] &= \sum_{i=1}^{m} A_{ii}\sigma_i^2 = \sum_{i=1}^{m} A_{ii}R_i = \mathrm{tr}[\boldsymbol{R}^{-1}\boldsymbol{W}\boldsymbol{R}] = \mathrm{tr}[\boldsymbol{R}^{-1}\boldsymbol{R}\boldsymbol{W}] = \mathrm{tr}[\boldsymbol{W}^{\mathrm{T}}] \\ &= \mathrm{tr}[\boldsymbol{I} - \boldsymbol{R}^{-1}\boldsymbol{H}\boldsymbol{\Sigma}\boldsymbol{H}^{\mathrm{T}}] = \mathrm{tr}[\boldsymbol{I}] - \mathrm{tr}[\boldsymbol{H}^{\mathrm{T}}\boldsymbol{R}^{-1}\boldsymbol{H}\boldsymbol{\Sigma}] \\ &= m - n = k\end{aligned}$$

式中，k 是冗余量测数；$\mathrm{tr}(\boldsymbol{A}+\boldsymbol{B})=\mathrm{tr}(\boldsymbol{A})+\mathrm{tr}(\boldsymbol{B})$，$\mathrm{tr}(\boldsymbol{A})$ 是矩阵 $\boldsymbol{A}$ 的迹。

$J(\hat{x})$ 的方差可以推出为

$$V[J(\hat{\boldsymbol{x}})] = E[J(\hat{\boldsymbol{x}}) - k]^2 = 2k$$

$J(\hat{x})$ 是自由度为 k 的 χ^2 分布，记作

$$J(\hat{\boldsymbol{x}}) \sim \chi^2(k) \tag{6-41}$$

由概率论可知，随着自由度 k 的增大，$\chi^2(k)$ 越来越逼近于正态分布；当 $k>30$ 时，可以用相应的正态分布来代替 $\chi^2(k)$ 分布。正态分布的期望值在这里是 k，方差 σ^2 在这里是 $2k$，于是有

$$J(\hat{\boldsymbol{x}}) \sim N(k, 2k), \quad k > 30$$

或者写成

$$\frac{J(\hat{\boldsymbol{x}}) - k}{\sqrt{2k}} \sim N(0,1), \quad k > 30 \tag{6-42}$$

还有另一种表示方法

$$\sqrt{2J(\hat{\boldsymbol{x}})} - \sqrt{2k} \sim N(0,1), \quad k > 30 \tag{6-43}$$

若按 3σ 准则，某正态随机变量的误差将以 99.75% 的概率落在 3σ 区间之内，即

$$\frac{J(\hat{\boldsymbol{x}}) - k}{\sqrt{2k}} < 3$$

$$J(\hat{x}) < 3\sqrt{2k} + k$$

上面公式应以 99.75%的概率得到满足。

当存在不良数据时，我们考查目标函数的变化。以一个不良数据为例，设这个不良数据发生在量测 j 上：

$$\boldsymbol{v}' = \boldsymbol{v} + \alpha_j \boldsymbol{e}_j$$

式中，$\boldsymbol{v}$ 是正常量测误差矢量；$\boldsymbol{v}'$是有不良数据时的量测误差矢量；$\boldsymbol{e}_j$ 是单位矢量，其第 i 个元素是 1，其余都是零；α_j 是不良数据的幅值。将这个新的误差矢量代到目标函数的计算公式中，新的目标函数 $J'(\hat{x})$是

$$\begin{aligned} J'(\hat{\boldsymbol{x}}) &= (\boldsymbol{v}^{\mathrm{T}} + \alpha_j \boldsymbol{e}_j^{\mathrm{T}})\boldsymbol{R}^{-1}\boldsymbol{W}(\boldsymbol{v} + \alpha_j \boldsymbol{e}_j) \\ &= \boldsymbol{v}^{\mathrm{T}}\boldsymbol{R}^{-1}\boldsymbol{W}\boldsymbol{v} + 2\alpha_j \boldsymbol{e}_j^{\mathrm{T}}\boldsymbol{R}^{-1}\boldsymbol{W}\boldsymbol{v} + \alpha_j^2 \boldsymbol{e}_j^{\mathrm{T}}\boldsymbol{R}^{-1}\boldsymbol{W}\boldsymbol{e}_j \\ &= J(\hat{\boldsymbol{x}}) + 2\alpha_j \boldsymbol{e}_j^{\mathrm{T}}\boldsymbol{R}^{-1}\boldsymbol{W}\boldsymbol{v} + \left(\frac{\alpha_j}{\sigma_j}\right)^2 W_{jj} \end{aligned} \tag{6-44}$$

上式中右端第三项是常数项，第二项为零均值正态分布项，第一项为 $\chi^2(k)$分布项。

$$\begin{aligned} E[J'(\hat{\boldsymbol{x}})] &= E[J(\hat{\boldsymbol{x}}) + 2\alpha_j \boldsymbol{e}_j^{\mathrm{T}}\boldsymbol{R}^{-1}\boldsymbol{W}\boldsymbol{v} + \alpha_j^2 w_{jj}\sigma_j^{-2}] \\ &= E[J(\hat{\boldsymbol{x}})] + 2\alpha_j \boldsymbol{e}_j^{\mathrm{T}}\boldsymbol{R}^{-1}\boldsymbol{W}E[\boldsymbol{v}] + \alpha_j^2 W_{jj}\sigma_j^{-2} \\ &= k + \alpha_j^2 W_{jj}\sigma_j^{-2} \stackrel{\text{def}}{=} \mu_j \end{aligned} \tag{6-45}$$

由于右端第三项是常数，故

$$\begin{aligned} V[J'(\hat{\boldsymbol{x}})] &= V[J(\hat{\boldsymbol{x}}) + 2\alpha_j \boldsymbol{e}_j^{\mathrm{T}}\boldsymbol{R}^{-1}\boldsymbol{W}\boldsymbol{v}] \\ &= 2k + 4\alpha_j^2 W_{jj}\sigma_j^{-2} = \sigma_J^2 \end{aligned} \tag{6-46}$$

$$\frac{J'(\hat{\boldsymbol{x}}) - k}{\sqrt{2k}} \sim N\left(\frac{\mu_j - k}{\sqrt{2k}}, \frac{\sigma_J^2}{2k}\right), \quad k > 30 \tag{6-47}$$

在量测冗余度不是很低的情况下，$W_{jj} \approx 1$，式(6-40)的最后一项近似等于$(\alpha_j/\sigma_j)^2$，一般不良数据幅值比正常量测误差的标准差大许多倍，所以这项的值会十分大。因此，考查估计后目标函数的值就能确定量测中是否存在不良数据。

$J(\hat{x})$检测就是考查 $J(\hat{x})$是否超过某一事先确定的门槛值，以确定是否存在不良数据。$J(\hat{x})$服从 $\chi^2(k)$分布。如图 6.32 所示，首先假设一个允许发生的弃真错误的概率为 α，查 χ^2 分布表可以找到相应的检测门槛 $J_\alpha = \chi_\alpha^2(k)$，于是

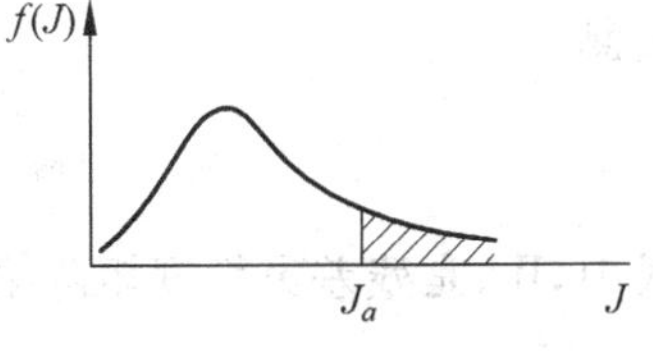

图 6.32 分布函数

$$P(J \geqslant J_\alpha) = \int_{J_\alpha}^{\infty} f(J)\mathrm{d}J = \alpha$$

例如，当自由度 $k=2$ 时，查 χ^2 分布表得：当弃真错误概率 $\alpha=0.01$ 时，门槛

$$J_\alpha = \chi_{0.01}^2(2) = 9.21$$

即当无不良数据时，有 1%的可能性 J 的值大于 9.21，或说有 99%的可能性 J 的值小于 9.21。

不良数据检测时，常用假设检验法。假设检验根据事实做出结论。事实有两种：$J<J_\alpha$ 或 $J \geqslant J_\alpha$；结论也有两种：有不良数据和无不良数据。两种事实，两种结论，共有四种组合(见表 6.11)。

表 6.11 假设检验法

事实＼结论	无不良数据	有不良数据
$J<J_\alpha$	H_0	漏检
$J\geqslant J_\alpha$	误检	H_1

H_0 假设：$J<J_\alpha$无不良数据，属真；

H_1 假设：$J\geqslant J_\alpha$有不良数据，属真；

有不良数据而 $J<J_\alpha$ 称为漏检，或取伪错误；

无不良数据而 $J\geqslant J_\alpha$ 称为伪检，或弃真错误；

其中有两种组合是正确检测。

α 取得小，则 J_α 大，由于门槛高，不良数据当成好数据的可能性大，而好数据当成不良数据的可能性小；若 α 取得大，则 J_α 小，由于门槛低，不良数据当成好数据可能性小，好数据当成不良数据的可能性大(表 6.12)。

表 6.12 漏检与误检率分析

	漏检率	误检率
α小 J_α大	高	低
α大 J_α小	低	高

J 检测属总体检测，所有量测误差都会对 J 有贡献，产生影响。有时并没有不良数据，但由于许多量测的误差(虽然没超过 3σ)也会使 J 较大。有时有一两个不良数据，但由于量测多，冗余度高，正常时 J 值就已很大，一两个不良数据并不足以使 J 值发生明显变化，所以 J 检测用于大系统不太敏感。另外，J 检测不能告诉我们哪些量测值是不良数据。

2. r_W 检测

我们知道，$\boldsymbol{r}\sim N(0,\boldsymbol{R}-\boldsymbol{H\Sigma H}^{\mathrm{T}})$，所以 $\boldsymbol{R}^{-\frac{1}{2}}\boldsymbol{r}\sim \boldsymbol{N}(0,\boldsymbol{I}-\boldsymbol{R}^{-\frac{1}{2}}\boldsymbol{H\Sigma H}^{\mathrm{T}}\boldsymbol{R}^{-\frac{1}{2}})$。对于第 i 个量测，

$$r_{Wi}\overset{\text{def}}{=}\frac{r_i}{\sigma_i}\sim N(0,W_{ii}) \quad 或 \quad N\left(0,\frac{\sigma_{Ni}^2}{\sigma_i^2}\right) \tag{6-48}$$

式中，W_{ii}是残差灵敏度矩阵第 i 个对角元素。因此，在正常量测条件下，

$$P\{|r_{Wi}|<3\sqrt{W_{ii}}\}=0.9975$$

若规定误检概率 $P_e=0.0025$，则正常的加权残差的取值范围是

$$|r_{Wi}|<3\sqrt{W_{ii}}=\lambda \tag{6-49}$$

在正常量测冗余度的情况下，$\sqrt{W_{ii}}\approx 1$，有时也简单地令正常加权残差的取值范围是

$$|r_{Wi}|<3 \tag{6-50}$$

当检查最大的加权残差$|r_{Wi}|$大于 3 时，则认为量测集中存在不良数据。

3. r_N 检测

正常量测的正则化残差服从下面概率分布的统计规律：

$$r_{Ni}=\frac{r_i}{\sigma_{Ni}}\sim N(0,1)$$

式中，$\sigma_{Ni}^2=(\boldsymbol{R}-\boldsymbol{H\Sigma H}^{\mathrm{T}})_{ii}=\sigma_i^2-\rho_i^2$，$\rho_i^2=\boldsymbol{H}_i\boldsymbol{\Sigma}\boldsymbol{H}_i^{\mathrm{T}}$，

$$P\{|\ r_{Ni}\ |<3\}=0.9975$$

若规定误检概率 $P_e=0.0025$，则正常的正则化残差的取值范围是

$$|\ r_{Ni}\ |<3 \tag{6-51}$$

检查最大的正则化残差 $|r_{Ni}|$ 大于 3 时，则认为量测集中存在不良数据。

4. 例题

例 6.6 已知 $\boldsymbol{Z}=\begin{bmatrix}1.05\\0.98\\1.02\end{bmatrix}$，$\boldsymbol{H}=\begin{bmatrix}1\\1\\1\end{bmatrix}$，$\boldsymbol{R}=\begin{bmatrix}0.05 & & \\ & 0.01 & \\ & & 0.02\end{bmatrix}^2$，计算正常时的 J，$\boldsymbol{r}_W$，$\boldsymbol{r}_N$。

解：

(1)

$$\Sigma=(\boldsymbol{H}^{\mathrm{T}}\boldsymbol{R}^{-1}\boldsymbol{H})^{-1}=12900^{-1},\quad \hat{x}=\boldsymbol{\Sigma H}^{\mathrm{T}}\boldsymbol{R}^{-1}\boldsymbol{Z}=0.98992$$

$$\boldsymbol{r}=\boldsymbol{Z}-\boldsymbol{H}\hat{\boldsymbol{x}}=\begin{bmatrix}0.06008\\-0.0992\\0.03008\end{bmatrix}\quad \boldsymbol{r}_W=\sqrt{\boldsymbol{R}^{-1}}\boldsymbol{r}=\begin{bmatrix}1.2016\\-0.992\\1.504\end{bmatrix}$$

$$\boldsymbol{D}=\mathrm{diag}\{\boldsymbol{R}-\boldsymbol{H\Sigma H}^{\mathrm{T}}\}=\begin{bmatrix}0.0024225 & & \\ & 0.000022481 & \\ & & 0.00032248\end{bmatrix}$$

$$\boldsymbol{r}_N=\sqrt{\boldsymbol{D}^{-1}}\boldsymbol{r}=\begin{bmatrix}1.2207\\-2.0922\\1.6750\end{bmatrix},\quad J=\boldsymbol{r}_W^{\mathrm{T}}\boldsymbol{r}_W=4.6899$$

可见，J 小于门槛 $J_\alpha=x_{0.01}^2(2)=9.21$，$\boldsymbol{r}_W$，$\boldsymbol{r}_N$ 各分量幅值小于 3。

(2) 当 $\boldsymbol{Z}=\begin{bmatrix}1.05\\2.0\\1.02\end{bmatrix}$，时，有

$$\hat{\boldsymbol{x}}=1.7806,\boldsymbol{r}=\begin{bmatrix}-0.7306\\0.2194\\-0.7606\end{bmatrix},\quad \boldsymbol{r}_W=\begin{bmatrix}-14.61\\21.94\\-38.03\end{bmatrix}$$

$$J=\boldsymbol{r}_W^{\mathrm{T}}\boldsymbol{r}_W=2141.1,\quad \boldsymbol{r}_N=\begin{bmatrix}-14.84\\46.27\\-42.36\end{bmatrix}$$

可见 J 大于门槛，$\boldsymbol{r}_W$，$\boldsymbol{r}_N$ 各分量都大于 3。

思考：将第二个量测的方差由 0.01 改为 0.03，再算例 3-5。

注意当第二个量测是不良数据时，$\boldsymbol{r}_W$ 的幅值排序和不良数据并不一致，即第二个量测残差幅值不是最大(原因是不良数据的权重过高)。量测 3 并非不良数据，但 $\boldsymbol{r}_W$ 的幅值却很大，这种现象叫**残差污染**。而按 $\boldsymbol{r}_N$ 排序看，最大 $\boldsymbol{r}_N$ 幅值确在第二个量测上。

残差污染可以用 W 矩阵来解释：

$$\boldsymbol{W}=\boldsymbol{I}-\boldsymbol{H\Sigma H}^{\mathrm{T}}\boldsymbol{R}^{-1}=\begin{bmatrix}0.969 & -0.775 & -0.194\\-0.031 & 0.225 & -0.194\\-0.031 & -0.775 & 0.806\end{bmatrix}$$

$\boldsymbol{W}$ 矩阵第二个对角元列不占优，这是产生残差污染的主要原因。

注意误差矢量是 $\boldsymbol{v}=[0.05,1.0,0.02]^{\mathrm{T}}$，利用线性残差方程

$$\boldsymbol{r}=\boldsymbol{W}\boldsymbol{v}=\begin{bmatrix} 0.969 & -0.775 & -0.194 \\ -0.031 & 0.225 & -0.194 \\ -0.031 & -0.775 & 0.806 \end{bmatrix}\begin{bmatrix} 0.05 \\ 1.0 \\ 0.02 \end{bmatrix}=\begin{bmatrix} -0.730 \\ 0.219 \\ -0.760 \end{bmatrix}$$

由于 $W_{22}=0.225$ 较小，$\nu_2=1$ 对 r_2 的贡献较小；而 W_{12}，W_{32} 都较大，所以 ν_2 对 r_1 及 r_3 的贡献都较大，致使 r_1 和 r_3 反而比 r_2 大。所以，$\boldsymbol{r}$ 的大小和 $\boldsymbol{v}$ 的大小并不一定一致。

另外我们还可以注意到在量测 2 上存在不良数据时，第 2 个量测残差 $|\boldsymbol{r}_{N2}|$ 最大，对于存在单个不良数据时，这个结论一般是正确的。

5. 三种检测方法的评价

检测方法的成功率和测点配置，不良数据的大小有关，测量冗余度较高，不良数据幅值较大时，一般说是容易将它们检测出来的。

(1) $J(\hat{\boldsymbol{x}})$ 对系统规模小的情况效果较好。因为系统规模大时，k 增大、$J(\hat{\boldsymbol{x}})$ 的均值和方差都增大，不良数据对 $J(\hat{\boldsymbol{x}})$ 值的影响相对较小。另外 $J(\hat{\boldsymbol{x}})$ 法只能判断是否存在不良数据，不能检测出哪些数据可能是不良数据，例如前边的 $J(\hat{\boldsymbol{x}})=1764$，但我们并不知道是哪个数据的误差使 $J(\hat{\boldsymbol{x}})$ 增大的。

(2) $\boldsymbol{r}_W$ 和 $\boldsymbol{r}_N$ 法不受系统规模影响，比较其检测灵敏度，当量测冗余度高时，$\boldsymbol{r}_W$ 和 $\boldsymbol{r}_N$ 都有极好的检测效果，当冗余度较小时效果较差。一般 $\boldsymbol{r}_N$ 检测效果总是不劣于 $\boldsymbol{r}_W$ 检测。但 $\boldsymbol{r}_N$ 法要计算 σ_{Ni}，这需要一定的计算代价。这两种方法，尤其是 $\boldsymbol{r}_N$ 法，还能找出哪些数据最可能是不良数据，为不良数据的辨识打下了基础。

6.6.4 不良数据的辨识

真实系统状态是未知的，我们只知道 $\boldsymbol{Z}$，J，$\boldsymbol{r}_W$ 和 $\boldsymbol{r}_N$。利用 J 无法确定哪个量测是不良数据，下面通过 $\boldsymbol{r}_W$ 或 $\boldsymbol{r}_N$ 来找出哪个量测是不良数据。

1. 残差搜索辨识法

不良数据的辨识是在检测出不良数据之后，设法在量测矢量中找出它们，然后排除它们，再进行状态估计，从而获得可靠的估计结果。

如何从 m 个量测中找出不良数据，直觉的想法是从 m 个量测中逐一搜索，看哪个量测删除后不良数据的影响能消除。对于 1 个不良数据，要进行 m 次判断才能得出结论。对多个不良数据，试探搜索的次数就会更多。

因此，需要一个系统的方法，优先对最有可能是不良数据的量测拿出来判断。采用什么准则判断哪些数据是不良数据，有不同的方法。下面介绍的残差搜索法是基于这样的想法：具有最大 $\boldsymbol{r}_N$ 或 $\boldsymbol{r}_W$ 者最有可能是不良数据。利用 $|r_{Wi}|$ 或 $|r_{Ni}|$ 的大小选择哪些数据最可疑，然后试着删除这个可疑数据，重新进行状态估计，用某种检测方法检测删除这个量测后不良数据的影响是否消除。若消除，则刚才认为是可疑的量测是不良数据；否则，刚才删除的不是不良数据，放回量测集，再选次可疑量测重新判断。

这种方法减少了搜索的次数，但每次判断都要重新做一次 SE，所以计算时间较长。由于这种方法简单、实用，所以在实际系统中用得还是十分广泛。

这种方法搜索次数的多少取决于具有最大残差的量测是不良数据的可能性有多大。对

于$|r_{Ni}|$法来说，如果是单个不良数据，可以保证具有最大$|r_{Ni}|$的量测是不良数据，而$|r_{Wi}|$则不一定。说明如下。

如果不良数据的额外误差幅值是$\alpha_i\sigma_i$，即

$$v_i = v_i + \alpha_i\sigma_i \tag{6-52}$$

式中，v_i是正常量测误差。利用残差方程，并忽略正常量测误差有

$$r_{Wi} = W_{ii}\alpha_i\sigma_i/\sigma_i = \alpha_i W_{ii}$$

$$r_{Wk} = W_{ki}\alpha_i\sigma_i/\sigma_k = \alpha_i \frac{\sigma_i}{\sigma_k}W_{ki}$$

只有

$$\frac{|W_{ii}|}{|W_{ki}|} > \frac{\sigma_i}{\sigma_k} \quad 或 \quad \frac{|W_{ii}|}{\sigma_i} > \frac{|W_{ki}|}{\sigma_k} \tag{6-53}$$

才能保证$|r_{Wi}|$排在$|r_{Wk}|$的前边；当σ_i较小时，才能充分保证$|r_{Wi}|$排在$|r_{Wk}|$的前面。一般情况下，如果σ_i和σ_k比较接近，但若量测冗余度足够大时，$|W_{ii}|$一般比$|W_{Ki}|$大，$|r_{Wi}|$还是可以排在$|r_{Wk}|$的前边。

上面分析的是用$\boldsymbol{r}_W$判据来挑选可疑量测作不良数据辨识。下面考查以$\boldsymbol{r}_N$为判据的情况。

假定存在单个不良数据，如式(6-49)给出的那样，正则化残差是

$$r_{Ni} = W_{ii}\alpha_i\sigma_i/\sigma_{Ni}$$

$$r_{Nk} = W_{ki}\alpha_i\sigma_i/\sigma_{Nk}$$

于是$|r_{Ni}|>|r_{Nk}|$的条件是

$$\frac{|W_{ii}|}{\sigma_{Ni}} > \frac{|W_{ki}|}{\sigma_{Nk}}$$

下面证明这个条件是满足的。由于残差方差是$\boldsymbol{WR}$，所以正则化残差的方差是

$$E[\boldsymbol{r}_N\boldsymbol{r}_N^{\mathrm{T}}] = \sqrt{\boldsymbol{D}^{-1}}\boldsymbol{WR}\sqrt{\boldsymbol{D}^{-1}}$$

$$E[r_{Ni}^2] = E\left[\frac{r_i^2}{\sigma_{Ni}^2}\right] = E\left[\frac{W_{ii}^2 v_i^2}{\sigma_{Ni}^2}\right] = \sigma_{Ni}^{-1}W_{ii}^2\sigma_i^2\sigma_{Ni}^{-1} = 1 \tag{6-54}$$

这意味着r_{Ni}的自相关系数为1。再考虑r_{Ni}和r_{Nk}之间的互相关系数。由概率论知，该互相关系数的绝对值恒小于或等于自相关系数。这里自相关系数是1，所以有

$$|E[r_{Ni}r_{Nk}]| = \left|E\left[\frac{r_k}{\sigma_{Nk}}\frac{r_i}{\sigma_{Ni}}\right]\right| = \left|E\left[\frac{W_{ki}W_{ii}v_i^2}{\sigma_{Nk}\sigma_{Ni}}\right]\right| = |\sigma_{Nk}^{-1}W_{ki}W_{ii}\sigma_i^2\sigma_{Ni}^{-1}| \leqslant 1 \tag{6-55}$$

将式(6-54)和式(6-55)两者两边相除有

$$\frac{|\sigma_{Ni}^{-1}W_{ii}|}{|\sigma_{Nk}^{-1}W_{Ki}|} \geqslant 1 \quad 即 \quad \frac{|W_{ii}|}{\sigma_{Ni}} \geqslant \frac{|W_{ki}|}{\sigma_{Nk}} \tag{6-56}$$

因此，在单个不良数据情况下，具有最大正则化残差的量测可以保证是不良数据。当然，这是在正常量测误差和不良数据相比很小(可以忽略)的情况下得出的结论。当正常量测误差较大，或不良数据幅值较小时，也会产生不一致的情况。

以上只讨论了单个不良数据的情况，多个不良数据的情况十分复杂。当多个不良数据之间相关性较弱时，例如有功量测和无功/电压量测之间，或两个电气距离相距甚远的量测之间的相关关系较弱，上述方法是十分有效的。对于多个强相关的不良数据，例如某节点的有功注入量测和同此节点相联的支路有功潮流量测之间就是强相关的。这时可能会出现这

两个量测的不良数据反映到残差上，使它们或其中之一在 $\boldsymbol{r}_N$ 或 $\boldsymbol{r}_W$ 表中排在较低的位置，这种现象叫残差淹没，这会导致辨识方法失败。因此，对多个相关的不良数据的辨识是电力系统 SE 中要研究解决的主要问题。

一般说来，用 $\boldsymbol{r}_N$ 判据比用 $\boldsymbol{r}_W$ 判据好，但要付出计算 σ_N 的代价。另外残差搜索也有采用不同策略的，例如有许多量测的 $\boldsymbol{r}_N$ 超过检测门槛时(一般都是这样)，不是每次试探性删除一个，而是删除几个具有最大正则化残差的量测，再进行状态估计，这样做会出现把有些好量测也当成不良数据一同删除。在有些情况下可以减少状态估计的次数，有时 SE 次数反而会增加。

例 6.7　试用 $\boldsymbol{r}_W$ 法和 $\boldsymbol{r}_N$ 法对例 6.6 进行残差搜索辨识

解：按加权残差幅值顺序，量测 3 具有最大加权残差，被怀疑是不良数据。删除量测 3，重新进行状态估计有

$$\Sigma=\left([1\quad 1]\begin{bmatrix}0.05 & \\ & 0.01\end{bmatrix}^{-2}\begin{bmatrix}1\\1\end{bmatrix}\right)^{-1}=10400^{-1}$$

$$\hat{\boldsymbol{x}}=10400^{-1}[1\quad 1]\begin{bmatrix}0.05^{-2} & \\ & 0.01^{-2}\end{bmatrix}\begin{bmatrix}1.05\\2\end{bmatrix}=1.9635$$

$$\boldsymbol{r}=\begin{bmatrix}-0.9135\\0.0365\end{bmatrix},\quad \boldsymbol{r}_W=\begin{bmatrix}-18.27\\3.65\end{bmatrix},\quad J=347$$

$$\sqrt{\boldsymbol{D}}=\begin{bmatrix}0.04903 & \\ & 0.0019612\end{bmatrix},\quad \boldsymbol{r}_N=\boldsymbol{r}/\sqrt{\boldsymbol{D}}=\begin{bmatrix}-18.63\\18.61\end{bmatrix}$$

不论用 $\boldsymbol{r}_W$ 判据还是 J 判据，都表明还存在不良数据。事实上这次辨识是失败的，量测 2 的不良数据没有被辨识出来。

不良数据的权重过高，估计值接近不良数据而远离好数据。再用 $\boldsymbol{r}_N$ 法也会失败。两个量测一好一坏，不良数据权重大，结果相信不良数据。

我们考虑一下(6-53)的判据：

$$\boldsymbol{W}=\begin{bmatrix}0.969 & -0.775 & -0.194\\ -0.031 & 0.225 & -0.194\\ -0.031 & -0.775 & 0.806\end{bmatrix},\quad \boldsymbol{R}=\begin{bmatrix}0.05 & & \\ & 0.01 & \\ & & 0.02\end{bmatrix}^2$$

$$\frac{|W_{22}|}{\sigma_2}=\frac{0.225}{0.01}=22.5<\frac{|W_{32}|}{\sigma_3}=\frac{0.775}{0.02}=38.75$$

显然，$\dfrac{|W_{22}|}{\sigma_2}>\dfrac{|W_{32}|}{\sigma_3}$的条件不满足。$|\boldsymbol{r}_W|$ 排序，量测 2 排在量测 3 的后面。

下面按 $\boldsymbol{r}_N$ 判据进行残差搜索辨识。首先在 $|\boldsymbol{r}_N|$ 排序中找最大 $\boldsymbol{r}_N$ 的量测，它是量测 2，其值 $r_{N2}=46.27$。删去它，重新进行状态估计。

$$\Sigma=\left([1\quad 1]\begin{bmatrix}0.05 & \\ & 0.02\end{bmatrix}^{-2}\begin{bmatrix}1\\1\end{bmatrix}\right)^{-1}=2900^{-1}$$

$$\hat{x}=\boldsymbol{\Sigma}[1\quad 1]\begin{bmatrix}0.05^{-2} & \\ & 0.02^{-2}\end{bmatrix}\begin{bmatrix}1.05\\2\end{bmatrix}=1.0241$$

$$\boldsymbol{r}=\begin{bmatrix}1.05\\1.02\end{bmatrix}-\begin{bmatrix}1\\1\end{bmatrix}1.0241=\begin{bmatrix}0.0259\\-0.0041\end{bmatrix}$$

$$r_W = \begin{bmatrix} 0.518 \\ -0.205 \end{bmatrix}, \quad J = r_W^T r_W = 0.3103$$

查 χ^2 分布表知 $J_\alpha = x^2_{0.01}(1) = 6.635$， $J < J_\alpha$，说明没有不良数据，r_W 的各分量也小于3，说明没有不良数据。也可以进一步计算删去量测2后的正则化残差 r_N，首先计算 D：

$$D = \text{diag}\{R - H\Sigma H^T\} = \text{diag}\left\{\begin{bmatrix} 0.05^2 & \\ & 0.02^2 \end{bmatrix} - \begin{bmatrix} 1 \\ 1 \end{bmatrix} 2900^{-1} [1 \quad 1]\right\}$$

$$= \begin{bmatrix} 2.155 \times 10^{-3} & \\ & 5.517 \times 10^{-5} \end{bmatrix}$$

$$\sqrt{D} = \begin{bmatrix} 0.0464 & \\ & 0.00742 \end{bmatrix}, \quad r_N = \sqrt{D^{-1}}\, r = \begin{bmatrix} 0.5582 \\ -0.5526 \end{bmatrix}$$

显然都小于3。至此，量测集中的所有不良数据已全部检测和辨识出来。

2. 不良数据的量测误差估计辨识法

状态估计中独立状态变量为 n 个，独立量测方程有 m 个，当 $m > n$ 时，有 $k = m - n$ 个方程不独立，换句话说，这 k 个方程是冗余的。如果把误差矢量中的 k 个分量增广为状态变量，就有可能利用量测的多余信息把这 k 个误差分量估计出来，所以冗余量测的存在为辨识不良数据创造了条件。但如果不良数据的个数超过 k 个，是不可辨识的，因为待求变量数将大于方程数，不可解，即使不良数据个数 $p \leqslant k$，也不一定能辨识。例如，p 个不良数据的删除，剩下的 $m - p$ 个量测对原始网络不可观测时，即不能做出状态估计，这 p 个量测就不可观测。假定我们在 m 个量测中确定了 s 个量测是可疑量测，同时剩下的 $t = m - s$ 个量测仍保证网络的可观测性。如果这 t 个量测中不存在不良数据，我们就可以用这 t 个量测作状态估计，估计的结果应该比较接近于真实的系统状态。用这个估计结果去计算出 s 个可疑量测的残差，则这个残差应当接近于实际的量测误差，这些量测误差中的不良数据就容易辨识出来。

但是我们在确定 t 个量测过程中反复做SE，计算量太大。能否用线性化的方法去做以减少计算量？这就是估计辨识法。估计辨识的名字的由来是用 t 个量测的信息去估计 s 个可疑量测的量测误差。

(1) 非线性方法

我们将 m 个量测划分为两部分，其中一部分是由 s 个量测组成，另一部分由 t 个量测组成，并有 $m = t + s$。假若 t 个量测中没有不良数据，则用这 t 个量测所做的状态估计结果 $\hat{x}'$ 应该比较接近系统的真实状态 x。由于 t 个量测中没有不良数据，所以

$$r'_t = Z_t - h_t(\hat{x}') \tag{6-57}$$

应当比较小。由于 s 中可能包含有不良数据，所以

$$r'_s = Z_s - h_s(\hat{x}') \tag{6-58}$$

r'_s 中与不良数据相对应的部分残差将较大，与正常量测相对应的部分残差将较小。将这些残差小的从 s 集移入 t 集，最后使 s 集不含有正常量测数据。

初始量测集的划分是关键。可以按 r_N 幅值顺序初分量测集，使 t 集主要是正常数据，s 集主要是不良数据，然后用 t 集量测重新进行状态估计，得 $\hat{x}'$；用 $\hat{x}'$ 计算两个集的量测残差，以确定 t 集中哪些应移出 s 集、s 集中哪些应移入 t 集。

这种方法要重复多次进行 SE 计算,计算量较大。为减少计算量,可以采用线性递归方法。

(2) 线性化方法

用 m 个量测所做的状态估计结果为$\hat{\boldsymbol{x}}$,用 t 个量测所做状态估计结果是$\hat{\boldsymbol{x}}'$,对应残差 $\boldsymbol{r}'$。以$\hat{\boldsymbol{x}}$为初值来求$\hat{\boldsymbol{x}}'$,根据式(6-16)用线性化方法有(式中符号的下标 t 表示采用t 集中的量测计算而得的结果)

$$\Delta\hat{\boldsymbol{x}}' = \hat{\boldsymbol{x}}' - \hat{\boldsymbol{x}} \approx \boldsymbol{\Sigma}_t\boldsymbol{H}_t^{\mathrm{T}}\boldsymbol{R}_t^{-1}(\boldsymbol{Z}_t - \boldsymbol{h}_t(\hat{\boldsymbol{x}})) = \boldsymbol{\Sigma}_t\boldsymbol{H}_t^{\mathrm{T}}\boldsymbol{R}_t^{-1}\boldsymbol{r}_t \tag{6-59}$$

计算$\hat{\boldsymbol{x}}'$对应的残差 $\boldsymbol{r}'$,有

$$\boldsymbol{r}' = \boldsymbol{Z} - \boldsymbol{h}(\hat{\boldsymbol{x}}') \approx \boldsymbol{Z} - (\boldsymbol{h}(\hat{\boldsymbol{x}}) + \boldsymbol{H}\Delta\hat{\boldsymbol{x}}') = \boldsymbol{r} - \boldsymbol{H}\Delta\hat{\boldsymbol{x}}' \tag{6-60}$$

将式(6-55)代入式(6-56)有

$$\boldsymbol{r}' \approx \boldsymbol{r} - \boldsymbol{H}\boldsymbol{\Sigma}_t\boldsymbol{H}_t^{\mathrm{T}}\boldsymbol{R}_t^{-1}\boldsymbol{r}_t \tag{6-61}$$

将残差 $\boldsymbol{r}'$分成 t 集和 s 集两部分,有

$$\begin{cases} \boldsymbol{r}_s' = \boldsymbol{r}_s - \boldsymbol{H}_s\boldsymbol{\Sigma}_t\boldsymbol{H}_t^{\mathrm{T}}\boldsymbol{R}_t^{-1}\boldsymbol{r}_t \\ \boldsymbol{r}_t' = (\boldsymbol{I}_t - \boldsymbol{H}_t\boldsymbol{\Sigma}_t\boldsymbol{H}_t^{\mathrm{T}}\boldsymbol{R}_t^{-1})\boldsymbol{r}_t \end{cases} \tag{6-62}$$

用 m 个量测所做的状态估计$\hat{\boldsymbol{x}}$应满足优化条件

$$\boldsymbol{H}^{\mathrm{T}}\boldsymbol{R}^{-1}(\boldsymbol{Z} - \boldsymbol{h}(\hat{\boldsymbol{x}})) = \boldsymbol{0} \quad 或 \quad \boldsymbol{H}^{\mathrm{T}}\boldsymbol{R}^{-1}\boldsymbol{r} = \boldsymbol{0}$$

分解成 s 集和 t 集两部分后,有

$$\boldsymbol{H}_t^{\mathrm{T}}\boldsymbol{R}_t^{-1}\boldsymbol{r}_t = -\boldsymbol{H}_s^{\mathrm{T}}\boldsymbol{R}_s^{-1}\boldsymbol{r}_s$$

代入式(6-58)后有

$$\hat{\boldsymbol{v}}_s \approx \boldsymbol{r}_s' = (\boldsymbol{I}_s + \boldsymbol{H}_s\boldsymbol{\Sigma}_t\boldsymbol{H}_s^{\mathrm{T}}\boldsymbol{R}_s^{-1})\boldsymbol{r}_s \tag{6-63}$$

式(6-60)左端是用 t 个量测所做状态估计的残差 $\boldsymbol{r}'$,右端的残差项 $\boldsymbol{r}$ 是用 m 个量测所做状态估计的残差。式(6-63)右端项都是用 m 个量测所做状态估计的结果,而左端是 $\boldsymbol{r}_s'$的 s 维分量,是用 t 个量测所做状态估计的 s 集中的量测残差。如果 t 中没有不良数据,s 集中的量测误差估计值$\hat{\boldsymbol{v}}_s$ 应接近于真实量测误差,所以利用式(6-63)就可以用 m 个量测所做状态估计的结果计算出 s 集中的量测误差估计值$\hat{\boldsymbol{v}}_s$。

如果利用某种检测方法确定了 s 个可疑量测,利用在 m 个量测集上所做的状态估计结果用式(6-63)就可以计算出 s 个可疑量测误差的估计值,进而确定 s 个可疑量测中哪些是不良数据。

考查式(6-57)的目标函数在$\hat{\boldsymbol{x}}'$处的值

$$J_t' = \boldsymbol{r}_t'^{\mathrm{T}}\boldsymbol{R}_t^{-1}\boldsymbol{r}_t'$$

将式(6-62)代入后有

$$\begin{aligned} J_t' &= \boldsymbol{r}_t^{\mathrm{T}}(\boldsymbol{I}_t - \boldsymbol{R}_t^{-1}\boldsymbol{H}_t\boldsymbol{\Sigma}_t\boldsymbol{H}_t^{\mathrm{T}})\boldsymbol{R}_t^{-1}(\boldsymbol{I}_t - \boldsymbol{H}_t\boldsymbol{\Sigma}_t\boldsymbol{H}_t^{\mathrm{T}}\boldsymbol{R}_t^{-1})\boldsymbol{r}_t \\ &= \boldsymbol{r}_t^{\mathrm{T}}(\boldsymbol{R}_t^{-1} - \boldsymbol{R}_t^{-1}\boldsymbol{H}_t\boldsymbol{\Sigma}_t\boldsymbol{H}_t^{\mathrm{T}}\boldsymbol{R}_t^{-1})\boldsymbol{r}_t = \boldsymbol{r}_t^{\mathrm{T}}\boldsymbol{R}_t^{-1}\boldsymbol{r}_t + \boldsymbol{r}_s^{\mathrm{T}}\boldsymbol{R}_s^{-1}\boldsymbol{H}_s\boldsymbol{\Sigma}_t\boldsymbol{H}_t^{\mathrm{T}}\boldsymbol{R}_t^{-1}\boldsymbol{r}_t \end{aligned}$$

考虑式(6-58)的关系

$$\begin{aligned} J_t' &= \boldsymbol{r}_t^{\mathrm{T}}\boldsymbol{R}_t^{-1}\boldsymbol{r}_t + \boldsymbol{r}_s^{\mathrm{T}}\boldsymbol{R}_s^{-1}(\boldsymbol{r}_s - \hat{\boldsymbol{v}}_s) \\ &= \boldsymbol{r}^{\mathrm{T}}\boldsymbol{R}^{-1}\boldsymbol{r} - \boldsymbol{r}_s^{\mathrm{T}}\boldsymbol{R}_s^{-1}\hat{\boldsymbol{v}}_s = J - \boldsymbol{r}_s^{\mathrm{T}}\boldsymbol{R}_s^{-1}\hat{\boldsymbol{v}}_s \end{aligned} \tag{6-64}$$

所以,基于 m 个量测集上所做的状态估计结果就可以根据式(6-64)直接计算出用 t 个量测

进行 SE 的目标函数的值,不必重新进行 SE。

下面考查在 t 集上所作 SE 的残差概率分布的数字特征。由式(6-61)知

$$\begin{aligned}
\boldsymbol{r}' &= \left(\boldsymbol{I} - \boldsymbol{H}\boldsymbol{\Sigma}_t\boldsymbol{H}^{\mathrm{T}}\begin{bmatrix}\boldsymbol{R}_t^{-1} & 0\\ 0 & 0\end{bmatrix}\right)\boldsymbol{r} \\
&= \left(\boldsymbol{I} - \boldsymbol{H}\boldsymbol{\Sigma}_t\boldsymbol{H}^{\mathrm{T}}\begin{bmatrix}\boldsymbol{R}_t^{-1} & 0\\ 0 & 0\end{bmatrix}\right)\boldsymbol{W}\boldsymbol{v} \\
&= \left(\boldsymbol{I} - \boldsymbol{H}\boldsymbol{\Sigma}_t\boldsymbol{H}^{\mathrm{T}}\begin{bmatrix}\boldsymbol{R}_t^{-1} & 0\\ 0 & 0\end{bmatrix}\right)(\boldsymbol{I} - \boldsymbol{H}\boldsymbol{\Sigma}_t\boldsymbol{H}^{\mathrm{T}}\boldsymbol{R}^{-1})\,\boldsymbol{v} \\
&= \left(\boldsymbol{I} - \boldsymbol{H}\boldsymbol{\Sigma}_t\boldsymbol{H}^{\mathrm{T}}\boldsymbol{R}^{-1} - \boldsymbol{H}\boldsymbol{\Sigma}_t\boldsymbol{H}^{\mathrm{T}}\begin{bmatrix}\boldsymbol{R}_t^{-1} & 0\\ 0 & 0\end{bmatrix} + \boldsymbol{H}\boldsymbol{\Sigma}_t\boldsymbol{H}^{\mathrm{T}}\begin{bmatrix}\boldsymbol{R}_t^{-1} & 0\\ 0 & 0\end{bmatrix}\boldsymbol{H}\boldsymbol{\Sigma}_t\boldsymbol{H}^{\mathrm{T}}\boldsymbol{R}^{-1}\right)\boldsymbol{v} \\
&= \left(\boldsymbol{I} - \boldsymbol{H}\boldsymbol{\Sigma}_t\boldsymbol{H}^{\mathrm{T}}\begin{bmatrix}\boldsymbol{R}_t^{-1} & 0\\ 0 & 0\end{bmatrix}\right)\boldsymbol{v}
\end{aligned} \tag{6-65}$$

如果 t 集的量测全是正常量测,则有

$$\boldsymbol{E}[\boldsymbol{v}] = \begin{bmatrix}\boldsymbol{E}(\boldsymbol{v}_t)\\ \boldsymbol{E}(\boldsymbol{v}_s)\end{bmatrix} = \begin{bmatrix}\boldsymbol{0}\\ \boldsymbol{E}(\boldsymbol{v}_s)\end{bmatrix}$$

代入上式则有

$$\begin{aligned}
\boldsymbol{E}[\boldsymbol{r}'] &= E\left\{\left(\boldsymbol{I} - \boldsymbol{H}\boldsymbol{\Sigma}_t\boldsymbol{H}^{\mathrm{T}}\begin{bmatrix}\boldsymbol{R}_t^{-1} & 0\\ 0 & 0\end{bmatrix}\right)\boldsymbol{v}\right\} \\
&= E(\boldsymbol{v}) - \boldsymbol{H}\boldsymbol{\Sigma}_t\boldsymbol{H}^{\mathrm{T}}\begin{bmatrix}\boldsymbol{R}_t^{-1}E(\boldsymbol{v}_t) & 0\\ 0 & 0\end{bmatrix} = E(\boldsymbol{v}) = \begin{bmatrix}0\\ E(\boldsymbol{v}_s)\end{bmatrix}
\end{aligned}$$

$$E[\hat{\boldsymbol{r}}_t] = 0,\ E[\hat{\boldsymbol{v}}_s] = \begin{cases}E(\boldsymbol{v}_s), & s\text{ 为不良数据}\\ 0, & s\text{ 为正常数据}\end{cases} \tag{6-66}$$

$$\begin{aligned}
\boldsymbol{D}(\boldsymbol{r}') &= \left\{\boldsymbol{I} - \boldsymbol{H}\boldsymbol{\Sigma}_t\boldsymbol{H}^{\mathrm{T}}\begin{bmatrix}\boldsymbol{R}_t^{-1} & 0\\ 0 & 0\end{bmatrix}\right\}E[\boldsymbol{v}\boldsymbol{v}^{\mathrm{T}}]\left\{\boldsymbol{I} - \boldsymbol{H}\boldsymbol{\Sigma}_t\boldsymbol{H}^{\mathrm{T}}\begin{bmatrix}\boldsymbol{R}_t^{-1} & 0\\ 0 & 0\end{bmatrix}\right\}^{\mathrm{T}} \\
&= \left\{\boldsymbol{I} - \boldsymbol{H}\boldsymbol{\Sigma}_t\boldsymbol{H}^{\mathrm{T}}\begin{bmatrix}\boldsymbol{R}_t^{-1} & 0\\ 0 & 0\end{bmatrix}\right\}R\left\{I - \begin{bmatrix}\boldsymbol{R}_t^{-1} & 0\\ 0 & 0\end{bmatrix}\boldsymbol{H}\boldsymbol{\Sigma}_t\boldsymbol{H}^{\mathrm{T}}\right\} \\
&= \left(\boldsymbol{R} - \boldsymbol{H}\boldsymbol{\Sigma}_t\boldsymbol{H}^{\mathrm{T}}\begin{bmatrix}\boldsymbol{R}_t^{-1} & 0\\ 0 & 0\end{bmatrix}\boldsymbol{R}\right) - \boldsymbol{R}\begin{bmatrix}\boldsymbol{R}_t^{-1} & 0\\ 0 & 0\end{bmatrix}\boldsymbol{H}\boldsymbol{\Sigma}_t\boldsymbol{H}^{\mathrm{T}} \\
&\quad + \boldsymbol{H}\boldsymbol{\Sigma}_t\boldsymbol{H}^{\mathrm{T}}\begin{bmatrix}\boldsymbol{R}_t^{-1} & 0\\ 0 & 0\end{bmatrix}\boldsymbol{R}\begin{bmatrix}\boldsymbol{R}_t^{-1} & 0\\ 0 & 0\end{bmatrix}\boldsymbol{H}\boldsymbol{\Sigma}_t\boldsymbol{H}^{\mathrm{T}} \\
&= \boldsymbol{R} - \boldsymbol{H}\boldsymbol{\Sigma}_t\begin{bmatrix}\boldsymbol{H}_t^{\mathrm{T}} & 0\end{bmatrix} - \begin{bmatrix}\boldsymbol{H}_t\\ 0\end{bmatrix}\boldsymbol{\Sigma}_t\boldsymbol{H}^{\mathrm{T}} + \boldsymbol{H}\boldsymbol{\Sigma}_t\boldsymbol{H}^{\mathrm{T}} \\
&= \begin{bmatrix}\boldsymbol{R}_s + \boldsymbol{H}_s\boldsymbol{\Sigma}_t\boldsymbol{H}_s^{\mathrm{T}} & 0\\ 0 & \boldsymbol{R}_t - \boldsymbol{H}_t\boldsymbol{\Sigma}_t\boldsymbol{H}_t^{\mathrm{T}}\end{bmatrix}
\end{aligned}$$

$$\boldsymbol{D}(\boldsymbol{v}'_s) = \boldsymbol{R}_s + \boldsymbol{H}_s\boldsymbol{\Sigma}_t\boldsymbol{H}_s^{\mathrm{T}} \quad \boldsymbol{D}_s \overset{\text{def}}{=} \operatorname{diag}(\boldsymbol{R}_s + \boldsymbol{H}_s\boldsymbol{\Sigma}_t\boldsymbol{H}_s^{\mathrm{T}}) \tag{6-67}$$

$$\boldsymbol{D}(\boldsymbol{r}'_t) = \boldsymbol{R}_t - \boldsymbol{H}_t\boldsymbol{\Sigma}_t\boldsymbol{H}_t^{\mathrm{T}} \quad \boldsymbol{D}_t \overset{\text{def}}{=} \operatorname{diag}(\boldsymbol{R}_t - \boldsymbol{H}_t\boldsymbol{\Sigma}_t\boldsymbol{H}_t^{\mathrm{T}}) \tag{6-68}$$

从式(6-67)的结果可知,$\boldsymbol{v}'_s$的方差比$\boldsymbol{v}_s$的方差略大,大出的部分即式(6-67)右端第二项,是

因为用 t 集量测所做的 SE 结果 $\hat{\boldsymbol{x}}'$ 和 $\boldsymbol{x}$ 之间的误差造成的。$\boldsymbol{r}_t'$ 的方差比 $\boldsymbol{v}_t$ 的方差为小，这体现了 t 集上所做的 SE 减小了量测误差，体现了估计效果。算法的实现有两种方法。一种方法是用某种检测手段确定出可疑量测集 S，然后利用式(6-63)计算可疑量测的估计误差 $\hat{\boldsymbol{v}}_s$，同时可以确定用式(6-67)计算出估计误差的方差和标准差，并确定 s 集中的量测哪些是不良数据。这种方法要求所确定的可疑数据集既不漏掉不良数据，同时可疑数据集又不过于大。

另一种方法是在递归过程中逐步确定可疑数据集。s 集和 t 集在递归计算中是变化的。首先在 t 集上计算残差 $\hat{\boldsymbol{r}}_t$ 和正则化残差 $\sqrt{\boldsymbol{D}_t^{-1}}\hat{\boldsymbol{r}}_t$，然后检测出可疑数据并放入 s 集，同时计算出 s 集上的量测误差估计 $\hat{\boldsymbol{v}}_s$ 和正则化量测误差估计 $\hat{\boldsymbol{v}}_N=\sqrt{\boldsymbol{D}_s^{-1}}\boldsymbol{v}_s$，用以确定 s 集中哪些量测是非不良数据，并将它们放回 t 集。这种递归计算的最终结果将使 s 集中只包含不良数据，而 t 集中不包含任何不良数据。这种方法不但计算速度极快，而且由于可疑数据的检出是在 t 集上进行的，而 t 集中的不良数据总比 m 集中的不良数据为少，而且随着递归计算的进行，仍保留在 t 集中的不良数据越来越少，这些不良数据就很容易检测出来。所以，这种方法集检测和辨识于同一递归过程中，是一种可靠的快速的不良数据检测辨识方法。

(3) 递归量测误差估计辨识法

如果已将 m 个量测分成 t 集(t 个量测)和 s 集(s 个量测)。如果这时我们将 t 集中的量测 j 从 t 集移入 s 集，则 $\hat{\boldsymbol{x}}$ 将由 $\hat{\boldsymbol{x}}^{(t)}$ 变成 $\hat{\boldsymbol{x}}^{(t-1)}$，$\boldsymbol{r}$ 将由 $\boldsymbol{r}^{(t)}$ 成 $\boldsymbol{r}^{(t-1)}$。当量测 j 是从 s 集移入 t 集时，相应的 $\hat{\boldsymbol{x}}$ 和 $\boldsymbol{r}$ 将分别变成 $\hat{\boldsymbol{x}}^{(t+1)}$ 和 $\boldsymbol{r}^{(t+1)}$。为了简化标记，我们假定变化前的量为 $\hat{\boldsymbol{x}}$ 和 $\boldsymbol{r}$，变化后的量是 $\hat{\boldsymbol{x}}^{(t\mp1)}$ 和 $\boldsymbol{r}^{(t\mp1)}$，并用 $\hat{\boldsymbol{x}}'$ 和 $\boldsymbol{r}'$ 表示，于是有

$$\Delta\boldsymbol{r}'=\boldsymbol{r}-\boldsymbol{r}' \tag{6-69}$$

其中，

$$\Delta\boldsymbol{r}'=(\boldsymbol{Z}-\boldsymbol{h}(\hat{\boldsymbol{x}}))-(\boldsymbol{Z}-\boldsymbol{h}(\hat{\boldsymbol{x}}'))=\boldsymbol{h}(\hat{\boldsymbol{x}}')-\boldsymbol{h}(\hat{\boldsymbol{x}})\approx\boldsymbol{H}\Delta\hat{\boldsymbol{x}}' \tag{6-70}$$

根据式(6-59)，有

$$\begin{aligned}\Delta\hat{\boldsymbol{x}}'&=\hat{\boldsymbol{x}}'-\hat{\boldsymbol{x}}=\boldsymbol{\Sigma}_{t\mp1}\boldsymbol{H}_{t\mp1}^{\mathrm{T}}\boldsymbol{R}_{t\mp1}^{-1}\boldsymbol{r}_{t\mp1}\\&=(\boldsymbol{\Sigma}_t+\eta_j\eta_j^{\mathrm{T}}/M_j)(\boldsymbol{H}_t^{\mathrm{T}}\boldsymbol{R}_t^{-1}\boldsymbol{r}_t\mp\boldsymbol{h}_j^{\mathrm{T}}\boldsymbol{R}_j^{-1}\boldsymbol{r}_j)\end{aligned} \tag{6-71}$$

式中，

$$\begin{aligned}\eta_j&=\boldsymbol{\Sigma}_t\boldsymbol{h}_j^{\mathrm{T}}\\M_j&=\pm\boldsymbol{R}_j-a_{jj}\\a_{jj}&=h_j\eta_j^{\mathrm{T}}\end{aligned}$$

$\boldsymbol{h}_j$ 是 $\boldsymbol{h}$ 的第 j 个行矢量；$\pm$ 分别代表量测 j 移入或移出 t 集。

在用 t 量测所做的 SE 收敛时，有

$$\boldsymbol{\Sigma}_t\boldsymbol{H}_t^{\mathrm{T}}\boldsymbol{R}_t^{-1}\boldsymbol{r}_t=\boldsymbol{0}$$

因此，式(6-71)可简化成

$$\begin{aligned}\Delta\hat{\boldsymbol{x}}'&=\mp\eta_j(1+a_{jj}/D_j)\boldsymbol{R}_j^{-1}\boldsymbol{r}_j=-\eta_j\boldsymbol{r}_j/M_j\\\sigma'&=\boldsymbol{r}+\boldsymbol{H}\eta_j\boldsymbol{r}_j/M_j\end{aligned} \tag{6-72}$$

利用量测集变化前的残差 $\boldsymbol{r}$，用上式可以容易算出量测集变化后的残差 $\boldsymbol{r}'$，其中对应 s 集的部分用于辨识正常数据，对应 t 集部分则用于辨识不良数据：

$$\boldsymbol{D}_t=\mathrm{diag}\{\mathrm{cov}(\boldsymbol{r}_t)\}=\mathrm{diag}\{\boldsymbol{R}_t-\boldsymbol{H}_t\Sigma_t\boldsymbol{H}_t^{\mathrm{T}}\}$$

$$D_s = \mathrm{diag}\{\mathrm{cov}(\boldsymbol{r}_s)\} = \mathrm{diag}\{\boldsymbol{R}_s - \boldsymbol{H}_s\Sigma_t\boldsymbol{H}_s^{\mathrm{T}}\} \tag{6-73}$$

对于量测 k 有

$$\boldsymbol{D}_k = \boldsymbol{R}_k + \begin{cases} -a_{kk}, & k \in t \\ a_{kk}, & k \in s \end{cases}$$

量测 j 从 t 移入 s(或从 s 移入 t)时

$$a'_{kk} = \boldsymbol{h}_k\Sigma_{t\mp1}\boldsymbol{h}_k^{\mathrm{T}} = a_{kk} + a_{kj}^2/M_j$$

于是有

$$\boldsymbol{D}'_k = \boldsymbol{R}_k + \begin{cases} -a'_{kk}, & k \in t \\ a_{kk}, & k \in s \end{cases}$$

$$\boldsymbol{D}'_k = \boldsymbol{R}_k + \begin{cases} -a_{kk} - a_{kj}^2/M_j \\ a_{kk} + a_{kj}^2/M_j \end{cases} = \boldsymbol{D}_k + \begin{cases} -a_{kj}^2/M_j, & k \in t \\ a_{kj}^2/M_j, & k \in s \end{cases}$$

例 6.8 利用递归量测误差估计辨识法对例 6.6 进行不良数据辨识。

解：由例 6.6 有

$$\boldsymbol{r} = \begin{bmatrix} -0.7306 \\ 0.2194 \\ -0.7606 \end{bmatrix}, \quad \Sigma = 0.000077519, \quad \boldsymbol{D} = \begin{bmatrix} 0.0024225 & & \\ & 0.000022481 & \\ & & 0.00032248 \end{bmatrix}$$

$$\boldsymbol{R} = \begin{bmatrix} 0.05 & & \\ & 0.01 & \\ & & 0.02 \end{bmatrix}^2, \quad \boldsymbol{r}_N = \begin{bmatrix} -14.84 \\ 46.27 \\ -42.36 \end{bmatrix}$$

选具有 $\max|\boldsymbol{r}_N|$ 的量测 2，即 $j=2$，有

$$\eta_2 = \Sigma h_2 = 0.000077519 \times 1 = 0.00077519$$

$$a_{22} = 0.000077519$$

$$M_2 = R_2 - a_{22} = 0.01^2 - 0.000077519 = 0.000022481$$

$$\boldsymbol{r}' = \boldsymbol{r} + \boldsymbol{H}\eta_j r_j/M_2$$

$$= \begin{bmatrix} -0.7306 \\ 0.2194 \\ -0.7606 \end{bmatrix} - \begin{bmatrix} 1 \\ 1 \\ 1 \end{bmatrix} \times 0.000077519 \times 0.2194/0.000022481$$

$$= \begin{bmatrix} 0.02594 \\ 0.0759 \\ -0.00406 \end{bmatrix}$$

$$D'_k = D_k + \begin{cases} -a_{kj}^2/M_2 \\ a_{kj}^2/M_2 \end{cases}$$

$$\boldsymbol{D}' = \begin{bmatrix} 2.4225 \times 10^{-3} & & \\ & 2.2481 \times 10^{-5} & \\ & & 3.2248 \times 10^{-4} \end{bmatrix}$$

$$+\begin{bmatrix} -7.7519\times10^{-5} & & \\ & 7.7519\times10^{-5} & \\ & & -7.7519\times10^{-5} \end{bmatrix} / 2.2481\times10^{-5}$$

$$=\begin{bmatrix} 2.1552\times10^{-3} & & \\ & 2.8975\times10^{-4} & \\ & & 5.518\times10^{-5} \end{bmatrix}$$

$$\boldsymbol{r}'_N=\sqrt{\boldsymbol{D}'^{-1}}\boldsymbol{r}'=\begin{bmatrix} 0.5588 \\ 57.33 \\ -0.5466 \end{bmatrix}$$

可见，第2个量测是不良数据，第1、3量测是正常数据。

6.7 抗差状态估计

6.7.1 概述

如果具有冗余性的量测集合中存在少量不良数据，这些不良数据对状态估计结果影响很小，则这种状态估计算法具有抗差性。但是，状态估计的抗差能力一般都是通过额外的大量计算而获得的。本节将介绍一种典型的具有抗差能力的有别于加权最小二乘估计的状态估计算法。当量测的误差分布是独立的均值为零的正态分布时，加权最小二乘估计是一种无偏估计。并且假设量测的方差是已知的，认为量测方差可以通过仪表的精度或历史数据的误差分布得到。实际上，由于测量噪声和仪表失效，粗差数据（不良数据）是时有发生的。已介绍过的状态估计算法一般都把不良数据辨识放在估计之后，作为独立模块出现。抗差状态估计的特点是不存在独立的不良数据辨识过程，而是在估计过程中自动剔除或降低不良数据对估计结果的影响。

6.7.2 *M*-估计

M-估计的概念首先是由 Huber 引入到估计一个分布的中点，然后被扩展到回归分析。一般来说，*M*-估计一定是极大似然估计，其估计模型可以表达成带等式约束的量测残差函数 $\rho(r_i)$ 最小化问题：

$$\min \quad \sum_{i}^{m}\rho(r_i) \tag{6-74}$$

$$\text{s.t.} \quad \boldsymbol{Z}=\boldsymbol{h}(\boldsymbol{x})+\boldsymbol{r} \tag{6-75}$$

式中，$\rho(r_i)$ 是关于量测残差 r_i 的一个函数；$\boldsymbol{Z}$ 是量测向量；$\boldsymbol{x}$ 是状态向量；$\boldsymbol{h}(\boldsymbol{x})$ 是量测方程组。

Merrill 和 Schweppe 首次讨论了电力系统状态估计中不良数据对估计结果的影响及其压缩方法，提出通过修改估计算法可以达到屏蔽或降低不良数据对估计结果的影响。在这种思想的指导下，学者们提出了很多种 *M*-估计算法。这些算法的主要特点是在计算中可以自动根据各量测残差的变化，降低残差大的量测对估计结果的影响。后继的研究发现，量测的分布、电网结构和参数都会导致杠杆测量从而影响估计结果。

在选择式(6-74)中量测残差 r_i 函数 $\rho(r_i)$ 需要具备如下特性：

(1) 当 $r_i=0$ 时，$\rho(r_i)=0$；

(2) $\rho(r_i)\geqslant 0$；

(3) $\rho(r_i)$ 应该是随 $|r_i|$ 单调递增(或递减)的；

(4) 在 $r_i=0$ 的领域应该是对称的，$\rho(r_i)=\rho(-r_i)$。

于是不同的学者提出如下的 $\rho(r_i)$：

(1) quadratic-constant(QC)

$$\rho(r_i)=\begin{cases} r_i^2/\sigma_i^2, & |r_i/\sigma_i|\leqslant a \\ a^2/\sigma_i^2, & \text{其他} \end{cases} \tag{6-76a}$$

(2) quadratic-linear(QL)

$$\rho(r_i)=\begin{cases} r_i^2/\sigma_i^2, & |r_i/\sigma_i|\leqslant a \\ 2a\sigma_i|r_i|-a^2\sigma_i^2, & \text{其他} \end{cases} \tag{6-76b}$$

(3) square root

$$\rho(r_i)=\begin{cases} r_i^2/\sigma_i^2, & |r_i/\sigma_i|\leqslant a \\ 4a^{3/2}\sqrt{r_i/\sigma_i}-3a^2, & \text{其他} \end{cases} \tag{6-76c}$$

(4) schweppe-huber generalized-M

$$\rho(r_i)=\begin{cases} r_i^2/\sigma_i^2, & |r_i/\sigma_i|\leqslant aw_i \\ aw_i|r_i/\sigma_i|-\dfrac{1}{2}a^2w_i^2, & \text{其他} \end{cases} \tag{6-76d}$$

其中，w_i 是在迭代中需要修正的权重系数；a 是一个调节参数，由用户使用时确定，一般在 1～4 之间。

(5) least absolute value(LAV)

$$\rho(r_i)=|r_i| \tag{6-76e}$$

以上的 M-估计模型都具有一定的抗差能力，但是由于都采用非连续可导的目标函数，存在计算量大、抗差能力有限的问题。详细内容可以参考相关文献。下面介绍我们提出的一类基于最大指数平方原理的抗差状态估计方法，本质上它也属于 M-估计。

6.7.3 最大指数平方抗差状态估计

1. 数学模型

可以把状态估计表达成模型

$$\max J(\boldsymbol{x})=\sum_i \exp\left(-\frac{1}{\sigma_i^2}(z_i-h_i(\boldsymbol{x}))^2\right) \tag{6-77}$$

$$\text{s.t.}\quad \boldsymbol{c}(\boldsymbol{x})=\boldsymbol{0} \tag{6-78}$$

其中，z_i 是第 i 个量测；$\boldsymbol{c}(\boldsymbol{x})=\boldsymbol{0}$ 是 $p\times 1$ 维的零注入量测方程。

需要指出的是，公式(6-77)中的目标函数是连续的、处处可导的，因此传统的优化方法可以对该问题进行求解。另外，该目标函数具有良好的性质，从而导致该模型具有很强的抗差能力。我们称该模型为最大指数平方状态估计(maximum exponential square method,

MES)。

定义加权残差 $r_{w,i}=(z_i-h_i(x))/\sigma_i$，一个量测的指数平方目标函数为 $\exp(-r_{w,i}^2)$，如图 6.33 所示。但是量测的权残差 $r_{w,i}$ 绝对值大于 3 时，$\exp(-r_{w,i}^2)\approx 0$，残差大的量测对于估计目标函数的影响很小，因此在本模型中不良数据对估计结果影响很小。对于正常的量测，由于 $r_{w,i}$ 很小，因此 $\exp(-r_{w,i}^2)\approx 1$，最大化式(6-78)就可以自动压缩不良数据的影响，具有抗差能力。

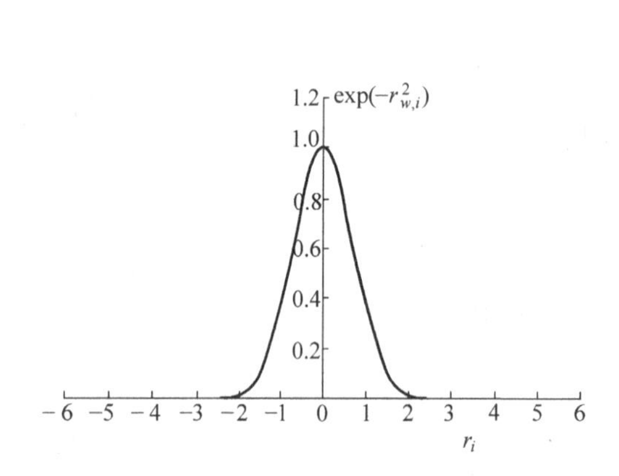

图 6.33　一个量测的指数平方目标函数

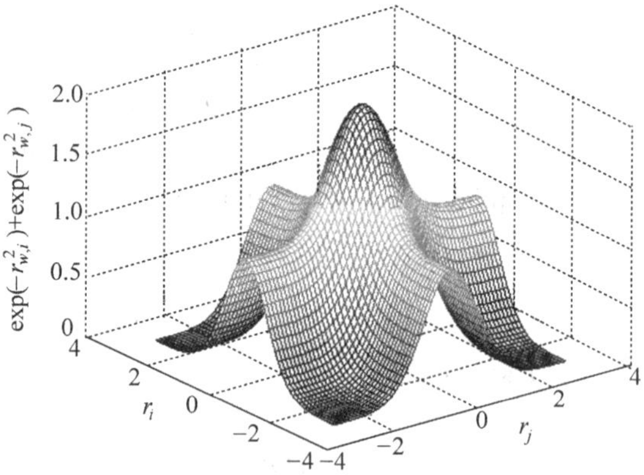

图 6.34　两个量测的指数平方目标函数

2. 理论基础

状态估计可以看成是以最小信息损失为目标的数据滤波，而熵则是信息量大小的度量。随机变量 e 的 Renyi 二次熵定义为：

$$H_2(e)=-\log\int_{-\infty}^{\infty}f_e^2(e)\,\mathrm{d}e \tag{6-79}$$

信息学领域的相关研究已经证明，当概率密度函数 $f_e(e)$ 为式(6-80)的狄拉克函数时，式(6-79)定义的 Renyi 二次熵最小：

$$f_e(e)=\begin{cases}1, & e=e_1\\ 0, & \text{其他}\end{cases} \tag{6-80}$$

式中，其中 e_1 为常数。

对于一般估计问题，设 $\boldsymbol{z}=[z_1\quad z_2\quad\cdots\quad z_m]^{\mathrm{T}}$ 为概率密度函数未知的 n 维随机变量 e 的 $\boldsymbol{m}$ 个独立样本，则随机变量 e 在点 $\boldsymbol{x}$ 的概率密度函数可通过非参数估计理论中的 Parzen 窗法估计出。Parzen 窗法的基本思路是，对于未知概率分布的随机变量 e，以点 $\boldsymbol{x}$ 为中心做一个超立方体，并设计一个窗核函数来统计该超立方体内的样本数。常用窗核函数包括均匀核(方窗)和正态核(Gauss 窗)，其定义分别如下：

$$\varphi(\boldsymbol{u})=\begin{cases}1, & |u|<\dfrac{1}{2}\\ 0, & \text{其他}\end{cases} \tag{6-81}$$

$$\varphi(\boldsymbol{u})=\frac{1}{\sqrt{2\pi}}\exp\left(-\frac{\boldsymbol{u}^{\mathrm{T}}\boldsymbol{u}}{2}\right) \tag{6-82}$$

估计出的随机变量 e 在 $\boldsymbol{x}$ 处的概率密度函数为

$$f_e^*(e=x)=\frac{1}{m}\sum_{i=1}^{m}\frac{1}{V_m}\varphi\left(\frac{x-z_i}{\sigma}\right) \tag{6-83}$$

式中，V_m 为超立方体的体积，σ 为超立方体的边长，$V_m=\sigma^n$。

本节窗核函数采用式(6-83)的高斯窗，则估计出随机变量在点 x 处的密度函数为

$$f_e^*(e=x)=\frac{1}{\sqrt{2\pi}mV_m}\sum_{i=1}^{m}\exp\left(-\frac{(x-z_i)^{\mathrm{T}}(x-z_i)}{2\sigma^2}\right) \tag{6-84}$$

可用估计出的 f_e^* 来近似式(6-79)中的真实概率密度函数 f_e。考虑 m 个 n 维量测残差向量 $r=z-\tilde{z}$，其中 $\tilde{z}$ 为估计值，则量测残差 r_i 在 $z_i-\tilde{z}$ 处的概率密度函数可表示为

$$f_e^*(r_i=z_i-\tilde{z})=\frac{1}{mV_m}\sum_{i=1}^{m}\frac{1}{\sqrt{2\pi}}\exp\left(-\frac{(z_i-\tilde{z})^{\mathrm{T}}(z_i-\tilde{z})}{2\sigma^2}\right) \tag{6-85}$$

$f_e^*(r_i)$ 越大，残差的分布越接近于式(6-80)中的狄拉克函数，则式(6-79)中定义的 Renyi 二次熵越小。极限情况为，对任意 $1\leqslant i\leqslant m$，$f_e^*(r_i)=1$，则 Renyi 二次熵达到极小值。因此对于状态估计问题，若要求 Renyi 二次熵定义下的信息损失最小，则应使得 $f_e^*(r_i)$ 越大，即求解以下的无约束优化问题：

$$\max_{\tilde{z}} f_e^*(\tilde{z})=\sum_{i=1}^{m}\exp\left(-\frac{(\tilde{z}-z_i)^2}{2\sigma^2}\right) \tag{6-86}$$

式(6-86)可以理解为用 Parzen 窗估计出一组独立样本的概率密度函数后，将概率密度最大的点作为这一组样本的估计。

可见式(6-78)的最大指数平方估计实际上是一种 Parzen 窗估计，也是 Renyi 二次熵定义下的信息损失最小的估计。式(6-78) 中的参数 σ 是 Parzen 窗宽度。

3. 求解方法

优化问题式(6-78)可以采用拉格朗日乘子法求解，构造拉格朗日函数：

$$L=\sum_i\exp\left(-\frac{1}{R_{ii}}(z_i-h_i(\boldsymbol{x}))^2\right)+\lambda^{\mathrm{T}}\boldsymbol{c}(\boldsymbol{x}) \tag{6-87}$$

定义 $\omega_i(\boldsymbol{x})=\exp\left(-\frac{1}{\sigma_i^2}(z_i-h_i(\boldsymbol{x}))^2\right)$，则式(6-79)可改写为

$$L=\sum_i\omega_i(\boldsymbol{x})+\lambda^{\mathrm{T}}\boldsymbol{c}(\boldsymbol{x}) \tag{6-88}$$

求拉格朗日函数(6-88)一阶最优性条件得

$$\begin{aligned}\frac{\partial L}{\partial \boldsymbol{x}}&=\sum_i\frac{\partial\omega_i}{\partial\boldsymbol{x}}+\sum_j\frac{\partial c_j(\boldsymbol{x})}{\partial\boldsymbol{x}}\lambda_j\\&=\boldsymbol{H}^{\mathrm{T}}\boldsymbol{W}(\boldsymbol{x})(\boldsymbol{z}-\boldsymbol{h}(\boldsymbol{x}))+\boldsymbol{C}^{\mathrm{T}}\boldsymbol{\lambda}=\boldsymbol{0}\\\frac{\partial L}{\partial\boldsymbol{\lambda}}&=\boldsymbol{c}(\boldsymbol{x})=\boldsymbol{0}\end{aligned} \tag{6-89}$$

式中，$\boldsymbol{H}$ 是 $m\times n$ 量测雅可比矩阵，与 WLS 状态估计中的一致；$\boldsymbol{W}(\boldsymbol{x})$ 是 $m\times n$ 对角阵，$W_{ii}(\boldsymbol{x})=2\omega_i(\boldsymbol{x})/\sigma_i^2$；$\boldsymbol{C}^{\mathrm{T}}=\frac{\partial\boldsymbol{c}^{\mathrm{T}}(\boldsymbol{x})}{\partial\boldsymbol{x}}$是 $p\times n$ 零注入量测方程的雅可比矩阵。

因此，最大指数平方估计问题转化成求非线性方程组(6-89)，可以采用牛顿法求解，其相关矩阵变量：

$$
\begin{aligned}
&\frac{\partial^2 L}{\partial \boldsymbol{x}^2} = -\boldsymbol{H}^{\mathrm{T}}\boldsymbol{W}\left[\boldsymbol{I} - \mathrm{diag}\left\{\frac{2}{R_{ii}}(\boldsymbol{z} - \boldsymbol{h}(\boldsymbol{x}))\right\}^2\right]\boldsymbol{H} = \boldsymbol{Q} \\
&\frac{\partial^2 L}{\partial \boldsymbol{x}\partial \boldsymbol{\lambda}} = \boldsymbol{C}^{\mathrm{T}} \\
&\frac{\partial^2 L}{\partial \boldsymbol{\lambda}\partial \boldsymbol{x}} = \boldsymbol{C} \\
&\frac{\partial^2 L}{\partial \boldsymbol{\lambda}^2} = \boldsymbol{0}
\end{aligned}
\tag{6-90}
$$

牛顿法迭代步骤如下：

$$
\begin{bmatrix} \boldsymbol{x}^{k+1} \\ \boldsymbol{\lambda}^{k+1} \end{bmatrix} = \begin{bmatrix} \boldsymbol{x}^{k} \\ \boldsymbol{\lambda}^{k} \end{bmatrix} + \begin{bmatrix} \boldsymbol{Q} & \boldsymbol{C}^{\mathrm{T}} \\ \boldsymbol{C} & \boldsymbol{0} \end{bmatrix}^{-1} \begin{bmatrix} \boldsymbol{H}^{\mathrm{T}}\boldsymbol{W}(\boldsymbol{z} - \boldsymbol{h}(\boldsymbol{x}^k)) + \boldsymbol{C}^{\mathrm{T}}\boldsymbol{\lambda} \\ \boldsymbol{c}(\boldsymbol{x}) \end{bmatrix} \tag{6-91}
$$

从式(6-91)可以看出，其基本计算过程与加权最小二乘法状态估计类似，最大的不同在于对角权重矩阵$\boldsymbol{W}(\boldsymbol{x})$。在本方法中，对于残差大的量测$\boldsymbol{W}(\boldsymbol{x})$中的$\omega_i(\boldsymbol{x})$趋于0，同时式(6-90)中的$\boldsymbol{W}\left[\boldsymbol{I} - \mathrm{diag}\left\{\frac{2}{R_{ii}}(\boldsymbol{z} - \boldsymbol{h}(\boldsymbol{x}))\right\}^2\right]$对应元素也趋于0。这相当于残差大的量测权重自动设成了0，从而等价于把该量测从式(6-90)的目标函数中删除。更重要的是，这些量测实际上仍然是参与迭代计算的，如果在后面的迭代计算中部分量测的残差变小，则它们在目标函数中重新起作用。迭代计算过程相当于隐含了不良数据的监测、辨识过程，但是是自动进行的。因此这种方法具有很强的抗差能力，而且在计算过程中不需要额外的参数调整。

4. 模型性质分析

(1) 与加权最小二乘法的关系

把式(6-78)中的$\boldsymbol{J}(\boldsymbol{x})$在$\boldsymbol{z} - \boldsymbol{h}(\boldsymbol{x}) = \boldsymbol{0}$泰勒级数展开得

$$
\begin{aligned}
&\max J(\boldsymbol{x}) = \sum_i \left[1 - w_{ii}(z_i - h_i(\boldsymbol{x}))^2 + O(z_i - h_i(\boldsymbol{x}))^4\right] \\
&\text{s.t.}\quad \boldsymbol{c}(\boldsymbol{x}) = \boldsymbol{0}
\end{aligned}
\tag{6-92}
$$

优化模型式(6-92)等价于：

$$
\begin{aligned}
&\min J(\boldsymbol{x}) = \sum_i \left[w_{ii}(z_i - h_i(\boldsymbol{x}))^2 - O(z_i - h_i(\boldsymbol{x}))^4\right] \\
&\text{s.t.}\quad \boldsymbol{c}(\boldsymbol{x}) = \boldsymbol{0}
\end{aligned}
\tag{6-93}
$$

如果量测中不存在不良数据，则所有的量测残差$z_i - h_i(\boldsymbol{x})$的数值都会很小，因此式(6-93)中的高阶项可以忽略

$$
\begin{aligned}
&\min J(\boldsymbol{x}) = \sum_i w_{ii}(z_i - h_i(\boldsymbol{x}))^2 \\
&\text{s.t.}\quad \boldsymbol{c}(\boldsymbol{x}) = \boldsymbol{0}
\end{aligned}
\tag{6-94}
$$

式(6-94)就是传统的加权最小二乘法估计模型。也就是说，当量测中不存在不良数据时最大指数平方估计等价于加权最小二乘法估计。

(2) 最大指数平方状态估计法的数值特性

为了分析最大指数平方状态估计法的数值特性，设计了如图6.35的两节点系统。在这个系统中，母线1的电压幅值和相角是已知的，而母线2的电压是待估计的。系统的线路参数和实际的潮流真值标于图中。两节点系统的量测配置如图6.36所示，其中P_{12}的量测是不良数据，对其真值取反而得。

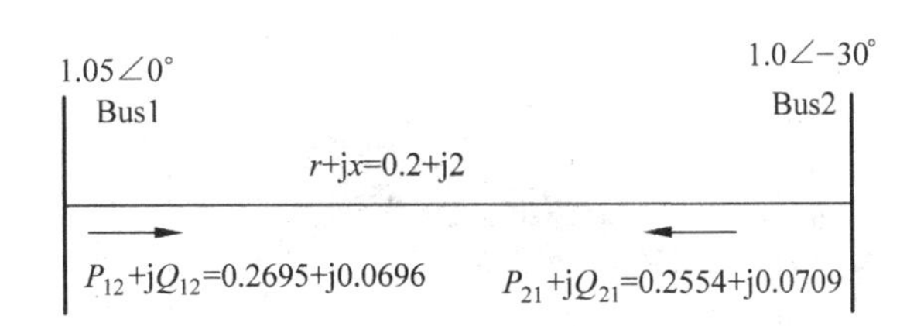

图 6.35 两节点系统

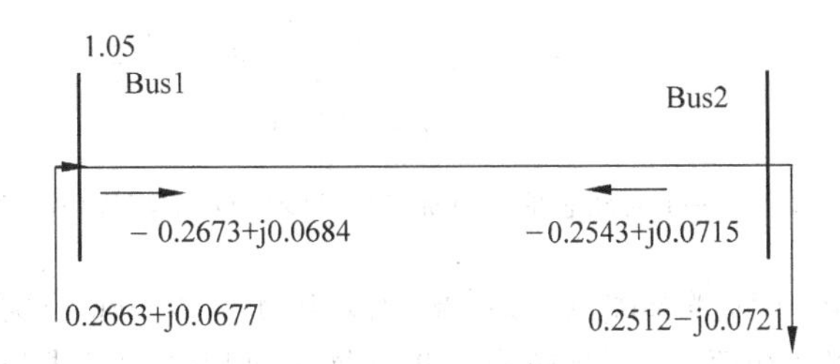

图 6.36 两节点系统的量测配置

如图 6.37 所示，窗宽取 $2\sigma^2=0.1$ 状态估计目标函数 $J(\boldsymbol{x})$ 与状态矢量 $\boldsymbol{x}$（母线 2 的电压幅值和相角，电压幅值的单位为 p.u.，电压相角的单位为 rad）。其中，电压量测权重为 100，潮流量测的权重为 10。从图 6.35 可以看出，状态估计目标函数 $J(\boldsymbol{x})$ 除最优点 $1\angle-30°$ 外，还存在两个局优点。因此，对于该问题如果初值选择不合理，可能会求得局优解。

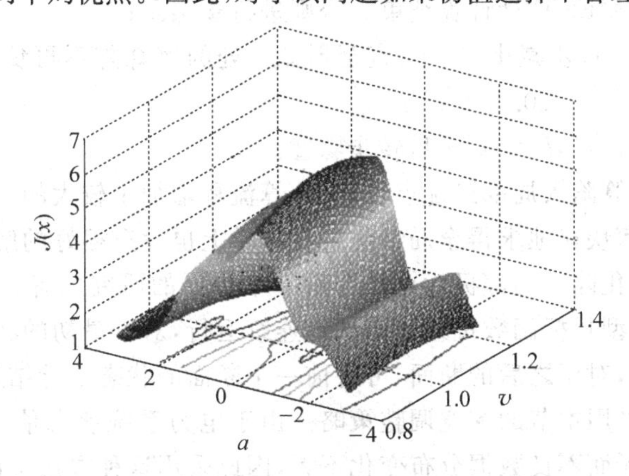

图 6.37 $2\sigma^2=0.1$ 时状态估计目标函数 $J(\boldsymbol{x})$ 的数值特性

图 6.37 中，$2\sigma^2=0.1$，窗宽 σ 较小，全局最优点为 $1.002\angle-29.7°$，十分接近真实值 $1.0\angle-30°$，但此时，指数型目标函数出现了多个局部最优点。而在图 6.38 中，$2\sigma^2=1$，窗宽 σ 较大，此时局部最优点消失了，但是全局最优点变成了 $1.021\angle-16.7°$，偏离了真实值。这是由 Parzen 窗的特性决定的。Parzen 窗法估计出的结果是窗内概率密度的平均值。当窗宽 σ 过大时，窗内概率密度的平均值与窗内中心点处的概率密度偏差较大，导致全局最优点偏离真实值；当窗宽 σ 过小时，窗内概率密度的平均值与窗内中心点处的概率密度两者很接近，全局最优点和真实值也就很接近，但是，由于窗宽 σ 过小，估计结果受个别样本的影响较大，导致估计出的概率密度函数波动较大，容易出现局部极优点。

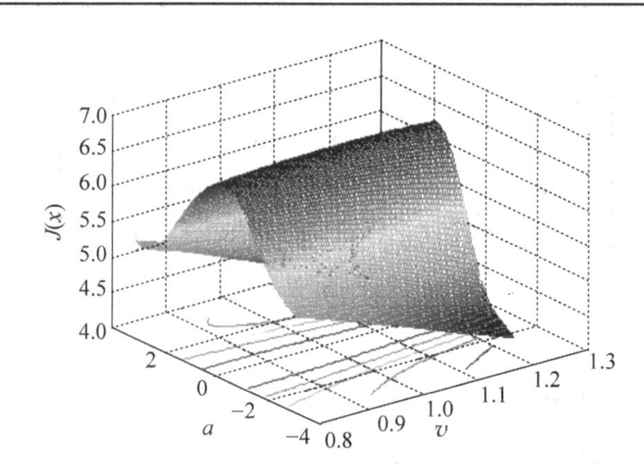

图 6.38 $2\sigma^2=1$ 时状态估计目标函数 $J(\boldsymbol{x})$ 的数值特性($\beta=0.1$)

为尽量避免优化陷入局部极优点,可以采用逐步调整 Parzen 窗宽的策略,在计算开始时,Parzen 窗宽 σ 取较大初值 σ_0,逐步减小 σ 并反复对模型(6-78)求解,每一次求解均以上一次的结果作为初值,直至 Parzen 窗宽 σ 足够小。若 MES 估计模型采用牛顿法求解,由于牛顿法的收敛域是海森矩阵负定的区间,则含窗宽调整策略的计算流程如下:

① 设 Parzen 窗宽初值 $\sigma^{(0)}$,系统状态变量初值 $\boldsymbol{x}^{(0)}$,$\boldsymbol{k}=0$;

② 根据 $\sigma^{(k)}$,以 $\boldsymbol{x}^{(k)}$ 为初值求解优化模型(6-78),得到 $\sigma=\sigma^{(k)}$ 时模型(6-78)的最优解 $\hat{\boldsymbol{x}}|_{\sigma=\sigma^{(k)}}$;

③ 若 $\sigma^{(k)}<\varepsilon$,则 MES 估计计算结束。否则进行步骤④;

④ 令 $\sigma^{(k+1)}=\sigma^{(k)}$,逐步减小 $\sigma^{(k+1)}$,直至 $\hat{\boldsymbol{x}}|_{\sigma=\sigma^{(k)}}$ 处的海森阵不再负定,或 $\sigma^{(k+1)}$ 与 $\sigma^{(k)}$ 相比已足够小,本节取 $\sigma^{(k+1)}<0.1\sigma^{(k)}$;

⑤ 令 $\boldsymbol{x}^{(k+1)}=\hat{\boldsymbol{x}}|_{\sigma=\sigma^{(k)}}$,$k=k+1$,转步骤②。

为了避免优化计算陷入局部最优点,以上计算流程增加了较大的计算量。实际上,对于多极值优化问题,如何快速地求得全局最优解在数学上也没有很好的解决方法,因此如何用尽少的计算量避免优化陷入局部极优点是今后一个重要的研究内容。对于工程应用,一个实用的做法是将指数型目标函数抗差状态估计连续运行,对于最初的状态估计断面,采用窗宽调整策略进行求解,对于之后的断面,可将前一个断面的状态估计结果作为后一个断面状态估计的初值,不必采用本节的窗宽调整策略。由于电力系统状态估计的前提是系统状态变化缓慢,而且相邻断面不良数据分布变化不大,因此采用这种方法可以在大幅提高状态估计精度的同时,有效降低状态估计的计算时间。

5. 算例分析

为了验证 MES 法的抗差能力,针对 IEEE-118 节点系统和实际系统与带基于最大残差不良数据辨识的 WLS 法,QC 抗差估计法的计算结果进行了对比。

(1) IEEE-118 节点系统算例

在该算例中,IEEE-118 节点系统的所有母线配置了电压幅值量测,所有支路两端都配置了潮流量测,所有量测都增加了随机误差,其产生的算法为

$$S_m = S_t + \frac{1}{3}(a_m S_t + b_m S_f)a_t \tag{6-95}$$

式中,S_m 为量测值;S_t 为量测真值;S_f 为量测设备的满量程刻度,取量测值的两倍;a_m 为

一个与量测真值相关的误差因子，代表测量设备产生的误差，这里对于电压量测 $a_m=0.003$，潮流量测 $a_m=0.002$；b_m 为一个与量测设备的满量相关的误差因子，代表变送器产生的误差，对于电压量测 $b_m=0.003$，潮流量测 $b_m=0.035$；$a_t \sim N(0,1)$，是一个服从正态分布的随机数。

我们设计了 11 种不同不良数据比例的算例，包括 0，0.5%，1%，2%，3%，4%，5%，6%，7%，8.5% 和 10%。对每一不良数据比例的情况，产生了 100 个样本进行计算。计算结果如图 6.39～图 6.42 所示。

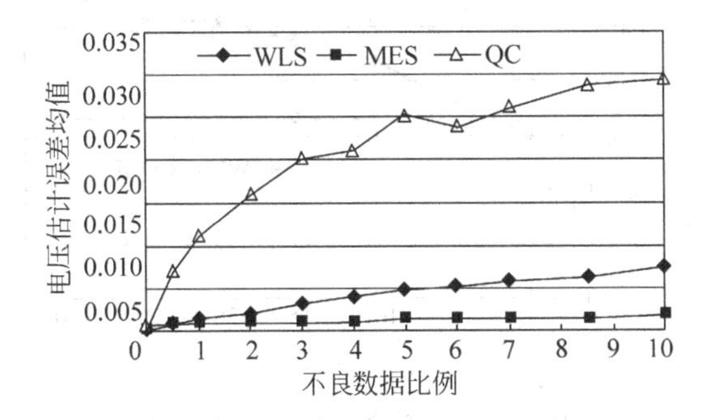

图 6.39 电压估计误差的均值比较

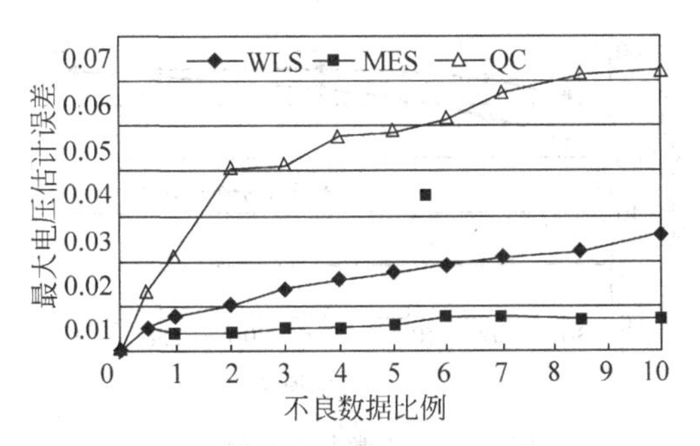

图 6.40 最大电压估计误差的比较

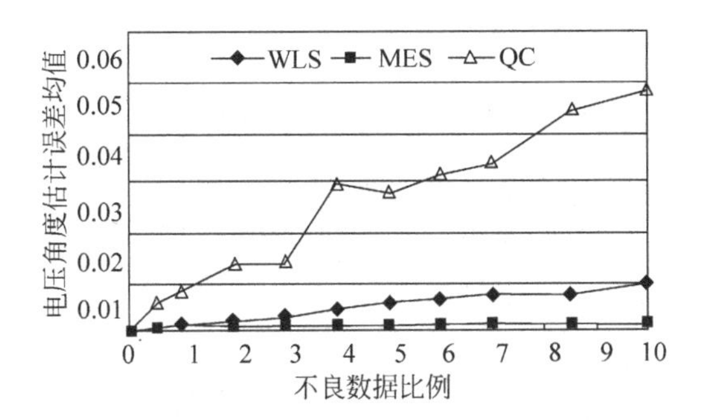

图 6.41 电压角度估计误差均值的比较

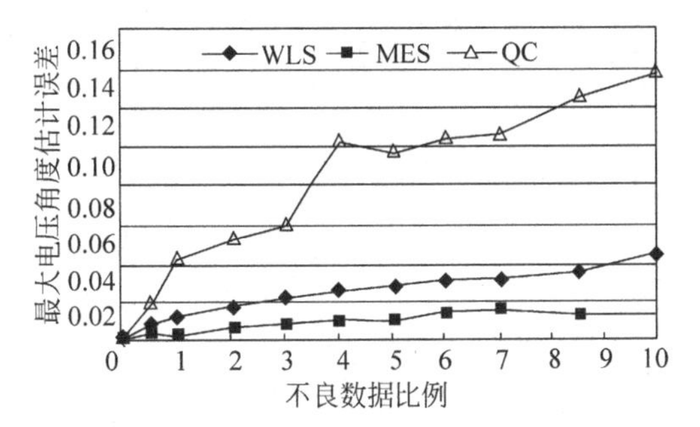

图 6.42 最大电压角度估计误差的比较

从图 6.39～图 6.42 可以看出，当系统不存在不良数据时，三种方法的估计结果基本一致。但是，随着不良数据的增加，MES 保持良好的估计性能(曲线基本保持水平)，而带不良数据辨识的 WLS 和 QC 法的估计结果恶化，其中 QC 法的估计性能最差。

(2) 一个实际系统的算例

我们选择了一个实际的省级电网实时断面数据进行了计算分析，该系统有 1211 个计算节点，515 条输电线，1089 个绕组和 174 台发电机。分别采用带不良数据辨识的 WLS 和 MES 进行计算。

首先定义一个比较指标正常数据量测率 $N(\xi)$

$$N(\xi) = \frac{\text{残差 } r_i \leqslant \xi \text{ 的量测个数}}{\text{总量测个数}} \tag{6-96}$$

式中，ξ 为一个门槛值，用于区别好数据还是不良数据，其值等于 σ 的整数倍；σ 为量测的标准差，这里对于电压量测 $\sigma = 0.09\% \times z_i$，潮流量测 $\sigma = 0.9\% \times z_i$。

WLS 和 MES 的估计结果如图 6.43 所示，MES 的正常数据率高于 WLS 的估计结果。

这个结果说明，有更多的量测“支持”MES的估计结果，因此MES的估计结果更合理。进一步从图6.43可以看出，当$\xi>15\sigma$后，MES法的正常数据率开始保持不变，这说明几乎所有的不良数据都被甄别出来了。

图6.44给出了不同的在门槛ξ值下正常量测的残差均方根曲线对比图。从图中可以看出，当$\xi>3\sigma$时，MES结果的残差均方根一直小于WLS的结果。这是因为在WLS中存在不良数据污染估计结果的问题，而MES可以正确辨识，从而保证了估计的精度。

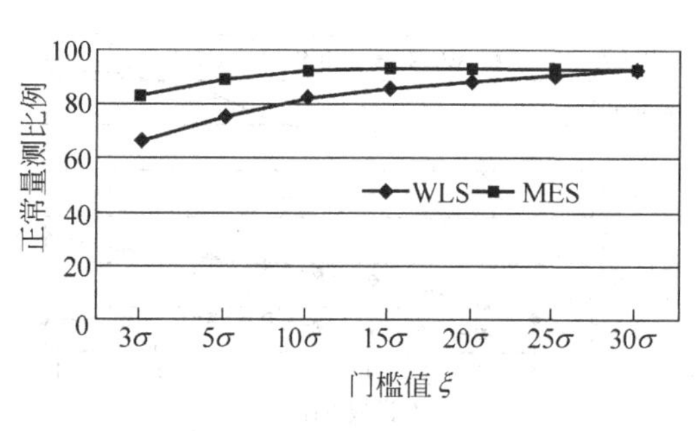

图6.43 正常数据量测率

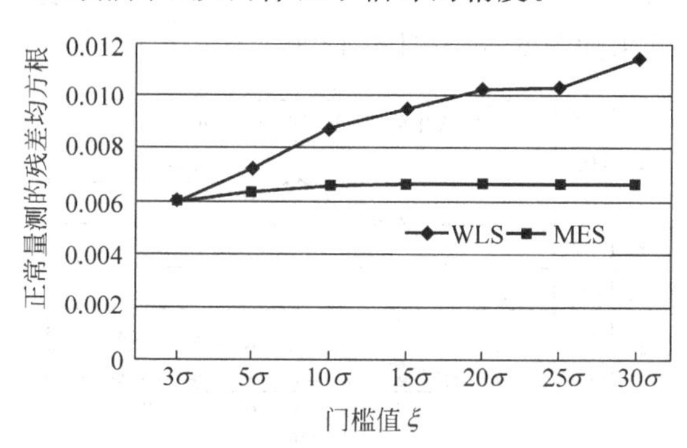

图6.44 正常量测的残差均方根

第7章

电力系统实时静态安全分析

7.1 绪　　言

7.1.1 电力系统运行的安全性和可靠性

电力系统是由发电系统、输电系统和配电系统等组成的。随着系统的不断发展，原来较小的区域电力系统逐步发展成为互联电力系统。电力系统的互联有许多好处：

(1) 可以使不同种类的电源互相补充，提高运行的经济效益；

(2) 可以充分利用备用容量，在故障情况下互联系统可以对事故进行相互支援，提高系统承受事故的能力。

但是，系统规模的扩大，系统中的元件数增加了，发生元件故障的可能性也增加了，加之系统规模大，结构复杂，对系统的分析计算变得十分复杂。因此，必须利用现代电子计算机技术对系统的运行状态进行分析，提高调度人员应付事故的能力，才能使系统即使在事故情况下也能保证对用户的不间断供电。这要求系统安全可靠。下面首先给出可靠性和安全性的定义。

可靠性(reliability)指设备或系统在预定时间内和在规定运行条件下完成其规定功能的概率。在实际研究中，可靠性考虑为一综合的概念，它具有两种属性，即充分性和安全性。

充分性(adequacy)是系统在元件额定容量和电压限额范围之内供给用户的总电力和电量的能力，计及元件的计划和非计划停运。

安全性(security)指在互联系统运行方面的抗干扰性，当系统发生故障时，保证对负荷持续供电的能力。它涉及系统的当前状态和突发性故障，是个时变的问题。安全性系指在突发性故障引起的扰动下，系统保证避免发生不可控连锁跳闸，或保证避免引起广泛波及性的供电中断的能力。在这种定义下，偶尔或个别的负荷供电中断，有时也是可以接受的，这主要取决于负荷的重要程度。

突发性故障的后果，牵涉到系统事故后的暂态行为和稳态行为，因此安全分析又分为动态安全分析和静态安全分析。后者研究比较成熟，已广泛应用于实际调度自动化系统中，本课程主要讨论静态安全分析。由于篇幅所限，动态安全分析本文将不做介绍。

电力系统的安全评估存在确定性方法和不确性方法(概率方法)两种形式。长期以来，确定性方法被广泛应用于在线的运行调度和方式安排中；而不确性方法由于理论上和方法上的限制，往往只在电力系统规划时得到少量应用。但是，完全确定性的评估方法在实际应用中也遇到了如下问题：

(1) 确定性方法过分关注最严重的可能事故，使得计算结果非常保守，电力设施得不到充分利用；

(2) 在考虑事故后的后果评估时，没有考虑事故发生的可能性，因此不能全面地评估系统的安全水平；

(3) 不能协调安全目标和经济目标。

目前不确定性的分析方法正逐步被引入在线的运行分析和调度决策中来，称之为基于风险的安全评估方法。

7.1.2　电力系统运行状况的数学模型

对于电力系统运行过程可以用一组大规模的非线性方程组和微分方程组以及不等式约束方程组来描述。其中微分方程组描述电力系统动态元件(如发电机和负荷)及其控制的规律；而非线性方程组用于描述电力网络的电气约束，不等式约束方程组用于描述系统运行的安全约束。其中稳态部分可以用下述数学模型描述：

(1) 节点功率平衡条件(等式约束)

对于 N 个节点的电力系统，节点功率平衡方程为

$$\begin{cases} P_{\mathrm{G}i} - P_{\mathrm{D}i} - V_i \sum\limits_{j\in i} V_j (G_{ij}\cos\theta_{ij} + B_{ij}\sin\theta_{ij}) = 0 \\ Q_{\mathrm{G}i} - Q_{\mathrm{D}i} - V_i \sum\limits_{j\in i} V_j (G_{ij}\sin\theta_{ij} - B_{ij}\cos\theta_{ij}) = 0 \end{cases} \tag{7-1}$$

式中，$P_{\mathrm{G}i}$，$Q_{\mathrm{G}i}$为节点 i 上的有功、无功发电出力；$P_{\mathrm{D}i}$和 $Q_{\mathrm{D}i}$为节点 i 上的有功、无功负荷。

(2) 节点电压幅值约束(不等式约束)

各节点的电压幅值应满足

$$V_i^{\min} \leqslant V_i \leqslant V_i^{\max}, \quad i = 1,2,\cdots,N \tag{7-2}$$

式中，$V_i^{\min}$，$V_i^{\max}$ 分别为节点电压的下限和上限值。

(3) 发电机功率出力约束(不等式约束)

各可控发电机组的有功无功出力应在允许的上下限范围之内，即

$$\begin{cases} P_{\mathrm{G}i}^{\min} \leqslant P_{\mathrm{G}i} \leqslant P_{\mathrm{G}i}^{\max} \\ Q_{\mathrm{G}i}^{\min} \leqslant Q_{\mathrm{G}i} \leqslant Q_{\mathrm{G}i}^{\max} \end{cases}, \quad i = 1,2,\cdots,r \tag{7-3}$$

(4) 各支路(线路、变压器)潮流应满足

$$|\dot{I}_{ij}| \leqslant I_{ij}^{\max} \quad 或者 \quad |\dot{S}_{ij}| \leqslant |S_{ij}^{\max}| \tag{7-4}$$

式中，$\dot{I}_{ij}$和$\dot{S}_{ij}$分别为支路 ij 的电流和视在功率；$I_{ij}^{\max}$和 $S_{ij}^{\max}$分别为其电流和视在功率上界。

此外，还有其他各种不等式约束，例如，任何两个发电机节点暂态电抗后的电势的角度差小于某一限值，等等。

总之，运行中的电力系统的数学模型可以用一般的等式约束条件

$$\boldsymbol{f}(\boldsymbol{x},\boldsymbol{u}) = \boldsymbol{0} \tag{7-5}$$

和不等式约束

$$\boldsymbol{h}(\boldsymbol{x},\boldsymbol{u}) \leqslant \boldsymbol{0} \tag{7-6}$$

来表示。式中,$\boldsymbol{x}$ 为状态变量。一般选取为节点电压幅值和相角,$\boldsymbol{u}$ 为控制变量,例如选为发电机有功无功出力,变压器变比,等等。

7.1.3 电力系统实时运行状态的分类

为了更好地分析电力系统静态安全分析的功能,首先要弄清电力系统的实时运行状态。电力系统运行状态的分类,基本上是按 DyLiacco 在 1967 年提出的模式进行的。

1. 正常状态

运行中电力系统若同时满足式(7-5)和式(7-6)的等式约束和不等式约束,则称系统处于正常的运行状态。也就是说,电力系统中总的有功和无功出力能与负荷总的有功和无功需求达到平衡,同时电力系统的母线电压和频率均在正常运行的允许范围内,各电源和输配电设备也都在规定的限额内运行。

正常状态又可细分为安全正常状态和预警状态。

所谓安全正常状态是指已处于正常状态的电力系统,在承受一个合理的预想事故集的扰动之后,如果系统仍处于正常运行状态,则称该系统处于安全正常状态。这里的合理的预想事故集是全部可能的事故集中的一部分,称为“下一次预想事故集”,它取决于下一个短时间段(5～10min)内,各预想事故可能出现的概率以及各事故导致后果的严重程度。之所以不取全部可能的事故集,是因为若考虑全部可能的事故集,就有可能找不到一个所谓安全的电力系统,或者要求的经济代价太大。很明显,安全正常状态是系统运行的理想的状态。

所谓预警状态就是对处于正常运行状态的电力系统,在承受规定的合理预想事故集的扰动之后,只要有一预想事故使系统不满足不等式约束条件,则称该系统处于预警状态。预警状态仍是一种可接受的运行状态,因为它仍满足等式约束和不等式约束,但是系统的安全裕度已大大降低了,对外界干扰的抵抗能力削弱了。大量的电力系统事故都是一个缓慢的累积恶化过程。由于正常情况下发生一系列的小干扰的累积效益,使电力系统安全水平逐渐降低,以至进入不安全状态,最后导致破坏性事故。因此,在运行中应及时发现电力系统向不安全状态的变迁,并及时采取预防性措施。

2. 紧急状态

系统当前的运行状态满足等式约束,但不满足不等式约束。紧急状态可以是静态的,例如设备过负荷或节点电压越限;也可以是动态的,例如系统频率越限,发电机转子间的角度分开。静态紧急状态如不及时采取措施就有可能发展为动态的紧急状态,进而会发展到失去负荷,即等式约束也得不到满足。如果能及时采取正确校正措施,系统可以恢复到正常状态。

3. 待恢复状态

若系统中只要有部分地区出现了违反等式约束的情况,则称系统处于待恢复状态。由于紧急状态下没有及时采取必要的措施(如切除负荷及有控制的系统解列),或来不及采取必要的措施,致使系统运行条件继续恶化,甚至有可能出现广泛波及性跳闸,导致系统瓦解或崩溃。系统中的部分地区甚至全部地区停电(等式约束不满足)。

7.1.4 电力系统安全控制的分类

安全控制(security control)是指系统工作在某一运行状态时,为了提高其安全性,所拟订的预防事故的对策措施。安全控制包括预防控制、校正控制、紧急控制及恢复控制。

预防控制(preventive control)是为使系统从预警状态转变为安全正常状态所采取的控制措施。

校正控制(corrective control)是对没有失去稳定但处于静态紧急状态的系统使其恢复到正常状态所采取的控制措施。

紧急控制(emergency control)是在系统失去稳定的动态紧急状态下,为防止事故的进一步扩大以及缩小事故对系统的冲击,所采取的控制措施。例如运行人员的操作或自动装置的动作等。

恢复控制(restorative control)指对于待恢复系统,通过各种措施使其恢复供电,使系统恢复到正常状态。这些措施包括启动停运机组,恢复网架和负荷以及保护、自动装置等二次设备。

系统的四种运行状态以及相应的安全控制措施的相互关系示于图7.1。

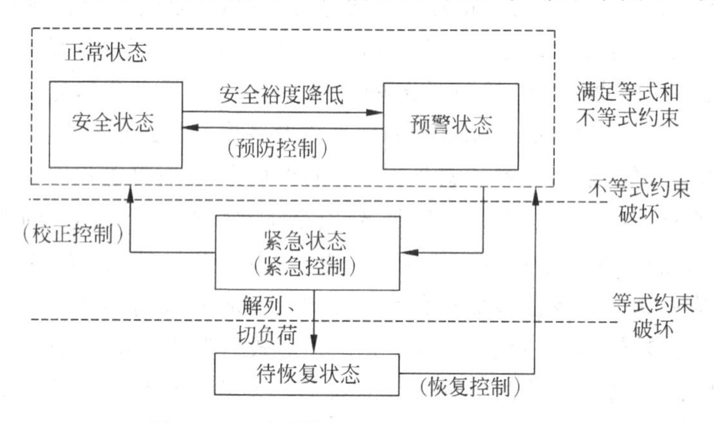

图7.1 电力系统的运行状态及状态转移

7.1.5 安全控制功能的总框图

安全控制功能是调度自动化系统中的最主要的功能,调度自动化的计算机系统中的高级应用软件(应用程序)中,完成跟安全控制有关任务的程序占主要部分。鉴于应用条件尚不成熟,和动态有关的在线安全控制尚处探索和示范阶段,而目前广泛使用的是和静态有关的在线安全控制。而所谓控制,现在大部分也只能做到开环控制,即计算机的计算结果只能给调度员提供应如何调整控制的信息,真正控制动作仍需由人来完成,而不是由计算机自动完成。安全控制功能的框图如图7.2所示。

远动信息进入计算机系统之后,经计算机的SCADA功能对数据进行处理,通过人机会话功能在CRT上显示开关状态、厂站及系统接线、潮流分布和其他直接由远动设备传递来的实时信息。这些实时信息经网络模型程序处理,产生电网的电气接线图,产生电气节点和可计算网络。经状态估计程序给出系统各节点的电压幅值和相角以及线路上的潮流等信息。这些估计后的信息可用于安全监控,比SCADA信息的直接监控可信度要高。另外,外

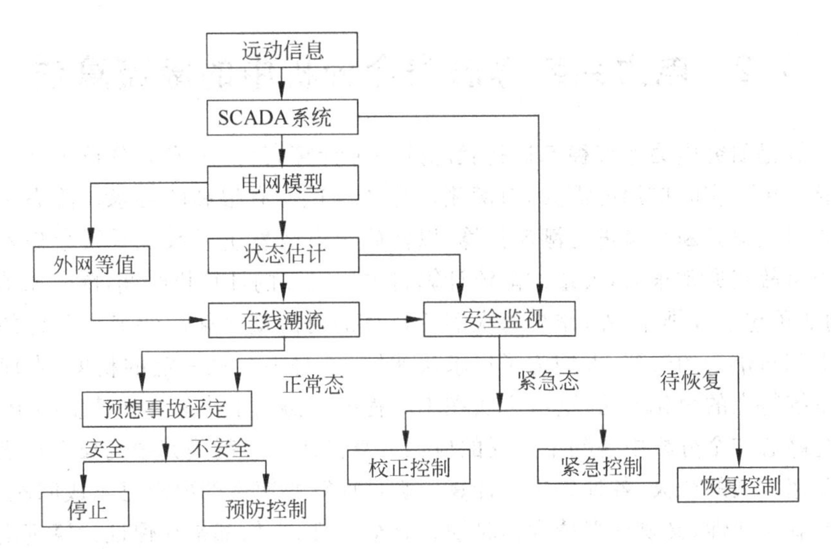

图 7.2 安全控制功能总框图

部网络等值程序对外部电网(一般来说远动信息不可用)进行等值,超短期负荷预测程序对于系统中不可观测部分的负荷进行节点负荷预测,这样就可以进行在线潮流计算了。在线潮流计算的区域可以比可观测区大,可以包括部分或全部外部网络。在线潮流是在线静态安全分析的基础。至此,系统当前的运行状态已十分清楚了。

当系统当前处于正常状态时,进行安全分析。首先进行预想事故的安全评定,如果对合理的预想事故集,系统仍安全,则系统当前是处于安全正常状态,不需采取任何措施。当对某些预想事故系统不安全,则应进行预防控制计算,告诉调度员采取什么措施可使系统从预警状态进入到安全正常状态。如果无解,即系统不能从预警状态回到正常安全状态,或者这样做代价太大,调度员也可以不进行预防控制,但计算机应对假想的(预想的)紧急状态进行校正对策分析计算,告诉调度员当真的发生了预想的事故时应当采取什么措施,这也是一种常用的控制方法,即在没有出现紧急状态时所事先进行的校正控制计算。

当系统处于紧急状态时,应立即采取控制措施。根据状态的严重程度,控制措施可以是改变发电机的出力,改变可调变压器变比或调相机无功,投切并联电抗器或电容器等。若出现系统失去稳定问题,应立即采取措施,例如切负荷、切机、系统解列运行等,否则就有可能使事故扩大,造成系统瓦解。这时的紧急控制对策可以由计算机给出,但更多的是由自动装置的根据预先制定好的策略表动作或调度人员凭经验及时做出决策。

如果系统已处于待恢复状态,要做的工作就是尽快恢复已停电地区的供电,恢复控制主要是由调度员按运行规程指挥进行。

由于系统级的紧急控制和恢复控制目前主要还是由调度员凭经验来做,所以实际上目前在计算机上所进行的主要是静态安全分析,其具体内容包括预想事故的静态安全评定和校正对策分析。当前处于静态紧急状态已有不等式约束不满足,校正对策是要使其返回正常状态。当前处于预警状态的系统,当某预想事故发生时,系统将会进入静态紧急状态(而当前并不是)。这种情况下的校正对策分析是一种预先进行的校正对策分析,其目的只是告诉调度员如果预想的事故真的发生了,应当采取什么措施。当然,这种分析更为主动。

7.2 电力系统静态安全分析中的潮流算法

潮流计算是研究电力系统稳态运行状况的一种计算，是静态安全分析中所用的一种最基本的计算。由于实时应用的需要，对潮流计算的快速性有很高的要求。静态预想事故的安全评定要对大量开断故障进行潮流计算，以便确定事故发生后系统是否会进入静态紧急状态。预想事故集通常很大，大量的潮流计算将占用很多的计算机时间，除了采取某些特殊的办法(例如预想事故排序)外，减少每次潮流计算的时间就是解决快速性问题的关键。在计算机技术相对落后的时期，人们为了追求快速性，不得不牺牲一定的精度，发展了一些适合于电力系统特点的简化方法，这些方法在不同程度上协调了快速性和精度的矛盾，在过去的电力系统静态安全分析中得到了广泛的应用。直流潮流法就是其中的典型代表。但在计算机技术飞速发展的今天，各种先进的计算机满足计算快速性的要求已不成问题，人们又回到了既要计算快速性，又要计算精度的时期。时至今日，人们都是在保证计算精度的前提下来开发快速算法。但是在某些事先不知道无功电压分布的场景，直流潮流还是一种有效的选择。

7.2.1 直流潮流法简介

对于输电线 ij，支路有功潮流

$$p_{ij} = V_i^2 g_{ij} - V_i V_j (g_{ij}\cos\theta_{ij} + b_{ij}\sin\theta_{ij}) \tag{7-7}$$

式中，g_{ij} 和 b_{ij} 分别是支路电导和电纳。直流潮流作如下简化假设：

① 忽略电阻 r_{ij}，则 $g_{ij}=0, b_{ij}=-1/x_{ij}$；

② $\theta_i-\theta_j$ 很小，即令 $\cos\theta_{ij}=1, \sin\theta_{ij}=\theta_i-\theta_j$；

③ $V_i=V_j=1$；

④ 忽略支路对地电容。

根据以上假设，有

$$p_{ij} = \frac{\theta_i - \theta_j}{x_{ij}} \tag{7-8}$$

这和一段直流电路的欧姆定律相似，即令 p_{ij} 为直流电流，θ_i，θ_j 为直流电位，x_{ij} 为直流电阻，并可用等值电路表示。将交流电路中的每一个支路都用相应的直流电路代替，原来的输电网就变成了直流电路，并有节点电位方程

$$\boldsymbol{P} = \boldsymbol{B}_0 \boldsymbol{\theta} \tag{7-9}$$

式中，$\boldsymbol{P}$、$\boldsymbol{\theta}$ 是 $N-1$ 维列矢量；$\boldsymbol{B}_0$ 是 $(N-1)\times(N-1)$ 矩阵；$B_{0ii} = \sum\limits_{\substack{j\in i\\ j\neq i}} \frac{1}{x_{ij}}$，$B_{0ij} = -\frac{1}{x_{ij}}$。

式(7-9)和式(7-8)就是通常所说的直流潮流方程。

由此可见，我们只要把功率 $\boldsymbol{P}$ 看作直流电路中的电流，把相角 $\boldsymbol{\theta}$ 看作电压，把 $\boldsymbol{B}_0$ 看作直流电路中的电导矩阵，直流潮流方程和直流电路中的节点电位方程形式完全相同。

直流潮流(简称 DC 潮流)的做法是给定节点注入功率 $\boldsymbol{P}$，求解式(7-9)得节点电压相角

$$\boldsymbol{\theta} = \boldsymbol{B}_0^{-1} \boldsymbol{P} \tag{7-10}$$

DC 潮流有如下优缺点：

(1) 求 DC 潮流不需要迭代，只需求解一次 $N-1$ 阶方程，计算速度快。

(2) DC 潮流只能计算有功潮流的分布，不能计算电压幅值，有其局限性。

(3) DC 潮流要满足前述假设条件。对于超高压电网(220kV 及以上电压等级的输电网)，这些条件一般满足，精度较好；而对 220kV 以下电压等级的配电网则难以满足精度要求。

7.2.2 Newton-Raphson 法潮流计算

潮流方程是一组非线性方程组，Newton-Raphson 法(N-R 法)就是对这个非线性方程组进行线性化处理，每次求解一组线性方程组，最后达到非线性方程的解。

对非线性方程 $\boldsymbol{f}(\boldsymbol{x})=\boldsymbol{0}$，我们可以在某一 $\boldsymbol{x}_0$ 处将其展开成一阶泰勒级数，即

$$f(\boldsymbol{x}_0)-\left.\frac{\partial \boldsymbol{f}}{\partial \boldsymbol{x}^{\mathrm{T}}}\right|_{x_0}\Delta\boldsymbol{x}=\boldsymbol{0}$$

则有

$$\Delta\boldsymbol{x}=\left[\frac{\partial \boldsymbol{f}}{\partial \boldsymbol{x}^{\mathrm{T}}}\right]_{x_0}^{-1}f(\boldsymbol{x}_0)$$

用 $\Delta\boldsymbol{x}$ 对 $\boldsymbol{x}_0$ 进行修正得 $\boldsymbol{x}$ 的新值。写成一般的迭代公式有

$$\begin{cases}\Delta\boldsymbol{x}^{(k)}=\left[\dfrac{\partial \boldsymbol{f}}{\partial \boldsymbol{x}^{\mathrm{T}}}\right]_{x^{(k)}}^{-1}\boldsymbol{f}(\boldsymbol{x}^{(k)})\\ \boldsymbol{x}^{(k+1)}=\boldsymbol{x}^{(k)}-\Delta\boldsymbol{x}^{(k)}\\ \boldsymbol{x}^{(0)}=\boldsymbol{x}_0\end{cases}\tag{7-11}$$

对于电力系统潮流方程，可以写出直角坐标和极坐标两种形式，这里我们研究极坐标的情况。

令电力系统中的独立节点数是 N，不包括地节点。发电、负荷和网损之间应保持平衡。在全系统状态还未知的情况下，网损也是未知的。所以，系统中有一个节点的有功、无功注入不能事先给定，这个节点的 V 和 θ 必须事先给定。这个节点叫平衡节点。余下的 $n=N-1$ 个节点中，有 r 个节点的电压和有功注入是给定的，这些节点叫 PV 节点，剩下 $n-r$ 个节点的有功和无功注入给定，为 PQ 节点。因为共有 n 个节点有功注入给定，$n-r$ 个节点无功注入给定，而待求量是 n 个节点的电压相角及 $n-r$ 个节点的电压幅值，已知量和未知量个数相等，潮流方程可解。极坐标时的潮流方程的修正方程是

$$\boldsymbol{f}(\boldsymbol{x})=\begin{cases}\Delta P_i=P_i^{sp}-V_i\sum\limits_{j\in i}V_j(G_{ij}\cos\theta_{ij}+B_{ij}\sin\theta_{ij}), & i=1,2,\cdots,n\\ \\ \Delta Q_i=Q_i^{sp}-V_i\sum\limits_{j\in i}V_j(G_{ij}\sin\theta_{ij}-B_{ij}\cos\theta_{ij}), & i=1,2,\cdots,n-r\end{cases}\tag{7-12}$$

式中共 $2n-r$ 个方程，未知量 $\boldsymbol{x}=[\theta_1,\theta_2,\cdots,\theta_n,V_1,V_2,\cdots,V_{n-r}]^{\mathrm{T}}$ 也是 $2n-r$ 个。求和式中允许 $j=i$。

具体化到潮流修正方程式有

$$\begin{bmatrix}\dfrac{\partial\Delta\boldsymbol{P}}{\partial\boldsymbol{\theta}^{\mathrm{T}}} & \dfrac{\partial\Delta\boldsymbol{P}}{\partial\boldsymbol{V}^{\mathrm{T}}}\boldsymbol{V}\\ \dfrac{\partial\Delta\boldsymbol{Q}}{\partial\boldsymbol{\theta}^{\mathrm{T}}} & \dfrac{\partial\Delta\boldsymbol{Q}}{\partial\boldsymbol{V}^{\mathrm{T}}}\boldsymbol{V}\end{bmatrix}\begin{bmatrix}\Delta\boldsymbol{\theta}\\ \dfrac{\Delta\boldsymbol{V}}{\boldsymbol{V}}\end{bmatrix}=\begin{bmatrix}\Delta\boldsymbol{P}\\ \Delta\boldsymbol{Q}\end{bmatrix}$$

或者简记为

$$\begin{bmatrix} \boldsymbol{H} & \boldsymbol{N} \\ \boldsymbol{M} & \boldsymbol{L} \end{bmatrix} \begin{bmatrix} \Delta \boldsymbol{\theta} \\ \dfrac{\Delta \boldsymbol{V}}{\boldsymbol{V}} \end{bmatrix} = \begin{bmatrix} \Delta \boldsymbol{P} \\ \Delta \boldsymbol{Q} \end{bmatrix} \tag{7-13}$$

雅可比矩阵是$(2n-r)\times(2n-r)$阶方阵，但它是非对称的，例如可以验证$H_{ij}\neq H_{ji}$。而且雅可比矩阵的元素是$\boldsymbol{V},\boldsymbol{\theta}$的函数，每次迭代都重新形成雅可比矩阵，计算量较大。但由于$n-r$有二阶收敛速度，所以目前仍是普遍使用的方法。为了避免每次迭代都重新形成雅可比矩阵，可以用定雅可比矩阵法，即每次迭代都使用一个常数雅可比矩阵。

7.2.3 快速解耦潮流计算

基于电力系统运行实际，在合理假设下（高压网，忽略电阻；节点角度差小，$\sin\theta_{ij}=0$，$\cos\theta_{ij}=1$；$Q_i/V_i^2\ll B_{ii}$，Q_i可忽略），式(7-13)的Newton-Raphson潮流算法可简化为如下快速解耦潮流计算形式：

$$\begin{cases} \boldsymbol{B}'\Delta\boldsymbol{\theta}^{(k)} = \left[\dfrac{\Delta\boldsymbol{P}}{\boldsymbol{V}}\right]^{(k)} \\ \boldsymbol{B}''\Delta\boldsymbol{V}^{(k)} = \left[\dfrac{\Delta\boldsymbol{Q}}{\boldsymbol{V}}\right]^{(k)} \end{cases} \tag{7-14}$$

式中，$\boldsymbol{B}'$是用$-\dfrac{1}{x}$建立起来的电纳矩阵，为$n\times n$阶；$\boldsymbol{B}''$是节点导纳矩阵$\boldsymbol{Y}=\boldsymbol{G}+\mathrm{j}\boldsymbol{B}$的虚部$\boldsymbol{B}$划去$r$行和$r$列得到，其阶数是$(n-r)\times(n-r)$。

小结：N个节点，$n=N-1$，r个PV节点。

对于N-R法：

$$\boldsymbol{J}^{(k)}\Delta\boldsymbol{x}^{(k)} = \boldsymbol{f}(\boldsymbol{x}^{(k)})$$
$$\boldsymbol{x}^{(k)} - \Delta\boldsymbol{x}^{(k)} \to \boldsymbol{x}^{(k+1)}$$

其中，$\boldsymbol{f}(\boldsymbol{x})$是$2n-r$维潮流方程组；$\boldsymbol{x}$是$2n-r$维待求状态变量；$J$是$(2n-r)\times(2n-r)$维雅可比矩阵。

FD法：

$$\begin{cases} \boldsymbol{B}'\Delta\boldsymbol{\theta}^{(k)} = \left[\dfrac{\Delta\boldsymbol{P}}{\boldsymbol{V}}\right]^{(k)} \\ \boldsymbol{\theta}^{(k)} - \Delta\boldsymbol{\theta}^{(k)} \to \boldsymbol{\theta}^{(k+1)} \end{cases}$$

$$\begin{cases} \boldsymbol{B}''\Delta\boldsymbol{V}^{(k)} = \left[\dfrac{\Delta\boldsymbol{Q}}{\boldsymbol{V}}\right]^{(k)} \\ \boldsymbol{V}^{(k)} - \Delta\boldsymbol{V}^{(k)} \to \boldsymbol{V}^{(k+1)} \end{cases}$$

其中，$\boldsymbol{B}'$是以$-\dfrac{1}{x}$为支路参数建立的，$n\times n$维；$\boldsymbol{B}''$是导纳虚部，为$(n-r)\times(n-r)$维。

DC法：

$$\boldsymbol{B}_0\boldsymbol{\theta} = \boldsymbol{P} \quad (\boldsymbol{B}'\boldsymbol{\theta} = -\boldsymbol{P})$$

式中，$\boldsymbol{B}_0$以$\dfrac{1}{x}$为支路参数，$n\times n$阶，$\boldsymbol{B}_0=-\boldsymbol{B}'$。

需要指出的是FD法虽然和DC法一样进行了简化，但两者有本质区别：

DC法的简化是对潮流方程的简化，因而其结果造成计算精度的下降；而FD法仅仅是对迭代矩阵的简化，潮流方程未作任何简化，这种简化只是引起迭代过程发生变化，迭代收敛后，潮流方程自然满足，计算精度不会下降。

7.3 电力系统静态安全评定

电力系统预想事故的安全评定是根据系统中全部可能的扰动集合中的一个子集，通常称为预想事故集，用电力系统分析方法评定这些扰动发生时系统的运行状况，是仍保持正常状态，还是会进入紧急状态或者系统崩溃。

安全评定工作可分为静态和动态两类。对动态问题，要涉及扰动后系统的动态过程，通常要求解微分方程，计算量很大。目前也发展了在线动态安全评定的快速算法，例如 Lyapunov 直接法、势能边界法(PEBs)及扩展等面积法则(EEAC)，但动态安全评定真正使用的还较少。而静态安全评定考虑系统扰动后进入了新的稳态时的系统运行状况，不考虑动态变化的过渡过程，通常只需求解代数方程，分析起来相对简单。我们这里主要介绍静态安全评定(steady state security assessment)的有关问题和主要方法。

在静态安全评定中的预想事故集通常至少包括下列扰动：

- 支路开断，即输电线或者变压器退出运行。
- 发电机或重要的负荷开断。

前者涉及网络拓扑结构的变化；后者网络结构未变，但注入功率发生了变化。对上述两种扰动的分析方法有些区别，分析方法也有多种，但都是基于潮流计算的原理。可以用简化的方法，也可以用比较精确的方法，但不同的方法在速度和精度方面的性能不尽相同，在实际应用中应视对不同的指标的要求来选取合适的方法。

7.3.1 矩阵求逆辅助定理

$\boldsymbol{A}$ 是 $n\times n$ 阶非奇异矩阵，$\boldsymbol{B}$ 是 $r\times r$ 阶非奇异矩阵，$r\ll n$。$\boldsymbol{C}$ 和 $\boldsymbol{D}$ 分别为 $n\times r$ 阶和 $r\times n$ 阶矩阵，则有

$$(\boldsymbol{A}\pm\boldsymbol{CBD})^{-1}=\boldsymbol{A}^{-1}-\boldsymbol{A}^{-1}\boldsymbol{C}(\pm\boldsymbol{B}^{-1}+\boldsymbol{DA}^{-1}\boldsymbol{C})^{-1}\boldsymbol{DA}^{-1}$$

这个公式描述了矩阵求逆辅助定理。可以在上式两端同乘 $\boldsymbol{A}+\boldsymbol{CBD}$ 来验证这个公式的正确性。

因为 $\boldsymbol{B}$ 的阶次较小($r\ll n$)，所以上式计算 $\boldsymbol{B}^{-1}$ 十分容易。如果 $\boldsymbol{A}^{-1}$ 已求出，则当 $\boldsymbol{A}$ 发生小的变化时，用 $\boldsymbol{A}^{-1}$ 求变化后矩阵的逆将十分容易。

例 7.1 对如下图所示三母线电力系统，线路电抗如图 7.3 所示。以节点 3 为参考节点。

(1) 建立该网络直流潮流电导矩阵 $\boldsymbol{B}_0$；

(2) 求电导纳矩阵的逆 $\boldsymbol{B}_0^{-1}$；

(3) 支路(1-2)开断一回线，建立开断后的节点导纳矩阵 $\widetilde{B}_0$ 并求逆 $\widetilde{B}_0^{-1}$；

(4) 用矩阵求逆辅助定理重作(3)。

解：直流潮流电导矩阵 $\boldsymbol{B}_0$ 是以支路电抗为支路阻抗建立起来的节点电导矩阵，即用 $1/x$ 建立的节点电导矩阵。

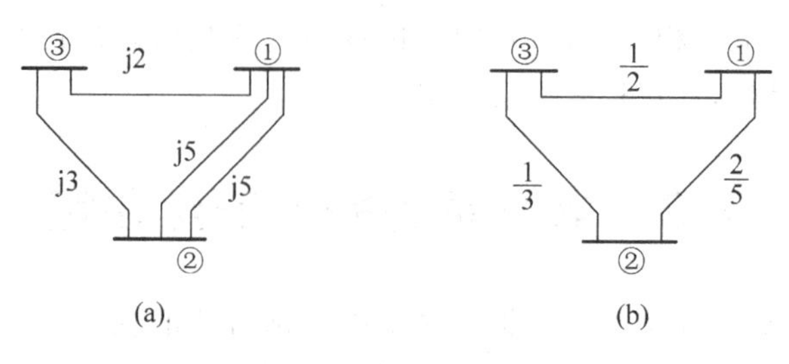

图 7.3 三母线系统阻抗图

(a) 原始阻抗图；(b) 开断支路(1-2)一回线的阻抗图

(1) 求 $\boldsymbol{B}_0$

$$\boldsymbol{B}_0=\begin{bmatrix}\frac{1}{2}+\frac{2}{5} & -\frac{2}{5}\\ -\frac{2}{5} & \frac{1}{3}+\frac{2}{5}\end{bmatrix}=\begin{bmatrix}\frac{9}{10} & -\frac{2}{5}\\ -\frac{2}{5} & \frac{11}{15}\end{bmatrix}$$

(2) 求 $\boldsymbol{B}_0^{-1}$

$$\boldsymbol{B}_0^{-1}=\frac{1}{\frac{9}{10}\frac{11}{15}-\frac{2}{5}\frac{2}{5}}\begin{bmatrix}\frac{11}{15} & \frac{2}{5}\\ \frac{2}{5} & \frac{9}{10}\end{bmatrix}=\begin{bmatrix}\frac{22}{15} & \frac{4}{5}\\ \frac{4}{5} & \frac{9}{5}\end{bmatrix}$$

(3) 支路(1-2)开断一回，$\boldsymbol{B}_0$ 变成 $\widetilde{\boldsymbol{B}}_0$

$$\widetilde{\boldsymbol{B}}_0=\begin{bmatrix}\frac{7}{10} & -\frac{1}{5}\\ -\frac{1}{5} & \frac{8}{15}\end{bmatrix}\quad \widetilde{\boldsymbol{B}}_0^{-1}=\begin{bmatrix}\frac{8}{5} & \frac{3}{5}\\ \frac{3}{5} & \frac{21}{10}\end{bmatrix}$$

(4) 用矩阵求逆辅助定理

$$\widetilde{\boldsymbol{B}}_0=\boldsymbol{B}_0-\boldsymbol{M}_{12}\frac{1}{x_{12}}\boldsymbol{M}_{12}^{\mathrm{T}}$$

式中，$\boldsymbol{M}_{12}=[1,-1]^{\mathrm{T}}$，$x_{12}=5$，故

$$\boldsymbol{B}_0^{-1}\boldsymbol{M}_{12}=\left[\frac{2}{3},-1\right]^{\mathrm{T}},\quad \boldsymbol{M}_{12}^{\mathrm{T}}\boldsymbol{B}_0^{-1}\boldsymbol{M}_{12}=\frac{5}{3}$$

$$\begin{aligned}\widetilde{\boldsymbol{B}}_0^{-1}&=\boldsymbol{B}_0^{-1}-\boldsymbol{B}_0^{-1}\boldsymbol{M}_{12}(-x_{12}+\boldsymbol{M}_{12}^{\mathrm{T}}\boldsymbol{B}_0^{-1}\boldsymbol{M}_{12})^{-1}\boldsymbol{M}_{12}^{\mathrm{T}}\boldsymbol{B}_0^{-1}\\&=\begin{bmatrix}\frac{22}{15} & \frac{4}{5}\\ \frac{4}{5} & \frac{9}{5}\end{bmatrix}-\begin{bmatrix}\frac{2}{3}\\ -1\end{bmatrix}\left(-5+\frac{5}{3}\right)^{-1}\left[\frac{2}{3}\ -1\right]=\begin{bmatrix}\frac{8}{5} & \frac{3}{5}\\ \frac{3}{5} & \frac{21}{10}\end{bmatrix}\end{aligned}$$

与(3)中的结果相同。

思考：若开断 1-3 支路，则 $\boldsymbol{M}_{13}=$？

7.3.2 快速分解法交流开断潮流的计算

传统上使用直流潮流和分布系数法进行开断计算，这些方法都只能评定开断后系统有功潮流的分布，不能给出节点电压幅值的信息。另外，直流潮流的计算模型太粗糙，结果的精度较低，在系统运行条件差时，计算误差会更大。所以，在需要更精确分析的场合，往往仍采用交流法潮流计算分析支路开断后系统的潮流分布。

用常规的潮流计算方法（NR、FD 法）计算开断后潮流并没有什么困难，只需利用开断后的网络建立雅可比矩阵 $\boldsymbol{B}'$ 和 $\boldsymbol{B}''$ 矩阵，然后进行迭代。在用快速分解法进行潮流计算时，如果开断一条支路就重新建立 $\boldsymbol{B}'$ 和 $\boldsymbol{B}''$，然后再对它们进行因子分解，显然计算量太大，这样虽然可以，但不是有效的。在线静态安全评定要求开断计算快速可靠，如果我们能利用基本情况下潮流计算的 $\boldsymbol{B}'$ 和 $\boldsymbol{B}''$ 的因子表，不重新形成因子表，就有可能大大加快开断计算的速度。

下面介绍用补偿原理进行快速分解法交流潮流开断计算的原理。

快速分解潮流是用下面两个迭代过程组成的：

(1) P 迭代

$$\begin{cases}\boldsymbol{B}'\Delta\boldsymbol{\theta}=\left[\dfrac{\Delta\boldsymbol{P}}{\boldsymbol{V}}\right]\\ \boldsymbol{\theta}-\Delta\boldsymbol{\theta}\rightarrow\boldsymbol{\theta}\end{cases}\tag{7-15}$$

(2) Q 迭代

$$\begin{cases}\boldsymbol{B}''\Delta\boldsymbol{V}=\left[\dfrac{\Delta\boldsymbol{Q}}{\boldsymbol{V}}\right]\\ \boldsymbol{V}-\Delta\boldsymbol{V}\rightarrow\boldsymbol{V}\end{cases}\tag{7-16}$$

式中，$\boldsymbol{B}'$ 是以 $-\dfrac{1}{x}$ 为支路电纳建立的节点电纳矩阵；$\boldsymbol{B}''$ 是节点导纳矩阵的虚部。当支路 ℓ 开断以后，$\boldsymbol{B}'$ 和 $\boldsymbol{B}''$ 都将变化，变化后用 $\widetilde{\boldsymbol{B}}'$ 和 $\widetilde{\boldsymbol{B}}''$ 表示。节点注入功率 $\Delta\boldsymbol{P}$ 和 $\Delta\boldsymbol{Q}$ 的计算公式中应去掉支路 ℓ 的潮流。根据节点导纳矩阵的形成过程可知

$$\widetilde{\boldsymbol{B}}'=\boldsymbol{B}'+\boldsymbol{M}_\ell\frac{1}{x_\ell}\boldsymbol{M}_\ell^{\mathrm{T}}\tag{7-17}$$

$$\widetilde{\boldsymbol{B}}''=\boldsymbol{B}''+\boldsymbol{N}_\ell\boldsymbol{B}_{ij}\boldsymbol{N}_\ell^{\mathrm{T}}\tag{7-18}$$

式中，$\boldsymbol{M}_\ell=[1\quad -1]^{\mathrm{T}}$，$\boldsymbol{N}_\ell=[1\quad -1]^{\mathrm{T}}$，$\boldsymbol{N}_\ell$ 和 $\boldsymbol{M}_\ell$ 维数可以不同。若 $\boldsymbol{B}'$ 的维数是 n，则 $\boldsymbol{B}''$ 的维数是 $n-r$，r 为 PV 节点数，M_ℓ 是 $n\times1$ 矢量；N_ℓ 是 $r\times1$ 矢量；x_ℓ 是支路 ℓ 的支路电抗，$\boldsymbol{B}_{ij}$ 是支路 ℓ 所对应的 $\boldsymbol{B}''$ 中的第 i 行第 j 列非对角元。

利用矩阵求逆定理有

$$\begin{aligned}\widetilde{\boldsymbol{X}}'\overset{\text{def}}{=}\widetilde{\boldsymbol{B}}'^{-1}&=\left(\boldsymbol{B}'+\boldsymbol{M}_\ell\frac{1}{x_\ell}\boldsymbol{M}_\ell^{\mathrm{T}}\right)^{-1}=\boldsymbol{X}'-\boldsymbol{X}'\boldsymbol{M}_\ell(x_\ell+\boldsymbol{M}_\ell^{\mathrm{T}}\boldsymbol{X}'\boldsymbol{M}_\ell)^{-1}\boldsymbol{M}_\ell^{\mathrm{T}}\boldsymbol{X}'\\&=\boldsymbol{X}'-\frac{\boldsymbol{C}'\boldsymbol{C}'^{\mathrm{T}}}{x_\ell+\boldsymbol{M}_\ell^{\mathrm{T}}\boldsymbol{C}'}=\boldsymbol{X}'-\frac{(\boldsymbol{X}_i'-\boldsymbol{X}_j')(\boldsymbol{X}_i'-X_j')^{\mathrm{T}}}{x_\ell+X_{ii}'+X_{jj}'-2X_{ij}'}\end{aligned}\tag{7-19}$$

$$\begin{aligned}\widetilde{\boldsymbol{X}}''\overset{\text{def}}{=}\widetilde{\boldsymbol{B}}''^{-1}&=(\boldsymbol{B}''+\boldsymbol{N}_\ell\boldsymbol{B}_{ij}\boldsymbol{N}_\ell^{\mathrm{T}})^{-1}=\boldsymbol{X}''-\boldsymbol{X}''\boldsymbol{N}_\ell(\boldsymbol{B}_{ij}^{-1}+\boldsymbol{N}_\ell^{\mathrm{T}}\boldsymbol{X}''\boldsymbol{N}_\ell)^{-1}\boldsymbol{N}_\ell^{\mathrm{T}}\boldsymbol{X}''\\&=\boldsymbol{X}''-\frac{\boldsymbol{C}''\boldsymbol{C}''^{\mathrm{T}}}{B_{ij}^{-1}+\boldsymbol{N}_\ell^{\mathrm{T}}\boldsymbol{C}''}=\boldsymbol{X}''-\frac{(\boldsymbol{X}''_i-\boldsymbol{X}''_j)(\boldsymbol{X}''_i-\boldsymbol{X}''_j)^{\mathrm{T}}}{B_{ij}^{-1}+X''_{ii}+X''_{jj}-2X''_{ij}}\end{aligned}\tag{7-20}$$

式中，$\boldsymbol{X}'\overset{\text{def}}{=}\boldsymbol{B}'^{-1}$，$\boldsymbol{X}''\overset{\text{def}}{=}\boldsymbol{B}''^{-1}$，$\boldsymbol{C}'=\boldsymbol{X}'\boldsymbol{M}_\ell$，$\boldsymbol{C}''=\boldsymbol{X}''\boldsymbol{N}_\ell$，$\boldsymbol{X}'$，$\boldsymbol{X}''$ 是矩阵，$\boldsymbol{C}'$，$\boldsymbol{C}''$ 是列矢量；X_{ii}'、X_{jj}'、X_{ij}' 等是 $\boldsymbol{X}'$ 的元素，X_{ii}''、X_{jj}''、X_{ij}'' 等是 X'' 的元素；X_i'、X_j' 是 $\boldsymbol{X}'$ 的 i 列和 j 列矢量，X_i''、X_j'' 是 X'' 的 i 列和 j 列矢量。

支路 ℓ 开断后的迭代公式是

(1) P 迭代

$$\begin{cases}\widetilde{\boldsymbol{B}}'\Delta\boldsymbol{\theta}=\left[\dfrac{\Delta \boldsymbol{P}^{\ell}}{\boldsymbol{V}}\right]\\ \boldsymbol{\theta}-\Delta\boldsymbol{\theta}\to\boldsymbol{\theta}\end{cases}\tag{7-21}$$

(2) Q 迭代

$$\begin{cases}\widetilde{\boldsymbol{B}}'\Delta\boldsymbol{V}=\left[\dfrac{\Delta \boldsymbol{Q}^{\ell}}{\boldsymbol{V}}\right]\\ \boldsymbol{V}-\Delta\boldsymbol{V}\to\boldsymbol{V}\end{cases}\tag{7-22}$$

式中，上标 ℓ 表示计算功率不平衡量时，是在支路 ℓ 开断后的网络上进行的。

$$\Delta\boldsymbol{\theta}=\widetilde{\boldsymbol{B}}'^{-1}\left[\frac{\Delta \boldsymbol{P}^{\ell}}{\boldsymbol{V}}\right]=\widetilde{\boldsymbol{X}}''\left[\frac{\Delta \boldsymbol{P}^{\ell}}{\boldsymbol{V}}\right]\tag{7-23}$$

$$\Delta\boldsymbol{V}=\widetilde{\boldsymbol{X}}''\left[\frac{\Delta \boldsymbol{Q}^{\ell}}{\boldsymbol{V}}\right]\tag{7-24}$$

很明显，$\widetilde{\boldsymbol{X}}'$ 和 $\widetilde{\boldsymbol{X}}''$ 可以用开断前 $\boldsymbol{B}'$ 和 $\boldsymbol{B}''$ 的因子表求出，$\boldsymbol{C}'$ 和 $\boldsymbol{C}''$ 也可用开断前因子表对列矢量 $\boldsymbol{M}_1$ 和 $\boldsymbol{N}_1$ 进行前代回代求出。所以在求解式(4-23)和式(4-24)时，不必使用开断后 $\widetilde{\boldsymbol{B}}'$ 和 $\widetilde{\boldsymbol{B}}''$ 的因子表，很容易用开断前的因子表求出 $\Delta\boldsymbol{\theta}$ 和 $\Delta\boldsymbol{V}$。这就节省了重新对 $\widetilde{\boldsymbol{B}}'$ 和 $\widetilde{\boldsymbol{B}}''$ 重新分解因子表的工作量。

例 7.2 对于图 7.4 所示的电力系统，节点 3 为平衡点。写出 $\boldsymbol{B}'$ 和 $\boldsymbol{B}''$，如果 $\begin{bmatrix}P_1^{\mathrm{sp}}\\P_2^{\mathrm{sp}}\end{bmatrix}=\begin{bmatrix}2\\-3\end{bmatrix}$，$\begin{bmatrix}Q_1^{\mathrm{sp}}\\Q_2^{\mathrm{sp}}\end{bmatrix}=\begin{bmatrix}1\\-1\end{bmatrix}$，求支路(1-2)开断一回情况下，用平启动，第一次迭代时的 $\Delta\boldsymbol{\theta}$ 和 $\Delta\boldsymbol{v}$。

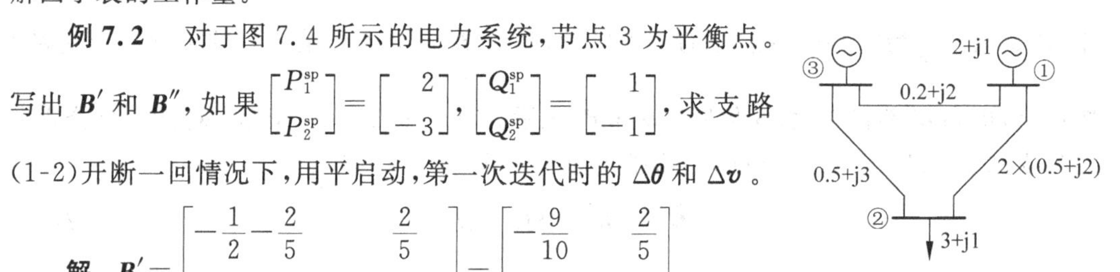

图 7.4 3 节点系统

解：
$$\boldsymbol{B}'=\begin{bmatrix}-\dfrac{1}{2}-\dfrac{2}{5} & \dfrac{2}{5}\\ \dfrac{2}{5} & -\dfrac{1}{3}-\dfrac{2}{5}\end{bmatrix}=\begin{bmatrix}-\dfrac{9}{10} & \dfrac{2}{5}\\ \dfrac{2}{5} & -\dfrac{11}{15}\end{bmatrix}$$

$$=\begin{bmatrix}-0.9 & 0.4\\ 0.4 & -0.733\end{bmatrix}$$

支路导纳虚部是

$$b_{13}=\frac{-2}{0.2^2+2^2}=-0.495\quad b_{12}=2\times\frac{-5}{0.5^2+5^2}=-2\times 0.198$$

$$b_{23}=\frac{-3}{0.5^2+3^2}=-0.3243$$

$$\boldsymbol{B}''=\begin{bmatrix}-0.495-2\times0.198 & 2\times0.198\\ 2\times0.198 & -0.3243-2\times0.198\end{bmatrix}=\begin{bmatrix}-0.891 & 0.396\\ 0.396 & -0.7203\end{bmatrix}$$

支路(1-2)开断一回，$\dfrac{1}{x_{12}}=\dfrac{1}{5}=0.2$，$B_{12}=0.198$，$\boldsymbol{M}_{12}=[1\quad -1]^{\mathrm{T}}$，$\boldsymbol{N}_{12}=[1\quad -1]^{\mathrm{T}}$

$$\boldsymbol{X}'=\boldsymbol{B}'^{-1}=\begin{bmatrix}-0.9 & 0.4\\ 0.4 & -0.733\end{bmatrix}^{-1}=\frac{1}{0.5}\begin{bmatrix}-0.733 & -0.4\\ -0.4 & -0.9\end{bmatrix}=-\begin{bmatrix}1.466 & 0.8\\ 0.8 & 1.8\end{bmatrix}$$

$$\boldsymbol{X}'' = \boldsymbol{B}''^{-1} = \begin{bmatrix} -0.891 & 0.396 \\ 0.396 & -0.7203 \end{bmatrix}^{-1} = \frac{1}{0.485}\begin{bmatrix} -0.7203 & -0.396 \\ -0.396 & -0.891 \end{bmatrix}$$

$$= -\begin{bmatrix} 1.485 & 0.816 \\ 0.816 & 1.837 \end{bmatrix}$$

$$\boldsymbol{C}' = \boldsymbol{X}'\boldsymbol{M}_\ell = -\begin{bmatrix} 1.466 & 0.8 \\ 0.8 & 1.8 \end{bmatrix}\begin{bmatrix} 1 \\ -1 \end{bmatrix} = \begin{bmatrix} -0.666 \\ 1 \end{bmatrix}$$

$$\boldsymbol{C}'\boldsymbol{C}'^{\mathrm{T}} = \begin{bmatrix} 0.444 & -0.666 \\ -0.666 & 1 \end{bmatrix}$$

$$\boldsymbol{C}'' = \boldsymbol{X}''\boldsymbol{N}_\ell = -\begin{bmatrix} 1.485 & 0.816 \\ 0.816 & 1.837 \end{bmatrix}\begin{bmatrix} 1 \\ -1 \end{bmatrix} = \begin{bmatrix} -0.669 \\ 1.021 \end{bmatrix}$$

$$\boldsymbol{C}''\boldsymbol{C}''^{\mathrm{T}} = \begin{bmatrix} 0.448 & -0.683 \\ -0.683 & 1.042 \end{bmatrix}$$

$$x_l + \boldsymbol{M}_l^{\mathrm{T}}\boldsymbol{C}' = 3.334 \quad B_{ij}^{-1} + \boldsymbol{N}_l^{\mathrm{T}}\boldsymbol{C}'' = 3.36$$

支路(1-2)开断后的导纳矩阵是

$$\boldsymbol{G} = \begin{bmatrix} \dfrac{0.2}{0.2^2+2^2} + \dfrac{0.5}{0.5^2+5^2} & -\dfrac{0.5}{0.5^2+5^2} \\ -\dfrac{0.5}{0.5^2+5^2} & \dfrac{0.5}{0.5^2+3^2} + \dfrac{0.5}{0.5^2+5^2} \end{bmatrix} = \begin{bmatrix} 0.0693 & -0.0198 \\ -0.0198 & 0.0739 \end{bmatrix}$$

$$\boldsymbol{B} = \begin{bmatrix} -0.693 & 0.198 \\ 0.198 & -0.5523 \end{bmatrix}$$

$$P_i = V_i \sum_j V_j (G_{ij}\cos\theta_{ij} + B_{ij}\sin\theta_{ij})$$

$$Q_i = V_i \sum_j V_j (G_{ij}\sin\theta_{ij} + B_{ij}\cos\theta_{ij})$$

$$\Delta P_1 = P_1^{\mathrm{sp}} - P_1 = 2 - \sum_j G_{1j} = 2 - G_{12} - G_{11} = 1.911$$

$$\Delta P_2 = P_2^{\mathrm{sp}} - P_2 = -3 - G_{21} - G_{22} = -3.054$$

$$\Delta Q_1 = Q_1^{\mathrm{sp}} - Q_1 = 1 + B_{11} + B_{12} = 0.505$$

$$\Delta Q_2 = Q_2^{\mathrm{sp}} - Q_2 = -1 + B_{21} + B_{22} = -1.354$$

$$\Delta\boldsymbol{\theta} = \left[\boldsymbol{X} - \frac{\boldsymbol{C}\boldsymbol{C}^{\mathrm{T}}}{x_l + \boldsymbol{M}_l^{\mathrm{T}}\boldsymbol{C}}\right]\left[\frac{\Delta \boldsymbol{P}^l}{\boldsymbol{V}}\right] = \begin{bmatrix} -1.222 \\ 5.266 \end{bmatrix}$$

$$\Delta\boldsymbol{V} = \left[\boldsymbol{X}'' - \frac{\boldsymbol{C}''\boldsymbol{C}''^{\mathrm{T}}}{B_{ij}^{-1} + \boldsymbol{N}_l^{\mathrm{T}}\boldsymbol{C}''}\right]\left[\frac{\Delta \boldsymbol{Q}^l}{V}\right] = \begin{bmatrix} 0.0129 \\ 2.597 \end{bmatrix}$$

7.3.3 发电机开断的模拟

发电机开断和支路开断不同，支路开断以后，网络结构发生了变化，相应的节点导纳矩阵和潮流计算的雅可比矩阵都发生变化。支路开断的潮流计算方法是要尽量减少计算量，所用的方法主要是补偿法，避免重新形成矩阵因子表。

发电机开断，只是节点注入功率发生了变化，网络结构并没有发生变化，因此，节点导纳矩阵和雅可比矩阵不发生变化，计算起来比较简单。

常用的发电机开断计算的方法有直流法和交流法。直流法只计算发电机开断后系统有功潮流的分布，不能计算节点电压。交流法迭代计算节点电压幅值和相角，可以给出支路潮流的分布和节点电压幅值，而且可以得到较高精度的结果。本书只介绍交流法。

1. 不考虑频率变化时发电机开断的模拟

发电机 k 开断之后，节点 k 的有功注入功率将发生变化，由 P_k^{sp} 变成 $\boldsymbol{P}_k^{sp'}$，无功功率由 Q_k^{sp} 变成 $Q_k^{sp'}$，新的节点注入功率变成

$$\begin{cases}\Delta P'_i = P_i^{sp} - P_i(\boldsymbol{\theta},\boldsymbol{V}) \\ \Delta P'_k = P_k^{sp'} - P_k(\boldsymbol{\theta},\boldsymbol{V})\end{cases} \quad i = 1,2,\cdots,n, i \neq k \tag{7-25}$$

$$\begin{cases}\Delta Q'_i = Q_i^{sp} - Q_i(\boldsymbol{\theta},\boldsymbol{V}) \\ \Delta Q'_k = Q_k^{sp'} - Q_k(\boldsymbol{\theta},\boldsymbol{V})\end{cases} \quad i = 1,2,\cdots,n, i \neq k \tag{7-26}$$

利用新的功率偏差方程代入快速分解法迭代公式中就可以求出新的注入功率（发电机开断以后）下的$\boldsymbol{\theta}$，$\boldsymbol{V}$，进而求出支路潮流和节点电压幅值。实际上，这种方法假定开断的发电机功率由平衡节点平衡了。

2. 考虑频率变化时发电机开断的模拟

当发电机开断时，整个系统的发电功率不足以供给有功负荷需要，系统频率将降低。借助发电机调速器的作用，系统中各发电机都会自动增加出力来恢复系统频率。由于调速器有一定的调差系数，整个系统频率将会稳定在略低于额定频率的值。这一过程在几秒到十秒内结束。届时，所有发电机的有功出力都将发生变化。

我们知道，发电机组 i 的调差系数 σ_i 定义为

$$\sigma_i = -\frac{\Delta f}{\Delta P_{Gi}} \quad 或 \quad \sigma_{i*} = -\frac{\Delta f / f_0}{\Delta P_{Gi} / P_{GN}} \tag{7-27}$$

式中，P_{GN}为机组的额定功率；f_0 为系统额定频率。相应地，有单位调节功率（或称频率响应特性）为

$$\begin{cases}K_{Gi} = \dfrac{1}{\sigma_i} = -\dfrac{\Delta P_{Gi}}{\Delta f} \quad (>0) \\ K_{Gi^*} = -\dfrac{\Delta P_{Gi}/P_{GN}}{\Delta f / f_0}\end{cases} \tag{7-28}$$

发电机单位调节功率表示频率变化引起发电机功率变化的大小。因为频率下降时（$\Delta f<0$），发电机出力将增加（$\Delta P_{Gi}>0$），所以式（4-30）右边前边有负号，即 K_{Gi}总是大于零的。一般来说，$\sigma\%=2\sim5$，$K_{G^*}=20\sim50$。

节点 k 上发生发电机开断，该节点注入功率将变为

$$P'_k = P_k + \Delta P_k$$

其他节点的注入功率也将变化：

$$P'_i = P_i + \Delta P_i$$

忽略网损变化，则有

$$\Delta P_k + \sum_{i \neq k} \Delta P_i = 0$$

ΔP_i 可由下式求出：

$$\Delta P_i = \frac{-\Delta P_i / \Delta f(-\Delta P_k)}{\Delta P_k / \Delta f} = \frac{K_{Gi}}{-\sum\limits_{i \neq k} \Delta P_i / \Delta f}(-\Delta P_k)$$

于是有

$$\Delta P_i = \begin{cases} -\dfrac{K_{Gi}}{\sum\limits_{i\neq k} K_{Gi}} \Delta P_k, & i \neq k \\ \Delta P_k, & i = k \end{cases} \tag{7-29}$$

这里忽略了系统频率变化引起系统负荷的变化。

用式(7-20)的注入功率变化量修正原来的注入功率，就得到发电机开断后新的注入功率，用这个新的注入功率作为给定条件进行潮流迭代。

由式(7-20)可知，发电机开断后，节点 k 损失的发电功率 ΔP_k 将按一定的比例在其他发电机中间分配，而整个系统总的发电功率应维持不变，这是因为我们假定负荷功率是不变的，即

$$\sum_{i\neq k} \Delta P_i + \Delta P_k = 0$$

节点 k 的无功功率在发电机开断后也变化，$\Delta Q_k = -Q_{Gk}^{\ell}$。其他发电机的无功出力不变，用 ΔQ_k 修正原来的 Q_k 得新的无功注入量，进行潮流计算。

7.4 安全控制对策

对预想故障进行安全评定时，当发现系统处于正常不安全状态，就需要采取控制措施使系统恢复到正常安全状态，这称为安全性提高(security enhancement)，也称安全性控制。它是通过对系统中可控变量的再安排来消去潜在的越限现象。

对预想事故评定时发现越限现象进行控制，是预防控制的任务。如果已存在越限现象，通过可控变量的再安排使系统恢复到安全状态，这就是校正控制。

由于安全性提高对系统的控制要求较高，代价很大，所以是否采用预防控制方案尚有争论。通常用计算机计算出预防控制的控制方案提示给调度员，作为调度员的参考，而并不直接按此方案去执行。对于已发生的越限现象，由计算机计算出校正控制方案，调度员参考这个方案下令执行。

不论何种计算，都要求计算简捷快速，通常采用线性化的方法进行计算。例如用灵敏度分析方法和最小二乘法，也常用线性规划或者二次规划方法。建模上比较普遍地采用 P-Q 解耦技术，将问题划分为有功、无功两个子问题分别求解。

在校正控制的目标上，有以某种经济指标为优化目标进行计算的，也有以控制变量调整量最小为目标的。这方面的问题主要涉及建模和解算两方面。

7.4.1 灵敏度分析

在电力系统静态安全分析中，经常要研究系统中的某些可控变量的变化所引起系统状态变量或其他被控制变量的变化。这虽然可以通过潮流计算来实现，但这样做计算代价太大。常用的比较快速的方法是通过潮流灵敏度分析找出被控变量与控制变量之间的线性关系。这种灵敏度分析方法在对紧急状态的调整、电压控制和其他许多优化问题中都有应用。如果潮流方程可用下式描述：

$$\boldsymbol{f}(\boldsymbol{x},\boldsymbol{u}) = \boldsymbol{0} \tag{7-30}$$

式中，$\boldsymbol{x}$ 为状态变量，通常取为节点电压的幅值和相角；$\boldsymbol{u}$ 为控制变量，通常取之为可调变

量，例如发电机有功出力、发电机机端电压、变压器的可调分接头等，视问题的不同而定。在 $\boldsymbol{x}$ 和 $\boldsymbol{u}$ 的某一初值（例如在初始运行点）附近将之展开为一阶泰勒级数：

$$\frac{\partial \boldsymbol{f}}{\partial \boldsymbol{x}^{\mathrm{T}}}\Delta \boldsymbol{x}+\frac{\partial \boldsymbol{f}}{\partial \boldsymbol{u}^{\mathrm{T}}}\Delta \boldsymbol{u}=\boldsymbol{0}$$

两个偏导数分别在 $x^{(0)}$ 和 $u^{(0)}$ 处取值，于是有

$$\Delta \boldsymbol{x}=-\left[\frac{\partial \boldsymbol{f}}{\partial \boldsymbol{x}^{\mathrm{T}}}\right]^{-1}\frac{\partial \boldsymbol{f}}{\partial \boldsymbol{u}^{\mathrm{T}}}\Delta \boldsymbol{u}=\boldsymbol{S}_{xu}\Delta \boldsymbol{u} \tag{7-31}$$

式中

$$\boldsymbol{S}_{xu}=-\left[\frac{\partial \boldsymbol{f}}{\partial \boldsymbol{x}^{\mathrm{T}}}\right]^{-1}\frac{\partial \boldsymbol{f}}{\partial \boldsymbol{u}^{\mathrm{T}}} \tag{7-32}$$

称为状态变量和控制变量之间的灵敏度矩阵，其元素 S_{ij} 表示控制变量的单位变化引起状态变量的变化量。分析灵敏度矩阵的元素就可以知道哪个控制变量的变化对状态变量的变化最有效。

有时我们还需要了解 $\Delta \boldsymbol{u}$ 的变化对系统中的某些相关变量的影响，如发电机有功出力的变化对支路有功潮流的影响。由于这些相关变量是状态变量的函数，所以可以找出它们和状态变量之间的线性关系，进而找出它们和控制变量之间的线性关系。

例如相关变量是 $\boldsymbol{y}$，并有

$$\boldsymbol{y}=\boldsymbol{h}(\boldsymbol{x}) \tag{7-33}$$

同样在 $\boldsymbol{x}^{(0)}$ 处将它展开为一阶泰勒级数有

$$\boldsymbol{y}=\boldsymbol{h}(\boldsymbol{x}^{(0)})+\frac{\partial \boldsymbol{h}}{\partial \boldsymbol{x}^{\mathrm{T}}}\Delta \boldsymbol{x}$$

$$\Delta \boldsymbol{y}=\frac{\partial \boldsymbol{h}}{\partial \boldsymbol{x}^{\mathrm{T}}}\Delta \boldsymbol{x}=\frac{\partial \boldsymbol{h}}{\partial \boldsymbol{x}^{\mathrm{T}}}\cdot \boldsymbol{S}_{xu}\Delta \boldsymbol{u} \tag{7-34}$$

令

$$\boldsymbol{S}_{yu}=\frac{\partial \boldsymbol{h}}{\partial \boldsymbol{x}^{\mathrm{T}}}\boldsymbol{S}_{xu} \tag{7-35}$$

为相关变量和控制变量之间的灵敏度矩阵，则

$$\Delta \boldsymbol{y}=\boldsymbol{S}_{yu}\Delta \boldsymbol{u} \tag{7-36}$$

例 7.3　如图 7.5 所示的三母线电力系统，其中母线 3 为发电机节点，设置为平衡节点。母线 2 是 PV 节点，母线 1 是 PQ 节点。支路 13 是变比可调的变压器支路。该系统的 P_{12} 和 V_1 设置为被控变量，则状态变量 $\boldsymbol{x}$，控制变量 $\boldsymbol{u}$ 和被控变量 $\boldsymbol{y}$ 分别为

$$\boldsymbol{x}=\begin{bmatrix}\theta_1\\ \theta_2\\ V_1\end{bmatrix},\quad \boldsymbol{u}=\begin{bmatrix}P_{G2}\\ V_2\\ k_{13}\end{bmatrix},\quad \boldsymbol{y}=\begin{bmatrix}P_{12}\\ V_1\end{bmatrix}$$

试写出 $\boldsymbol{S}_{xu}$ 和 $\boldsymbol{S}_{yu}$ 的示意公式。

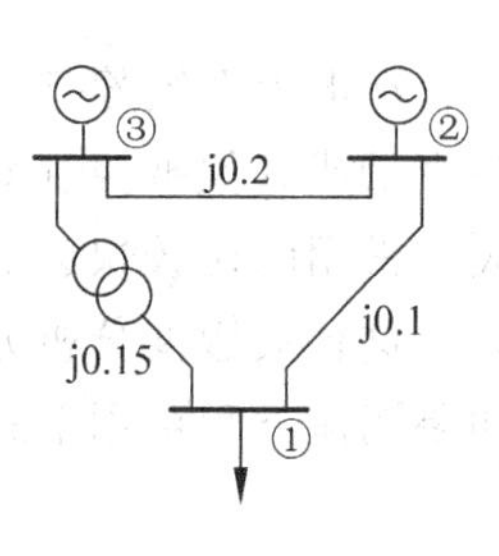

图 7.5　三节点系统

解：

(1) 潮流方程

$$\boldsymbol{f}(\boldsymbol{x},\boldsymbol{u})=\begin{bmatrix}f_1\\ f_2\\ f_3\end{bmatrix}=\begin{bmatrix}0-P_{D1}-P_1(\theta_1,\theta_2,V_1,V_2,k_{13})\\ P_{G2}-P_2(\theta_1,\theta_2,V_1,V_2)\\ 0-Q_{D1}-Q_1(\theta_1,\theta_2,V_1,V_2,k_{13})\end{bmatrix}=0$$

式中，θ_3，V_3 为给定量，在公式中略去。

（2）偏导数矩阵

$$\frac{\partial \boldsymbol{f}}{\partial \boldsymbol{x}^{\mathrm{T}}}=\begin{bmatrix}\frac{\partial f_1}{\partial \theta_1} & \frac{\partial f_1}{\partial \theta_2} & \frac{\partial f_1}{\partial V_1}\\ \frac{\partial f_2}{\partial \theta_1} & \frac{\partial f_2}{\partial \theta_2} & \frac{\partial f_2}{\partial V_1}\\ \frac{\partial f_3}{\partial \theta_1} & \frac{\partial f_3}{\partial \theta_2} & \frac{\partial f_3}{\partial V_1}\end{bmatrix}=\begin{bmatrix}-\frac{\partial P_1}{\partial \theta_1} & -\frac{\partial P_1}{\partial \theta_2} & -\frac{\partial P_1}{\partial V_1}\\ -\frac{\partial P_2}{\partial \theta_1} & -\frac{\partial P_2}{\partial \theta_2} & -\frac{\partial P_2}{\partial V_1}\\ -\frac{\partial Q_1}{\partial \theta_1} & -\frac{\partial Q_1}{\partial \theta_2} & -\frac{\partial Q_1}{\partial V_1}\end{bmatrix}$$

$$\frac{\partial \boldsymbol{f}}{\partial \boldsymbol{u}^{\mathrm{T}}}=\begin{bmatrix}\frac{\partial f_1}{\partial P_{G2}} & \frac{\partial f_1}{\partial V_2} & \frac{\partial f_1}{\partial k_{13}}\\ \frac{\partial f_2}{\partial P_{G2}} & \frac{\partial f_2}{\partial V_2} & \frac{\partial f_2}{\partial k_{13}}\\ \frac{\partial f_3}{\partial P_{G2}} & \frac{\partial f_3}{\partial V_2} & \frac{\partial f_3}{\partial k_{13}}\end{bmatrix}=\begin{bmatrix}0 & -\frac{\partial P_1}{\partial V_2} & -\frac{\partial P_1}{\partial k_{13}}\\ 1 & -\frac{\partial P_2}{\partial V_2} & 0\\ 0 & -\frac{\partial Q_1}{\partial V_2} & -\frac{\partial Q_1}{\partial k_{13}}\end{bmatrix}$$

因为

$$\boldsymbol{y}=\boldsymbol{h}(\boldsymbol{x})=\begin{bmatrix}P_{12}(\theta_1,\theta_2,V_1,V_2)\\ V_1\end{bmatrix}$$

所以

$$\frac{\partial \boldsymbol{h}}{\partial \boldsymbol{x}^{\mathrm{T}}}=\begin{bmatrix}\frac{\partial P_{12}}{\partial \theta_1} & \frac{\partial P_{12}}{\partial \theta_2} & \frac{\partial P_{12}}{\partial V_1}\\ \frac{\partial V_1}{\partial \theta_1} & \frac{\partial V_1}{\partial \theta_2} & \frac{\partial V_1}{\partial V_1}\end{bmatrix}=\begin{bmatrix}\frac{\partial P_{12}}{\partial \theta_1} & \frac{\partial P_{12}}{\partial \theta_2} & \frac{\partial P_{12}}{\partial V_1}\\ 0 & 0 & 1\end{bmatrix}$$

（3）灵敏度矩阵

$$\boldsymbol{S}_{xu}=-\left[\frac{\partial \boldsymbol{f}}{\partial \boldsymbol{x}^{\mathrm{T}}}\right]^{-1}\left[\frac{\partial \boldsymbol{f}}{\partial \boldsymbol{u}^{\mathrm{T}}}\right]=-\begin{bmatrix}\frac{\partial P_1}{\partial \theta_1} & \frac{\partial P_1}{\partial \theta_2} & \frac{\partial P_1}{\partial V_1}\\ \frac{\partial P_2}{\partial \theta_1} & \frac{\partial P_2}{\partial \theta_2} & \frac{\partial P_2}{\partial V_1}\\ \frac{\partial Q_1}{\partial \theta_1} & \frac{\partial Q_1}{\partial \theta_2} & \frac{\partial Q_1}{\partial V_1}\end{bmatrix}^{-1}\begin{bmatrix}0 & \frac{\partial P_1}{\partial V_2} & \frac{\partial P_1}{\partial k_{13}}\\ 1 & \frac{\partial P_2}{\partial V_2} & 0\\ 0 & \frac{\partial Q_1}{\partial V_2} & \frac{\partial Q_1}{\partial k_{13}}\end{bmatrix}$$

$$\boldsymbol{S}_{yu}=\frac{\partial \boldsymbol{h}}{\partial \boldsymbol{x}^{\mathrm{T}}}\boldsymbol{S}_{xu}=\begin{bmatrix}\frac{\partial P_{12}}{\partial \theta_1} & \frac{\partial P_{12}}{\partial \theta_2} & \frac{\partial P_{12}}{\partial V_1}\\ 0 & 0 & 1\end{bmatrix}\cdot \boldsymbol{S}_{xu}$$

通常选 $\boldsymbol{P}$、$\boldsymbol{V}$、k 作为控制变量，若母线 V 作为控制变量，则状态变量少一个。

7.4.2 准稳态灵敏度

在常规灵敏度计算方法中，当节点 i 发生 1 个单位的注入增量时，由于系统能量守恒，系统中由于功率调节而引起的系统功率失配必然由虚设的参考节点来承担，其物理图像如图 7.6 所示。显然，如果选择不同的参考节点，就可得到不同的灵敏度数值，这不符合电力系统实际。

图 7.7 还给出了参考节点注入无法充当控制量的情景，当参考节点 N 发生 1 个单位的注入增量时，参考节点 N 自身由于要承担功率失配，最终没有任何控制发生在网络上，因此参考节点注入的网络灵敏度为零，这无法满足实时控制决策的要求。

在实际控制中，应根据实际电网和实际应用的需要，灵活确定功率失配的承担方式，一般应由电网中所有发电机和负荷共同来承担，如图7.8所示。由于功率守恒，对功率失配的承担因子，必有$\sum_{j=1}^{N}\alpha_j=1$，其中承担因子可以根据实际电网和实际应用来设置。

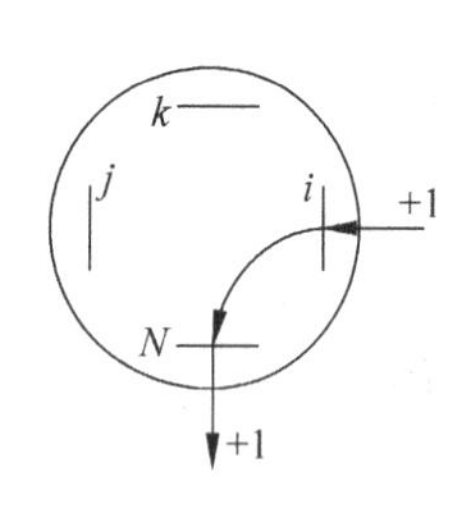

图7.6　常规灵敏度隐含的物理图像：功率失配由参考节点承担

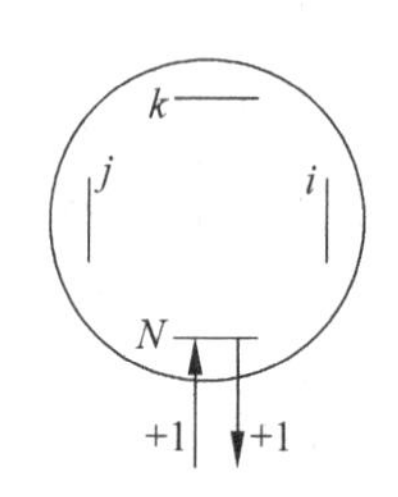

图7.7　参考节点注入的网络灵敏度为零

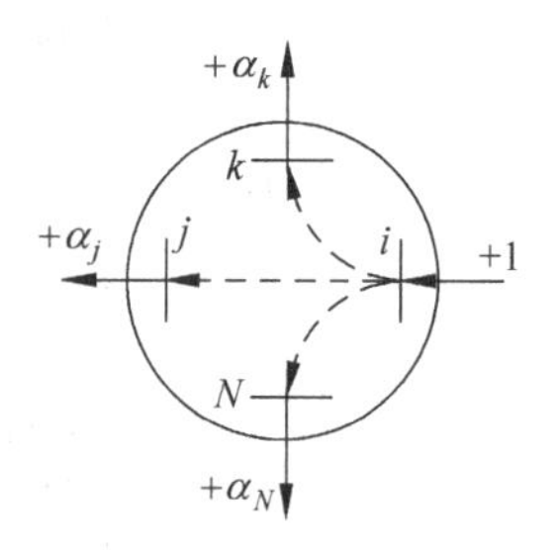

图7.8　实际控制中的物理响应：功率失配由所有发电机和负荷共同承担

考虑到电力系统运行的实际情况，电力系统中的控制元件的调整要满足一定的条件，因此，提出了准稳态灵敏度计算方法。

准稳态灵敏度计算方法考虑了电力系统准稳态的物理响应，弥补了常规方法的缺点，更符合电力系统控制和调整的实际。

准稳态的物理响应是指系统在经受操作或扰动后，不计系统暂态过程，但计及系统扰动前后新旧稳态间的总变化。

在电力系统中，最常见的准稳态物理响应有以下两种：

① 有功频率类，发电机调速器的频率响应、负荷的频率静特性、区域AGC调节等。

② 无功电压类，发电机的自动电压调节(AVR)、发电机的自动无功功率调节(AQR)、发电机的自动功率因数调节(APFR)、负荷的电压静特性等。

由于电力系统的物理响应，电力系统在$\Delta\boldsymbol{u}^0\in\mathbb{R}^{N_u^0}$的控制作用下，经过一段过渡过程，将达到一个新的稳态。设在新的稳态下，真正作用在电力网络上的控制为$\Delta\boldsymbol{u}\in\mathbb{R}^{N_u}$，则增量形式的准稳态的物理响应可形式化地表达为

$$\Delta\boldsymbol{u}=\boldsymbol{F}_u\cdot\Delta\boldsymbol{u}^0 \tag{7-37}$$

式中，$\boldsymbol{F}_u\in\mathbb{R}^{N_u\times N_u^0}$，为准稳态物理响应线性化后的系数矩阵。

定义准稳态的灵敏度$\boldsymbol{S}_{xu}^R$和$\boldsymbol{S}_{hu}^R$为

$$\Delta\boldsymbol{x}=\boldsymbol{S}_{xu}^R\cdot\Delta\boldsymbol{u}^0 \tag{7-38}$$

$$\Delta\boldsymbol{h}=\boldsymbol{S}_{hu}^R\cdot\Delta\boldsymbol{u}^0 \tag{7-39}$$

式中，

$$\boldsymbol{S}_{xu}^R=\boldsymbol{S}_{xu}\cdot\boldsymbol{F}_u \tag{7-40}$$

$$\boldsymbol{S}_{hu}^R=\boldsymbol{S}_{hu}\cdot\boldsymbol{F}_u \tag{7-41}$$

以上两式即是准稳态灵敏度的基本算式。

基于电力系统的PQ解耦模型，并根据实际应用的不同，将电力网络的灵敏度分为3类，即有功类、无功类和经济类。

(1) 准稳态有功类灵敏度的计算

不同的电力系统有不同的准稳态物理响应，因此，式(7-37)中的系数阵$\boldsymbol{F}_u\in\mathbb{R}^{N_u\times N_u^0}$可

能千差万别，需要深入研究具体的电力系统来加以确定。通过考虑电力系统的频率响应作为特例来阐明准稳态灵敏度的优势。

在有功控制中，考虑发电机调速器和负荷频率特性，当电力系统达到一个新的稳态时，由于控制产生的系统功率失配量将按频率特性由所有的发电机和负荷来分担。设母线功率注入的分担系数矢量为$\boldsymbol{\alpha} \in \mathbb{R}^N$。由于在新的稳态下，系统功率平衡，若忽略网损的变化，则由控制产生的系统功率失配量将全部由所有母线来承担，则必有

$$\sum_i \alpha_i = 1 \tag{7-42}$$

进一步，由定义式(7-37)和线性叠加原理，可得

$$\boldsymbol{F}_u = \begin{bmatrix} 1-\alpha_1 & -\alpha_1 & \cdots & -\alpha_1 \\ -\alpha_2 & 1-\alpha_2 & \cdots & -\alpha_2 \\ \vdots & \vdots & & \vdots \\ -\alpha_N & -\alpha_N & \cdots & 1-\alpha_N \end{bmatrix} \tag{7-43}$$

上式的物理图像是：若在第 i 号母线上增加 1 个单位的注入功率，则在该控制（或扰动）作用下，由于电力系统的频率响应，电力系统经过一段过渡过程后将达到一个新的稳态，在新稳态下，真正作用在电力网络上的母线注入功率的增量则为

$$[-\alpha_1 \quad \ldots \quad 1-\alpha_i \quad \ldots \quad -\alpha_N]^{\mathrm{T}}$$

由式(7-42)可知，在新稳态下，功率失配量将按频率特性由所有的母线分担，系统功率仍保持平衡。

可见，当参考节点的分担系数取 1.0，而其他节点的分担系数为 0 时的准稳态灵敏度即是常规灵敏度。显然，准稳态灵敏度比常规灵敏度具有便明显的优势，由控制引起的功率失配量将根据系统频率响应特性由各发电机和负荷分担，这与电力系统的物理响应相符合。

(2) 准稳态无功类灵敏度的分析

在无功类的准稳态物理响应中，最常见的情形即各发电机安装有 AVR（或 AQR 或 APFR）并且负荷有电压静特性。

在准稳态的范畴内，当发电机安装有 AVR 时，可认为该发电机节点为 PV 节点；而当装有 AQR 或 APFR 时，可认为该发电机节点与普通负荷节点相同，均为 PQ 节点。此外，将负荷电压静特性考虑成节点电压的一次或二次曲线。这样，在潮流建模时就可自然地将这些准稳态的物理响应加以考虑，从而使基于该潮流模型计算出的灵敏度即为准稳态灵敏度。在该潮流模型下，设 PQ 节点和 PV 节点个数分别为 N_{PQ} 和 N_{PV}，状态变量 $\boldsymbol{x}$ 是 PQ 节点的电压幅值 $\boldsymbol{V}_{PQ} \in \mathbb{R}^{NPQ}$，控制变量 $\boldsymbol{u}=[\boldsymbol{Q}_{PQ}, \boldsymbol{V}_{PV}, \boldsymbol{T}_k]^{\mathrm{T}}$，其中 $\boldsymbol{Q}_{PQ} \in \mathbb{R}^{NPQ}$ 是 PQ 节点的无功注入，$\boldsymbol{V}_{PV} \in \mathbb{R}^{NPV}$ 是 PV 节点的电压幅值，$\boldsymbol{T}_k \in \mathbb{R}^{NT}$ 是变压器变比，重要的依从变量 $\boldsymbol{h}=[\boldsymbol{Q}_b, \boldsymbol{Q}_{PV}]^{\mathrm{T}}$，其中 $\boldsymbol{Q}_b \in \mathbb{R}_b$ 是支路无功潮流，$\boldsymbol{Q}_{PV} \in \mathbb{R}^{NPV}$ 是 PV 节点的无功注入。这时，无功潮流模型为

$$\boldsymbol{Q}_{PQ}(\boldsymbol{V}_{PQ}, \boldsymbol{V}_{PV}, \boldsymbol{T}_k) = 0 \tag{7-44}$$

$$\boldsymbol{Q}_b = \boldsymbol{Q}_b(\boldsymbol{V}_{PQ}, \boldsymbol{V}_{PV}, \boldsymbol{T}_k) \tag{7-45}$$

$$\boldsymbol{Q}_{PV} = \boldsymbol{Q}_{PV}(\boldsymbol{V}_{PQ}, \boldsymbol{V}_{PV}, \boldsymbol{T}_k) \tag{7-46}$$

由式(7-33)和式(7-34)，可得准稳态无功类灵敏度的计算公式，见表 7.1。

表 7.1 准稳态无功类灵敏度 $S_{(x,h)u}$ 的计算公式

(x,h) \ u	Q_{PQ}	V_{PV}	T_k
V_{PQ}	$-\left[\dfrac{\partial Q_{PQ}}{\partial V_{PQ}}\right]^{-1}$	$S_{V_{PQ}Q_{PQ}}\cdot\dfrac{\partial Q_{PQ}}{\partial V_{PV}}$	$S_{V_{PQ}Q_{PQ}}\cdot\dfrac{\partial Q_{PQ}}{\partial T_k}$
Q_b	$\dfrac{\partial Q_b}{\partial V_{PQ}}\cdot S_{V_{PQ}Q_{PQ}}$	$\dfrac{\partial Q_b}{\partial V_{PQ}}\cdot S_{V_{PQ}V_{PV}}+\dfrac{\partial Q_b}{\partial V_{PV}}$	$\dfrac{\partial Q_b}{\partial V_{PQ}}\cdot S_{V_{PQ}T_k}+\dfrac{\partial Q_b}{\partial T_k}$
Q_{PV}	$\dfrac{\partial Q_{PV}}{\partial V_{PQ}}\cdot S_{V_{PQ}Q_{PQ}}$	$\dfrac{\partial Q_{PV}}{\partial V_{PQ}}\cdot S_{V_{PQ}V_{PV}}+\dfrac{\partial Q_{PV}}{\partial V_{PV}}$	$\dfrac{\partial Q_{PV}}{\partial V_{PQ}}\cdot S_{V_{PQ}T_k}+\dfrac{\partial Q_{PV}}{\partial T_k}$

表 7.1 给出的准稳态灵敏度中,负荷的电压静特性已在各种关于负荷节点电压的雅可比矩阵中得到体现,而且已经不存在虚设的参考节点,对 PQ 节点是无功注入 Q_{PQ} 直接参与控制,而对 PV 节点,是由电压 V_{PV} 来充当控制量。

(3) 准稳态经济类灵敏度的分析

以经济性指标网损 P_L 为控制目标,显然 P_L 是一种重要的依从变量,考虑准稳态,并分别基于有功模型和无功模型,则网损模型为:

$$P_L = P_L(\theta) \tag{7-47}$$

$$P_L = P_L(V_{PQ}, V_{PV}, T_k) \tag{7-48}$$

表 7.2 给出准稳态的网损灵敏度计算公式。

表 7.2 准稳态的网损灵敏度 $S_{P_L u}$ 的计算公式

h \ u	P	Q_{PQ}	V_{PV}	T_k
P_L	$\dfrac{\partial P_L}{\partial \theta}\cdot S_{\theta P}^{R}$	$\dfrac{\partial P_L}{\partial V_{PQ}}\cdot S_{V_{PQ}Q_{PQ}}$	$\dfrac{\partial P_L}{\partial V_{PQ}}S_{V_{PQ}V_{PV}}+\dfrac{\partial P_L}{\partial V_{PV}}$	$\dfrac{\partial P_L}{\partial V_{PQ}}S_{V_{PQ}T_k}+\dfrac{\partial P_L}{\partial T_k}$

表 7.2 中,P,Q,V,T 分别表示有功、无功、电压和变压器分接头,P_L 表示网损,下标 P,Q,V 分别表示有功、无功和电压。

7.4.3 校正控制的数学模型

当系统中出现线路有功潮流过负荷或者线路过电流时,需要对控制变量进行调整来解除线路过负荷。

1. 有功过负荷的调整

线路的有功过负荷可以通过调整发电机有功功率出力来解除。利用发电转移分布因子可以建立发电机有功调整量和线路有功潮流变化量两者之间的关系:

$$\Delta P_b = \underset{\sim}{G}\Delta \underline{P}_G$$

如果有 NL 条支路有功潮流过负荷,其中第 k 条支路有功潮流为 P_k,其允许的最大输送功率是 P_k^M,$P_k^M>0$,则为消除过载,支路 k 的有功潮流调整量应为 ΔP_k,并有

$$\Delta P_k = \begin{cases} P_k^M - P_k, & P_k > 0 \\ -P_k^M - P_k, & P_k < 0 \end{cases}$$

同时有 NG 台发电机有功可调,则 $\underset{\sim}{G}$ 是 $NL\times NG$ 阶矩阵,其中第 k 个元素是

$$G_{k-g}=\frac{\boldsymbol{M}_k^{\mathrm{T}}\boldsymbol{B}_0^{-1}\boldsymbol{e}_g}{x_k}=\frac{X_{ig}-X_{jg}}{x_k}$$

式中,X_{ig} 和 X_{jg} 是 $\boldsymbol{B}_0^{-1}$ 的元素；x_k 是支路 k 的电抗；$\boldsymbol{e}_g$ 是第 g 个元素为 1,其他元素为 0 的矢量。如果用 $\Delta\boldsymbol{y}$ 表示被控变量的期望变化量,$\Delta\boldsymbol{u}$ 表示控制变量的调整量,$\boldsymbol{C}$ 表示 $\Delta\boldsymbol{y}$ 和 $\Delta\boldsymbol{u}$ 之间的灵敏度矩阵,则有功过负荷调整的数学模型可用

$$\Delta\boldsymbol{y}=\boldsymbol{C}\Delta\boldsymbol{u}$$

表示。如何用上式求 $\Delta\boldsymbol{u}$,留在后面介绍。

2. 过电流的调整

支路 ij 的电流是支路两端节点的电压幅值和角度的函数：

$$I_{ij}\overset{\text{def}}{=}|\dot{I}_{ij}|=f(\theta_i,\theta_j,V_i,V_j)$$

所以有

$$\Delta I_{ij}=I_{ij}^{\mathrm{M}}-|\dot{I}_{ij}|=\frac{\partial I_{ij}}{\partial\theta_i}\Delta\theta_i+\frac{\partial I_{ij}}{\partial\theta_j}\Delta\theta_j+\frac{\partial I_{ij}}{\partial V_i}\Delta V_i+\frac{\partial I_{ij}}{\partial V_j}\Delta V_j$$

$$=\begin{bmatrix}\dfrac{\partial I_{ij}}{\partial\theta_i} & \dfrac{\partial I_{ij}}{\partial\theta_j} & \dfrac{\partial I_{ij}}{\partial V_i} & \dfrac{\partial I_{ij}}{\partial V_j}\end{bmatrix}\begin{bmatrix}\Delta\theta_i\\ \Delta\theta_j\\ \Delta V_i\\ \Delta V_j\end{bmatrix}$$

如果有 NL 条支路过电流,则有

$$\Delta\boldsymbol{I}=\boldsymbol{C}_1\Delta\boldsymbol{x}$$

式中,$\Delta\boldsymbol{I}$ 为 $NL\times1$ 矢量；$\boldsymbol{C}_1$ 为 $NL\times n$ 阶稀疏矩阵；$\Delta\boldsymbol{x}$ 为状态变量的变化量,$\Delta\boldsymbol{x}^{\mathrm{T}}=[\Delta\boldsymbol{\theta}^{\mathrm{T}}\ \Delta\boldsymbol{V}^{\mathrm{T}}]$。令 NG 个节点的有功变化量 $\Delta\boldsymbol{P}_G$ 和无功变化量 $\Delta\boldsymbol{Q}_G$ 为控制变量的变化量,即 $\Delta\boldsymbol{u}^{\mathrm{T}}=[\Delta\boldsymbol{P}_G^{\mathrm{T}}\ \vdots\ \Delta\boldsymbol{Q}_G^{\mathrm{T}}]$。令 $\boldsymbol{C}_2$ 为潮流雅可比矩阵的逆中和 $\Delta\boldsymbol{u}$ 对应的列组成的矩阵,于是有

$$\Delta\boldsymbol{x}=\boldsymbol{C}_2\Delta\boldsymbol{u}$$

于是

$$\Delta\boldsymbol{y}\overset{\text{def}}{=}\Delta\boldsymbol{I}=\boldsymbol{C}_1\boldsymbol{C}_2\Delta\boldsymbol{u}=\boldsymbol{C}\Delta\boldsymbol{u}$$

式中,$\boldsymbol{C}$ 为 $NL\times NG$ 阶矩阵。这里当 NG 个节点的发电机功率变化 $\Delta\boldsymbol{u}$ 时,可使过电流支路电流变化 $\Delta\boldsymbol{y}$,问题是如何求解上式得到 $\Delta\boldsymbol{u}$。

3. 节点过电压的调整

节点电压幅值是状态变量 x 中的一部分。如果有 NV 个节点电压越界,我们希望调整系统中发电机的无功或变压器的分接头,使这些节点的电压越界解除。如果控制变量仍是 NG 个,则有状态变量和控制变量之间的灵敏度关系

$$\Delta\boldsymbol{x}=\boldsymbol{S}_{xu}\Delta\boldsymbol{u}$$

$$\boldsymbol{S}_{xu}=-\left[\frac{\partial\boldsymbol{f}}{\partial\boldsymbol{x}}\right]^{-1}\frac{\partial\boldsymbol{f}}{\partial\boldsymbol{u}}$$

如果 NV 个节点的电压调整量是 $\Delta\boldsymbol{y}$,

$$\Delta\boldsymbol{y}=\boldsymbol{V}_i^M-\boldsymbol{V}_i,\quad i=1,2,\cdots,NV$$

则有

$$\Delta\boldsymbol{y}=\boldsymbol{C}\Delta\boldsymbol{u}$$

式中,$\boldsymbol{C}$ 为 $\boldsymbol{S}_{xu}$ 的 NV 个行组成的矩阵,是 $NV\times NG$ 阶的。

7.4.4 控制变量变化量 $\Delta \boldsymbol{u}$ 的求解

对于上述三类问题，最后都可化为如何求解 $\Delta \boldsymbol{u}$，使被调量 $\boldsymbol{y}$ 变化 $\Delta \boldsymbol{y}$ 这样的问题。一般情况下 $\Delta \boldsymbol{y}$ 和 $\Delta \boldsymbol{u}$ 的维数不相等，所以 $\boldsymbol{C}$ 矩阵不是方矩阵，不能用求解线性方程组的办法求解。

如果 $\Delta \boldsymbol{y}$ 的维数是 n_1，$\Delta \boldsymbol{u}$ 的维数是 n_2，当 $n_1 < n_2$ 时，已知量 $\Delta \boldsymbol{y}$ 比待求量 $\Delta \boldsymbol{u}$ 少，这是一组相容方程组，求使得 $\| \Delta \boldsymbol{u} \|$ 为极小或求 $\Delta \boldsymbol{u}$ 的极小范数解为

$$\Delta \boldsymbol{u} = \boldsymbol{C}^{\mathrm{T}} (\boldsymbol{C}\boldsymbol{C}^{\mathrm{T}})^{-1} \Delta \boldsymbol{y}$$

这样得到的 $\Delta \boldsymbol{u}$ 是控制量调整最小的控制策略。由上述模型，建立拉氏函数，然后求最小可得：

$$\begin{aligned} \min \quad & \frac{1}{2} \Delta \boldsymbol{u}^{\mathrm{T}} \Delta \boldsymbol{u} \\ \text{s. t.} \quad & \Delta \boldsymbol{y} - \boldsymbol{C} \Delta \boldsymbol{u} = \boldsymbol{0} \end{aligned}$$

如果 $n_1 > n_2$，则已知量比待求量多，这时是一组矛盾方程组，可以求该方程组的最小二乘解，即令

$$F = \frac{1}{2} \| \Delta \boldsymbol{y} - \boldsymbol{C} \Delta \boldsymbol{u} \|_2 \rightarrow \min_{\Delta \boldsymbol{u}}$$

有

$$\Delta \boldsymbol{u} = (\boldsymbol{C}^{\mathrm{T}} \boldsymbol{C})^{-1} \boldsymbol{C}^{\mathrm{T}} \Delta \boldsymbol{y}$$

求解出控制变量 $\boldsymbol{u}$ 的调节量以后，应对 u 进行修正。但首先要检查修正后的 $\boldsymbol{u}$ 是否会违背 $\boldsymbol{u}$ 的上下限约束。如果违背，则要将越界的 $\boldsymbol{u}$ 固定在限值上，重新进行安全评定计算。

7.4.5 线性规划的数学模型

校正控制常用线性规划的数学模型来解算。线性规划是一类目标函数和约束条件都是线性函数的优化问题。

常用控制变量的变化引起系统中的某项经济指标变化最小为目标函数：

$$\begin{aligned} \min \quad & C^{\mathrm{T}} \Delta \boldsymbol{u} \\ \text{s. t.} \quad & \begin{cases} \Delta \boldsymbol{y}^{\min} \leqslant \boldsymbol{C} \Delta \boldsymbol{u} \leqslant \Delta \boldsymbol{y}^{\max} \\ \sum B_i \Delta u_i = 0 \\ \Delta \boldsymbol{u} \leqslant \Delta \boldsymbol{u}^{\lim} \end{cases} \end{aligned}$$

约束条件中，控制变量的变化 $\Delta \boldsymbol{u}$ 应使被调整量处于其本身的上下限范围之中。由于控制量的变化，系统的功率平衡可能会发生变化，但还是应满足功率平衡条件。第三个约束是控制变量本身的上下限约束。

7.5 电力系统安全控制对策

处于正常运行状态的电力系统可能是安全的，也可能是不安全的。对正常不安全电力系统可以通过调整系统中的可控变量，即改变系统的运行方式使之变为正常安全状态。这类控制问题称为安全性提高(security enhancement)，这属于预防性控制的范围。如果系统已存在约束越界现象，可以通过控制变量的调整使越界消除，恢复到正常状态，这种控制叫

校正控制(corrective control)。

预防控制是一种代价很高的控制,包括系统元件要有足够多的备用容量,实现起来难度太大。通常的做法允许系统处于正常不安全状态,然后对现有的或潜在的静态紧急状态采用校正控制使之回到正常状态。即如果现有系统已处于静态紧急状态,则计算出控制对策并参考此对策重新调整系统中的可控变量。如果现在系统正常,则进行预想事故分析,找出哪些预想事故会导致系统进入静态紧急状态,并对该状态通过计算给出校正对策的方案。

由于校正对策分析要在实时情况下使用,所以计算速度要求快,而计算精度要求相对不高,所以常采用线性化的潮流模型。

根据有功无功解耦的特点,校正对策又分为有功校正和无功校正两个子问题,每个子问题的规模和复杂性又进一步减小。

7.5.1 电力系统有功安全校正对策分析

有功安全校正是指当系统中出现线路有功过负荷时,如何改变发电机的有功出力使得过负荷解除。

根据发电出力转移分布因子可知,当系统中第 i 台发电机有功变化 ΔP_i 时,系统中支路 k 上的有功潮流将变化 ΔP_{k-i},两者之间的关系为

$$\Delta P_{k-i} = G_{k-i}\Delta P_i \tag{7-49}$$

式中,G_{k-i}为发电出力转移分布因子,并有

$$G_{k-i} = \frac{X_{k-i}}{x_k} \tag{7-50}$$

式中,$X_{k-i}=\boldsymbol{M}_k^{\mathrm{T}}\boldsymbol{X}\boldsymbol{e}_i$,$\boldsymbol{M}_k$ 是 n 维列矢量,在支路 k 两个端节点上有 1 和 -1,其余为零元;$\boldsymbol{e}_i$ 为 n 维单位列矢量,只在发电机 i 所在节点处有 1,其余为零;$\boldsymbol{X}=\boldsymbol{B}_0^{-1}$,$\boldsymbol{B}_0$ 是以 $1/x$ 为支路电纳建立的节点电纳矩阵;x_k 为支路 k 的电抗。

如果支路 k 当前的有功为 $P_k^{(0)}$,该支路有功上、下界分别是 $\overline{P}_k$ 和 $\underline{P_k}$,则当

$$\Delta P_k = \overline{P}_k - P_k^{(0)} < 0$$

$$\Delta P_k = \underline{P_k} - P_k^{(0)} > 0$$

时支路 k 上发生支路潮流越界。

如果支路 k 的校正功率是 ΔP_k,则校正后的支路有功潮流应在界内,即

$$\underline{P_k} \leqslant P_k^{(0)} + \Delta P_k \leqslant \overline{P}_k$$

或写成

$$\underline{P_k} - P_k^{(0)} = \Delta \underline{P_k} \leqslant \Delta P_k \leqslant \Delta \overline{P}_k = \overline{P}_k - P_k^{(0)} \tag{7-51}$$

当发电机功率改变 ΔP_i,支路 k 的潮流将变化,变化量

$$\Delta P_k = \sum_{i=1}^{NG} G_{k-i}\Delta P_i$$

式中,NG 为可调出力的发电机数。所以有

$$\Delta \underline{P_k} \leqslant \sum_{i=1}^{NG} G_{k-i}\Delta P_i \leqslant \Delta \overline{P}_k \tag{7-52}$$

另外,对于发电机本身也有可调范围的约束,即

$$\Delta \underline{P_i} \leqslant \Delta P_i \leqslant \Delta \overline{P}_i \tag{7-53}$$

发电机功率的变化应满足功率平衡条件。当忽略发电机出力变化所引起的系统网损变化时，有

$$\sum_{i=1}^{NG} \Delta P_i = 0 \tag{7-54}$$

求解满足式(7-51)～式(7-54)的解即为一组可行的校正控制对策。当然，这样的控制对策有多种，可以从中选取满足我们某种需要的一组控制对策，例如，可以取使控制量的变化最小的一组控制，也可以取满足某种经济目标的控制。

建立目标函数：

$$F = \sum_{i=1}^{NG} |\Delta P_i| \tag{7-55}$$

或者

$$F = \sum_{i=1}^{NG} C_i \Delta P_i \tag{7-56}$$

则寻求在满足式(7-51)～式(7-54)约束条件情况下使式(7-55)或式(7-56)的目标函数取极小的一组控制 ΔP_i，就可以既解除支路的过载，又使得满足所选定的优化目标。

当然，我们选定的约束式(7-52)只是越界支路集，校正以后，又有可能产生新的支路越界。一种办法是把所有支路约束都包括到约束式(7-52)中，但这样做约束方程太多。另一种方法是在每次算出校正对策后，再用直流潮流校核支路越界情况，若还有越界则再一次进行校正，直到完全消除越界为止。这种作法要多次迭代，但每次迭代求解的问题规模较小。

上面建立的有功安全校正的数学模型是一种线性规划模型，由于控制变量也有上下界约束，所以是有上下界约束的线性规划模型。有专门的程序可用来求解这类问题。

7.5.2 电力系统无功安全校正对策分析

当系统中出现节点电压越界，或者线路无功传送功率超过允许的限制值时，可以通过改变系统中发电机节点的机端电压或者无功出力，以及变压器支路的可调变比使这些越限消除。

建立起无功安全校正的数学模型。令 r 个 PV 节点和 1 个 $V\theta$ 节点上的发电机无功功率可调，t 个变压器变比 T 可调，则有

式中

$$\boldsymbol{L}\Delta\boldsymbol{V} + \boldsymbol{K}\Delta\boldsymbol{T} = \Delta\boldsymbol{Q} \tag{7-57}$$

$$\Delta\boldsymbol{Q} \in \mathbb{R}^{n\times 1}$$

$$\Delta\boldsymbol{V} \in \mathbb{R}^{n\times 1}$$

$$\Delta\boldsymbol{T} \in \mathbb{R}^{t\times 1}$$

$$\boldsymbol{L} = \frac{\partial \boldsymbol{Q}}{\partial \boldsymbol{V}^{\mathrm{T}}}, \quad \boldsymbol{L} \in \mathbb{R}^{n\times n}$$

$$\boldsymbol{K} = \frac{\partial \boldsymbol{Q}}{\partial \boldsymbol{T}^{\mathrm{T}}}, \quad \boldsymbol{K} \in \mathbb{R}^{n\times t}$$

由式(4-45)可求出

$$\Delta\boldsymbol{V} = \boldsymbol{L}^{-1}(\Delta\boldsymbol{Q} - \boldsymbol{K}\Delta\boldsymbol{T})$$

令 $\boldsymbol{M}=\boldsymbol{L}^{-1}$。如果发电机节点无功调整时，负荷节点的无功不变，则 $\Delta\boldsymbol{Q}$ 中只有对应 r 个 PV 节点的发电机无功不为零，其余为零，即 $\Delta\boldsymbol{Q}^{\mathrm{T}}=[\Delta\boldsymbol{Q}_{\mathrm{D}}^{\mathrm{T}}, \Delta\boldsymbol{Q}_{\mathrm{G}}^{\mathrm{T}}]$，其中 $\Delta\boldsymbol{Q}_{\mathrm{D}}=0$，故有

$$\Delta \boldsymbol{V} = \boldsymbol{M}_{\mathrm{G}} \Delta \boldsymbol{Q}_{\mathrm{G}} - \boldsymbol{M}\boldsymbol{K} \Delta \boldsymbol{T} = [\boldsymbol{M}_{\mathrm{G}} \vdots -\boldsymbol{M}\boldsymbol{K}] \begin{bmatrix} \Delta \boldsymbol{Q}_{\mathrm{G}} \\ \cdots\cdots \\ \Delta \boldsymbol{T} \end{bmatrix} \tag{7-58}$$

式中,$\boldsymbol{M}_{\mathrm{G}}$ 是由矩阵 $\boldsymbol{M}$ 的 r 个列矢量组成的,对应 r 个 PV 节点。

由支路无功潮流的增量公式有

$$\Delta \boldsymbol{Q}_b = \left[\frac{\partial \boldsymbol{Q}_b}{\partial \boldsymbol{V}^{\mathrm{T}}}\right] \Delta \boldsymbol{V} = \boldsymbol{H} \Delta \boldsymbol{V}$$

式中

$$\boldsymbol{H} = \frac{\partial \boldsymbol{Q}_b}{\partial \boldsymbol{V}^{T}}, \quad \boldsymbol{H} \in \mathbb{R}^{b \times n}$$

将式(4-46)代入则有

$$\Delta \boldsymbol{Q}_b = \boldsymbol{H}[\boldsymbol{M}_{\mathrm{G}} \vdots -\boldsymbol{M}\boldsymbol{K}] \begin{bmatrix} \Delta \boldsymbol{Q}_{\mathrm{G}} \\ \cdots \\ \Delta T \end{bmatrix} \tag{7-59}$$

再考虑到发电机无功的变化和变比变化引起节点注入无功的变化总和应为零(忽略网损),故还有 $\mathbf{1}^{\mathrm{T}} \Delta \boldsymbol{Q} = 0$,写成:

$$\Delta \boldsymbol{Q}_s + 1_{\mathrm{G}}^{\mathrm{T}} \Delta \boldsymbol{Q}_{\mathrm{G}} + \mathbf{1}^{\mathrm{T}} \boldsymbol{K} \Delta \boldsymbol{T} = \mathbf{0} \tag{7-60}$$

式中,$\mathbf{1}_{\mathrm{G}}$ 是 r 维列矢量,其元素全是 1;$\mathbf{1}$ 是 n 维全 1 矢量;ΔQ_s 是平衡节点无功增量。

综上所述,可写出无功校正应满足的约束条件

$$\Delta \underline{\boldsymbol{V}} \leqslant [\boldsymbol{M}_{\mathrm{G}} \vdots -\boldsymbol{M}\boldsymbol{K}] \begin{bmatrix} \Delta \boldsymbol{Q}_{\mathrm{G}} \\ \Delta T \end{bmatrix} \leqslant \Delta \overline{\boldsymbol{V}} \tag{7-61a}$$

$$\Delta \underline{\boldsymbol{Q}} \leqslant \boldsymbol{H}[\boldsymbol{M}_{\mathrm{G}} \vdots -\boldsymbol{M}\boldsymbol{K}] \begin{bmatrix} \Delta \boldsymbol{Q}_{\mathrm{G}} \\ \Delta \boldsymbol{T} \end{bmatrix} \leqslant \Delta \overline{\boldsymbol{Q}}_b \tag{7-61b}$$

$$\Delta \underline{\boldsymbol{Q}}_{\mathrm{G}} \leqslant \Delta \boldsymbol{Q}_{\mathrm{G}} \leqslant \Delta \overline{\boldsymbol{Q}}_{\mathrm{G}} \tag{7-61c}$$

$$\Delta \underline{\boldsymbol{T}} \leqslant \Delta \boldsymbol{T} \leqslant \Delta \overline{\boldsymbol{T}} \tag{7-61d}$$

$$[\mathbf{1}_{\mathrm{G}}^{\mathrm{T}} \vdots \mathbf{1}_k^{\mathrm{T}}] \begin{bmatrix} \Delta \boldsymbol{Q}_{\mathrm{G}} \\ \Delta \boldsymbol{T} \end{bmatrix} + \Delta \boldsymbol{Q}_s = \mathbf{0} \tag{7-61e}$$

式(7-61)中的两端增量型的限值都表示相应的上/下限值与校正前的运行值之间的差值。式(7-61)中的一组 $\Delta \boldsymbol{Q}_{\mathrm{G}}, \Delta \boldsymbol{T}$ 即为问题的解。如果有多组解,可以从中找满足某一优化准则的最优解。例如可以用使 $\Delta \boldsymbol{Q}_{\mathrm{G}}, \Delta \boldsymbol{T}$ 最小为目标函数:

$$\sum_{i=1}^{r+1} \alpha_i \mid \Delta Q_{\mathrm{G}i} \mid \tag{7-62}$$

式中,α_i 为对每台发电机的罚系数。

式(7-61)和式(7-62)组成了有上下界约束的线性规划问题,可用线性规划算法求解。

7.6 电力系统最优潮流简介

以上介绍的安全校正问题实际上也是一种最优潮流问题。最优潮流用于对紧急状态的电力系统进行优化时,就是通常所说的安全校正;当电力系统处于正常状态,应用最优潮流

可以给出一种满足运行约束的经济运行解；当用于预想事故分析中，则可作为预想事故的校正对策分析。

如果电力系统应满足的潮流方程用

$$\boldsymbol{f}(\boldsymbol{x},\boldsymbol{u})=\boldsymbol{0} \tag{7-63}$$

表示，式中 $\boldsymbol{x}$ 表示状态变量，$\boldsymbol{u}$ 表示控制变量，潮流应满足的约束条件统一用

$$\boldsymbol{h}(\boldsymbol{x},\boldsymbol{u})\leqslant\boldsymbol{0} \tag{7-64}$$

表示，则我们是要找一组控制量 $\boldsymbol{u}$，使得在满足式(7-63)和式(7-64)两种约束条件下使目标函数

$$\min_{\boldsymbol{u}}\quad \boldsymbol{C}=\boldsymbol{c}(\boldsymbol{x},\boldsymbol{u}) \tag{7-65}$$

取极小值。通常，目标函数对有功优化取运行费用最小，对无功优化取网损最小。

将以上问题数学语言书写成

$$\begin{aligned}&\min_{\boldsymbol{u}}\quad \boldsymbol{C}=\boldsymbol{c}(\boldsymbol{x},\boldsymbol{u})\\&\text{s. t.}\quad \begin{aligned}\boldsymbol{f}(\boldsymbol{x},\boldsymbol{u})&=\boldsymbol{0}\\ \boldsymbol{h}(\boldsymbol{x},\boldsymbol{u})&\leqslant\boldsymbol{0}\end{aligned}\end{aligned} \tag{7-66}$$

这是有约束的非线性规划问题，可用各种优化算法求解。如果把式(7-66)中的越界不等式约束用罚函数引入到目标函数中，即有新的优化问题

$$\begin{aligned}&\min\widetilde{\boldsymbol{C}}(\boldsymbol{x},\boldsymbol{u})=\boldsymbol{c}(\boldsymbol{x},\boldsymbol{u})+\sum_{i\in\Omega}w_ih_i^2(\boldsymbol{x},\boldsymbol{u})\\&\text{s. t.}\quad \boldsymbol{f}(\boldsymbol{x},\boldsymbol{u})=\boldsymbol{0}\end{aligned} \tag{7-67}$$

式中，$\boldsymbol{\Omega}$ 是越界不等式约束的集合。再建立拉格朗日(Lagrange)函数

$$\boldsymbol{\ell}(\boldsymbol{x},\boldsymbol{u},\boldsymbol{\lambda})=\widetilde{\boldsymbol{C}}(\boldsymbol{x},\boldsymbol{u})+\boldsymbol{\lambda}^{\mathrm{T}}\boldsymbol{f}(\boldsymbol{x},\boldsymbol{u}) \tag{7-68}$$

式(7-66)的优化问题转变为寻找使式(7-68)的拉格朗日函数取最小的一组 x,u,λ。因此，拉格朗日函数应满足如下必要条件：

$$\frac{\partial\boldsymbol{\ell}}{\partial\boldsymbol{x}}=\frac{\partial\tilde{\boldsymbol{c}}}{\partial\boldsymbol{x}}+\frac{\partial\boldsymbol{f}^{\mathrm{T}}}{\partial\boldsymbol{x}}\boldsymbol{\lambda}=\boldsymbol{0} \tag{7-69a}$$

$$\frac{\partial\boldsymbol{\ell}}{\partial\boldsymbol{u}}=\frac{\partial\tilde{\boldsymbol{c}}}{\partial\boldsymbol{u}}+\frac{\partial\boldsymbol{f}^{\mathrm{T}}}{\partial\boldsymbol{u}}\boldsymbol{\lambda}=\boldsymbol{0} \tag{7-69b}$$

$$\frac{\partial\boldsymbol{\ell}}{\partial\boldsymbol{\lambda}}=\boldsymbol{f}(\boldsymbol{x},\boldsymbol{u})=\boldsymbol{0} \tag{7-69c}$$

这是一组以 $\boldsymbol{x},\boldsymbol{u},\boldsymbol{\lambda}$ 为自变量的非线性代数方程组，方程个数和未知变量个数相同。式(7-69c)是常规潮流方程。式(7-69a)中$\partial\boldsymbol{f}^{\mathrm{T}}/\partial\boldsymbol{x}$ 是潮流拉格朗日矩阵的转置。在式(7-69a)中解出 λ 并代入式(7-69b)中有

$$\nabla\boldsymbol{u}\overset{\text{def}}{=}\frac{\partial\boldsymbol{\ell}}{\partial\boldsymbol{u}}=\frac{\partial\tilde{\boldsymbol{c}}}{\partial\boldsymbol{u}}-\frac{\partial\boldsymbol{f}^{\mathrm{T}}}{\partial\boldsymbol{u}}\left[\frac{\partial\boldsymbol{f}^{\mathrm{T}}}{\partial\boldsymbol{x}}\right]^{-1}\frac{\partial\tilde{\boldsymbol{c}}}{\partial\boldsymbol{x}} \tag{7-70}$$

式中，$\nabla\boldsymbol{u}$ 是目标函数对控制变量 $\boldsymbol{u}$ 的梯度矢量，即控制变量的变化引起目标拉格朗日函数值的变化。按使$\nabla\boldsymbol{u}$ 减小量多的方向，即负梯度方向改变 $\boldsymbol{u}$，最后使得这种调整不能进一步减小目标函数为止，即 $\boldsymbol{u}$ 按下式修正

$$\boldsymbol{u}^{(k+1)}=\boldsymbol{u}^{(k)}-\alpha\,\nabla\boldsymbol{u}^{(k)} \tag{7-71}$$

式中，α 是标量，决定了修正步长，可用一维优化搜索法求出最优步长。

上面介绍的最优潮流算法叫简化梯度法，这是由 Dommel 和 Tinney 提出来的第一代 OPF 算法，其中采用了方程的一次偏导数来确定求解过程中的搜索方向，所以在很多文献中被称为一阶法。一阶法应用于大系统时，存在如下问题：

(1) 由于搜索方向出现锯齿形，会导致收敛缓慢；

(2) 最终结果取决于不同的起始点，也就是在初始阶段采用了不同的状态变量和控制变量的初值，有可能收敛到不同局优解。

数十年来，人们相继开发出不少采用线性规划和非线性规划求解 OPF 的算法，其中线性规划在求解关于有功的 OPF 方面被公认是有效的。在求解无功的 OPF 问题，用逐次线性规划也可以得到良好效果。但是，从求解大规模带约束的最优化问题来说，内点法是目前最有效的方法。

关于控制变量的选取，常选发电机有功、无功、机端电压、变压器可调分接头位置、无功补偿设备(如并联电容)等作为控制变量，状态变量仍是常规潮流中的电压幅值和角度。

最优潮流集潮流和优化为一体，是在线安全经济分析的一个最有力的工具，虽然计算复杂，计算量大，但经多年的发展，现在已经具备了在线应用的条件。

第 8 章 自动发电控制

8.1 引　言

电力系统实时运行中，如何调整发电机的出力，使得发电机的出力既能满足不断变化的负荷需要，同时还要使发电机工作在最经济的运行状况下，这是一个复杂的问题。

电力系统一般是高度互联的，每个地区的发电和负荷基本平衡，区域之间通过联络线联接，在必要时相互提供功率支援。这些相对独立的地区称为控制区，可用图 8.1 来说明，图中包括 A、B、C 3 个控制区。尽管每个控制区内的发电机主要提供本区域的负荷需要，由于电网的互联，全网的频率是统一的，当任一控制区负荷上升时，这一增加的负荷首先将由发电机转子储存的动能来提供，这将引起系统频率下降，系统频率的下降将引起发电机调速系统动作使发电机出力增加，最后使系统频率达到新的稳态值。

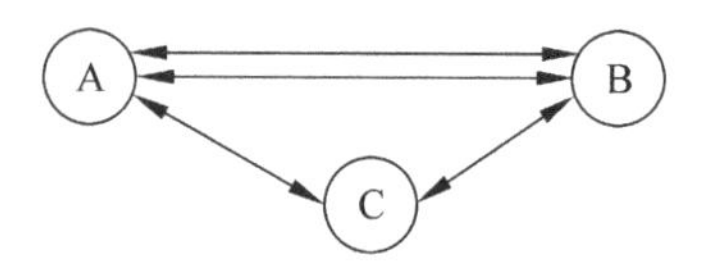

图 8.1　互联的电力系统

电力系统有功调度的控制对象一般为发电机的有功输出，紧急情况下也采用切除负荷等手段。当频率偏低时，说明电能供不应求，应该增加发电机有功功率输出；当频率偏高时，说明电能供大于求，应该降低发电机有功功率输出。

由于电力系统有功功率调整和频率控制问题非常复杂，一般在时间尺度上将其分解为 3 级进行协调控制，各级之间功能互补、相辅相成。一级负荷频率控制，又称一次调频，是通过所有发电机的调速器自发地根据频率变化调节发电出力和负荷频率静特性实现出力、负荷的实时平衡。二级负荷频率控制，也称二次调频，是调度通信中心的自动发电控制(automatic generation control，AGC)①程序通过远动通道对发电机进行控制。从而快速消除频率偏差。三级频率控制，也就是经济调度，是通过优化方法对发电厂的功率进行经济分配(欧洲的 UCTE 把二级和三级的频率控制统称为 AGC)。

概括地说，电力系统的有功调度主要要达到如下目的：

---

① AGC 是北美电力系统的叫法，欧洲的 UCTE(the union for the co-ordination of transmission of electricity)称之为 LFC(load-frequency control)。

(1) 使系统发电出力与负荷平衡；

(2) 维持系统频率为给定值；

(3) 使联络线交换功率维持在计划值；

(4) 在控制区内分配机组出力使运行费用最小，实现经济调度。

对于小的负荷扰动，第一个目标通过一次调频实现，第二和第三个目标则通过二次调频实现，即通过 AGC 调节发电出力设定值实现，第四个目标则要通过经济调度软件实现。由于篇幅所限，本章主要介绍 AGC 软件的基本原理。

8.2 分级的有功频率控制

有功频率控制一般可用如图 8.2 所示的结构图描述。其控制回路有 3 个，即机组控制(一次调频)、区域调整(二次调频)和区域跟踪控制(三次调频)。机组控制提供发电机输出的闭环控制，使发电机出力 P_G 等于机组给定出力。同时，参照系统的实际频率，还要计入调速器的频率响应，机组控制的输出给出调频同步器的驱动信号。机组控制环节要计及许多约束，如机组允许出力限制、出力变化率限制等。另外，同步器位置不应很快反向，以免造成阀门控制机构损坏。

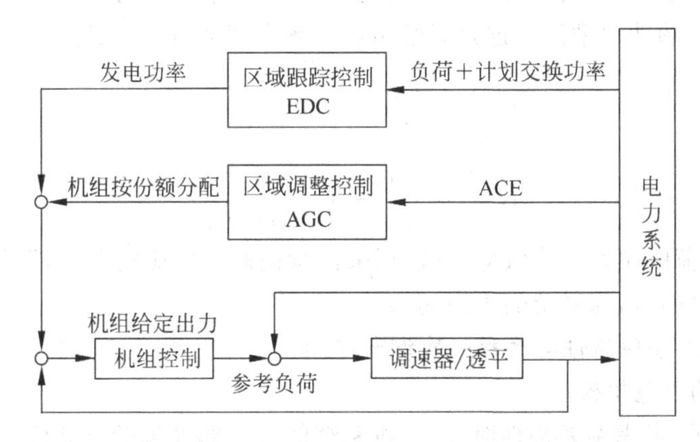

图 8.2 三级负荷频率控制示意图

区域调整控制就是以 AGC 作为基本控制环节，根据 ACE 的大小决定如何改变机组出力的设定值，它的动作时间在 10～30s，使 ACE 到零，完成负荷频率控制(LFC)的功能。

区域跟踪控制实际上是完成经济功率分配的功能(EDC)。它给出机组发电出力的计划值和交换功率的设定值，动作时间为数分钟到十几分钟。

三级负荷频率控制系统通过现代 AGC 系统实际上已融为一体，既能实现系统频率的稳定和交换计划的完成，又能实现经济功率分配。

8.2.1 一次调频

电力系统频率的一次调节是指利用系统固有的负荷频率特性，以及发电机的调速器的作用，来阻止系统频率偏离标准的调节方式。

1. 电力系统负荷的频率特性与频率一次调节作用

当电力系统中原动机功率或负荷功率发生变化时，必然引起电力系统频率的变化，此时，存储在系统负荷（如电动机等）的电磁场和旋转质量中的能量会发生变化，以阻止系统频率的变化，即当系统频率下降时，系统负荷会减少；当系统频率上升时，系统负荷会增加。这种现象称为系统负荷的惯性作用，即系统负荷 P_D是系统频率的函数，用下式表示：

$$P_D = P_{DN}\left[\alpha_0 + \alpha_1 \frac{f}{f_N} + \alpha_2\left(\frac{f}{f_N}\right)^2 + \cdots + \alpha_n\left(\frac{f}{f_N}\right)^n\right]$$

$$= P_{DN}\sum_{i=0}^{n}\alpha_i\left(\frac{f}{f_N}\right)^i = P_{DN}\sum_{i=0}^{n}\alpha_i f_*^i \tag{8-1}$$

式中，f_N 是额定频率，在我国为 50Hz。

或写成

$$P_{D^*} = \sum_{i=0}^{n}\alpha_i f_*^i \tag{8-2}$$

其中，$\sum_{i=0}^{n}\alpha_i = 1$。

式(8-2)即是系统有功负荷的静态频率特性。如图 8.3 所示，当发电机功率减小，系统频率下降时，系统有功负荷也将降低；当发电功率增加，系统频率上升时，系统有功负荷将升高。也就是说，系统负荷参与了功率不平衡的调节过程，使系统最后达到新的功率平衡。这是系统负荷的频率调节效应。常用

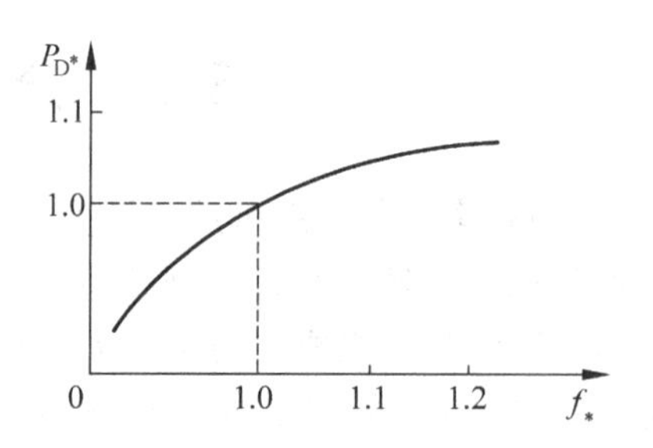

图 8.3 系统有功负荷的静态频率特性

$$K_D = \frac{\Delta P_D}{\Delta f} \tag{8-3}$$

或用标么值表示

$$K_{D^*} = \frac{\Delta P_{D^*}}{\Delta f_*} = \frac{\Delta P_D / P_{DN}}{\Delta f / f_N} \tag{8-3'}$$

式中，K_{D^*} 称为负荷的频率调节效应系数，用来衡量该调节效应的大小，取值通常在 1～3 之间。K_{D^*} 是无量纲的量，随系统的不同而异。

2. 发电机组的频率特性与频率一次调节作用

(1) 调频中的发电机模型

如图 8.4 所示，考虑调频特性时，发电机系统的主要部件包括原动机、涡轮、发电机和调速器等。其中，在涡轮驱动下的发电机可以简化成一个旋转的质块，该质块受机械力矩(T_{mech})和电磁力矩(T_{elec})的共同作用。当 $T_{mech} = T_{elec}$时，发电机转子保持匀速(ω)旋转，否则将增速或减速。

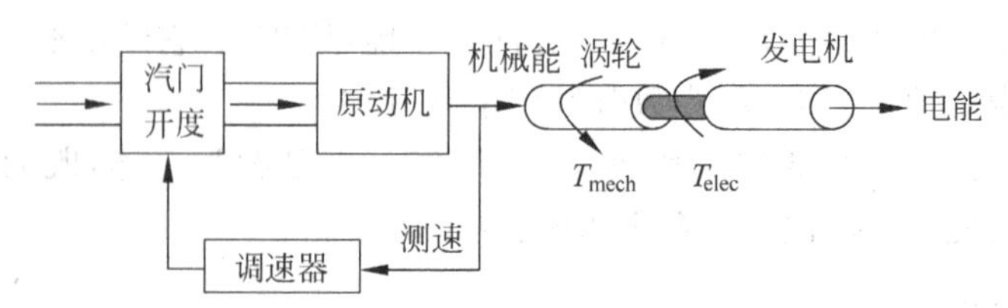

图 8.4 一次调频中发电机系统的模型

假设发电机转子的转动惯量计为 I，则发电机转子的运动方程可以表达为

$$T_{mech} - T_{elec} = I\frac{d\omega}{dt} = I\frac{d\Delta\omega}{dt} \tag{8-4}$$

式中，$\Delta\omega=\omega-\omega_0$，$\omega_0$ 为同步速。

根据力矩 T 和功率 P 的关系得

$$P=\omega T$$

则式(8-4)可写成

$$P_{\text{mech}}-P_{\text{elec}}=\omega I\frac{\mathrm{d}\Delta\omega}{\mathrm{d}t} \tag{8-5}$$

式中，P_{mech}是原动机的机械功率；P_{elec}是发电机的电气功率。

式(8-4)写成增量形式为

$$\Delta P_{\text{mech}}-\Delta P_{\text{elec}}=\omega I\frac{\mathrm{d}\Delta\omega}{\mathrm{d}t}\approx\omega_0 I\frac{\mathrm{d}\Delta\omega}{\mathrm{d}t}=M\frac{\mathrm{d}\Delta\omega}{\mathrm{d}t} \tag{8-6}$$

式中，$M=\omega_0 I$，为转子的角动量。

利用拉普拉斯变换，式(8-6)可写成

$$\Delta P_{\text{mech}}-\Delta P_{\text{elec}}=Ms\Delta\omega \tag{8-7}$$

采用标么值时，把角速度 ω 用频率 f 代替，则

$$\Delta P_{\text{mech}}-\Delta P_{\text{elec}}=Ms\Delta f \tag{8-7$'$}$$

其框图可以表示成图 8.5。

考虑负荷的频率调节效应式(8-3)和发电机转子的运动方程式(8-7)，可得发电机转子运动方程的框图，如图 8.6 所示。图中，$\Delta P_{\text{elec}}=\Delta P_{\text{L}}+K_{\text{D}}\Delta f$，$\Delta P_{\text{L}}$ 是与频率无关的负荷变化量，$K_{\text{D}}\Delta f$ 是由于频率变化造成的负荷扰动量。

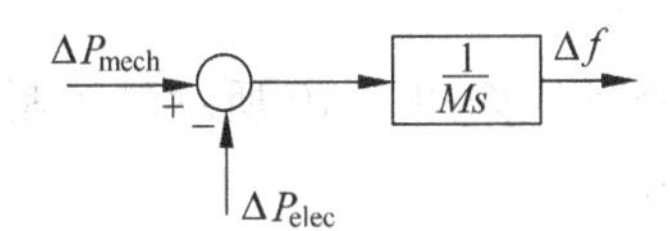

图 8.5 机械功率、电气功率与系统频率的关系

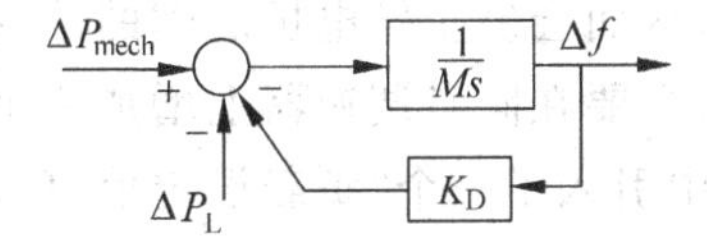

图 8.6 频率调节效应式、发电机转子惯性与系统频率的关系

(2) 调频中的原动机模型

传统的同步发电机的原动机包括汽轮机和水轮机。原动机的详细模型非常复杂，在此不做介绍。在调频分析建模中，对于非再热式汽轮机的模型可以表示成如图 8.7 的形式。图中，T_{CH} 为时间常数，ΔP_{valve}为阀门开度的单位调节量引起的功率变化。

(3) 调频中的调速器模型

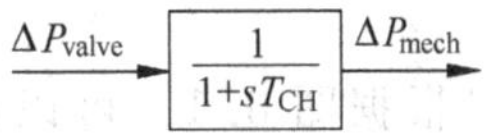

如果发电机的原动机总是工作在固定的机械出力上，则任何负荷扰动都会使发电机的转子角速度产生很大的变化，而只能靠负荷的频率调节效应来弥补功率不平衡量，系统显然是不能持续运行的。因此，原动机一般都安装调速器。如图 8.8 所示，调速器通过检测转子转速(系统频率)来调节原动机的汽门开度，从而改变机械出力。

$$\Delta P_{\text{valve}} \rightarrow \boxed{\frac{1}{1+sT_{\text{CH}}}} \rightarrow \Delta P_{\text{mech}}$$

图 8.7 原动机(非再热式汽轮机)模型

因此，图 8.8 中阀门开度的调节量引起的功率变化 ΔP_{valve}与频率偏差的关系为

$$\Delta P_{\text{valve}}=-\frac{K_{\text{G}}}{s}\Delta f \tag{8-8}$$

图 8.8 可以改成如图 8.9 所示。

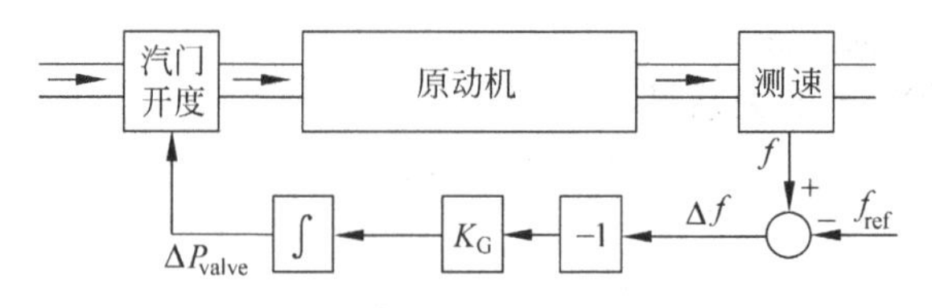

图 8.8 同步调速器

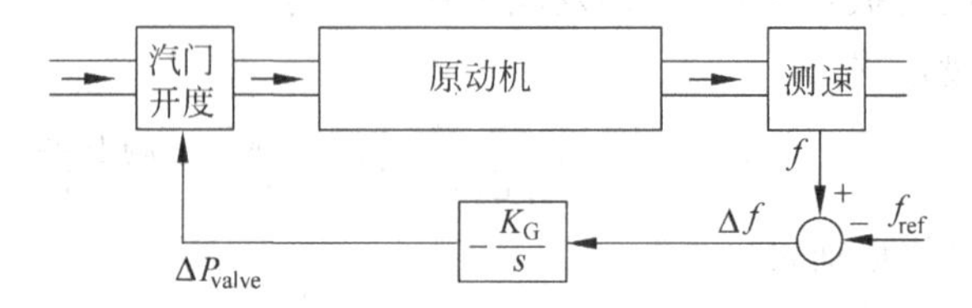

图 8.9 基于 PID 的同步调速器

对于单个发电机组，可以设计如图 8.9 所示的基于 PID 调节的同步调速器(synchronous governor)。测速器测量实际的频率 f 与参考频率 f_{ref} 比较得到差值 Δf，然后对频率差值求反，放大 K_G 倍后被积分形成控制信号，调整汽门开度。显然，通过同步调速器，可以保证发电机最终工作在参考频率 f_{ref} 下，因此该类调速器称为同步调速器。但是，对于一个多机的电力系统，这种同步的调速器是无法实际使用的。如果电网中有两个或两个以上的发电机安装了同步调速器，而它们的参考频率 f_{ref} 存在偏差，则各发电机都会围绕各自的参考频率调整出力，从而会发生发电机之间的冲突，引发功率振荡。

为此，需要在同步调速器上增加一个反馈控制回路形成如图 8.10 所示的控制器。反馈控制回路中引入了一个“负载设定值”L_{ref} 和增益系数 R。

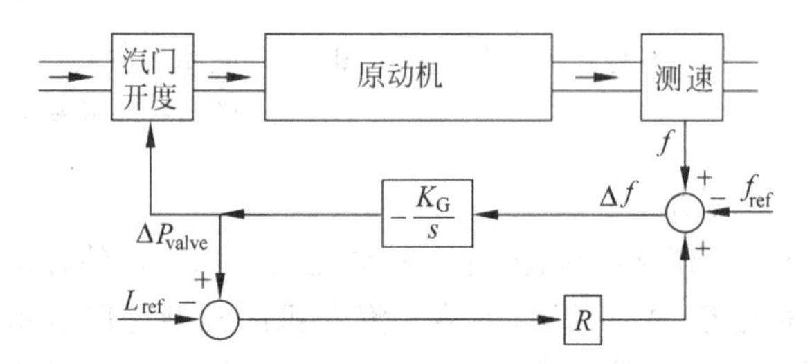

图 8.10 含速垂反馈控制的调速器

根据图 8.10，可以得出阀门开度的调节量引起的功率变化 ΔP_{valve} 与频率偏差的关系为

$$\Delta P_{valve} = \frac{1}{1 + s\left(\frac{1}{K_G R}\right)}\left(L_{ref} - \frac{\Delta f}{R}\right) \tag{8-9}$$

定义 $\frac{1}{K_G R} = T_G$，则式(8-9)变为

$$\Delta P_{valve} = \frac{1}{1 + sT_G}\left(L_{ref} - \frac{\Delta f}{R}\right) \tag{8-10}$$

所以，图 8.10 与图 8.11 等价。

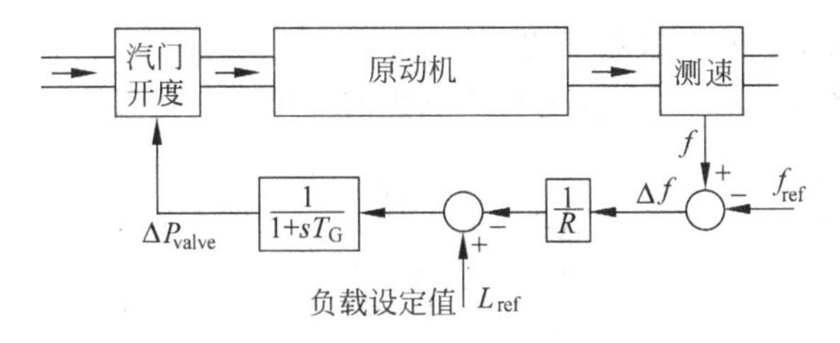

图 8.11　含速垂反馈控制的调速器

利用式(8-10),忽略时延,可以画出频率变化和发电机出力之间的关系曲线(发电机功频静特性曲线)。这是一条直线,其斜率就是反馈控制回路中的增益系数 R,即

$$R=-\frac{\Delta f}{\Delta P_G} \tag{8-11}$$

式中,R 称为发电机的调差系数; 等号右边负号表示当系统频率下降时,发电机出力将上升,两者符号相反。

因此,在含速垂反馈控制的调速器作用下,发电机的调频是一个有差控制。也就是说,当系统发生负荷扰动时,系统的频率是不能调节到额定值的。

调差系数 R 也可用标么值表示为

$$R_*=-\frac{\Delta f/f_N}{\Delta P_G/P_{GN}}=-\frac{\Delta f_*}{\Delta P_{G^*}} \tag{8-12}$$

调差系数的倒数是机组的单位调节功率(或称发电机组的功频静特性系数)K_G, K_G 的数值表示频率发生单位变化时,发电机组输出功率的变化量。K_G 的标么值形式为

$$k_{G^*}=\frac{1}{R_*}=-\frac{\Delta P_{G^*}}{\Delta f_*} \tag{8-13}$$

与负荷的频率调节效应系数 D_* 不同,发电机组的调差系数 R_* 和功频静特性系数 K_{G^*} 是可以整定的。一般情况下,调差系数 R 取值范围如下:

对汽轮发电机组　　$R_*=(4-6)\%$　$K_{G^*}=16.6\sim25$

对水轮发电机组　　$R_*=(2-4)\%$　$K_{G^*}=25\sim50$

式(8-12)又可写成

$$\Delta f_*+R_*\Delta P_{G^*}=0 \tag{8-14}$$

式(8-14)称为发电机组的静态调节方程。

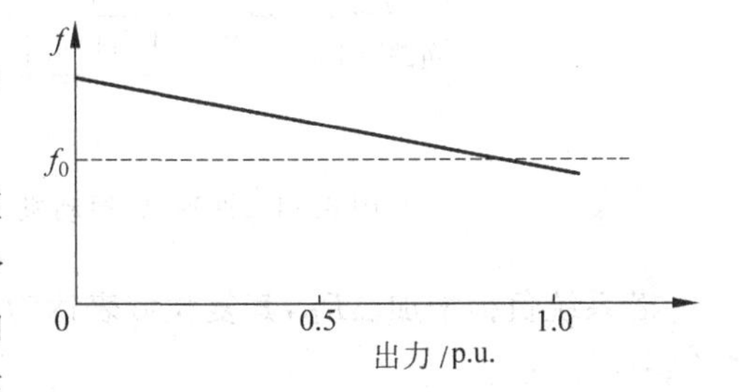

图 8.12　频率变化和发电机出力之间的关系曲线(发电机功频静特性曲线)

下面讨论两台机组间的有功功率分配。在正常运行情况,系统总负荷是 P,两台机分别分担 P_{G1} 和 P_{G2},系统频率是 f_N。当系统负荷增加到 P' 时,经调速器调节后,系统频率将稳定在 f',两台发电机功率分别变成 P'_{G1} 和 P'_{G2},分别增加了 ΔP_{G1} 和 ΔP_{G2}。增加的多少和机组调差特性有关,并有

$$-\Delta f=\Delta P_{G1}R_1=\Delta P_{G2}R_2 \tag{8-15}$$

即

$$\frac{\Delta P_{G1}}{\Delta P_{G2}}=\frac{R_2}{R_1} \tag{8-16}$$

说明机组间功率分配和调差系数成反比。

当系统负荷变化 ΔP_D后，每台发电机所承担的功率的变化量为

$$\Delta P_{Gi}=\frac{\frac{1}{R_i}}{\sum_{i=1}^{N}\frac{1}{R_i}}\Delta P_D \tag{8-17}$$

如图 8.13 所示，通过修改负载设定值 L_{ref}，可以使发电机在额定频率下的出力保持在不同的水平。L_{ref}的引入为二次调频提供了技术手段，实际上，二次调频就是通过修改 L_{ref}来实现的。

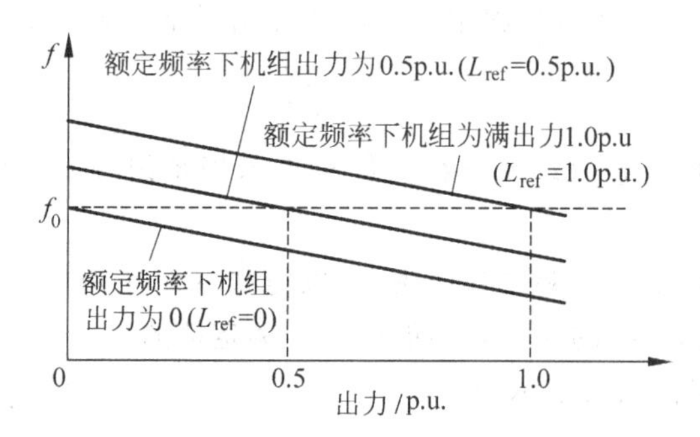

图 8.13 负荷设置值 L_{ref}频率变化和发电机功频静特性曲线的关系

(4) 电力系统的综合频率特性与一次调频作用

以上的分析是孤立分析了发电机本体、原动机、调速器和负荷的功频特性。总结以上的分析，我们可以构造出调速器、原动机、发电机本体和负荷总体的框图，如图 8.14 所示。

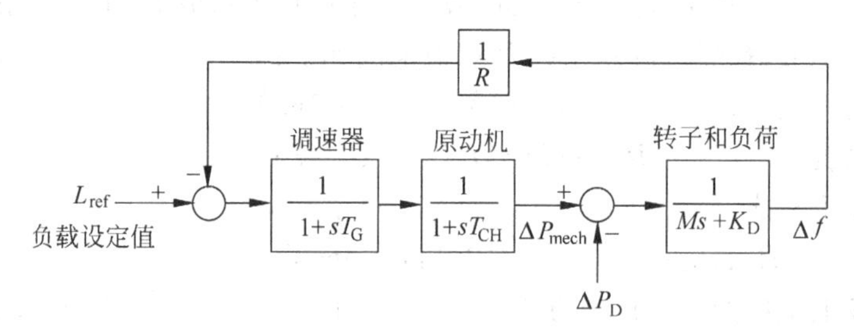

图 8.14 调速器、原动机、发电机本体和负荷总体的框图

若系统负荷增加 ΔP_D，其复频域表达为

$$\Delta P_D(s)=\frac{\Delta P_D}{s}$$

则系统频率将降低

$$\Delta f(s)=\frac{\Delta P_D}{s}\frac{\frac{-1}{Ms+K_D}}{1+\frac{1}{R}\left(\frac{1}{1+sT_G}\right)\left(\frac{1}{1+sT_{CH}}\right)\left(\frac{1}{Ms+K_D}\right)} \tag{8-18}$$

系统稳定后的频率变化为

$$\Delta f=\lim_{s\to 0}[s\Delta f(s)]=\frac{-\dfrac{\Delta P_{\mathrm{D}}}{K_{\mathrm{D}}}}{1+\dfrac{1}{R}\dfrac{1}{K_{\mathrm{D}}}}=\frac{-\Delta P_{\mathrm{D}}}{K_{\mathrm{D}}+\dfrac{1}{R}}=\frac{-\Delta P_{\mathrm{D}}}{K_{\mathrm{D}}+K_{\mathrm{G}}} \tag{8-19}$$

一方面，系统频率的下降将引起负荷功率减小；另一方面，系统频率降低将导致发电机出力增加。两者作用的结果使系统负荷达到新的平衡。

如果系统中连接了多台发电机，则每台发电机都参与一次调频

$$\Delta f=\frac{-\Delta P_{\mathrm{D}}}{K_{\mathrm{D}}+\dfrac{1}{R_1}+\dfrac{1}{R_2}+\cdots+\dfrac{1}{R_n}}=\frac{-\Delta P_{\mathrm{D}}}{K_{\mathrm{D}}+\sum\limits_i K_{\mathrm{G}i}} \tag{8-20}$$

定义 $\beta=K_{\mathrm{D}}+\sum\limits_i K_{\mathrm{G}i}$ 为系统频率调节效应系数或自然频率特性系数。

可见，系统频率的变化和系统负荷变化 ΔP_{D} 有关，也与发电机的调差系数以及系统中负荷的频率调节效应系数 K_{D} 有关。

每台机组有功出力的变化是

$$\Delta P_{\mathrm{G}i}=-K_{\mathrm{G}i}\Delta f=\frac{K_{\mathrm{G}i}\Delta P_{\mathrm{D}}}{\beta} \tag{8-21}$$

若不计负荷的频率调节效应，则有 $K_{\mathrm{D}}=0$，即

$$\Delta P_{\mathrm{G}i}=-\frac{K_{\mathrm{G}i}}{\sum\limits_i K_{\mathrm{G}i}}\Delta P_{\mathrm{D}}$$

以上原理可用图 8.15 来简化说明。

发电机出力和负荷的变化过程如下：

当系统中的负荷由初始负荷 P_{D} 增加 ΔP_{D} 而变成 P'_{D} 时，如果发电机调速系统不起作用，发电机出力恒保持为 P_{D}，则系统的频率将下降，系统负荷取用的有功将减小。单独依靠负荷频率调节效应系数达到新的平衡，运行点由 a 移到 b，频率由 f_{N} 下降到 f'，系统负荷功率仍为 P_{D}。此种情况，频率下降的多少取决于有功负荷增加 ΔP_{D}。

由于机组调速器的作用，机组将因频率的下降而增加出力，沿机组功频特性直线由 b 到 c，P_{G} 由原来的 P_{D} 变成 P''_{D}，运行点最后稳定在 c 点，这时，系统负荷功率是 P''_{D}，频率为 f''，此时的频率变化 $f''-f_{\mathrm{N}}$ 将比 $f'-f_{\mathrm{N}}$ 小，可见，调速器对频率的调节作用很明显。

由图 8.15 可见，负荷增加 ΔP_{D}，一部分由机组增加出力 $\Delta P''_{\mathrm{D}}$ 来平衡，另一部分由系统频率下降所引起的负荷的减少来平衡。达到新的稳态点 c 时，频率将低于原来的频率 f_{N}。这种调节作用叫一次调节。图 8.16 是一次调节后的频率变化曲线。

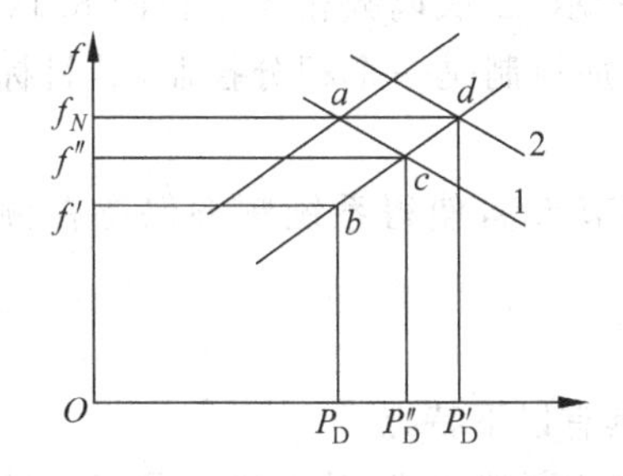

图 8.15 系统负荷变化引起系统频率变化

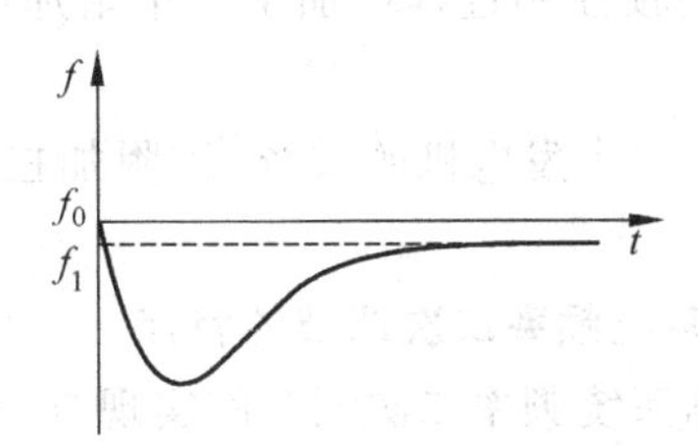

图 8.16 系统负荷扰动后一次调节的频率变化

3. 系统频率一次调节的特点

除了系统负荷固有的频率调节特性外，发电机组参与系统频率的一次调节，具有以下特点：

(1) 系统频率一次调节由原动机的调速系统实施，对系统频率变化的响应快，如果系统频率能稳住，则该过程一般小于2s。

(2) 由于火力发电机组的一次调节仅作用于原动机的进汽阀门位置，而未作用于火力发电机组的燃烧系统。当阀门开度增大时，是锅炉中的蓄热暂时改变了原动机的功率，由于燃烧系统中的化学能量没有发生变化，随着蓄热量的减少，原动机的功率又会回到原来的水平。因而，火力发电机组参与系统频率一次调节的作用时间是短暂的。不同类型的火力发电机组，由于蓄热量的不同，一次调节的作用时间为0.5～2min不等。

(3) 发电机组参与系统频率一次调节采用的调整方法是有差特性法，其优点是所有机组的调整只与一个参变量(系统频率)有关，机组之间相互影响小。但是，它不能实现对系统频率的无差调整。

4. 系统频率一次调节的作用

从电力系统频率一次调节的特点可知，它在电力系统频率调节中的作用如下：

(1) 自动平衡电力系统的第一种负荷分量，即那些快速的、幅值较小的负荷随机波动。

(2) 频率一次调节是控制系统频率的一种重要方式，但由于它的调节作用的衰减性和调整的有差性，因此不能单独依靠它来调节系统频率。要实现频率的无差调整，必须依靠频率的二次调节。

(3) 对异常情况下的负荷突变，系统频率的一次调节可以起某种缓冲作用。

8.2.2　二次调频

1. 电力系统频率二次调节的基本概念

从上面的分析可以看出，一次调节是频率的有差调节。如图8.14所示，一次调频中发电机调速器的负荷设定值L_{ref}是一个固定值。为了维持系统频率在给定的值，就要用人工或由自动调频装置来调节调速器的负荷设定值L_{ref}，使发电机功频曲线上移，如图8.15中由直线1移到直线2。于是发电机出力增大系统频率上升，频率的上升使负荷取用的功率增加，最后机组输出功率与负荷取用功率平衡，发电机输出功率是P'_D，系统频率又回到f_N，运行点在d。这种改变调速器的负荷设定值L_{ref}，使发电机功频曲线平移，维持系统频率为给定值的过程叫二次调节。二次调节是AGC的工作任务。二次调节也称负荷频率控制(LFC)，其动作完成时间周期大约为10s。如图8.17所示，二次调频相当于在图8.14所示的一次调频控制过程增加了一个附加反馈控制，该附加控制是一个积分控制，其目标是调节L_{ref}。

对于单个发电机的系统，该附加控制可以通过调节L_{ref}，使得系统频率保持在额定频率下。

2. 系统频率二次调节的特点

根据系统频率二次调节的实现方法，不难看出它具有以下特点：

(1) 频率的二次调节，不论是采用分散的还是集中的调整方式，其作用均是对系统频率实现无差调整。

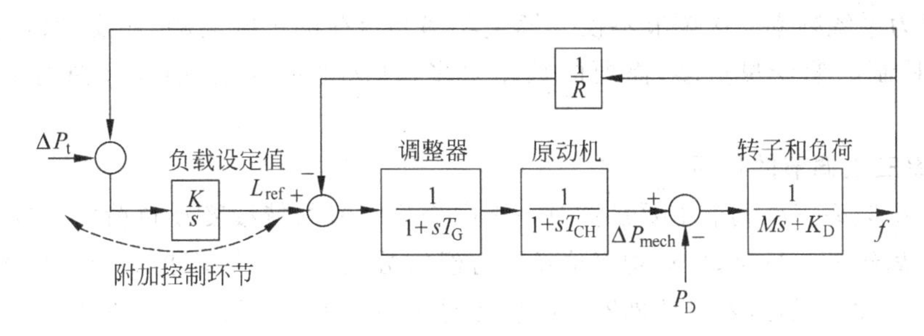

图 8.17 考虑了二次调频效益的发电机调节的框图

(2) 在具有协调控制的火力发电机组中，由于受能量转换过程的时间限制，频率二次调节对系统负荷变化的响应比一次调节要慢，它的响应时间一般需要 1～2min。

(3) 在频率的二次调节中，对机组功率往往采用简单的比例分配方式，常使发电机组偏离经济运行点。

3. 系统频率二次调节的作用

根据电力系统频率二次调节的这些特点可知，其调节作用如下：

(1) 由于系统频率二次调节的响应时间较慢，因而不能调整那些快速变化的负荷随机波动，但它能有效地调整分钟级和更长周期的负荷波动。

(2) 频率二次调节的作用可以实现电力系统频率的无差调整。

(3) 由于响应时间的不同，频率二次调节不能代替频率一次调节的作用；而频率二次调节的作用开始发挥的时间，与频率一次调节作用开始逐步失去的时间基本相当，因此，两者若在时间上配合好，在系统发生较大扰动时快速恢复系统频率相当重要。

(4) 频率二次调节带来的使发电机组偏离经济运行点的问题，需要由频率的三次调节(功率经济分配)来解决；同时，集中的计算机控制也为频率的三次调节提供了有效的闭环控制手段。

8.2.3 三次调频

1. 系统频率三次调节的基本概念

电力系统频率三次调节亦称发电机组有功功率经济分配，其主要任务是经济、高效地实施功率和负荷的平衡。频率三次调节要解决以下问题：

(1) 以最低的开、停机成本(费用)安排机组组合，以适应日负荷的大幅度变化。

(2) 在发电机组之间经济地分配有功功率，使得发电成本(费用)最低。在地域广阔的电力系统中，则需考虑发电成本(发电费用)和网损(输电费用)之和最低。

(3) 为预防电力系统故障对负荷的影响，在发电机组之间合理地分配备用容量。

(4) 在互联电力系统中，通过调整控制区之间的交换功率，在控制区之间经济地分配负荷。

2. 频率三次调节的特点

电力系统频率三次调节与一次、二次调节的区别较大，其特点主要是：

(1) 电力系统频率三次调节与频率一次、二次调节不同，不仅要对实际负荷的变化作出反应，更主要的是要根据预计的负荷变化，对发电机组有功功率事先作出安排。

(2) 电力系统频率三次调节不仅要解决功率和负荷的平衡问题，还要考虑成本或费用的问题，需控制的参变量更多，需要的数据更多，算法也更复杂，因此其执行周期不可能很短。

3. 频率三次调节的作用

电力系统频率三次调节主要是针对一天中变化缓慢的持续变动负荷安排发电计划，在发电功率偏离经济运行点时，对功率重新进行经济分配。其在频率控制中的作用主要是提高控制的经济性。但是，发电计划安排的优劣对频率二次调节的品质有重大的影响，如果发电计划与实际负荷的偏差较大，则频率二次调节所需的调节容量就越大，承担的压力越重。因此，应尽可能提高频率三次调节的精确度。

表 8.1　三级负荷频率控制的特性对比

	区　域　性	是 否 有 差	是 否 优 化	时　间　级
一次调频	本地	有差	无优化	小于 1s
二次调频	全局	无差	无优化	10s 级
三次调频	全局	无差	有优化	分钟级

8.3　互联电力系统的自动发电控制

随着电力系统的不断发展，原先独立运行的单一电力系统逐步和相邻的电力系统实现互联运行。电力系统的互联运行给互联各方带来巨大的安全经济效益。对用户而言，亦可使供电的可靠性有所提高。但在另一方面，电力系统的互联也带来了联络线交换功率的窜动。系统的容量越大，联络线功率窜动的容量越大。严重情况下，会引起联络线过载。如果对互联的电力系统管理不善，也会产生许多不利的因素，系统的安全、优质运行可能得不到保障。

8.3.1　联合电力系统的自动调频特性分析

联合电力系统可以采用全系统统一调频的方案，也可以采用各子系统分别调频的方案。前者需要的信息量大，实现起来十分困难。后者认为各区域系统有功各自平衡。在一段时间内，联络线交换功率保持不变，子系统内负荷的变化由本系统内发电机出力的变化来平衡。这种方式只需要本子系统内的信息和联络线功率信息，不需要别的子系统内的信息，容易实现。

联合电力系统中，尽管子系统只对本系统的频率变化进行调整，但实际系统是互联的，频率同步变化，全系统为同一频率。如何区分频率变化是由本子系统负荷变化引起的还是别的子系统的频率变化引起的？可以用图 8.18 的两个子系统组成的互联系统为例来说明。

当 A 系统负荷增加 ΔP_L 时，假如 B 系统负荷不变，则系统频率将下降，并有

$$-\Delta f = \frac{\Delta P_L}{\beta} \tag{8-22}$$

式中，β 为系统频率调节效应系数或自然频率特性系数，它与发电机调差特性系数有关，也与负荷的频率调节效应系数有关。

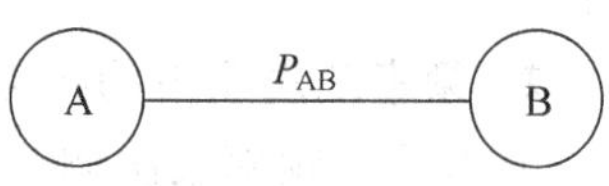

A　P_{AB}　B

图 8.18　两个子系统组成的简单互联电力系统

这一频率的下降对 A、B 两个子系统都一样。因频率下降，B 系统发电机将增加出力。由于 B 系统负荷未变，所以 B 系统接受 A 系统送来的有功将减少，减少量为 ΔM，由 P_{AB} 变为 P'_{AB}，即

$$P'_{AB}=P_{AB}+\Delta M$$

式中，$\Delta M<0$。对 A 系统，由于频率降低，A 系统将增加发电出力，但不足以抵偿 A 系统负荷的增加，这使得 A 系统送出的功率将减少，减少量为 ΔM，其结果相当于 A 系统负荷增加了 $\Delta P_L+\Delta M$，而 A 系统的频率调节效应系数是 K_A，则有

$$\frac{\Delta P_L+\Delta M}{K_A}=-\Delta f=\frac{\Delta P_L}{\beta}$$

对于 A 系统，负荷增加 ΔP_L 时

$$\Delta M=\left(\frac{K_A}{\beta}-1\right)\Delta P_L<0 \tag{8-23}$$

即 $\Delta M<0$，负荷增加的系统其输出交换功率减少。

如果 B 系统负荷增加 ΔP_L，A 系统负荷不变，系统频率仍按式(8-22)变化，系统频率下降将使 A 系统发电机出力增加。由于 A 系统负荷不变，所以 A 向 B 传输的功率增加，增加量是 ΔM，ΔM 也就是 A 系统发电出力的增加量，故有

$$\frac{\Delta M}{K_A}=-\Delta f=\frac{\Delta P_L}{\beta}$$

对于 B 系统，负荷增加 ΔP_L 时

$$\Delta M=\frac{K_A}{\beta}\Delta P_L>0 \tag{8-24}$$

由此可见，本子系统内的负荷增加将使本子系统输出功率减小，本子系统外的负荷增加将使本子系统的输出功率增加。

要知道是哪个子系统的负荷发生了变化，可以通过系统频率的变化和子系统间交换功率的变化来判断。

考虑如下情况：

(1) 当系统的 A 区负荷增加，B 区负荷不变，则系统频率降低 $\Delta f<0$，联络线交换功率增量 $\Delta M<0$，则 $\Delta f\Delta M>0$；

(2) 当系统的 A 区负荷减少，B 区负荷不变，则系统频率升高 $\Delta f>0$，联络线交换功率增量 $\Delta M>0$，则 $\Delta f\Delta M>0$；

(3) 当系统的 B 区负荷增加，A 区负荷不变，则系统频率降低 $\Delta f<0$，联络线交换功率增量 $\Delta M>0$，则 $\Delta f\Delta M<0$；

(4) 当系统的 B 区负荷减少，A 区负荷不变，则系统频率升高 $\Delta f>0$，联络线交换功率增量 $\Delta M<0$，则 $\Delta f\Delta M<0$。

因此，存在如下规则：

(1) $\Delta f\Delta M>0$，则本区域负荷发生变化；

(2) $\Delta f\Delta M<0$，则本区域外负荷发生变化。

由此可见，在自己的分区里，只要监视系统频率变化和交换功率的变化，就可实现分区调频的目的。因此，互联电力系统中 AGC 的控制基本原则是在保证系统频率质量的前提下，执行区域间的功率交换计划，每个区域负责处理本区域所发生的负荷扰动，并在紧急情

况下给相邻区域以临时性的功率支持。

8.3.2　互联电力系统的控制区和区域控制偏差

1. 电力系统的控制区

控制区是指通过联络线与外部相连的电力系统。如图8.19所示，在控制区之间联络线的公共边界点上，均安装了计量表计，用来测量并控制各区之间的功率及电量交换。计量表计采用不同的符号分送两侧，以有功功率送出为正，受进为负。

电力系统的控制区可以通过控制区内发电机组的有功功率和无功功率来维持与其他控制区联络线的交换计划，并且维持系统的频率及电压在给定的范围之内，维持系统具有一定的安全裕度。

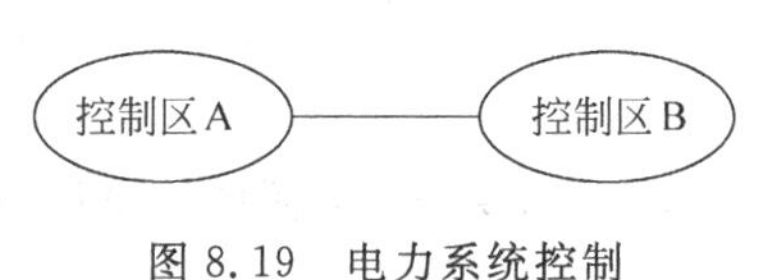

图8.19　电力系统控制

2. 区域控制偏差

电力系统的控制区是以区域的负荷与发电来进行平衡的。对一个孤立的控制区，当其发电能力小于其负荷需求时，系统的频率就会下降；反之，系统的频率就会上升。

当电力系统由多个控制区互联组成时，系统的频率是一致的。因此，当某一控制区内的发电与负荷产生不平衡时，其他控制区通过联络线上功率的变化对其进行支援，从而使得整个系统的频率保持一致。

联络线的交换功率一般由系统控制区之间根据相互签订的电力电量合同协商而定，或由互联电力系统调度机构确定。在联络线的交换功率确定之后，各控制区内部发生的计划外负荷，原则上应由本系统自己解决。从系统运行的角度出发，各控制区均应保持与相邻的控制区间的交换功率和频率的稳定。换句话说，在稳态情况下，对各控制区而言，应确保其联络线交换功率值与交换功率计划值一致，系统频率与目标值一致，以满足电力系统安全、优质运行的需要。

区域控制偏差(area control error，ACE)是根据电力系统当前的负荷、发电功率和频率等因素形成的偏差值，它反映了区域内的发电与负荷的平衡情况，由联络线交换功率与计划的偏差和系统频率与目标频率偏差两部分组成。

ACE的基本计算公式如下：

$$\text{ACE} = \left(\sum P_{ti} - \sum P_{sj}\right) - 10B(f - f_0) \tag{8-25}$$

式中，$\sum P_{ti}$为控制区所有联络线交换功率的实际量测值之和；$\sum P_{sj}$为控制区与外区的功率交易计划之和；B为控制区的功频调差系数(−MW/0.1Hz)；f为系统频率的实际值；f_0为系统频率的额定值。

8.3.3　互联电力系统中单个控制区的AGC控制策略

1. 定频率控制

定频率控制(flat frequency control，FFC)的区域控制偏差(ACE)只包括频率分量，其计算公式如下：

$$\text{ACE} = -10B(f - f_0) \tag{8-26}$$

AGC的调节作用是当系统发生负荷扰动时，根据系统频率出现的偏差调节AGC机组的有功功率，将因频率偏差引起的ACE控制到规定的范围之内，从而使频率偏差亦控制到零。定频率控制模式一般用于单独运行的电力系统或互联电力系统的主系统中。

2. 定交换功率控制

定交换功率控制(flat tie-line control，FTC)的区域控制偏差(ACE)只包括联络线净交换功率分量，其计算公式表示如下：

$$ACE = \sum P_{ti} - \sum P_{sj} \tag{8-27}$$

AGC的调节作用是当系统发生负荷扰动时，将因联络线净交换功率分量偏差所引起的ACE控制到规定的范围之内。

3. 联络线功率频率偏差控制

在联络线功率及频率偏差控制(tie line bias frequency control，TBC)模式中，需要同时检测 $\sum P_{ti}$ 和 Δf，区域控制偏差的计算公式如下：

$$ACE = \left(\sum P_{ti} - \sum P_{sj}\right) - 10B(f - f_0) = \Delta P_t - 10B\Delta f$$

控制区功频调差系数 B 的设定应该尽量接近系统的自然频率特性系数 β。但是自然频率特性系数 β 与系统的运行状态有关，是时变非线性的，因此对功频调差系数 B 的整定往往比较困难。如果功频调差系数 B 不能整定为自然频率特性系数 β，调频机组对本系统的负荷变化响应将会发生过调或欠调现象。

联络线功率及频率偏差控制模式一般用于互联电力系统中。当系统发生负荷扰动时，通过调节机组的有功功率，最终可以将因联络线功率、频率偏差造成的ACE控制到规定范围之内。

8.3.4 互联电力系统多区域控制策略的应用与配合

互联电力系统进行负荷频率控制的基本原则是在给定的联络线交换功率条件下，各个控制区域负责处理本区域发生的负荷扰动。只有在紧急情况下，才给予相邻系统以临时性的事故支援，并在控制过程中得到最佳的动态性能。下面以两个控制系统组成的互联电力系统为例，讨论互联电力系统的功率交换特性，以及各种负荷频率控制策略相配合的性能特点。

1. 互联电力系统的功率交换特性

互联电力系统的负荷频率控制是通过调节各控制区内发电机组的有功功率来保持区域控制偏差(ACE)在规定的范围之内。先以简单的互联电力系统为例进行分析。

图8.20表示两个互联的电力系统之间的功率交换情况。假设 β_A 和 β_B 分别是系统A和系统B的频率调节效应系数，系统A和系统B的负荷变化分别为 ΔP_A 和 ΔP_B，A、B两系统均设有二次调节的电厂，其发电的有功功率变化分别为 ΔG_A 和 ΔG_B，联络线功率变化为 ΔP_t，则

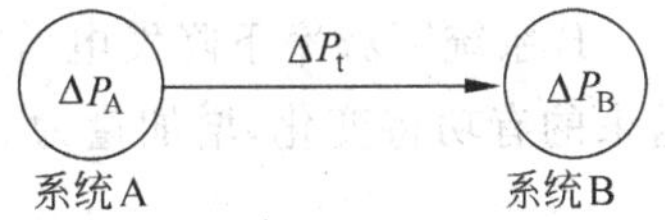

ΔP_A ΔP_t ΔP_B
系统A 系统B

图8.20 互联系统功率交换特性

$$\Delta G_A - \Delta P_A = \beta_A \Delta f + \Delta P_t \tag{8-28}$$

$$\Delta G_B - \Delta P_B = \beta_B \Delta f - \Delta P_t \tag{8-29}$$

由式(8-28)和式(8-29)可解得

$$\Delta f = \frac{\Delta G_{A} - \Delta P_{A} + \Delta G_{B} - \Delta P_{B}}{\beta_{A} + \beta_{B}}$$

$$\Delta P_{t} = \frac{\beta_{B}(\Delta G_{A} - \Delta P_{A}) - \beta_{A}(\Delta G_{B} - \Delta P_{B})}{\beta_{A} + \beta_{B}}$$

2. TBC-TBC 控制模式

如图 8.20 所示，组成互联电力系统的 A、B 两系统均采用联络线功率及频率偏差控制(TBC)模式。假设 B_{A} 和 B_{B} 分别为 A 和 B 系统的频率调差系数，正常情况下联络线的功率由 A 系统输送到 B 系统。此时，A、B 两系统的区域控制偏差分别为

$$ACE_{A} = \Delta P_{t} + B_{A}\Delta f$$

$$ACE_{B} = -\Delta P_{t} + B_{B}\Delta f$$

假设 A、B 两系统的频率调差系数 B_{A} 和 B_{B} 取自系统的频率调节效应系数 β_{A} 和 β_{B}。在 TBC-TBC 的模式下，互联电力系统的二次调频框图如图 8.21 所示。

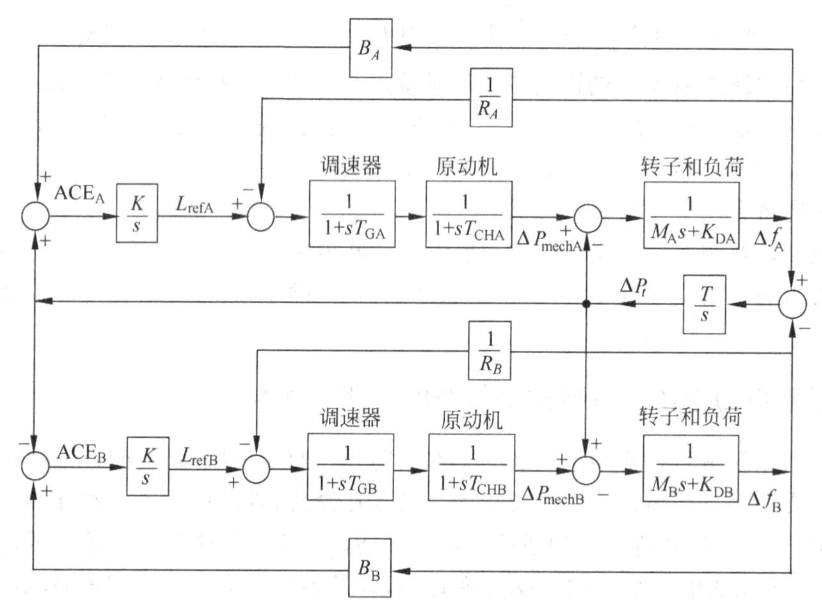

图 8.21 TBC-TBC 系统二次调频框图

若系统 A 发生负荷扰动 ΔP_{L}，则系统频率变化量 Δf 为

$$\Delta f = -\frac{\Delta P_{L}}{\beta_{A} + \beta_{B}}$$

B 系统因频率下降发电机将增加出力。由于 B 系统负荷未变，所以 B 系统接受 A 系统送来的有功将变化，增加量为 ΔP_{AB}

$$\Delta P_{AB} = -\Delta f K_{B} = -\frac{\beta_{B}\Delta P_{L}}{\beta_{A} + \beta_{B}}$$

则 A 区的 ACE 为

$$ACE_{A} = \beta_{A}\Delta f + \Delta P_{AB} = -\frac{\beta_{A}\Delta P_{L}}{\beta_{A} + \beta_{B}} - \frac{\beta_{B}\Delta P_{L}}{\beta_{A} + \beta_{B}} = -\Delta P_{L}$$

B 区的 ACE 为

$$ACE_{B} = \beta_{B}\Delta f + \Delta P_{AB} = 0$$

由此可见，对于 TBC-TBC 控制模式，在控制系数选取合理的前提下，不论负荷扰动发生在哪个控制区，在频率波动较小的情况下，只有发生扰动的控制区才产生控制作用，其他控制区一般不会进行控制。在互联电力系统中，一般推荐采用这种控制模式。

由于控制区的功频调差系数与系统的运行状态有关，而机组的调差系数也并非一条直线，因此对功频调差系数的整定往往比较困难。如果功频调差系数不能整定为系统功频调差系数，调频机组对本系统的负荷变化响应将会发生过调或欠调现象。

联络线功率及频率偏差控制模式一般用于互联电力系统中。当系统发生负荷扰动时，通过调节机组的有功功率，最终可以将因联络线功率、频率偏差造成的 ACE 控制到规定范围之内。

3. FTC-FTC 控制模式

如图 8.20 所示，当组成互联电力系统的 A、B 两个系统均采用定联络线功率控制(FTC)模式时，A、B 两系统的区域控制偏差分别为

$$ACE_A = \Delta P_t$$
$$ACE_B = -\Delta P_t$$

假设 A、B 两系统的频率调差系数 B_A 和 B_B 取自系统的频率调节效应系数 β_A 和 β_B。在定交换功率控制模式中，通过控制调频机组有功功率来保持区域联络线净交换功率偏差 $\Delta P_t=0$，即

$$\Delta G_A - \Delta P_A = \beta_A \Delta f$$
$$\Delta G_B - \Delta P_B = \beta_B \Delta f$$

在互联电力系统中，如果所有控制区均选择 FTC-FTC 模式，当系统 A 发生负荷扰动时，A、B 两系统按 ΔP_t 的变化进行有功功率调节。当 $\Delta P_t=0$ 时，停止调节，此时系统的频率变化为

$$\Delta f = \frac{\Delta G_A - \Delta P_A}{\beta_A} \quad \text{或} \quad \Delta f = \frac{\Delta G_B - \Delta P_B}{\beta_B}$$

这也说明，在互联电力系统中，采用定交换功率控制模式不能保证系统频率恒定。

只有当 $\Delta G_A=\Delta P_A$，$\Delta G_B=\Delta P_B$ 时才能同时保持 $\Delta P_t=0$ 和 $\Delta f=0$。

当一个控制区负荷增加过多而不能依靠本系统的二次调频进行抵偿时，需要其他控制区进行调节支援，这时会出现系统频率变化量不能为零的现象。如 B 系统发生负荷扰动，引起系统频率下降时，由于 $\Delta f<0$，A 系统向 B 系统输送联络线功率增加，$\Delta P_t>0$。A 系统的调频机组减少有功功率，B 系统的调频机组增加有功功率，以阻止 A 系统向 B 系统的输送功率的增加。A、B 两系统均不能对系统频率进行有效的控制，情况严重时，可能造成系统的崩溃。

因此，互联电力系统不允许采用这种 FTC-FTC 控制模式，它只适合于互联电力系统中小容量的电力系统，对于整个互联电力系统来说，必须有另一个控制区采用 FFC 模式来维持互联系统的频率恒定，否则互联电力系统不能进行稳定的并联运行。

4. FFC-FFC 控制模式

如图 8.20 所示，当组成互联电力系统的 A、B 两个系统均采用定频率控制(FFC)模式时，假设 A、B 两系统的频率调差系数 B_A 和 B_B 取自系统的频率调节效应系数 β_A 和 β_B。正常情况下，联络线的功率由 A 系统输入到 B 系统。此时，A、B 两系统的区域控制偏差分别为

$$ACE_A = \beta_A \Delta f$$

$$ACE_B = \beta_B \Delta f$$

在定频率控制方式中，当系统A发生负荷扰动时，A、B两系统按Δf的变化进行有功功率调节。只有当$\Delta f=0$时，才停止调节。由两系统的联络线功率特性的算式(8-22)和式(8-23)可知，联络线上的功率变化量为

$$\Delta P_t = \Delta G_A - \Delta P_A - \beta_A \Delta f = \Delta G_A - \Delta P_A$$

或

$$\Delta P_t = \beta_B \Delta f - \Delta G_B + \Delta P_B = -\Delta G_B + \Delta P_B$$

这说明，在互联电力系统中，按定频率控制模式工作时，联络线交换功率ΔP_t一般不为0，只有当$\Delta G_A=\Delta P_A$，$\Delta G_B=\Delta P_B$时，才可保持$\Delta P_t=0$，$\Delta f=0$。

当某一系统负荷增加过多而不能依靠本系统的二次调频进行补偿时，亦即需要其他系统进行调节支援的情况下，会必然出现交换功率变化量不为零的现象。如B系统发生负荷扰动，引起系统频率下降时，由于$\Delta f<0$，导致A、B两系统的区域控制偏差ACE同时为负。此时，A、B两系统同时增加机组的有功功率，以提高系统的频率，A系统就向B系统输送超额的联络线功率，往往引起互联电力系统之间的功率交换超过联络线输送能力。

另外，由于A、B两系统的区域控制偏差ACE是同方向的，两系统就同时加、减发电功率，往往容易引起频率过调而产生振荡。因此，在互联电力系统中，不能采用这种控制模式。

5. FFC-FTC控制模式

如图8.20所示，在A、B两个系统组成的互联电力系统中，当A系统采用定频率控制(FFC)模式，B系统采用定联络线功率控制(FTC)模式时，假设A、B两系统的频率调差系数B_A和B_B取自系统的频率调节效应系数β_A和β_B，正常情况下联络线的功率由A系统输送到B系统。此时，A、B两系统的区域控制偏差分别为

$$ACE_A = \beta_A \Delta f$$

$$ACE_B = -\Delta P_t$$

当A系统发生负荷扰动，引起系统频率下降时，由于$\Delta f<0$，导致A系统的ACE为负。此时，A系统开始增加机组的有功功率，以提高系统频率。而此时，A系统向B系统输送联络线功率ΔP_t下降，引起$\Delta P_t<0$。B系统只对减少的$-\Delta P_t$进行控制，对B系统而言，必须减少调频机组的有功功率，以确保交换功率$\Delta P_t=0$。B系统的这一控制行为加剧了整个系统的功率缺额。对互联电力系统而言，这种控制策略不能很好地进行配合。

当B系统发生负荷扰动，引起系统频率下降时，由于$\Delta f<0$，A系统的ACE为负。此时，A系统首先增加机组的有功功率，以提高系统的频率。A系统向B系统输送的联络线交换功率ΔP_t增加，即$\Delta P_t>0$。对B系统而言，必须对增加的$-\Delta P_t$进行控制，B系统首先增加调频机组的有功功率，以阻止A系统输送的联络线功率增量。这种情况下的控制策略可以进行配合。

在互联电力系统中，一般不推荐采用这种控制模式。这种控制模式只适合在大系统与小系统互联的电力系统中，大系统有足够的调节容量以确保互联系统的频率质量，小系统的控制目标主要是维持本系统的发电和用电平衡。

6. FFC-TBC控制模式

如图8.20所示，在A、B两个系统组成的互联电力系统中，当A系统采用定频率控制

(FFC)模式,而B系统采用联络线功率及频率偏差控制(TBC)模式时,假设A、B两系统的频率调差系数 B_A 和 B_B 取自系统的频率调节效应系数 β_A 和 β_B,正常情况下联络线的功率由A系统输送到B系统。此时,A、B两系统的区域控制偏差分别为

$$ACE_A = \beta_A \Delta f$$

$$ACE_B = -\Delta P_t + \beta_B \Delta f$$

当A系统发生负荷扰动,引起系统频率下降时,由于 $\Delta f<0$,A系统向B系统输送的联络线功率减少,即 $\Delta P_t<0$。此时,A系统ACE为负,A系统增加调频机组的有功功率,以恢复系统的频率。对B系统而言,如果 K_B 选取合理,组成B系统的ACE两个分量将相互抵消,ACE为零,B系统不参与调整。这意味着A系统发生的负荷扰动,将由A系统独自负担,B系统机组的一次调频系统感受到频率下降而瞬时增加部分有功功率。

当B系统发生负荷扰动,引起系统频率下降时,由于 $\Delta f<0$,引起A、B两系统的ACE同时为负。此时,A、B两系统同时增加机组的有功功率,以提高系统的频率。A系统继续向B系统输送超额的联络线功率。这一控制模式对B系统发生负荷扰动的初期是有效的,能迅速促使系统恢复频率。但是,由于A系统的功率支援,使交换功率过度增加,引起 $\Delta P_t\neq0$。当频率恢复正常后,B系统再对 ΔP_t 进行控制,直至 $\Delta P_t=0$ 时恢复正常。

在互联电力系统中,可以采用这种控制模式。通常容量大的电力系统采用FFC控制模式。

7. TBC-FTC控制模式

如图8.20所示,在A、B两系统组成的互联电力系统中,当A系统采用联络线功率及频率偏差控制(TBC),B系统采用定联络线控制(FTC)模式时,由于互联电力系统频率是一致的。假设A、B两系统的频率调差系数 B_A 和 B_B 取自系统的频率调节效应系数 β_A 和 β_B,正常情况下联络线的功率由A系统输送到B系统。此时,A、B两系统的区域控制偏差分别为

$$ACE_A = \Delta P_t + \beta_A \Delta f$$

$$ACE_B = -\Delta P_t$$

当B系统发生负荷扰动,引起系统频率下降时,由于 $\Delta f<0$,A系统向B系统输送联络线功率 ΔP_t 增加。如果A系统的 K_A 系数选取合理,则A系统的ACE将保持原值不变。B系统因为 ΔP_t 增加,将增加调频机组的有功功率来保持联络线交换功率计划,可以恢复互联电力系统的正常运行。

当A系统发生负荷扰动,引起系统频率下降时,由于 $\Delta f<0$,A系统向B系统输送联络线功率 ΔP_t 减少。A系统将增加调频机组的有功功率,以恢复系统频率和阻止联络线交换功率的下降。对B系统而言,由于 ΔP_t 减少,为使交换功率恢复到计划值,B系统必须减少其调频机组的有功功率,这反而加重了互联电力系统恢复系统频率的负担,显然是不合理的。因而在互联电力系统中,不推荐采用这种控制模式。

8.3.5 多区域的优化控制

电力系统的容量不断增加,互联规模不断扩大,管理层次增多,特别是电力工业体制改革和电力市场的发展对AGC控制策略提出了新的课题。在新的工业结构下,从全面实现电力系统安全、优质、经济运行的目标出发,各国电力系统对AGC控制策略进行了大量的探索,创造了一些新的控制模式。

1. 分层的AGC控制方式

在一个独立的交流互联电力系统中，由一个控制中心负责整个电力系统频率控制的协调；但系统内的发电机组由数个分控制中心控制，各分控制中心所控制的区域之间联络线的潮流是允许自由流动的（无联络线交换计划）。在这种情况下，AGC方式应是分层的定频率（FFC）控制，即由控制中心根据电力系统频率的变化，采用分层的频率控制方法，向各分控制中心发出调节发电输出功率的指令，而由分控制中心执行对发电机组的控制。分层频率控制的具体方法有通过法和等值机法。

（1）通过法

控制中心在其EMS中计算所有参与AGC调节的发电机组的控制指令，并将分控制中心控制的发电机组指令发送给各分控制中心，然后由分控制中心将指令发送给发电机组。

（2）等值机法

控制中心将每个分控制中心控制的参与AGC调节的发电机组容量作为一台等值发电机组看待，将其计算出的对等值机组的控制指令发送给分控制中心，然后由分控制中心计算AGC，进行再分配，并将控制指令发送给由其控制的发电机组。

2. 互联电力系统的AGC优化控制方式

在多控制区的互联电力系统中，应当开展AGC调节资源的交易，促进资源优化配置。当某控制区的AGC可控资源不足或使用不经济时，可以向同一互联电网内的其他控制区购买AGC调节资源，从而构成互联的AGC控制系统。互联的AGC控制方式需要使用动态转移技术，主要控制方法有对跨控制区的发电机组的控制和对互联控制区的控制两种。

（1）动态转移技术

为了将与发电或负荷有关的一部分或全部的电能服务，从一个控制区转移到另一个控制区，需要使用动态转移技术。动态转移技术用电子的方式提供所需的实时监视、遥测、计算机硬件和软件、通信、工程、电能统计和管理等服务。动态转移有伪联络线和动态计划两种形式。

伪联络线是一个实时更新的远方读数，它在AGC的ACE计算公式中被用作联络线潮流，但实际上并不存在物理的联络线和电能计量值。它的积分值可以用于交换的电能统计。

动态计划是一个实时更新的远方读数，它在AGC的ACE计算公式中被用作交换计划。它的积分值可以用于交换的计划电能统计。

如前所述，在常规情况下，区域控制偏差ACE的计算公式为

$$ACE=(P_t-P_s)-10B(f-f_0)$$

在伪联络线法中，常规ACE计算公式中的P_t改为$P_t-P_e-P_i$，其中P_i为控制区外交换进入的功率，P_e为控制区内交换送出的功率。功率数值的符号定义为输入为负，输出为正。

在动态计划法中，常规ACE计算公式中的P_s改为$P_s+P_e+P_i$。

（2）跨控制区的发电机组的控制

向跨控制区的发电机组购买AGC调节资源服务，获得资源的控制区对该发电机组的AGC可以用以下方式实现：

① 如果获得资源的控制区与该发电机组所在电厂之间存在直接的通信信道，并且

EMS 具备与该电厂 RTU 进行通信的条件，可以直接采集有关信息，直接进行自动发电控制。

② 由该发电机组所在的控制区向获得资源的控制区转发 AGC 所需发电机组的有关信息，并将获得资源的控制区发出的 AGC 的控制信号转发给该发电机组。

应当指出，无论以哪种方式进行跨控制区的发电机组自动发电控制，均应通过动态转移技术把出售 AGC 资源的发电机组的发电出力转移给获得资源的控制区，这样，该发电机组出力的变化就能影响获得资源的控制区的 ACE。

(3) 对互联控制区的控制

如果向互联电力系统控制区购买的 AGC 调节资源并不明确是由哪些发电机组提供的，对这部分资源的 AGC 控制可以通过以下两种方式实现。

一是等值机法。该方法与分层的 AGC 控制中所述的等值机法相同，获得资源的控制区控制中心将互联控制区提供的 AGC 资源作为一台等值发电机组看待，并将 AGC 中计算出的对等值机组的控制指令发送给提供 AGC 资源的控制区控制中心。这两个控制区通过动态转移技术，即在获得资源控制区的常规 ACE 计算式中加上该控制指令代表的功率，在提供资源的控制区的常规 ACE 计算式中减去该控制指令代表的功率，使获得资源的控制区把对这部分资源引起的 ACE 的调节责任转移给提供资源的控制区。

二是协定补充调节服务法。当一个控制区承担另一控制区的部分或全部调节责任，但又没有改变其联络线交换计划时，两个控制区都应采用统一的方法——动态计划法。在两个控制区的常规 ACE 中增加另一分量 P_{sc}，通过符号变化来保证正确的控制。P_{sc} 按协定的方法计算得到，例如：$P_{sc}=K\times ACE, K\in(0,1)$，当控制区 X 从控制区 Y 购买调节服务时，控制区 X 的区域控制偏差 $ACE_x=ACE_{xa}-P_{sc}$；控制区 Y 的区域控制偏差 $ACE_y=ACE_{ya}+P_{sc}$。

协定补充调节服务法与等值机法的区别在于：在“等值机法”中，提供资源的控制区控制中心从获得资源的控制区控制中心得到的是 AGC 指令，该指令中已考虑所提供的 AGC 资源的可调范围和调节速率；而在协定补充调节服务法中，提供资源的控制区控制中心得到的只是获得资源的控制区的部分或全部 ACE 值，并未考虑所提供的 AGC 资源的可调范围和调节速率。

8.4 AGC 主站软件的基本构成及其工作原理

8.4.1 AGC 主站软件概述

图 8.22 描述了现代 AGC 软件的功能模块的关系，下面做一简单解释。

1. 负荷频率控制

负荷频率控制(load frequency control，LFC)通过调节发电机，控制本区域的区域误差(ACE)为 0，以达到系统频率和网络交换功率到预定值。负荷频率控制程序一般 2～8s 启动一次。在计算 ACE 时，AGC 还要考虑如下问题：

① 无意电量偿还(无意交换电量是控制区与互联电力系统之间的电能计划与实际电能之间的差异)；

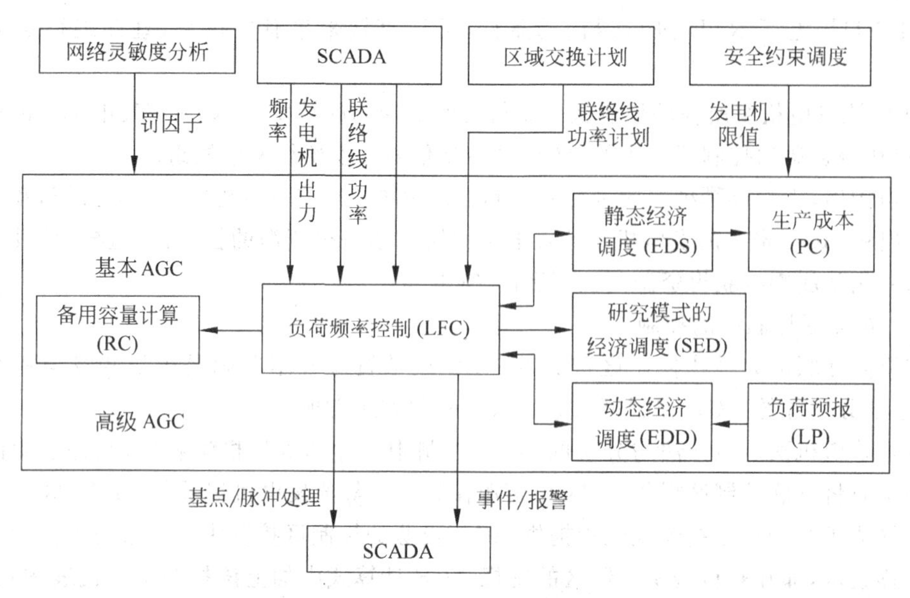

图8.22　AGC软件功能模块关系

② 自动或计划的时钟误差校正；

③ 对外部控制区域的影响。

负荷频率控制功能可以考虑调节目标和经济目标：调节目标通过计算过滤后的ACE确定；经济目标则通过经济调度程序确定最优调度方案。

2. 经济调度程序

经济调度程序的功能是计算本控制区域的所有具备AGC功能的机组的最优发电模式，并且要满足功率平衡和备用容量要求。一般的经济调度程序提供3种模块：

① 静态经济调度(static economic dispatch，EDS)；

② 动态经济调度(dynamic economic dispatch，EDD)；

③ 研究模式的经济调度(study economic dispatch，SED)。

静态经济调度和动态经济调度都可以为负荷频率控制提供机组的基点功率值和经济负荷分配系数。它们在实际运行时可以为调度员选用其一。EDS只考虑当前的负荷水平，而EDD则能给出下一小时内每5min的发电机计划曲线。因此，EDD需要与负荷预测协同工作。相对而言，EDD比EDS给出的策略可以更好地协调一段时段内的经济和安全目标。研究模式的经济调度(SED)主要给调度员对某一断面研究用。

3. 生产成本

生产成本(production costing，PC)模块计算各机组和系统的每小时和每天的生产成本。计算采用EDS提供的各机组的基点功率。

4. 负荷预报

负荷预报(load predictor，LP)功能为动态经济调度程序提供系统的下一小时内每5min的负荷。

5. 备用容量计算

备用容量计算(reserve calculation，RC)模块计算各发电机的备用容量给其他模块使用，并提示给调度员。

如图 8.22 所示，AGC 系统可有两种模式。

一是基本 AGC 模式，由负荷频率控制、静态经济调度、研究态经济调度以及备用容量计算和生产成本计算等模块构成。在这种模式下，负荷频率控制采用静态经济调度提供的基点功率值和经济负荷分配系数来控制本区域。

二是基本和高级 AGC 混合模式，由负荷频率控制、静态经济调度、研究态经济调度、动态经济调度、负荷预测、备用容量计算和生产成本计算等模块构成。在这种模式中，静态经济调度和动态经济调度同时运行，调度员可以在线选择 LFC 需要的机组基点功率值和经济负荷分配系数是采用 EDS 还是 EDD 的计算结果。

8.4.2 负荷频率控制的基本流程

负荷频率控制的基本流程如图 8.23 所示。

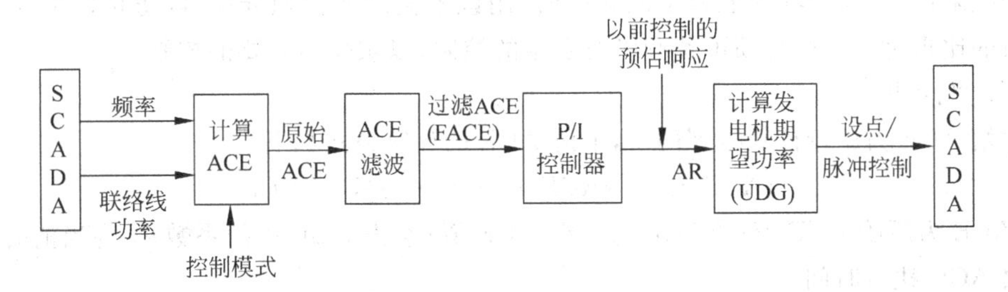

图 8.23 负荷频率控制的基本流程

为了降低区域控制误差和发电成本，负荷频率控制计算出本控制区域内各 AGC 机组的期望功率。如果部分 AGC 服务被卖给外部区域，则外部区域的 ACE 信号增加到本区域的 ACE。AGC 服务也可以从外部网络购买，这种情况下，则本区域的 ACE 需要减去对应部分。通过经济调度程序计算出的发电机基点功率、过滤后的 ACE 得到期望功率。期望功率与实际发电出力的差别将被转换成降低/升高的脉冲或设定值，而后发给控制器。

下面按图 8.23 给出的负荷频率控制的基本流程，解释各个环节的基本工作原理。

1. ACE 计算

(1) 原始 ACE 计算

一般情况下，ACE 是联络断面实际功率同计划功率的差与频率偏差的功率等效值的和。采用不同的控制模式，ACE 具有不同的计算方法。目前的控制模式可以是定频率(FFC)、定联络线功率和联络线功率及频率偏差控制 3 种。若有 AGC 的购买和出售，则需要修正 ACE 的计算公式

$$\mathrm{ACE}=\mathrm{ACE}+\mathrm{EACE}-\mathrm{TACE} \tag{8-30}$$

其中，EACE 是出售给外区域的 AGC 服务，TACE 是购买外区域的 AGC 服务。

(2) ACE 滤波

负荷频率控制运行方式是根据 ACE 运行值与定义值的比较结果而定的。机组遥测误差和负荷本身含有一定的高频随机分量，可能干扰调节过程，为此，要从调节和跟踪控制分量中加以滤去。亦即，对 ACE 必须进行适当的滤波处理，以减少 AGC 可能对机组进行的不恰当控制，保持 AGC 控制的平滑性。

经过滤波处理的 ACE 信号，称为 FACE。ACE 滤波的方法有多种。

(1) P. I. D 法

该法中 FACE 由比例项 PACE、积分项 IACE 及微分项 DACE 3 部分组成：

$$\mathrm{PACE} = \sum_{i=1}^{10} \mathrm{ACE}_i \cdot \frac{\alpha_i}{\sum_{i=1}^{10} \alpha_i}$$

$$\mathrm{IACE}_i = \mathrm{IACE}_{i-1} + T_b \cdot \mathrm{ACE}$$

$$\mathrm{DACE}_i = \sum_{i=1}^{10} C_i(\mathrm{ACE}_{2i+1} - \mathrm{ACE}_{2i})$$

式中，α_i 为权重因子；T_b 为积分常数；C_i 为微分常数。

在 FACE 的 3 项组成中，比例项所占的比重最大。积分项可保证 ACE 经常过零，并能部分地补偿机组的迟缓效应。当 ACE 过零时，积分项 IACE 就自动置零。计算时对该项定义一个极限值，当积分项的值大于该限值时，用该限值来替代积分项，以防止该项在 SACE 中所占的比重过大。微分项可预测将要发生的控制，以减少不必要的控制。

(2) 平滑法

原始 ACE 为运行计算得到的值，平滑 ACE 的计算公式如下：

$$\mathrm{FACE}(t) = \gamma \mathrm{ACE}(t) + (1-\gamma)\mathrm{FACE}(T)$$

式中，ACE 为原始 ACE 值；FACE 为平滑 ACE 值；γ 为 AGC 平滑系数；t 为当前时间；T 为上次 AGC 执行时间。

(3) 低通滤波法

ACE 可以看成由不同的频率分量 ω_i 组成的信号，由于电力系统本身对 ACE 中的高频分量无能为力，而只需要关心那些可与系统响应速率相比拟的低频分量，因而可以选用巴特沃斯低通滤波器(Butterworth low-pass filter)滤去高频分量。

2. 机组控制器调节控制计算

(1) 控制区功率总需求(AR)计算

一般采用比例积分控制，计算控制区功率总需求 AR：

$$\mathrm{AR} = K_\mathrm{P}\mathrm{FACE} + K_\mathrm{I}\int_0^t \mathrm{FACE}\mathrm{d}t = P_\mathrm{P} + P_\mathrm{I} \tag{8-31}$$

式中，K_P、K_I 为控制区的比例因子和积分因子；P_P 和 P_I 分别为控制区的比例和积分调节功率。FACE 是过滤后的 ACE；当 ACE 过零时，P_I 清零。

(2) 机组控制器 j 的调节功率(REG_j)计算

$$\mathrm{REG}_j = \alpha_j P_P + \beta_j P_I \tag{8-32}$$

式中，α_j 和 β_j 分别为机组控制器 j 的调节分配系数和经济分配系数，且 $\sum \alpha_j = 1$，$\sum \beta_j = 1$。当控制区采用联络线与频率偏差控制模式时，若 $\mathrm{FACE}_j \cdot \Delta f_j < 0$，即 FACE_j 与频率偏移 Δf_j 方向相反，此时 ACE 对互联电网频率恢复起帮助作用，ACE 可不进行调整，有利于 CPS 指标，则 $\mathrm{REG}_j = 0$。

(3) 期望功率(UDG_j)计算

$$\mathrm{UDG}_j = P_{bj} + \mathrm{REG}_j \tag{8-33}$$

$$\mathrm{PMIN}_j < \mathrm{UDG}_j < \mathrm{PMAX}_j$$

式中，P_{bj}为机组控制器j的基点功率；$PMAX_j$和$PMIN_j$分别为机组控制器j的控制上限和下限。

(4) 机组控制偏差(UCE_j)计算

$$UCE_j = UDG_j - P_j \tag{8-34}$$

$$|UCE_j| < UMAX_j$$

式中，P_j为机组控制器j的当前出力；$UMAX_j$为机组控制器每次调节最大步长。若UCE_j为正，则需要增加发电功率，反之则减少发电功率。

(5) 机组控制命令($PSET_j$)计算

对于设点控制：

$$PSET_j = P_j + UCE_j$$

对于脉冲控制：

$$PSET_j = UCE_j$$

3. 控制的分区

一般情况下根据|FCAE|的大小将AGC控制区分为死区、正常调节区、次紧急调节区及紧急调节区，如图8.24所示。

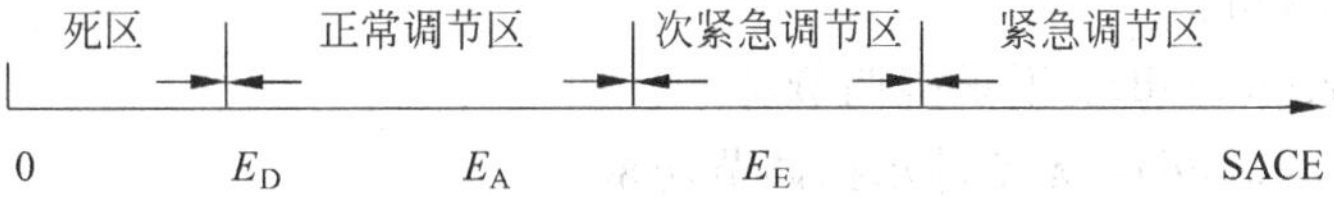

图8.24 FACE的控制区域

在不同的AGC控制区域应采用不同的AGC控制策略：

(1) 死区

调节功率中不存在ACE比例分量P_{Pj}，但由于基点功率P_{bj}和ACE积分分量P_{Ij}的作用，仍有可能下发控制命令。

(2) 正常调节区

不考虑ACE的方向，直接将期望功率UDG_j作为控制命令下发到电厂。

(3) 次紧急调节区

类似于正常调节区，但如果机组的期望功率UDG_j不利于系统ACE向减小的方向变化，控制命令暂不下发。

(4) 紧急调节区

此时系统情况非常紧急，减小ACE是AGC面临的最迫切的任务。取基本功率P_{bj}为当前实际出力P_{Gj}，则机组的期望功率UDG_j：

$$UDG_j = P_{bj} + REG_j$$

4. 发电机组的控制模式

(1) 手动控制模式

机组离线(OFFL)：机组停运，该模式由程序自动设置。

当地控制(MANU)：机组由电厂执行当地控制，不参加AGC调节。

负荷爬坡(RAMP)：向机组下发给定的目标出力，不承担调节功率。

响应测试(TEST)：机组在AGC控制下执行预定的机组响应测试功能。

抽水蓄能(PUMP)：抽水蓄能机组在蓄水状态,该模式由程序自动设置。

等待跟踪(WAIT)：当机组在当地控制下,设置该模式,进行设点跟踪,当机组投入远方控制时,自动切换为指定的机组控制模式。

(2) 基本功率模式

实时功率(AUTO)：机组的基本功率取为当前的实际出力。

计划控制(SCHE)：机组的基本功率由电厂/机组的发电计划确定。

人工基荷(BASE)：机组的基本功率为当时的给定值。

经济控制(CECO)：机组的基本功率由实时调度模块提供。

等调节比例(PROP)：各机组的基本功率按相同的上、下可调容量比例分配。

负荷预测(LDFC)：机组的基本功率由超短期负荷预报确定,这类机组承担由超短期负荷预报预计的全部或部分负荷增量。

断面跟踪(TIEC)：机组的基本功率由断面的传输功率确定,用来控制特定断面的功率。

遥测基点(YCBS)：机组的基本功率是指定的实时数据库中某一遥测量,或计算量,或其他程序的输出结果。

(3) 调节功率模式

不调节(off-regulated)：不承担调节功率。

正常调节(regulated)：无条件承担调节功率。

次紧急调节(assistant emergency)：在次紧急区或紧急区时才承担调节功率。

紧急调节(emergency)：在紧急区时才承担调节功率。

(4) 自动控制模式

机组的自动控制模式由不同的基本功率模式和调节功率模式两两组合而成,如AUTOR、BASEO等。

8.4.3 时差修正和无意电量偿还

1. 时差修正

电钟的时间偏差(简称时差)是由于电力系统频率偏差的长期积累引起的,时差过大也会影响用户设备的正常工作,国家标准规定电力系统时差在任何时候不得大于30s。尽管在现代以同步电机驱动的时钟已不再时兴,但是仍有部分设备依然以电力系统作为时间的参照系,特别是那些与时间有关,需长期运行,但又难以通过外部进行授时的设备仍然需要以电钟为计时手段。如数量巨大的用户分时电能表不具备自动与标准时间对时的手段,如要依靠人工对时,则工作量巨大,如以电钟为计时手段,既可保持时间的准确度,又可降低电能表的结构复杂性和造价。

互联电力系统的频率应该控制在额定值(如50Hz),但在需要通过频率偏移来修正时差的时间周期除外。每个互联电力系统应根据可靠性优先的原则制定频率偏移和时差的运行限额。互联电力系统中的每个控制区均有义务参加修正时差的控制。当多个控制区并行运行时,应选择一个控制区(称为中心控制区)监视互联系统的时间偏差,并发出时差修正的指令。

当时差超过系统规定值(如2s)时,中心控制区开始执行时差校正功能,其他与其互联的控制区也参加时差校正,并确保在任何区域不引起净交换功率的偏差。时差校正可通过调度员人工校正和自动校正两种方法实现。当时差校正开始时，LFC 模块将当前区域的 ACE 值加上频率偏差与频率偏移因子的乘积作为控制用的 ACE 值。当校正结束时，时间误差校正模块自动关闭。

时差修正的偏移量可以采用以下两种方法之一：

(1) 频率偏移

额定频率可以偏移 0.02Hz；

(2) 交换计划偏移

如果额定频率无法修改，则可以将联络线交换计划偏移相当于 0.02Hz 的量（即控制区功频调差系数的 20%）。

2. 无意交换电量偿还

无意交换电量是控制区之间在规定点上的电能交换计划与实际电能潮流之间的差异。无意交换电量由两部分组成：一部分是由于控制区未能时时刻刻精确地控制发电出力使实际交换与计划匹配；另一部分则是由于控制区自动地对互联电力系统的频率或时间偏差作出响应，而使实际交换偏离了计划。

无意交换电量的积累会影响互联电力系统运行的正常秩序，应该在适当的时候予以偿还。应按 AGC 计算周期对交换功率偏差进行积分，并将计算结果累加到无意交换电量上。无意交换电量可以按高峰、低谷时段分开累计，并按高峰、低谷时段分别偿还。偿还的方法有以下几种：

(1) 双边偿还

无意交换电量可以通过与其他的控制区安排额外的交换电量来偿还。其条件是与这些控制区具有相反方向的无意交换电量累计值，且互相确认偿还的数量。

(2) 单边偿还

控制区通过按非零的 ACE 目标控制来实现无意交换电量偿还。一般可以按照控制区功频调差系数的 20%或 5MW 两者中的较大者作为偏移量进行控制。

在偿还过程中，应遵循在无意交换电量与时差的符号相同时才进行偿还的原则，以避免由于无意交换电量偿还而引起系统频率偏离规定值。

3. 时差校正和无意交换电量偿还的 ACE 表达式

区域控制偏差 ACE 的计算公式由

$$\mathrm{ACE} = \left(\sum P_{ti} - \sum P_{sj}\right) - 10B(f - f_0) = \Delta P_t + 10\mathrm{B}\Delta f$$

式中，$\sum P_{ti}$为控制区所有联络线的实际量测值之和；$\sum P_{sj}$为控制区与外区的交易计划之和；B 为控制区的功频调差系数(MW/0.1Hz)，为负值；f 为频率的实际值；f_0为频率的额定值。

AGC 在控制过程中需要及时纠正净交换功率偏离计划时所产生的无意交换电量 ΔE 和频率偏差产生的时钟误差 Δt。在 $0\sim t$ 时间内

$$\Delta E = \int\left(\sum P_{ti} - \sum P_{sj}\right)\mathrm{d}t$$

$$\Delta t = \frac{3600}{t}\int(f - f_0)\,\mathrm{d}t$$

AGC在ACE的计算公式中分别加入无意交换电量的校正量ΔP_{sj}和时差纠正量Δf_0，并用相反方向的累计电量及时差对ΔE和Δt进行校正。这时，ACE计算公式变为

$$ACE = \sum P_{ti} - \left(\sum P_{sj} - \Delta P_{sj}\right) - 10B(f - (f_0 + \Delta f_0)) = \Delta P_t + 10B\Delta f$$

式中，$\Delta P_{sj} = \dfrac{\Delta E}{H}$，$\Delta f_0 = \dfrac{f\Delta t}{3600}$。

当无意交换电量累积到一定值时，按峰、谷时段积累的电量在规定的H内进行偿还。

8.4.4 AGC中的若干问题

1. 电力系统的功频调差系数

1）功频调差系数的性质

频率响应特性或自然频率特性系数（以β表示）是电力系统固有的特性，反映了系统中功率与频率的静态变化关系，它具有以下性质：

（1）β是随时间变化的

β是电力系统内负荷和发电机组频率调节效应系数的总和，而电力系统中负荷和运行中的发电机组又是随时间变化的。

（2）β是非线性的

由于电力系统负荷功率与频率的关系可以用一个多项式来表达，因而是非线性的；而发电机组由于调速系统不灵敏区的影响，其发电功率与系统频率的关系也是非线性的。因此，它们的总和β是非线性的。

在电力系统计算和控制中，为简化起见，需要设定一个与β近似的常数B，即电力系统的功频调差系数。

为了说明B的选择对AGC的作用，考虑以下情况。对于一个有多个控制区域构成的互联电网，假设各区域的AGC采用联络线频率偏差控制（TBC）模式。当系统中发生负荷扰动时，各区域的负荷频率控制的行为特征与B系数的关系分析如下。

当系统发生负荷扰动时，所有区域的一次调频首先按各自的自然频率特性调整出力$B_i\Delta f$，通过联络线向扰动区提供电力支援，以使系统发电与负荷达到新的平衡。一次调频后，频率偏差Δf和各区联络线交换功率偏差ΔP_{tiei}分别为

$$\Delta f = -\frac{\Delta P_{Ls}}{\beta_s} \tag{8-35}$$

$$\Delta P_{tiei} = \frac{(\beta_i \Delta P_{Ls} - \beta_s \Delta P_{Li})}{\beta_s} \tag{8-36}$$

式中，β_i是区域i的自然频率特性系数；$\beta_s = \sum\limits_i \beta_i$是互联系统的自然频率特性系数；$\Delta P_{Li}$是区域$i$的负荷扰动；$\Delta P_{Ls} = \sum\limits_i \Delta P_{Li}$是互联系统的负荷扰动。

TBC模式下各区域计算出本区的ACE进行二次调频率：

$$ACE_i = \Delta P_{tiei} + B_i \Delta f \tag{8-37}$$

将式(8-35)及式(8-36)代入式(8-37)得

$$ACE_i = \frac{(\beta_i \Delta P_{Ls} - \beta_s \Delta P_{Li})}{\beta_s} - \frac{B_i \Delta P_{Ls}}{\beta_s} = -\Delta P_{Li} + (\beta_i - B_i)\Delta f \tag{8-38}$$

如果区域功频调差系数 B_i 取区域自然频率特性系数 β_i，则

$$ACE_i = -\Delta P_{Li}$$

则本区域的负荷扰动可完全由本区域AGC承担，从而使各区域AGC最准确、最经济地进行发电控制。当 $B_i > \beta_i$ 时，扰动区 ACE_i 绝对值变大，非扰动区产生 ACE_i 也参与调节，这样可使频率和联络线功率更快地恢复到计划值，但其代价是增加了系统的AGC调节量；而 $B_i < \beta_i$ 时，扰动区 ACE_i 绝对值变小，非扰动区反方向参与调节，从而延长了频率恢复时间，这对控制频率稳定极为有害。

分析表明，由于无法把 B 设成与 β 一致，一般可以考虑将 B 设成比 β 大0%～50%β 的近似值有利于系统的调频。

2）功频调差系数的确定方法

（1）固定系数法

功频调差系数 B 可以采用固定的值，每年设定一次。根据运行经验，功频调差系数 B 可以按年度的最高预计负荷的百分数来设定，大多数控制区的功频调差系数在年度的最高预计负荷的1%～1.5%(MW/0.1Hz)。为避免偏离频率响应特性 β 较多，对固定的功频调差系数，应通过对控制区高峰时段数次系统扰动时频率响应特性的分析，取其平均值来设定。

区域 i 的频率响应特性 β_i 的实测计算公式为

$$\beta_i = -\frac{\Delta P_{Li} - \Delta P_{ti}}{10\Delta f}$$

式中，ΔP_{Li} 是扰动引起的功率损失；ΔP_{ti} 是扰动发生后二次调频作用发生前的联络线功率变化量；Δf 是扰动稳定后二次调频作用发生前的系统频率值与系统扰动前频率值的差值。这些量可以通过记录扰动源明确的扰动事件发生前后的数据记录得出，但这种计算方法显然是较粗糙的。

（2）动态系数法

根据电力系统频率响应特性性质的分析，电力系统的频率响应特性具有随时间变化和非线性的特点。为了使功频调差系数 B 在任何时候、任何情况下尽可能接近于频率响应特性 β，可以采用线性的或非线性的可变参数来设定，该参数应通过对负荷、发电机组功率、调速系统特性等因素的频率响应特性的分析来确定。其分析计算公式为

$$B = B_L + B_G$$

式中，B_L 为负荷对频率的响应系数；B_G 为发电机组对频率的响应系数。

B_L 可以采用正比于系统负荷的参数来表示，即

$$B_L = P_L \cdot LR$$

式中，P_L 为当前的负荷(MW)；LR为单位负荷对频率的响应率(1/0.1Hz)。

B_G 的计算须考虑发电机组调速系统的不灵敏区、调差系数、发电机组的备用出力情况，计算表达式为

$$B_G = K_{Gres} \cdot DB \cdot C$$

式中，DB为考虑发电机组调速系统不灵敏区的参变量；C 为发电机组调速系统调差系数的调整常数。K_{Gres} 是当前所有正在发电、但发电出力尚未达到额定容量的单台发电机组的功频调差系数 K_G(MW/0.1Hz)的总和。

实施动态系数法的技术条件并不具备，目前还没有这种方法的实际应用报道。

2. 发电机参数测量与运行测试

发电机组在参与AGC调节之前，必须申报有关的技术参数，由调度机构组织对此进行测试和认证；并在运行的过程中定期或不定期地进行认证，以保证其技术条件的真实性。

发电机组申报的技术参数，至少应包含以下信息：

① 功率上限(P_{max})，在自动控制时可达到的最大功率输出(MW)。

② 功率下限(P_{min})，在自动控制时可达到的最低功率输出(MW)。

③ 上升爬坡速率限值(R_{up})，在自动控制时可达到最大的功率增加速率(MW/min)。

④ 下降爬坡速率限值(R_{down})，在自动控制时可达到最大的功率减少速率(MW/min)。

⑤ 信号周期(dt)，调度机构控制中心发出的改变输出的两次请求之间的最小时间间隔(或min)。

⑥ 加速度(J)，爬坡速率的变化率(MW/min^2)，该术语描述许多发电机组的“转向时间”特性。对于没有加速度约束的发电机组，最大加速度受信号周期限制，最大加速度$J_{max}=(R_{up}-R_{down})/\mathrm{d}t$。

在考虑了发电机组的功率、爬坡速率、加速度等约束条件的情况下，下列公式可用于计算在下一个控制信号变化时($t_n=t_{n-1}+\mathrm{d}t$)，可以向发电机组发出的，并可以预期得到的最大目标值P_{t+1}和调节速率R_{t+1}：

$$P_{t+1}=P_t+R_t\mathrm{d}t+0.5J_t\mathrm{d}t^2$$
$$R_{t+1}=R_t+J_t\mathrm{d}t$$

约束条件是

$$P_{min}<P_t<P_{max},R_{down}<R_t<R_{up},J_{min}<J_t<J_{max}$$

具体的运行测试方法如下：

AGC控制参数的测试应由发电商和调度机构事先协商确定，测试应当在一个连续60min的时间间隔内进行。

在认证测试的60min内，控制中心应向发电机组发出一串随机的“升”、“降”和“保持”的控制信号，每个信号应当至少在1min内保持不变。这一串随机的控制信号对发电机组性能的要求不应超越事先约定的发电功率上限、下限和爬坡速率的限制。

应当测量和记录被测对象有功功率的1min平均值。如果要通过测试，则每1min的目标有功功率平均值与实际的有功功率平均值的相关系数应大于0.95。

相关系数的计算方法如下：设t(min)内目标有功功率平均值为P_{st}、实际有功功率平均值为P_{at}，则每分钟两者的相关系数可以用以下方法求得：

$$\sigma_S=\sqrt{\frac{\sum(P_{st}-\mathrm{average}(P_{st}))^2}{n}}$$

$$\sigma_a=\sqrt{\frac{\sum(P_{at}-\mathrm{average}(P_{at}))^2}{n}}$$

$$\mathrm{cov}(P_{st},P_{at})=\mathrm{average}(P_{st}\times P_{at})-\mathrm{average}(P_{st})\times\mathrm{average}(P_{at})$$

$$r_{sa}=\frac{\mathrm{cov}(P_{st},P_{at})}{\sigma_s\times\sigma_a}$$

式中，σ_s 和 σ_a 分别为测试期间 n 个一分钟目标有功功率 P_{st} 和实际有功功率 P_{at} 平均值的标准差；$\text{cov}(P_{st},P_{at})$ 为 P_{st} 与 P_{at} 的协方差；r_{sa} 为 P_{st} 与 P_{at} 的相关系数。

相关系数 r_{sa} 是一个大于 0、小于 1 的数值。r_{sa} 越接近 1，表示 P_{st} 与 P_{at} 的相关性越大，发电机组输出的实际功率与目标功率越接近。如果发电机组输出的实际功率对目标功率指令的响应有一个近似固定的时间 τ 的延迟，则应计算 P_{st} 与 $P_{at+\tau}$ 的相关系数。

8.5 自动发电控制性能评价标准与参数的确定

1. 自动发电控制性能评价标准

我国的 AGC 考核统计方法参照北美电力系统可靠性协会(NERC)的 A1、A2 标准。这两个标准在北美已沿用 20 多年，对 AGC 控制性能的评价效果直观，并且实施简便。但是 A1、A2 标准并不完美，NERC 总结了多年的 AGC 运行经验后，于 1998 年推行了新的控制性能评价标准 CPS1 和 CPS2。我国已有部分电网开始采用 CPS1 和 CPS2 作为新的考核指标。

1) A1/A2 评价标准

(1) 标准的定义

A1 标准要求在任何一个 10min 间隔内，ACE 必须过零。这意味着 ACE 频繁过零，它可以最大限度地减少无意交换电量的产生。但是，也应看到 ACE 的频繁过零，会导致系统进行无谓的反向调节，对系统频率的恢复产生负面的影响。

A2 标准规定 ACE 的控制限值为 ACE 的 10min 平均值要小于规定的 L_d，即

$$\text{average}(|\text{ACE}_{10\text{min}}|) \leqslant L_d$$

(2) 控制目标值与限值的计算

ACE 的 10min 平均值的控制限值为 L_d，L_d 的计算公式如下：

$$L_d = 0.025\Delta L + 5\text{MW}$$

式中，ΔL，可以用两种方法计算：

① ΔL 指控制区在冬季或夏季高峰时段，日小时电量的最大变化量(增或减)。

② ΔL 指控制区在一年中任意 10h 电量变化量(增或减)的平均值。

一般情况下，各控制区的 L_d 每年修改一次。

(3) 控制性能标准指标

按照 NERC 的要求，根据 A1/A2 的标准对每个控制区 AGC 性能进行评价，其控制指标 A1≥100%，A2≥90%方为合格。

2) CPS1/CPS2 评价标准

(1) CPS1 评价标准的定义

1min 服从因子 K'_{CF}：

$$K'_{CF} = \frac{E_{\text{AVE,min}}^{\text{ACE}} \Delta f_{\text{AVE,min}}}{-10B\varepsilon_1^2} \tag{8-39}$$

式中，$E_{\text{AVE,min}}^{\text{ACE}}$ 是 1min ACE 的平均值，要求每 2s 采样一次，然后 30 个值取平均；$\Delta f_{\text{AVE,min}}$ 是 1min 频率偏差的平均值，要求 1s 采样一次，然后 60 个值取平均；B 是控制区域设定的功频调差系数，单位是 10MW/Hz，是个负数；ε_1 为一年时段内互联电力系统实际频率与标准频

率偏差的1min平均值的均方根值，如下式表示：

$$\varepsilon_1 = \sqrt{\frac{\sum_{1}^{n}(\Delta f_i)^2}{n}} \tag{8-40}$$

式中，n为一年时间段中的分钟数；Δf_i为第i分钟频率偏差的1min平均值。

ε_1是频率控制目标值，是一个长期的考核指标，在互联电力系统中，各控制区的ε_1值均相同，且为一固定常数。

$E^{\mathrm{ACE}}_{\mathrm{AVE,min}}\Delta f_{\mathrm{AVE,min}}$的物理意义是：当该值为负时，表示该控制区域在这1min过程中低频超送（少受），或高频少送（超受）；当该值为正时，表示该控制区域在这1min过程中低频少送（超受），或高频超送（少受）。

CPS1的计算公式如下：

$$\mathrm{CPS1} = (2 - K_{\mathrm{CF}}) \times 100\% \tag{8-41}$$

式中，K_{CF}为服从因子，是以一定时间间隔计算的K'_{CF}的算术平均值，通常该时间间隔为10min。

从上式可以看出，CPS1≥200%表示区域AGC的调节对减少控制区ACE或者对减小系统频率偏差有利；200%>CPS1≥100%，对控制区ACE或者系统频率偏差的影响未超出影响范围；CPS1<100%，则AGC调节已超出了影响范围。

（2）CPS2评价标准的定义

CPS2评价标准与A2相似，要求ACE每10min的平均值必须控制在规定的范围L_{10}内，但是L_{10}的取值方法与L_d不同，L_{10}的取值公式如下：

$$L_{10} = 1.65\varepsilon_{10}\sqrt{(-10B)(-10B_{\mathrm{sys}})} \tag{8-42}$$

式中，B为控制区的偏差系数；B_{sys}为整个互联电网的功频调差系数；ε_{10}是互联电网对全年10min频率平均偏差的均方根值的控制目标值。

式中系数1.65的来由是：NERC认为控制区域的ACE 10min平均值符合正态分布，为满足频率质量的要求，控制区域的ACE 10min平均值应满足$\sigma=\varepsilon_{10}\sqrt{(-10B)(-10B_{\mathrm{sys}})}$的正态分布。NERC对CPS2合格率的要求达到90%以上，根据正态分布的特点，分布在$(-1.65\sigma, +1.65\sigma)$范围的事件概率为90%，由此以1.65为系数。

CPS2的计算公式如下：

$$\mathrm{CPS2} = (\text{10min ACE合格点} / \text{总的10min日历点}) \times 100\% \tag{8-43}$$

（3）控制性能标准指标

对每个控制区，按照CPS1、CPS2的标准对其区域AGC性能进行评价，其控制指标要求如下：CPS1≥100%，CPS2≥90%。

3）关于自动发电控制性能评价标准的比较

AGC性能评价标准的建立和实施，促进了AGC调节质量的提高，评价标准本身也在长期运行中不断改进和完善。下面就各性能评价标准的优缺点展开讨论。

（1）关于A1/A2标准的讨论

A1/A2标准不完全有利于提高整个互联系统的频率质量。在互联电力系统中，各控制区的AGC调节应有利于系统频率的控制质量。采用A1/A2标准，未考虑ACE对系统频率的影响，在 ACE 有利于减少系统频率的偏差时也要求控制区作调整。而有些控制区虽然 A1、A2 指标很好，但其 ACE 值却对电网频率偏差的减少不利；当控制区的大的 ACE 值有利于减少系统频率偏差时，该控制区的 AGC 软件仍要对其 ACE 值进行校正，以确保 ACE 过零或者小于 L_d。按这种性能评价标准进行的 AGC 控制策略，不能有效地提高整个系统频率的质量，而系统也不能对各控制区的 AGC 性能给出合理的评价。

A1/A2 标准要求区域 ACE 在 10min 内必须过零，为此，AGC 程序必须不断判断其区域 ACE 在 10min 内是否过零，并据此对各 AGC 机组给出相应的调节指令。这种过零的调节方法，有时对系统的频率控制无益，但为了满足区域 A1/A2 标准，却必须进行。这无疑增加了 AGC 机组无谓的频繁调节过程，也加剧了机组主/辅设备的磨损。

A1/A2 标准不利于进行长期目标控制。由于系统负荷一直处于不断变化的状态，A1/A2 标准对区域 ACE 的值进行监视控制，也受制于负荷短期变化的过程(如 1min 变方向，10min 过零)。这种短期行为，对负荷长期变化所起的作用，有时可能是不利的。由于机组功率调节具有一定的惯性，机组响应目标指令有一定的延时性，因此需要考虑一种长期的控制行为，来达到较好的控制目的。

A1/A2 标准对控制区设置的频率响应参数 β 与控制限值 L_d 无关。当控制区的功频调差系数 B 设置过大时，该控制区所承担的风险就越大。

没有提供不同 ACE 幅值对互联电力系统影响程度的考核措施，实际上不同 ACE 幅值对系统影响程度是不同的，目前等同处理有失公允。

A1、A2 指标不能很好反映各控制区对电网调频的贡献。

同时，A1/A2 评价标准也有许多优点：ACE 频繁过零，减少了各控制区域之间无意交换电量；采用 A1/A2 标准进行 AGC 调节，调度员可以直观地判断本区域 AGC 的调节性能情况；以 ACE 过零为目标，直观明了。

(2) 关于 CPS1/CPS2 评价标准的讨论

CPS1/CPS2 标准与 A1/A2 标准相比更具科学性，主要表现在：

① 采用 CPS1/CPS2 标准进行评价，其性能指标与区域对系统调频贡献趋于一致。采用 CPS1/CPS2 标准，其性能指标与 ACE 和频率偏差的乘积有关。当 ACE 的值和方向有利于减少系统频率偏差时，CF 为负，CPS1 大于 200%；当 ACE 的值和方向不利于减少系统频率偏差时，CF 为一个大的正数，这样 CPS1 小于 100%。采用 CPS1/CPS2 标准，可以更好地体现各控制区对系统调频的贡献大小。

② CPS1/CPS2 不要求 ACE 频繁过零，减少了 AGC 机组调节频度。CPS 标准调频指标追求的是长期的控制效果，因而不要求各区域 ACE 频繁地过零。当 ACE 有利于系统频率质量的控制时，其 AGC 的控制策略可以保持区域的 ACE 值不变，而不需要将 ACE 减少。这样，对整个系统的频率恢复反而有利。

区域功频调差系数与控制限值相结合，更加合理。采用 CPS 标准后，设置的区域功频调差系数的大小，与 CPS2 控制的门槛值大小相关，即区域的功频调差系数越大，其 CPS2 控制限值 L_{10} 的值亦大。这样对各控制区的参数设置更为合理。

通过使用，CPS 标准的优点已经体现出来，但也出现了一些使用中尚待改进之处：

① 对区域无意交换电量的控制不利。采用 CPS 标准以后，由于在 AGC 的控制策略上，对区域 ACE 在 10min 内必须过零一次没有严格的要求。因此，在 AGC 控制中，将造成

各区域之间的无意交换电量的增加。如果没有相应的无意交换电量校正措施，对互联电力系统的控制极为不利。因此，必须相应地推行一套严格的无意交换电量偿还或处理办法。

② 调度员对 AGC 的控制效果的评价不够直观。由于 CPS 标准追求的是长期的控制效果。对电网调度人员来说，其 AGC 的控制效果不如 A1/A2 标准直观明了。

③ 采用 CPS 标准后，AGC 的控制软件还处于试验阶段。各 EMS 软件开发商的 AGC 控制软件的核心技术，对 CPS 评价标准还不是很成熟，有待于在运行过程中不断地改进提高。

2. 发电机组 AGC 控制性能的评价

对发电机组 AGC 控制性能评价是在运行的过程中连续进行的，是对发电机组奖惩，特别是辅助服务费用的结算的依据之一。评价的方法是评价 AGC 服务提供者的控制偏差(SCE)是否符合服务提供者控制性能标准(SCPS)。

1) AGC 服务提供者控制偏差

AGC 服务提供者控制偏差(SCE)的定义是：电网调度机构根据发电机组申报的参数，向发电机组发出的 AGC 指令，与发电机组的实际功率输出之间的偏差，即

$$SCE = P_a - P_s \tag{8-44}$$

式中，P_a 为发电机组实测功率输出；P_s 为对该发电机组的目标输出功率(或指令)。

2) 服务提供者控制性能标准

服务提供者控制性能标准(SCPS)与自动发电控制性能评价标准(CPS)相似，由标准1(SCPS1)和标准2(SCPS2)组成。

(1) 服务提供者控制性能标准1(SCPS1)

SCPS1 要求发电机组的控制性能满足以下条件：

长期(如一个月)的控制性能，应满足 AVG(SCE)≈0。

SCE 应有利于减小电力系统的频率偏差或对电力系统的频率偏差的影响不超出规定的范围，即满足

$$\frac{SCE_1 \cdot \Delta f_1}{-10B \cdot PF} \leqslant \varepsilon_1^2 \tag{8-45}$$

或者 SCE 应有利于减小控制区的 ACE、或对控制区的 ACE 的影响不超出规定的范围，亦即满足

$$\frac{SCE_1 \cdot ACE_1}{-10B \cdot PF} \leqslant \gamma_1^2 \tag{8-46}$$

式中，SCE_1 为服务提供者控制偏差 1min 的平均值；

Δf_1 为频率偏差 1min 的平均值；PF 为对该发电机组的分配因子(响应速率/所有响应速率之和)；B 为控制区的功频调差系数；ACE_1 为控制区控制偏差 1min 的平均值；ε_1 为互联电网对全年 1min 频率平均偏差的均方根的控制目标值；γ_1 为对该发电机组的限值，该值根据控制区 ACE 与 Δf 之间的相互关系而确定。

式(8-44)表示的 SCPS1 标准的物理意义与 CPS1 相似，该标准适用于整个交流互联电力系统(交流互联)为单一控制区、或者非 AGC 控制条件下的服务提供者控制性能评价。

式(8-45)表示的 SCPS1 标准注重判断 SCE 是否影响控制区的 ACE。当 SCE 与 ACE 符号相反时，该 SCE 对减小控制区的 ACE 是有利的；当 SCE 与 ACE 符号相同时，则该

SCE 对减小控制区的 ACE 是不利的，但如果 SCE 的数值较小，仍满足式(8-45)的不等式，则表示该 SCE 对控制区 ACE 的影响未超出规定的范围。该标准适用于在互联电力系统中有多个控制区的 AGC 控制条件下的服务提供者的控制性能评价。

SCPS1 标准的统计方法是

$$\mathrm{SCF} = \mathrm{average}\left(\frac{\mathrm{SCE}_1 \cdot \Delta f_1}{-10B \cdot \mathrm{PF} \cdot \varepsilon_1^2}\right)$$

或

$$\mathrm{SCF} = \mathrm{average}\left(\frac{\mathrm{SCE}_1 \cdot \mathrm{ACE}_1}{-10B \cdot \mathrm{PF} \cdot \gamma_1^2}\right)$$

$$\mathrm{SCPS1} = (2 - \mathrm{SCF})$$

SCPS1 标准统计指标的含义与 CPS1 标准相同：SCPS1≥200%，表示 SCE 对减小控制区的 ACE 或电力系统的频率偏差有利；200%>SCPS1≥100%，表示 SCE 对控制区的 ACE 或电力系统的频率偏差的影响未超出规定的范围；SCPS1<100%，则表示 SCE 对控制区的 ACE 或电力系统的频率偏差的影响已超出规定的范围。

(2) 服务提供者控制性能标准 2(SCPS2)

SCPS2 要求服务提供者每 10min SCE 的平均值控制在规定的范围内，即

$$|\mathrm{SCE}_{10}| \leqslant KL_{10}, \quad K = \frac{\sqrt{\mathrm{PF}}}{\sum \sqrt{\mathrm{PF}}}$$

式中，$|\mathrm{SCE}_{10}|$为 SCE 10min 平均值的绝对值；L_{10}为控制区的 CPS2 限值；PF 为对该发电机组的分配因子(响应速率/所有响应速率之和)。

SCPS2 $=(t_q/t)\times 100\%$，t_q 为合格时间；t 为总的日历时间。

按照 NERC 的标准，要求 SCPS2>90%。

第9章 无功电压自动控制

9.1 概　　述

受到环境、自然资源和经济因素的限制，大多数发电厂都远离负荷中心，大容量、高电压、远距离输电已经成为电力系统发展的基本特征。在这种情况下，如何保证电网的电压水平越来越成为不容忽视的问题。

一方面，电压质量是电能质量的一个重要组成部分，不合格的电压会导致系统网损增加，还存在多方面的不良影响。

电网低电压运行会产生如下危害：

(1) 电压下降，造成发电机有功功率输出稳定极限下降。

(2) 发电厂辅机输出功率下降，影响发电机有功输出。

(3) 送变电设备由于电压降低造成输电能力下降。

(4) 线路充电无功，补偿电容器提供无功量下降。

(5) 线路有功损耗增加。

(6) 烧毁用户电动机。

电网高电压运行的危害：

(1) 电气设备绝缘损坏。

(2) 变压器过励磁。当变压器电压超过额定电压的10%，使变压器铁芯饱和，铁损增大。漏磁使箱壳等金属构件涡流损耗增加，变压器过热，绝缘老化，影响变压器寿命甚至烧毁变压器。

另一方面，不合理的无功源配置和缺乏有效的控制方法，可能会导致不同于功角稳定的电压稳定问题，并且进一步引发功角稳定问题。

考虑第一方面影响的无功电压控制是一种稳态优化控制；考虑第二方面的控制是电压稳定的预防控制和紧急控制。本章主要介绍全局的稳态优化控制的基本原理和方法。

在超高压电网中，需要对系统电压实现如下控制和管理：

(1) 为了保证电力系统静态与暂态的运行稳定性以及变压器带负荷调压分接头的运行范围和厂用电的运行，系统的运行电压必须大于某一最低数值。

(2) 在正常运行时，必须具有规定的无功功率储备，以保证事故后的系统最低电压大于规定的最低值，防止出现电压崩溃事故和同步稳定性破坏。

(3) 保持系统电压低于规定的最大数值，以适应电力设备的绝缘水平和避免变压器过饱和，并向用户提供合理的电压水平的电能。

(4) 在上述约束条件下，尽可能减低网络的有功功率损耗，以获得最佳经济效益。

9.2 无功电压的基本特性

如图 9.1 所示，线路的阻抗 $Z\angle\alpha=R+\mathrm{j}X$，两端的潮流和电压如图中所示，则有

$$\mathrm{d}U=\dot{U}_1-\dot{U}_2=\left(\frac{S_2}{\dot{U}_2}\right)^*(R+\mathrm{j}X)=\frac{P_2-\mathrm{j}Q_2}{U_2}(R+\mathrm{j}X)$$

$$=\frac{P_2R+Q_2X+\mathrm{j}(P_2X-Q_2R)}{U_2} \tag{9-1}$$

令 $\mathrm{d}U=\Delta U+\mathrm{j}\delta U$，$\Delta U=\dfrac{P_2R+Q_2X}{U_2}$，$\delta U=\dfrac{P_2X-Q_2R}{U_2}$。

图 9.1 简单电路图　　　图 9.2 电压向量关系图

如图 9.2 所示，由于实际系统中的线路两端的电压相角差 α 很小($\leqslant 5^\circ$)，因此

$$|U_1|-|U_2|\approx|\Delta U|=\left|\frac{P_2R+Q_2X}{U_2}\right|\overset{X\gg R}{\approx}\left|\frac{Q_2X}{U_2}\right| \tag{9-2}$$

由式(9-2)可见，线路上两端的电压幅值差是决定线路上无功大小的关键因素之一，大量无功在电网中的流动会导致电压的大幅下降。因而，系统无功不能远距离输送。

9.3 无功电源、无功补偿及电压调节设备

高压无功电源补偿设备除了用于控制无功潮流，保持正常情况下的系统电压质量，控制负荷变动时的电压波动外，还是一种提高系统稳定水平的重要手段。

下面介绍目前常用的无功电源和无功补偿设备。

9.3.1 同步发电机

同步发电机是电力系统中最重要的无功补偿设备，从系统观点来看，它的容量最大，调节也最方便。电力系统中大部分的无功功率需要都是由同步发电机供给的。

可依照不同系统条件和不同的安装位置，根据需要选择不同的发电机额定功率因数。位于负荷中心附近的发电机组，宜于有较大的送出无功功率的能力，除了可以供应正常负荷的部分无功功率需求外，由于它对电压敏感，反应快速，还可以在正常时保留一部分作为事故紧急储备。这个特点是非常重要的。至于送端电厂的发电机组，特别是远方电厂机组，由

于无功功率不宜远送的规律，它发出的无功功率主要用以补偿配出线路在重负荷期间的部分无功功率损耗，实现超高压网无功功率的分层平衡。如果没有(或很少)就地负荷，它们的额定功率因数一般都较高。

接到超高压电网特别是位于远方的发电机组需要具有适当的进相运行能力，使其能在系统低负荷期间吸收配出的超高压线路的部分多余无功功率，以保持电厂送电电压低于允许最高水平。影响发电机进相能力的主要因素，对发电机本身来说，是定子端部结构件的过热问题：对系统来说，则是降低了电厂的稳定水平，因为进相运行时的发电机内电动势值较低，当输送一定有功功率时，将具有较大的对系统电压的相位差角。

国际大电网会议第11委员会(旋转电机)的工作组在分析了各国的实践后建议："对所有短路比不低于0.4的发电机，在功率因数为95%吸收无功功率的情况下，应能在额定有功功率下运行。"

在我国，水电部组织对100～200MW汽轮发电机的进相运行试验的结果表明，在手动调节励磁的条件下，它有可能在进相功率因数0.95带额定有功功率的条件下，安全稳定地运行，但特别强调在进相运行期间，要保持自动调节励磁装置的正常工作，以进一步提高运行稳定性；同时，按运行条件恰当地确定低励限制器的定值；并对厂用变压器电压抽头作相应的调整，使厂用母线电压保持合理的数值，避免厂用电动机过电流。

在正常运行条件下，发电机端电压可以在规定范围内波动。原水利电力部颁布的《发电机运行规程》中规定发电机端子电压的允许变动范围为±5%，当电压低于额定值的95%时，也不允许定子电流超过额定值的105%。国外的规定类似。

9.3.2 输电线路

输电线路既能产生无功功率(由于分布电容)又消耗无功功率(由于串联电抗)。当沿线路传送某一固定有功功率，线路上的这两种无功功率能相互平衡时，这个有功功率叫做线路的"自然功率"或"波阻抗功率"，因为相当于在线路末端接入了一个线路波阻值的负荷。若传输的有功功率低于此值，线路将向系统送出无功功率；而高于此值时，则将吸收系统的无功功率。

各电压等级线路的自然功率及充电功率见表9.1。

表9.1 各电压等级线路的自然功率及充电功率

线路运行电压/kV	波阻抗/Ω	充电功率/(Mvar/100km)	自然功率/MW
230	400	13.5	130
340	300	40	400
525	275	110	1000

9.3.3 变压器

变压器是消耗无功功率的设备。除空载无功损耗外，当传送功率时，又会通过串联阻抗产生无功损耗。通过变压器传送大量的无功功率在运行中应当尽力避免，当变压器短路阻抗大时更当如此。

通过变压路传送功率产生的电压降，可以通过调整变压器的电压分接头予以补偿。又因为电压降是随着变压器的负荷大小而改变的，因而存在变压器是否安装有载调压变压器的问题。

图 9.3(a)是连接两个电压等级的调压变压器单线图，图 9.3(b)是它的 T 型等值电路图。Z_{sys1}，Z_{sys2}分别是变压器两侧的系统等值阻抗。调压变压器的短路阻抗为 Z_T，空载变比 $\frac{n_1}{n_2}=\frac{1}{n}$，则 T 型等值电路总的导纳分别为 Y_1，Y_2 和 Y_3，其中 $Y_1=n(n-1)Y$，$Y_2=(1-n)Y$，$Y_3=nY$ 以及 $Y=\frac{1}{Z_T}$。Y_1，Y_2 具有如下性质：

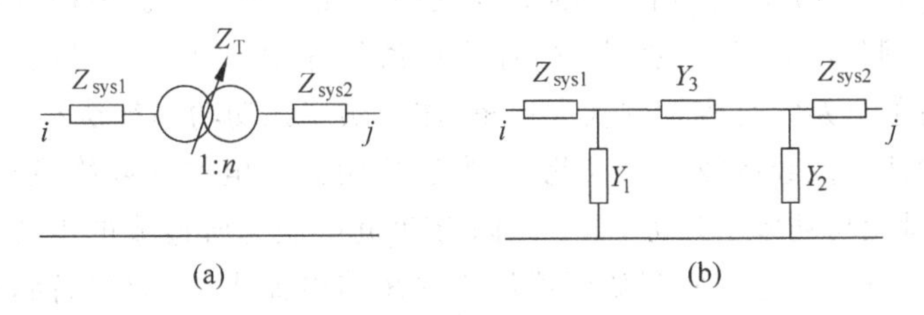

图 9.3 调压变压器

(1) $n>1$ 时，Y_1 为感性，Y_2 为容性，即高压侧并联了一个电抗器，低压侧并联了一个电容器；

(2) $n=1$ 时，$Y_1=0$，$Y_2=0$；

(3) $n<1$ 时，Y_1 为容性，Y_2 为感性，即高压侧并联了一个电容器，低压侧并联了一个电抗器(应该跟情况 1 一样，$n<1$，高低压侧反向了)。

这些导纳分别吸收和产生无功，引起两侧系统无功潮流变化，转而影响变压器两侧电压变化。

电力系统的变压器可以划分为 3 类，即供电变压器、发电机升压变压器和电网间的联络变压器。

1. 供电变压器

供电变压器的任务是直接向负荷中心供应电力，一次侧电压可能直接接到主电压网(220kV 及以上)，但最多的是接到地区供电电压网(35～110kV)。这一类变压器不但向负待提供有功功率，也往往同时提供无功功率，而且一般短路阻抗也较大，随着地区负荷变化，供电母线电压也随之变化，因而有带负荷调整电压分接头的必要。同时通过调节电压分接头，也可以起到调节电压的作用。在这种情况下，一般一次侧的系统短路容量很大，即阻抗很小，二次侧为负荷阻抗，因而二次侧阻抗值很大，通过供电变压路电压分接头的调节，改变导纳 Y_2 的大小及符号，从而改变通过变压器短路阻抗的压降。此外，还可以实现逆调压，即通过的负荷愈大，供电母线的电压愈高；通过的负荷减小，供电母线电压也随之降低，以便更有利于减少用户端的电压波动。因而，对于直接向供电中心供电的变压器，应配置带负荷调压分接头，在实现无功功率分区就地平衡的前提下，随着地区负荷的增减变化，配合地区无功补偿设备并联电容器及低压电抗器的投切，以随时保证对用户的供电电压质量。我国《电力系统技术导则》规定了“对 110kV 及以下的变压器，宜考虑至少有一级电压的变压器采用带负荷调压方式”。

2. 发电机升压变压器

这一类变压器是否配置有载调压分接头，国际上没有统一的做法。从原理分析，发电机本身已经是很方便的无功调节设备，在升压边沿器上配置有载调压分接头似乎没有很大的必要。各个国家的做法不甚一致，如在英国用自动电压调节器和带负荷调压分接头来分别调整机端及高压母线电压；而在我国，发电厂升压变压器一般都安装分接头，但一般都是无载调压的。

3. 联络变压器

联络变压器的特点是容量大，所连接的两侧电网的容量和供电范围都是主电网。在我国，许多电力系统的550kV电网和220kV电网中存在这种情况。在研究这一类变压器是否应当装设带负荷调节的电压分接头时，有两点值得考虑：第一，作为主电网的最高电压层，传输的功率占了全系统总容量的很大比重，需要实现无功功率补偿和调节能力的分层平衡，以获得相应的技术及经济效益。因此，作为连接两大主电网的联络变压器，原则上不应承担层间交换大量无功功率的任务，而单纯因有功负荷变化所造成的电压变化则较小。第二，因为连接的是主电网，每一侧到变压器母线的短路电流水平都相当高，都将远大于变压器本身的容量，如图9.3(b)中，从绝对值来看，Z_{sys1} 和 Z_{sys2} 总是远小于相应的 $\frac{1}{Y_1}$ 和 $\frac{1}{Y_2}$ 阻抗值。或者说，Y_1 与 Y_2 大小及符号的变化，都不大可能给 i,j 两点电压带来较大的影响。在这种条件下，调节变压器的电压分接头已经失去了可以有效调节母线电压的作用。基于以上两点，可以认为，对于这一类变压器，似乎没有配置带负荷调节电压分接头的必要。另外，大容量变压器配置带负荷调节电压分接头，还要大量增加变压器的投资，同时也降低了变压器的运行可靠性。1982年国际大电网会议变压器委员会提出过一份报告，特别指出了有了带负荷调节电压分接头，不仅它本身不可靠，同时还增加了变压器整体设计的复杂性。

9.3.4 并联电容器

并联电容器广泛地用于较低电压的供配电网和用户，是电力系统中一种最重要的专用无功补偿设备。它的最大特点是价格便宜又易于安装维护。并联电容器的性能缺陷是，它的输出功率随安装母线电压降低而成平方地降低。

9.3.5 并联电抗器

并联电抗器是吸收无功功率的设备，主要用于解决峰谷差大和高压、超高压线路的投运引起的充电过电压问题。并联电抗器有两种连接方式：

(1) 并联电抗器直接接到超高压线路上。这种方式的优点是可以限制高压线路的工频过电压和操作过电压，从而降低线路和母线连接设备的绝缘水平，降低工程总投资。

(2) 并联电抗器接到主变压器二次侧。这种方式的优点是造价较低，操作方便。

9.3.6 串联电容器

串联电容器用于补偿线路的部分串联阻抗，从而降低输送功率时的无功损耗，也是一种无功补偿设备。但串联电容更是一些电力系统经远距离输电时比较普遍采用的提高系统稳定和送电能力的重要手段，如北美的500kV西部联合电网，瑞典的400kV电网等。

作为提高长线路重负荷线路送电水平及系统稳定水平的措施，只有当送、受端都能提供很大的短路容量，即送、受端的等价阻抗相对线路说来都较小的情况下，串联补偿才能发挥应有的作用。因为它只能补偿整个串联阻抗中线路阻抗的一部分。

在超高压系统中采用串联补偿,也有一些困难。第一,补偿站本身的复杂性,要求能在故障切除后即时再投入串联电容和对串联电容器本身的保护。第二,增加了继电保护的困难,传统的距离保护用在串联补偿线路上会遇到一些特殊的问题;第三,要研究解决汽轮发电机组配出串联补偿线路可能产生的次同步共振问题。

汽轮发电机组经串联补偿线路,可能发生损坏机组严重事故的次同步共振问题。这是在20世纪70年代初,美国南加州爱迪生公司连续两次发生了790MW汽轮机组大轴损坏事故后才被发现的。其后,次同步共振已成为采用串联补偿必须认真研究解决的重大问题之一。

9.3.7 同步调相机

同步调相机是最早采用的一种无功补偿设备,只是在静态电容器发展后,才逐渐退居次要地位。也由于它投资大,运行维护复杂等原因,世界各地已不再新增同步调相机作为无功补偿设备。但是,同步调相机能提供短路电流,它是一种提高系统稳定性的重要手段。

9.3.8 静止补偿器

静止补偿器的特点是调节迅速,运行维护量较小,可靠性较高,用切换电容器方式时有功损耗也较小,这些都为同步调相机所不及。静止补偿器有多种结构方式,例如,晶闸管控制电抗器与固定电容器组合方式、晶闸管切换电容器与晶闸管控制电抗器方式、饱和电抗器方式等。各种方式各有不同的效能、优点及缺点,需要按反应速度、灵活性、损耗与费用等综合比较后进行选择。静止补偿器的工作原理,本书不做介绍。

9.4 网省级电网的自动电压控制

网省级电网是以220kV及以上电压等级组成的电网。网省级电网电压无功控制目标是在保证电网电压安全的前提下,使得系统运行的网损最小,并且应保留足够的储备无功容量,以应对系统的突发性故障。省网调电网电压无功控制主要手段是发电机机端电压以及少量的高压并联电抗器,其主要控制变量是连续可调的。针对电网的无功电压本身的特点,一般采用分级分区的控制模式。

9.4.1 两级电压控制模式

两级电压控制模式也称为基于最优潮流的控制模式,最早由德国RWE提出。其基本思想是周期进行全网的最优潮流(OPF)计算,得到电压控制策略直接下发给控制设备执行,其控制结构如图9.4所示。

在这种控制模式下,最优潮流模块一般作为主站系统运行在控制中心,它基于EMS的状态估计和潮流分析结果进行计算,给出对电压控制子站系统的控制命令。子站系统分散在各厂站,主要完成控制策略的最终执行。

整个控制模块分为两个部分。首先判断系统是否存在电压越限。如果存在则进入电压校正环节,通过一个线性规划问题的求解得到控制策略,将越限电压拉回限值之内;如果系

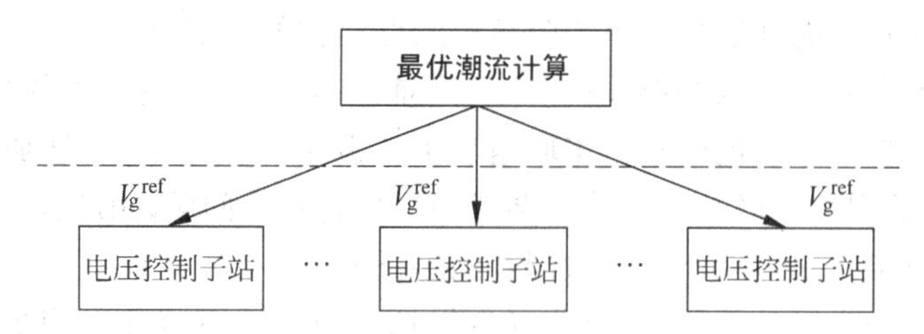

图 9.4 两级电压控制模式

统电压全部正常,则进入以网损最小为目标的最优潮流模块,通过牛顿法求解最优控制策略并下发。

还有一种做法是基于考虑安全约束的最优潮流,保证系统对于预想事故集在 $N-1$ 的情况下实现预防性的安全,同时考虑网损最小。

9.4.2 三级电压控制模式

三级电压控制模式是由法国 EDF 最早提出的分级电压控制方案,目前在法国、意大利[8]、比利时、西班牙等多个国家的电网中得到了比较好的应用,在国内,江苏电力公司采用了这种控制模式。

在三级电压控制模式下,电网被划分成彼此解耦的区域,每个区域选择一到多个中枢母线和多台控制发电机,如图 9.5 所示。其基本思想是将电压控制分为 3 个层次:一级电压控制(primary voltage control,PVC),二级电压控制(secondary voltage control,SVC)和三级电压控制(tertiary voltage control,TVC)。

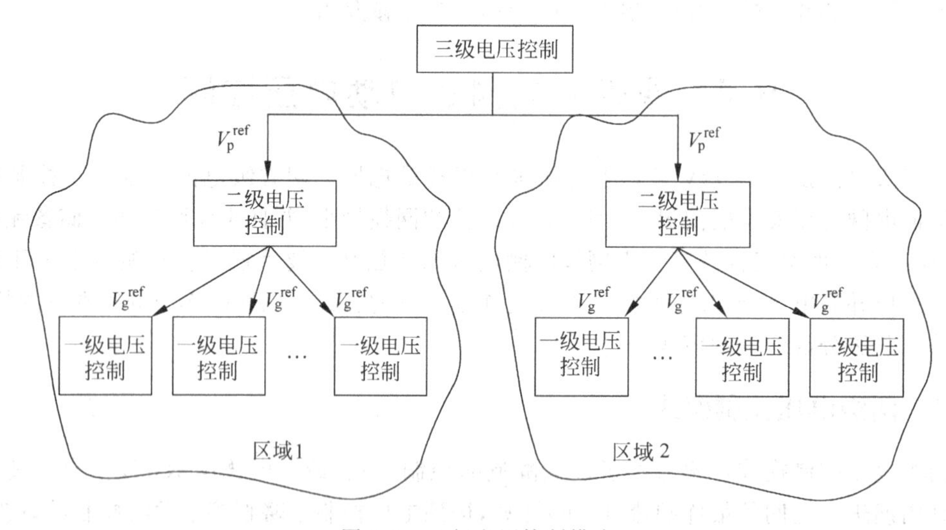

图 9.5 三级电压控制模式

(1) 三级电压控制是控制系统的最高层,以控制中心的能量管理系统作为决策支持,以全系统的经济运行为优化目标,并考虑安全性指标,最后给出中枢母线电压幅值的设定参考值 V_p^{ref},供二级电压控制使用。在三级电压控制中要充分考虑到协调的因素,利用了整个系统的全局信息来进行优化计算,一般来说它的时间常数(记为 T_3)在十几分钟到小时级,一般采用最优潮流技术(OPF)。

(2) 二级电压控制是基于无功电压的局域特性，通过在线自适应的无功电压分区，整个电网被在线地分解成一个个围绕电压中枢母线的区域。利用实时状态估计的“熟”数据(若实时状态估计运行不正常，可直接采集 SCADA 的“生”数据)，并通过 SCADA 系统，对各个区域周期性地以轮循方式实行自动的、闭环的控制，通过修改区域内一级控制器的整定值 V^{ref} 来维持该区域的枢纽母线电压水平和无功发电裕度。控制时间常数(记为 T_2)约为几十秒钟到分钟级，控制的主要目的是保证中枢母线(pilot node)电压等于设定值 V_p^{ref}。

(3) 一级电压控制是由广泛分布在整个电力系统中的各种现有的自动控制装置组成，为本地控制(local control)，只用到本地的信息。控制器由本区域内控制发电机的自动电压调节器(AVR)、有载调压分接头(OLTC)及可投切的电容器组成，控制时间常数(记为 T_1)一般为几秒钟。在这级控制中，控制设备通过保持输出变量尽可能的接近设定值 V^{ref} 来补偿电压的快速的和随机的变化。

在这种分级电压控制系统中，各级都有各自的控制目标，下级控制以上级控制的输出作为自己的控制目标。通过分级和分区，很自然地实现了电压的多目标控制。一般二级电压控制和三级电压控制在控制中心的主站系统上实现，而一级电压控制由分散在各厂站的子站系统完成。

9.4.3 第三级电压控制的模型和算法

第三级电压控制是以控制中心的能量管理系统作为决策支持，以全系统的经济运行为优化目标，并考虑安全性指标，是一个理想化的最优化模型。

用 $\boldsymbol{x}$ 表示系统的状态变量，$\boldsymbol{u}$ 表示系统的控制变量，二者满足如下的等式约束：

$$\boldsymbol{h}(\boldsymbol{x},\boldsymbol{u}) = \boldsymbol{0} \tag{9-3}$$

对于该系统，保证其安全稳定的所有约束条件为

$$\boldsymbol{g}(\boldsymbol{x}) \geqslant \boldsymbol{0} \tag{9-4}$$

在第 k 个控制采样点(kT_s 时刻)，系统状态变量为 $\boldsymbol{x}(kT_s)$(简记为 $\boldsymbol{x}(k)$)，控制变量为 $\boldsymbol{u}(kT_s)$(简记为 $\boldsymbol{u}(k)$)。在此基础上，一个理想化的最优控制器的数学形式：

$$\begin{aligned}
&\min_{\Delta \boldsymbol{u}(k)} \quad \boldsymbol{F}(\bar{\boldsymbol{x}}(k),\bar{\boldsymbol{u}}(k)) \\
&\text{s.t.} \quad \boldsymbol{h}(\bar{\boldsymbol{x}}(k),\bar{\boldsymbol{u}}(k)) = \boldsymbol{0} \\
&\boldsymbol{g}(\bar{\boldsymbol{x}}(k)) \geqslant 0 \\
&\bar{\boldsymbol{u}}(k) = \boldsymbol{u}(k) + \Delta \boldsymbol{u}(k) \\
&\| \Delta \boldsymbol{u}(k) \| \leqslant \Delta \boldsymbol{u}_{max}
\end{aligned} \tag{9-5}$$

式中，$\Delta \boldsymbol{u}(k)$是计算得到的对控制变量 $\boldsymbol{u}(k)$ 的增量(比如对发电机机端电压设定值的修正量)；$\bar{\boldsymbol{u}}(k)$表示调节后的控制变量；$\bar{\boldsymbol{x}}(k)$表示控制后状态变量 $\boldsymbol{x}(k)$ 的预测值。

式(9-5)的物理含义是求解这样一种最优的控制 $\Delta \boldsymbol{u}(k)$；其控制步长不超过 $\Delta \boldsymbol{u}_{max}$，将这种控制施加到系统的控制变量上之后(即 $\boldsymbol{u}(k)$变成$\bar{\boldsymbol{u}}(k)$)，系统得到一个新的状态$\bar{\boldsymbol{x}}(k)$(由等式约束 $\boldsymbol{h}(\boldsymbol{x},\boldsymbol{u})=\boldsymbol{0}$ 得到)，在此状态下满足系统安全稳定要求的所有约束条件 $\boldsymbol{g}(\boldsymbol{x}) \geqslant \boldsymbol{0}$，并且能够保证系统在经济性和安全性目标上达到性能最优($\min \boldsymbol{F}(\boldsymbol{x},\boldsymbol{u})$)。这个优化模型在数学上是可解的，其实就是最优潮流模型。

但是，从工程应用的角度需要具备以下条件：

(1) 必须保证能够可靠求解最优控制策略。这种控制模式的基本思想就是通过不间断的最优控制来将电网始终保持在一个优化的运行状态,因此必须保证在每个点的最优控制计算能够成功。

(2) 必须能够准确获取全网各节点的状态。由于全网节点的状态变量(尤其是相角)在现阶段不可能完全实时采集,因此最优控制策略的求解必须基于状态估计的结果。对于最优控制问题来说,如果输入信息已经和电网的真实数据产生了很大的偏差,那么最优控制求解得到的控制策略也势必和真正的最优状态存在较大偏差。

在这种情况下,完全基于第三级电压控制的最优化控制模型,对EMS各软硬件环节的运行质量和可靠性有十分苛刻的要求,任何一个环节的局部异常都可能导致优化问题无法求解或者优化结果不可信。因此这种控制计算对量测和状态估计的精度和可靠性的要求都很高,局部的量测通道问题都可能严重影响最优控制的结果,因此其运行鲁棒性难以保证。

9.4.4 第二级电压控制的模型和算法

正是由于第三级电压控制模型在数学上可解,但是在工程应用上不具备可操作性,所以在第三级控制和一级控制之间引入了二级电压控制。二级电压控制实际上是从时间和空间两个角度对第三级控制模型进行分解和简化而来的。

通过两个时间尺度 T_s 和 T_t,来观察负荷的变化,分别对应二级控制时间尺度(分钟级)和三级控制时间尺度(小时级)。对于连续变化的系统负荷 L,可以将其分解为这两个时间尺度上的分量,则系统负荷可以分解为时间尺度 T_s 上的分量 $L(kT_s)$ 和时间尺度 T_t 上的分量 $L(KT_t)$ 之和:

$$\begin{aligned} L &= L(kT_s) + L(KT_t) \\ &\equiv L(k) + L(K) \end{aligned} \tag{9-6}$$

分量 $L(K)$ 表征的是系统在较长时间段内的变化趋势,可以认为是系统负荷的主导分量,其在 KT_t 和 $(K+1)T_t$ 之间保持不变,而分量 $L(k)$ 每隔 T_s 时刻变化一次,叠加到主导分量 $L(K)$ 上后得到最终的负荷变化曲线。

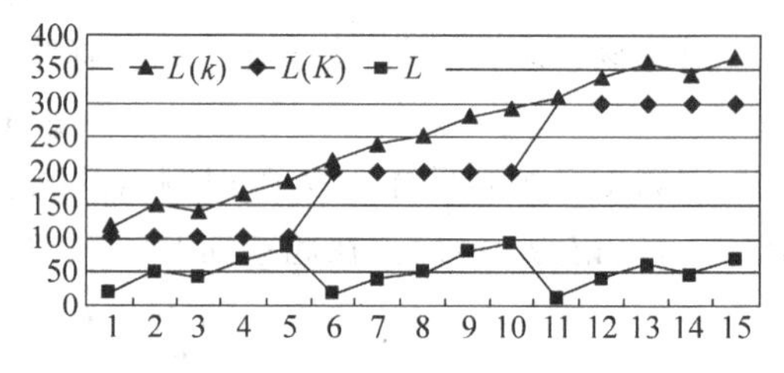

图 9.6 负荷变化在时间上的解耦性示意

可以通过图9.6来直观理解系统负荷在时间尺度上的解耦。

由于高频度的三级最优化控制是不可行的,如果认为三级最优化控制的主要目的是针对负荷变化的主导分量 $L(K)$,而将 $L(k)$ 看做对系统负荷主导分量的一种扰动而加以忽略,可以将最优控制器模型简化如下:

$$\begin{aligned} &\min_{\Delta \boldsymbol{u}(K)} \quad \boldsymbol{f}(\bar{\boldsymbol{x}}(K), \bar{\boldsymbol{u}}(K)) \\ &\text{s.t.} \quad \boldsymbol{h}(\bar{\boldsymbol{x}}(K), \bar{\boldsymbol{u}}(K)) = \boldsymbol{0} \\ &\boldsymbol{g}(\bar{\boldsymbol{x}}(K)) \geqslant \boldsymbol{0} \\ &\bar{\boldsymbol{u}}(K) = \boldsymbol{u}(K) + \Delta \boldsymbol{u}(K) \\ &\| \Delta \boldsymbol{u}(K) \| \leqslant \Delta \boldsymbol{u}_{\max} \end{aligned} \tag{9-7}$$

与式(9-5)相比,模型(9-7)从目标函数到约束条件都没有改变,唯一的变化是计算的

周期由 KT_s 变为 KT_t，经过优化计算后，得到的控制策略为一级电压控制器的目标设定值的修正量 $\Delta\boldsymbol{u}(K)$。

模型(9-7)忽略了系统负荷的 $L(k)$ 分量对于整个系统状态的影响，因此需要在式(9-7)的基础上引入对于负荷 $L(k)$ 分量的反馈控制，该控制基于如下两个原则：

(1) 忽略负荷分量 $L(k)$ 对最优目标求解的影响，即认为系统在负荷水平 $L(K)$ 下求解得到的最优状态对于负荷水平 $L(K)+L(k)$ 同样是最优的，因此无须再进行最优控制的计算。

(2) 不忽略负荷分量 $L(k)$ 对系统状态变化的影响，即认为在负荷由 $L(K)$ 变成 $L(K)+L(k)$ 后，系统的状态将偏离最优状态，需要引入闭环控制将系统状态重新拉回到最优点。

若时刻 KT_t 最优控制模型求得的系统最优状态为 $\bar{\boldsymbol{x}}^K$，在时刻 $(K+1)T_t$ 进行下一次最优控制计算之前，在时刻 $kT_s(k=1,2,\cdots)$ 引入如下的控制：

$$
\begin{aligned}
&\min_{\Delta\boldsymbol{u}(k)} \quad \| \tilde{\boldsymbol{x}}(k) - \tilde{\boldsymbol{x}}^K \|^2 \\
&\text{s.t.} \quad \boldsymbol{h}(\bar{\boldsymbol{x}}(k), \bar{\boldsymbol{u}}(k)) = \boldsymbol{0} \\
&\boldsymbol{g}(\bar{\boldsymbol{x}}(k)) \geqslant \boldsymbol{0} \\
&\bar{\boldsymbol{u}}(k) = \boldsymbol{u}(k) + \Delta\boldsymbol{u}(k) \\
&\| \Delta\boldsymbol{u}(k) \| \leqslant \Delta\boldsymbol{u}_{\max}
\end{aligned} \tag{9-8}
$$

与稳态最优控制模型(9-5)(第三级控制模型)相比，模型(9-8)唯一的区别在于目标函数上的不同，其控制的目标是控制后的状态尽可能接近上一次稳态最优控制所给出最优状态。因此模型(9-8)可以看做一种退化后的最优控制模型，它利用了稳态最优控制模型优化的设定值作为优化控制目标，可以称之为保优电压控制模型。

在此基础上，可以引入新的控制模式，称之为“保优电压控制模式”。在这种模式下，系统级稳态电压控制的过程被分解成两个子问题：以 T_t 为周期进行的最优控制计算和以 T_s 为周期进行的保优控制计算，控制模式的描述如下：

(1) 在 $KT_t(K=1,2,\cdots)$ 时刻，针对系统负荷变化的主导分量 $L(K)$ 进行一次最优控制计算，最优控制的数学模型如式(9-5)所示。

(2) 在最优控制情况下，系统状态变量为 $\tilde{\boldsymbol{x}}^K$。

(3) 在 $(K+1)T_t$ 到达之前，对于 $kT_s(k=1,2,\cdots)$ 时刻进行一次“保优控制”，保优控制器的数学模型如(9-8)所示。

保优电压控制模式使用的目标函数是二次型指标，从求解的难度上比最优控制问题大大降低。但是，保优电压控制模式仍然有以下问题需要改进：

(1) 保优控制子问题仍然从全网的角度统一求解控制变量，计算规模庞大，而且局部地区的通信故障依然可能导致求解的失败。

(2) 在电压控制问题中，一般来说，状态变量的个数远多于控制变量个数，因此，控制系统无法保证所有状态变量都精确控制到设定值。

在实际工程实施时，可以利用电压控制问题在空间上的解耦特性，全网计算的保优控制子问题分解成 M 个在控制区域内部计算的优化控制子问题。然后，对于控制区域 J($J=$ Ⅰ，Ⅱ，…，M)选取中枢状态变量 $\boldsymbol{x}_{JP}$，以中枢状态变量 $\boldsymbol{x}_{JP}$ 作为控制目标，以及增加电网安全性相关的目标 $\boldsymbol{f}_s(\boldsymbol{x},\boldsymbol{u})$。在这种情况下，保优电压控制可以演化成一种新的实际可操作的二级控制模型：

$$\begin{aligned}&\min_{\Delta \boldsymbol{u}(k)} \quad \sum_{JP=1}^{M}(\bar{\boldsymbol{x}}_{JP}(k)-\tilde{\boldsymbol{x}}_{JP}^{K})^2+\boldsymbol{f}_{\mathrm{s}}(\boldsymbol{x},\boldsymbol{u})\\ &\mathrm{s.t.} \quad \boldsymbol{h}(\bar{\boldsymbol{x}}(k),\bar{\boldsymbol{u}}(k))=\boldsymbol{0}\\ &\boldsymbol{g}(\bar{\boldsymbol{x}}(k))\geqslant \boldsymbol{0}\\ &\bar{\boldsymbol{u}}(k)=\boldsymbol{u}(k)+\Delta \boldsymbol{u}(k)\\ &\|\Delta \boldsymbol{u}(k)\|\leqslant \Delta \boldsymbol{u}_{\max}\end{aligned} \tag{9-9}$$

与保优控制模型(9-7)相比，模型(9-9)的区别在于目标函数上的不同，其控制的目标是控制后的中枢接点状态尽可能接近上一次稳态最优控制所给出的最优状态。

因此，一个实用的三级控制模式为：

(1) 将电网划分成 M 个控制区域，对于控制区域 $J(J=\mathrm{I},\mathrm{II},\cdots,M)$ 选取中枢状态变量 $\boldsymbol{x}_{JP}$。

(2) 在 $KT_{\mathrm{t}}(K=1,2,\cdots)$ 时刻，针对系统负荷变化的主导分量 $L(K)$ 进行一次以电网经济性为优化目标的最优控制计算，即三级电压控制。三级电压控制器数学模型如式(9-5)所示。

(3) 根据全网最优控制计算的结果，得到各个区域中枢状态变量的最优设定值 $\boldsymbol{x}_{JP}^{K}$。

(4) 在 $(K+1)T_{\mathrm{t}}$ 到达之前，在 $kT_{\mathrm{s}}(k=1,2,\cdots)$ 时刻，对于控制区域 $J(J=\mathrm{I},\mathrm{II},\cdots,M)$ 进行一次协调考虑电网经济性目标和安全性目标的二级电压控制，二级电压控制器数学模型如式(9-9)所示。

9.4.5　第一级电压控制的基本工作原理

第一级电压控制主要是控制发电机的自动电压调节器(AVR)、有载调压分接头(OLTC)及可投切的电容器。其中，有载调压分接头及可投切的电容器的控制可以通过RTU的遥控功能实现。而对于发电机的自动电压调节器的控制则需要通过当地的无功电压优化控制子站系统实现。

无功电压优化控制子站系统是电网无功电压优化控制系统的前置部分，安装于电厂控制室，通过优化控制各机组的无功出力，达到实时调节电厂高压侧母线电压的目的。

子站系统典型硬件结构如图9.7所示。

子站系统应由上位机和下位机两部分构成。每个节点有一台上位机，该节点上挂接的每台发电机各有一台相应的下位机。上位机通过RTU通道与设于调通中心的主站通信，向主站系统上传所需的实时信息，接受主站端的控制指令，并与多个下位机(VQR)间实现闭环运行，优化分配各机组实时输出的无功；或根据预置的高压侧母线的电压曲线，离线完成厂站端无功电压的优化控制。下位机接受上位机下传的控制指令，通过调节发电机励磁电流，实现发电机的无功电压优化控制。

设当前高压侧母线电压为 U^i，母线上所有机组送入系统的总无功为 Q^i，要求调节的高压侧母线电压目标值为 U^j，需向系统送出的总无功为 Q^j，系统电抗用 X 表示，则机组送入系统的总无功调节目标值为

$$Q^j=U^j\left(\frac{U^j-U^i}{X}+\frac{Q^i}{U^i}\right)$$

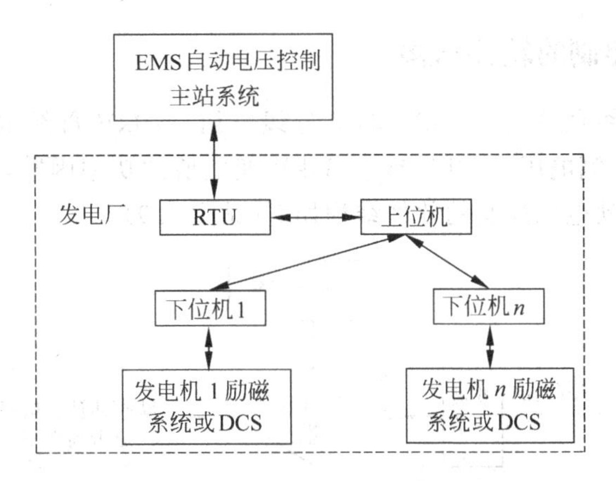

图 9.7 AVC 子站硬件系统结构图

因此，根据 U^i，Q^i，U^j 和 X 即可确定送入系统的总无功调节目标值 Q^j。其中 X 可以采用摄动法获取：

$$(Q^{k+}/U^{k+}-Q^{k-}/U^{k-})X=U^{k+}-U^{k-}$$

式中，Q^{k-}，U^{k-}，Q^{k+}，U^{k+} 分别为所有机组第 k 次无功调整前后输入系统的总无功和高压侧母线电压。

9.5 地区电网的自动电压控制

如图 9.8 所示，地区电网不同于省级电网，它基本以 220kV 变电站为核心，呈辐射状供电。电网内不含或少含电源点，因此地区电网电压无功控制主要手段是电容器和变压器分解头，是离散变量的调节，并且有每天调节次数的限制。另外，地区电网电压无功控制主要目标是提高 10kV 母线的电压合格率和关口变压器的功率因数，降低电网的网损是次要目标。所以，控制算法和控制模式方面与网省级电网的 AVC 有很大的区别。

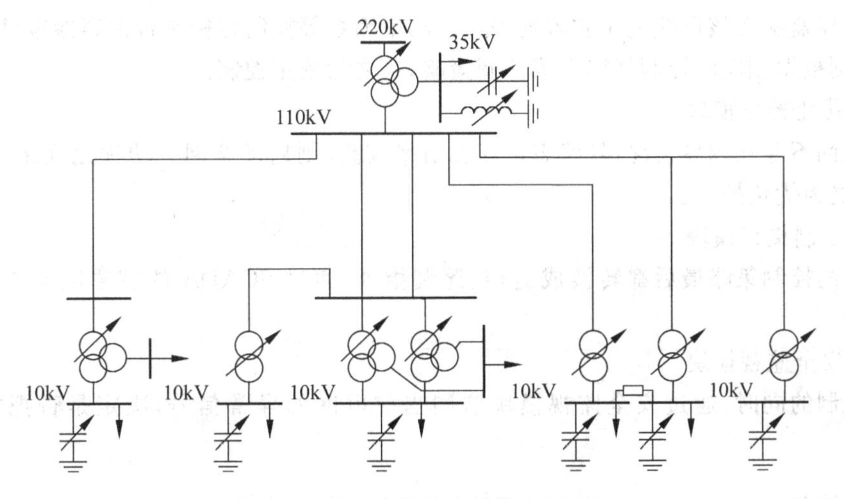

图 9.8 地区电网的典型供电分区图

9.5.1 自动电压控制的软件结构

控制目标的优先级依次为：10kV、6kV母线电压，220kV母线电压，省网关口功率因数，三绕组变压器中压侧电压，110kV或者35kV变电所的功率因数，网损最小。以此为控制目标构成了地区自动电压控制的软件结构如下(见图9.9)：

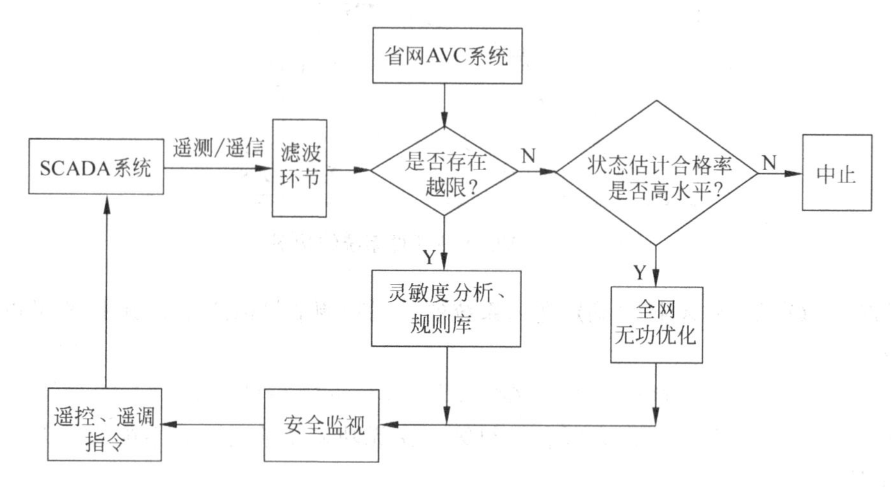

图9.9 地区AVC电网软件结构

(1) 系统分区

电压控制软件将系统分成几个以220kV变电所为根分区的控制区域，对于每个控制区域选择考核母线和控制设备。

(2) 实时数据接口模块

电压控制软件从SCADA系统利用实时数据采集接口采所监测的实时遥测和遥信数据，通过滤波环节对这部分生数据的可信性进行评估和滤波处理，然后输入给控制器。

(3) 校正控制模块

控制器监测考核母线电压和省地关口的功率因数等控制目标是否偏离参考设定值。如果偏离，则根据相应的控制规律形成控制策略，称之为校正控制。

(4) 优化控制模块

若电网不存在越界情况，且状态估计合格率较高，则启动全网无功优化程序，形成控制策略，称之为优化控制。

(5) 控制接口模块

所有的控制策略最后都转换成遥控、遥调指令，通过SCADA的前置机系统控制到变电站。

(6) 安全监视模块

在控制的同时，通过安全监视模块监测当前电网的异常信号，决定是否把控制指令下发。

9.5.2 滤波

控制模块进行决策所采用的数据是直接由SCADA传输上来的生数据(遥测、遥信)，但是对于这些数据的可信性需要有一个预评估。滤波模块正是完成这样的工作。滤波模块的输入是 SCADA 传输上来的生数据,滤波模块的输出将供控制器模块做出决策。滤波模块可以基本分成横向滤波和纵向滤波两种情况。

横向滤波所关注的是一个断面内的数据,它利用同一时刻下不同的测点之间应满足的相互约束关系,来对采集到的数据进行分析。从本质上说,这部分工作类似于一个局部的状态估计器,所不同的是它并不是要给出经过状态估计的结果是多少,而是要在这个结果的基础上,和原有的 SCADA 数据进行比较,对 SCADA 生数据进行评估。如果出现误差太大的情况,那么应该认为此局部的量测系统出现故障,予以屏蔽,并向调度人员报警,提醒该处的量测系统存在问题。

作为无功电压控制系统,必须要解决的一个问题是防止控制器不必要的动作。引起不必要动作的可能性很多,针对不同的可能性也要有不同的技术手段去解决。纵向滤波环节所针对的主要是如下两种情况:

(1) 由于量测系统的瞬时误差引起控制器误动

对于某一个点的量测,在某一个时刻可能由于量测系统的噪声等影响突然出现了一个较大的值。该值由于超过了限制,导致控制器动作。

(2) 由于负荷特性引起控制器误动

如果某地存在轧钢厂等冲击负荷,常常导致电压出现瞬时的阶跃,如果数据采集环节刚好采集到了这样的数据,也会导致控制器的误动。

这两种情况也有所区别,第一种情况是由采集环节的错误造成,第二种情况不存在错误,但这种电压越限频率太高,不应该也不能够利用二级电压控制环节加以解决,因此不属于本项目所要解决的问题,应该将这样的数据过滤掉。

滤波模块的主要功能如下:

(1) 对于一个断面的数据,根据分区的范围,轮循地对每个分区进行局部的状态估计,评估其采集系统的可信性。根据量测残差,如果发现有不良数据或估计指标不高,则给出报警,控制挂起。这属于“横向”滤波。

(2) 各分区“横向”滤波的报警门槛值可以人工设置,也可人工指定挂起。

(3) 对于考核点的数据,采用周期扫描的方式,对监测的母线逐一检测。

(4) 对于每一条考核母线,在实时库中保存最近 5 个周期的采集数据。对于每个控制决策,不是根据最新的采集数据,而是要通盘考虑最近的 5 个周期的数据。根据其变化的趋势和持续的稳定程度,滤除数据突变和高频的电压波动。这属于“纵向”滤波。

(5) 对于每一条考核母线,可以设定控制死区,如果母线电压和设定值的偏差在死区之内,认为可以接收,不会驱动控制器动作。

9.5.3 校正控制

根据地区电网的特点和无功电压的局域性,可以采用基于灵敏度分区的控制和基于九区图原理的厂站级控制。两级协调的机制是:首先按地区电网的辐射状自然供电分区,将电网分为若干个无功电压控制区域。对每个控制分区,先进行区域级控制分析计算。若可以在区域级进行调整时,则采用灵敏度方法计算校正控制策略。当该区域不具备区域级控制条件时,如某些厂站远动信息不理想,则采用厂站级无功电压控制,确保区域中具备条件的厂站处于控制。

协调优化控制流程如图9.10所示。

(1) 九区图原理

九区图法最初应用于变电站无功电压控制装置(VQC),其控制原理基于传统的九区图法,如图9.11所示。图中V为厂站二次侧母线的电压,Q为变压器高压侧绕组的无功。根据V的上、下限和Q的上、下限,可以把直角坐标的第一象限分成9个区,只有运行在0区是正常的,运行在其他分区时,需要通过调整本厂站内的变压器分接头或投切电容器将其调整到0区。其控制策略见表9.2。

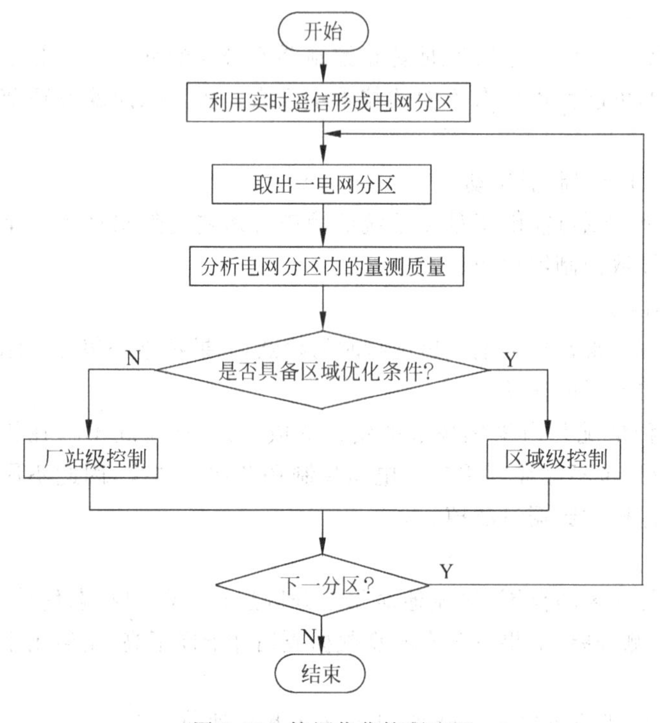

图9.10 协调优化控制流程

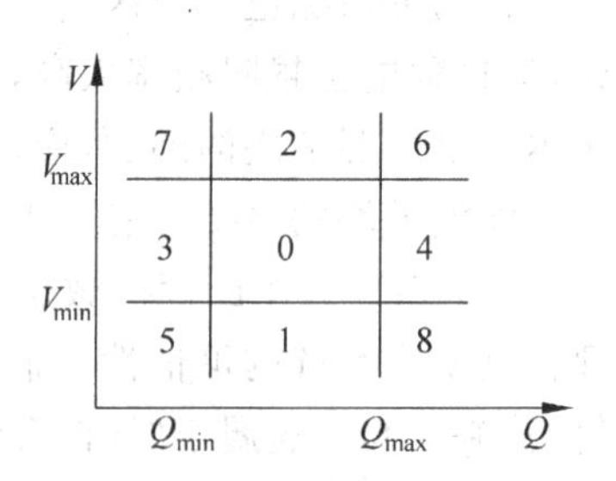

图9.11 九区图

表9.2 九区图的控制策略

区号	电 压	无 功	第一方案	第二方案
0	正常	正常	—	—
1	越下限	正常	升分接头	投电容器
2	越上限	正常	降分接头	切电容器
3	正常	越下限	切电容器	升分接头
4	正常	越上限	投电容器	—
5	越下限	越下限	升分接头	投电容器
6	越上限	越上限	降分接头	切电容器
7	越上限	越下限	切电容器	降分接头
8	越下限	越上限	投电容器	升分接头

(2) 灵敏度分析技术

利用灵敏度分析技术，可以得到电容器投/切对系统网损的灵敏度、电容器投/切对节点电压的灵敏度，节点无功/电压变化对系统网损的灵敏度、节点无功/电压变化对节点电压的灵敏度以及分接头挡位变化对节点电压的灵敏度。在求得各节点的灵敏度系数后，按灵敏度从高到低依次选取设备进行操作。关于灵敏度分析技术参见7.4节。

9.5.4 全局优化控制

全局优化控制是通过对无功潮流的分布进行调整，来改善电压质量和减少网络的有功损耗，以控制可投切电容器、有载调压变压器和发电机机端电压作为调节手段，同时应该满足潮流方程的等式约束，控制变量的上、下限约束，母线电压的上、下限约束，线路、变压器的容量约束等。在地区电网中，控制变量主要采用有载调压变压器的挡位和可投切电容器的状态。

因此，可以建立以下的无功优化数学模型。

目标函数：

$$\min P_L = \sum_{(i,j)\in N_b} g_{ij}(V_i^2 + V_j^2 - 2V_iV_j\cos\theta_{ij}) \tag{9-10}$$

等式约束：

$$P_{Gi} = P_{Di} + V_i\sum_{j\in N_i} V_j(G_{ij}\cos\theta_{ij} + B_{ij}\sin\theta_{ij})$$

$$Q_{Gi} = Q_{Di} + V_i\sum_{j\in N_i} V_j(G_{ij}\sin\theta_{ij} - B_{ij}\cos\theta_{ij})$$

不等式约束：

$V_{i\,\min} \leqslant V_i \leqslant V_{i\,\max}$，对于所有母线 i；

$S_{i\,\min} \leqslant S_i \leqslant S_{i\,\max}$，对于所有支路 i；

$T_{i\,\min} \leqslant T_i \leqslant T_{i\,\max}$，对于有载调压变压器 i；

$\cos\theta_{i\min} < \cos\theta_i < \cos\theta_{i\max}$，省网关口功率因数约束；

$N_i < N_{i\max}$，设备动作次数约束，有动作次数约束的设备包括电容器、电抗器、有载调压分接头。

式中，P_L 为参与统计的系统网损值；g_{ij} 为支路电导；N_b 为参与损耗统计的支路；V_i 表示第 i 条母线的电压；θ_{ij} 为母线 i 和母线 j 的电压相角差；P_{Gi} 和 Q_{Gi} 为母线 i 上的所带发电机的有功功率和无功功率；P_{Di} 和 Q_{Di} 为母线 i 上的所带负荷的有功功率和无功功率；G_{ij} 和 B_{ij} 为节点导纳阵元素；N_i 为与节点 i 相连的节点集，包括节点 i；S_i 为支路的视在功率；T_i 为分接头挡位。

目标函数必然是一个非线形函数，并且具有多谷的特性。另外，在控制变量中，分接头挡位是一个整数，而电容器投切则用0或者1来表示。

综上所述，无功优化本质上是一个混合整数的、具有等式和不等式约束的非线性规划问题。对于这样一个问题的求解有着比较大的难度。一般实用的算法把整数优化变量先松弛成连续变量，把混合整数优化问题转化成连续优化问题，最后进行规整处理。

9.5.5 安全监视模块

安全监视模块在线运行，时刻检查被监控网络的一些具体指标，并对不合格的指标给出警告，具体功能如下：

（1）监测电力系统的故障信息，如果有严重的电力系统故障发生，SCADA需要根据继电保护动作的信息给二级电压控制系统发送事故闭锁信号，安全监视环节将闭锁该分区的控制回路，并提出报警。出现保护动作信号，该区域内的其他变电所采用一级控制，本变电所退出运行。

（2）监测由SCADA系统传送的实时数据的量测质量标志，如果RTU、通道或者重要测点不正常，则闭锁该分区的控制回路，并提出报警。

（3）监测SCADA与AVC之间的通信情况，如果长时间收不到SCADA方面的报文，认为通信环节出现问题，提出警报。

（4）主变滑挡或设备拒动，则闭锁该分区的控制回路，并提出报警。

（5）如果出现闭锁情况，在故障排除后，由用户手工解除闭锁。

第 10 章 调度员培训仿真系统

10.1 概　　述

调度员培训仿真系统(dispatcher training simulator,DTS),国外或称 OTS(operator training simulator)采用数字仿真的方法来模拟实际电力系统的物理变化过程,用于培训和考核调度员,也用于电力系统反事故演习、运行方式的研究、继电保护的校核以及充当调度自动化系统的离线测试工具。

10.2 DTS 体系结构

10.2.1 DTS 系统基本概念

图 10.1 给出了 DTS 的概念图。图形的右半部分表示实际的调度系统,包括实际电力系统和调度中心的自动化系统。图形的左半部分是 DTS,它是实际调度系统的“镜像系统”。DTS 采用数字仿真的电力系统模型来模拟实际电力系统,用调度室模型模拟真实的调度室。

使用 DTS 的人员可以分为教员(instructor)和学员(trainee)。被培训的学员坐在与实际调度室环境相似的学员室中充当调度员,接受培训;而有经验的教员坐在教员室中,利用教员系统,负责培训前的教案准备,控制仿真过程,设置电网事故,并充当厂站操作员,执行由学员下达的“调度命令”,并在培训结束后评价学员的调度能力。

10.2.2 DTS 系统基本功能与模块

如图 10.2 所示,DTS 系统主要由教员系统和学员系统构成。其中教员系统包括电力系统模型(power system model,PSM)和仿真支持系统(instructor system),学员台则由控制中心模型(control center model,CCM)构成。一方面,教员系统中的电力系统模型计算产生各种工况下的电网状态,并通过远动模型发送到学员台系统;另一方面,学员系统中的控制中心模型可以监视和分析电力系统模型的运行工况,以及通过模拟遥控和遥调方式对电力系统模型进行控制。该系统可完全模拟电力系统的生产、传输和调度的过程。

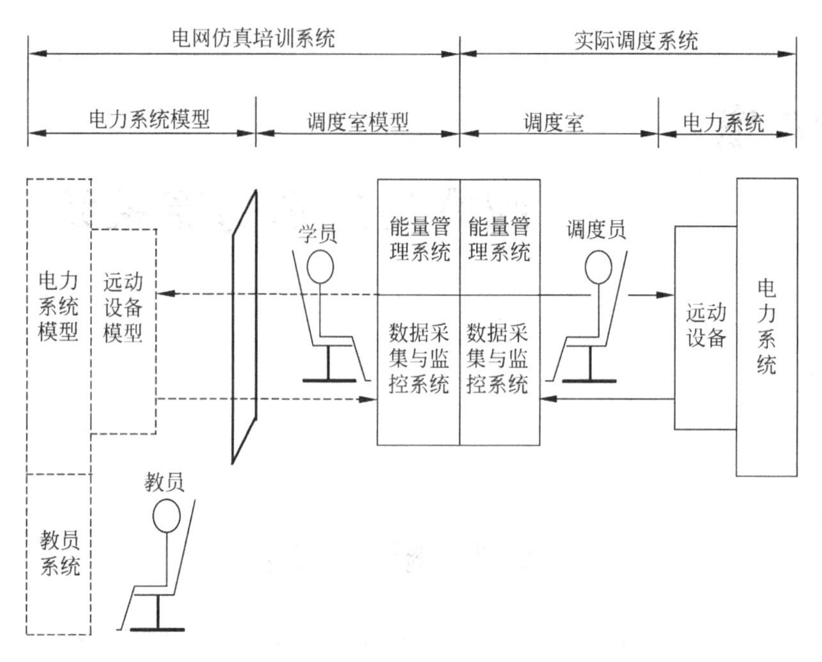

图10.1 DTS系统概念图

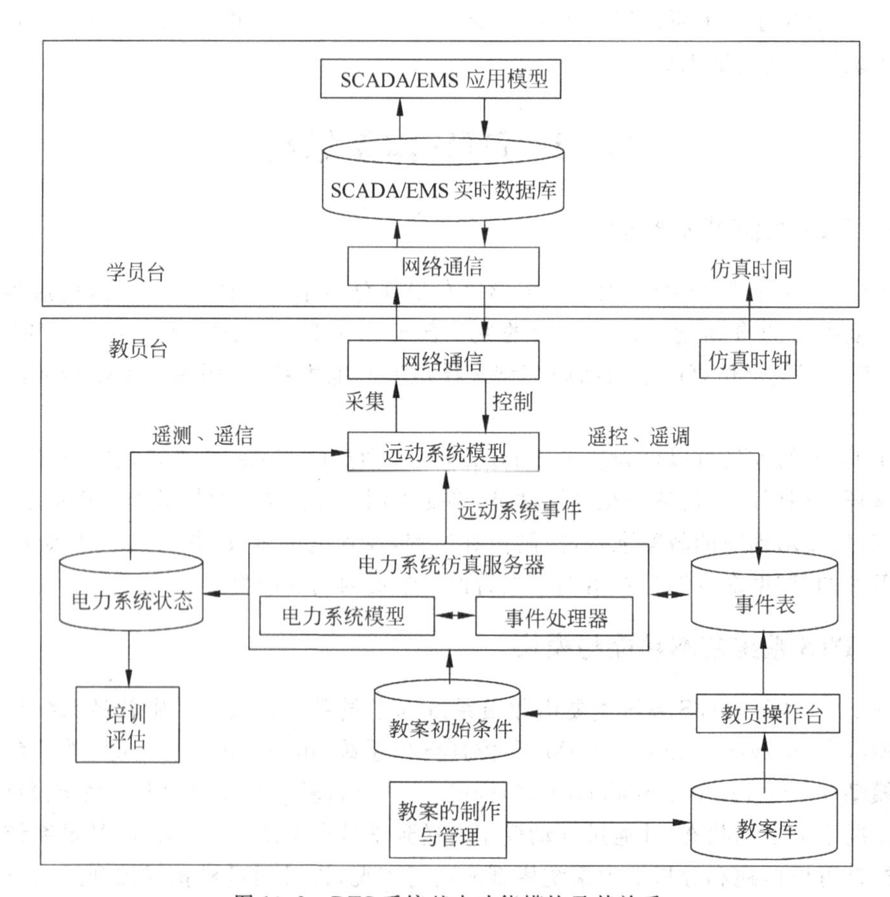

图10.2 DTS系统基本功能模块及其关系

DTS的主要功能分成三个主要组成部分：电力系统模型、控制中心模型和仿真支持功能。

1. 电力系统模型

电力系统模型模拟电网在正常和紧急状态下的静态或动态过程，尤其是逼真地模拟电网的静态和长期动态行为，准实时模拟电网的暂态和中期动态过程，并可详细模拟系统内的继电保护和安全自动装置，及它们的拒动和误动行为。仿真规模可包括网内所有500 kV、220 kV网架及重要的110 kV、35 kV的发电机、调相机、线路、变压器、开关、刀闸、消弧线圈、负荷等电力设备。

2. 控制中心模型

为了达到逼真的效果，控制中心模型一般直接采用在线的SCADA/EMS系统，或者模拟在线SCADA/EMS系统的所有功能，并尽可能做到一致。功能包括监控系统和高级应用软件，能实现相同的报警、操作和分析功能，而且具有相同或类似的人际交互系统。控制中心模型在仿真时充当学员台，为学员或接受培训或考核的调度员使用。

3. 仿真支持系统

仿真支持系统是教员制作教案、调节和控制电力系统模型及控制培训过程的模块，它也称教员台系统。该系统应有灵活的培训支持功能，教员可灵活设置各种事件，编制各种教案，可很方便地建立培训的初始条件；培训时教员可以方便地设置、修改、删除和插入各种事件，执行学员下达的各种调度命令，控制和监视培训进程；具有灵活的控制仿真过程的功能，如暂停、恢复、快照（人工触发和自动触发）、快放、倒回重放和慢速演示等功能，使得教员台的操作灵活、方便。

10.2.3 DTS仿真室结构

如图10.3所示，DTS仿真室一般分为学员区和教员区，学员区与教员区采用透明玻璃隔开。教员区内设一个或多个教员台，其中设置多个教员台的目的有两方面：(1)可以分为多组人员协同培训；(2)在反事故演习时由多个教员分工操作，降低劳动强度。学员区配置多个学员，一般配置成三个，分别为主值、副值和见习值班员，这样与实际调度班组的组成基本一致。

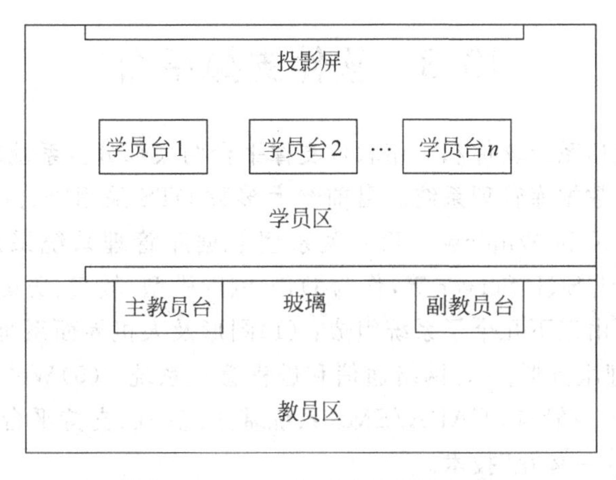

图10.3 DTS仿真室结构示意图

投影屏安装在学员区的墙上,可以任意切换显示一个学员台或教员台的画面。投影屏一般用于仿真观摩和点评。

10.2.4 DTS系统在调度中心网络的位置

按照国调中心发布的调度中心(地调及以上)二次系统安全防护方案,DTS应安装在安全区Ⅱ。其中,安全区Ⅰ与安全区Ⅱ之间需要部署硬件防火墙。

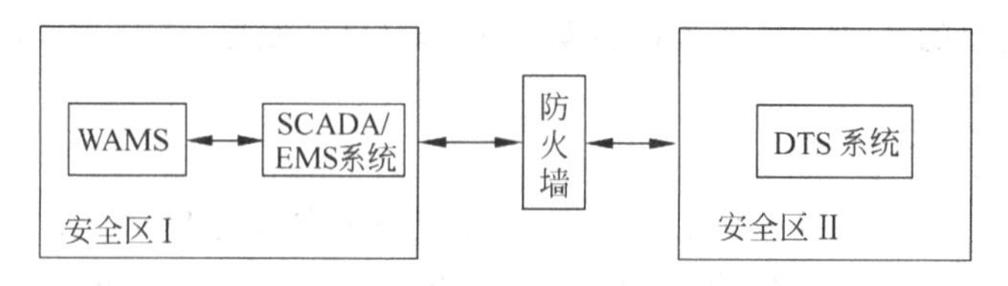

图10.4 DTS在调度中心网络的位置示意图

由于DTS主要用于调度员培训与联合反事故演习,DTS需要获取电网的模型和实时数据,但不对实时系统返回任何数据。所以,为了使用方便现场往往采用跨网络分区的方式。

图10.5所示为采用DTS跨网络分区运行的方案,DTS可以同时运行在安全区Ⅱ,也可以在管理网(安全区Ⅲ)上启动。在管理网上配置一台教员台和若干学员台以及CIM/CIS服务器,它通过单向隔离装置从EMS实时系统获取电网的模型、实时数据、状态估计结果以及图形数据,并在CIM/CIS服务器上保存。所以,通过CIM/CIS服务器,管理网上的DTS教员台系统可以方便地获得电网的模型、实时数据、状态估计结果和图形数据以及他们的历史数据,从而管理网上的DTS,也可以直接从EMS实时和历史的计算结果启动。

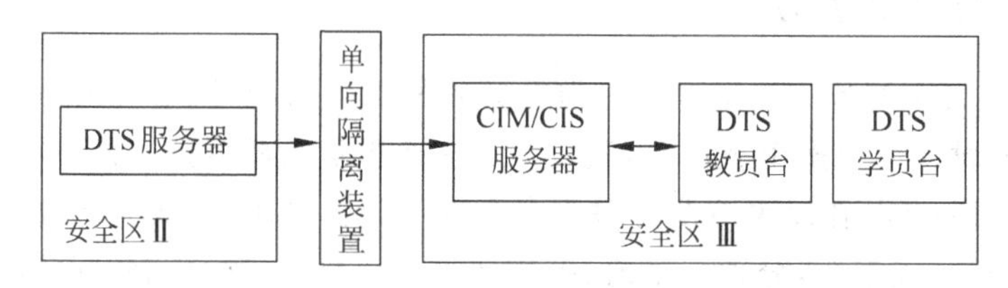

图10.5 DTS在调度中心网络的跨分区配置

10.3 软件支撑平台

软件支撑平台包括系统软件和应用软件支撑平台两大部分。系统软件包括操作系统及其开发环境和关系型数据库管理系统。目前绝大多数DTS采用符合国际标准的开放的主流操作系统,即UNIX和Windows NT;关系型数据库管理系统采用符合SQL标准的Oracle,Sybase,DB2或SQL Server等,作为DTS电网模型、教案、历史数据等的管理工具。应用软件支撑平台则由以下几个子系统组成:(1)图形及人机界面系统;(2)实时数据库管理系统;(3)事件处理服务器;(4)网络通信和进程管理系统;(5)Web应用系统;(6)用户程序接口。现代DTS一般与SCADA/EMS系统基于统一的支持平台或采用相似的技术,并且普遍采用了“图模一体化”技术。

10.4 仿真支持系统（教员台系统）

DTS一般支持两种培训模式：教员和学员之间的培训模式和学员自学模式。教员系统可以完成培训前的准备、培训过程中的操作和控制、培训后的评估等功能。

10.4.1 教案制作与管理

教案是DTS启动的基本条件，由教案初始条件和教案事件表组成。

教案初始条件包括电力系统的一次设备和二次设备模型和状态、网络拓扑以及随时间变化的负荷的有功和无功曲线、发电机的有功、无功和电压曲线、联络线功率、AGC控制方式等。

教案事件表是预先制定的在培训过程中对电网模型发生影响的事件序列。

1. 教案初始条件建立的方法

一般使用实时数据断面（或历史数据）并辅以外网相关数据或人工生成的离线潮流作为初始条件。

(1) 从离线教案启动

根据人工设定的仿真时间，利用负荷预测形成负荷曲线，利用发电计划建立发电曲线，进行负荷分配和发电分配运算初始潮流。离线教案中的发电曲线可以由发电机启停计划和水/火电计划程序来自动生成。潮流断面可以人工干预调整。

(2) 从EMS数据启动

一种方法是直接取用EMS系统的实时数据断面，通过状态估计计算，每15min自动为DTS生成一个完整的在线教案，也可通过人机界面由人工请求生成在线教案。

另一种方法是教员利用EMS的调度员潮流分析功能，在研究态下调整出所需要的电网运行方式断面，然后DTS从调度员研究态潮流数据断面启动。

(3) 从历史教案启动

取用过去保存的任何一个教案数据断面作为初始潮流，启动仿真，并可作需要的改变。对保存的网络接线方式、运行方式、二次系统配置等都可以作修改，修改后的教案可以另存或覆盖。

教案初始条件也可以由某次成功的培训中的断面保存而得。

2. 教案事件表的制作与保存

在培训模拟过程中，需要对系统进行操作或运行方式的改变，而所有这些对系统产生影响的事情在DTS都是转化成以带时标的事件来驱动的。为了方便，一般教员会把仿真过程预想的事件事先设置好，并保存在教案事件表中，在启动DTS时载入。所以，教员台系统需要提供编辑教案事件的图形工具和存储机制。

3. 教案的验证功能

教案的验证分两种：(1)初始条件的验证，用初始条件中的起点值计算初始潮流，观察初始潮流是否有解，计算结果是否与预想相似，是否有异常现象，联络线功率是否合理，等等。若对初始潮流结果不满意，则调整初始条件并重新验证；若结果满意，则培训就可从此初始潮流上开始。除一次方式校验外，还有二次设备状态的校验，主要检查保护的配置及定值情况。(2) 事件表的验证,验证事件表中所设事件的有效性、可用性和适宜性,由教员用培训仿真系统进行预演来观察验证,提供工具对教案进行编辑修改。

10.4.2 仿真过程控制

在 DTS 系统中,任何对系统产生影响的事情都以带时标的事件来驱动,包括:学员的遥调/遥控、教员的操作、保护的动作和投退、自动装置的动作和投退、保护的拒动和误动设置、自动装置的拒动和误动设置以及系统的其他事件都被标上时标然后发给事件服务器处理。这里涉及仿真时钟、事件表和事件处理器三个概念。

1. 仿真时钟

由于 DTS 是对电力系统的运行过程的仿真,所以如何控制仿真过程和如何驱动系统的 DTS 事件是一个重要的问题。高分辨率的仿真时钟在其中起到核心作用。DTS 系统一般利用计算机的计时器开发了一个分辨率为毫秒级的仿真时钟,然后通过实现仿真时钟的快放、慢放、暂停和回放的功能,来实现仿真过程的控制。

2. 事件表和事件处理器

在 DTS 系统中,任何对系统产生影响的事情都以带时标的事件来驱动,一个事件应该由如下内容组成:①事件发生的年份;②事件发生的月份;③事件发生的日期;④事件发生的时刻(小时);⑤事件发生的时刻(分);⑥事件发生的时刻(秒);⑦事件发生的时刻(毫秒);⑧发生事件的设备类型;⑨发生事件的设备的名称;⑩事件源;⑪事件类型;⑫事件内容;⑬事件处理状态;等等。

事件处理器的工作流程如图 10.6 所示。

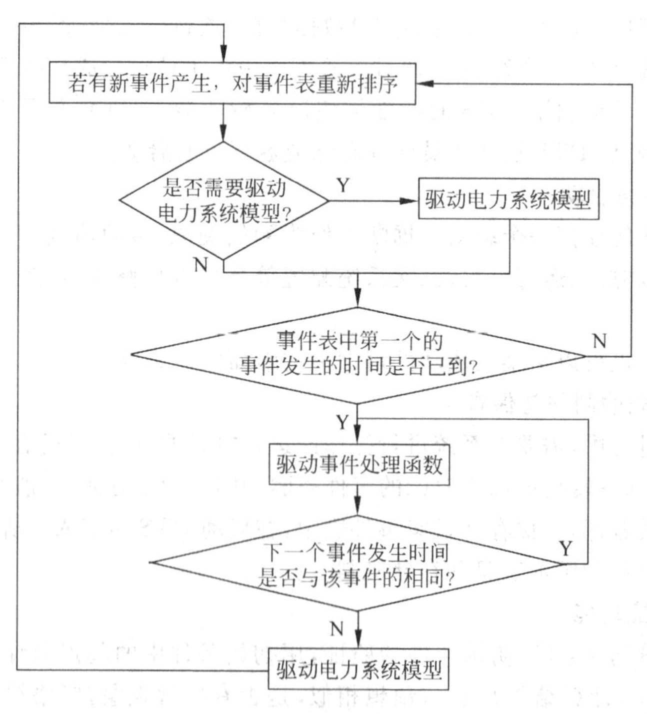

图 10.6 事件处理器工作流程

由于系统的事件都是以时间为索引的，驱动也严格按照仿真时间，所以只要控制仿真时钟就可以实现 DTS 的快放、慢放、暂停和回放。

3. 主要功能

(1) 插入事件，在动态仿真进行过程中插入新事件。

(2) 删除事件，删除事件表中待处理的事件。

(3) 事件处理，包括对事件表中的事件按时间排序，检查事件是否合法，检查事件执行时间是否到达和驱动事件处理函数等。

(4) 仿真时钟，根据选定的仿真时间将天文时间改为符合时钟和日期规律的仿真时间，仿真时钟比率可调整，仿真时间的精度为毫秒。

(5) 仿真快照，可以是周期性快照，也可手工请求实现任一时刻的快照，快照时间分辨率为 1s。

(6) 仿真重演，通过回调仿真时钟，重演已发生的仿真过程，并且可在重演中加入新的操作事件。

(7) 仿真快放、慢放，通过调整仿真时钟的速度实现仿真过程的加快或减慢。

(8) 仿真暂停，通过设置仿真时钟停止来暂停仿真过程，仿真暂停不接收任何事件，也不处理任何事件。

(9) 仿真恢复，激活暂停的仿真时钟，从而继续仿真过程。

10.5 电力系统模型

10.5.1 稳态模型

仿真系统中模拟的电力设备类型很多，需要充分考虑它们的长期动态特性，能满足准稳态仿真的逼真性(实时性和真实性)要求。本节重点介绍发电机模型、负荷模型和有载调压变压器的分接头模型。

1. 发电机模型

发电机模型中包括准稳态的调速系统模型和励磁系统模型两部分，分别见图 10.7 和图 10.8。

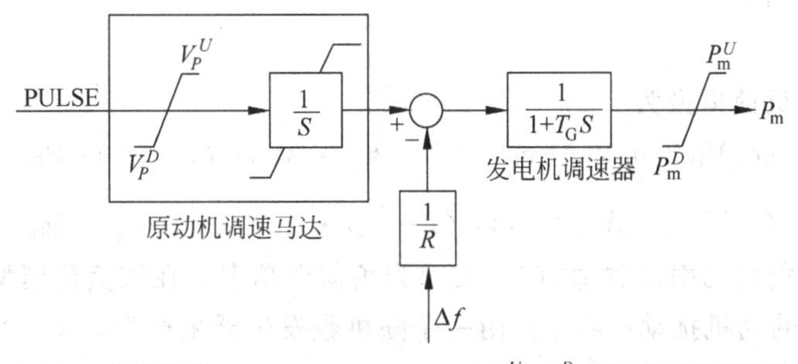

PULSE：调节脉冲　　V_P^U、V_P^D：原动机马达调节的升降速率

R：调速系统静态调差系数　　T_G：调速系统综合时间常数

P_m、P_m^U、P_m^D：机械出力及其上下限　　Δf：频率偏差

图 10.7　发电机调速系统模型

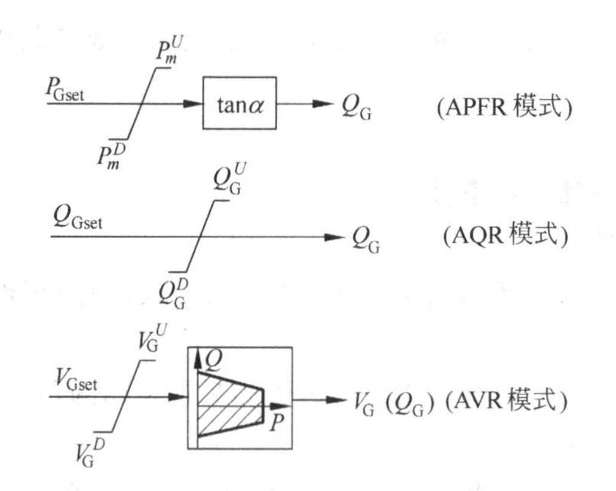

图 10.8　发电机励磁系统模型

在调速系统模型中，考虑了综合的一阶惯性环节、原动机马达在功率调节时的升降速率以及发电机的静态调差特性，机械出力的限值环节主要体现汽门(或水门)开度的上下限。

在励磁系统模型中，每台发电机均考虑了三种自动控制器模式，即自动功率因数调节(APFR)、自动无功功率调节(AQR)和自动电压调节(AVR)，三种模式之间可以任意切换。在潮流计算中，处于 APFR 或 AQR 控制模式下的发电机节点考虑为 PQ 型节点，而处于 AVR 控制模式下的考虑为 PV 型节点。在 AVR 控制模式下，若潮流计算结果发现无功出力越限(即不在发电机运行区限内)，无功出力 Q_G 将被固定在限值上，同时控制模式自动由 AVR 转为 AQR，节点类型由 PV 型转为 PQ 型。

在仿真系统正常运行过程中，每隔 1min，根据教案中的发电和电压计划曲线自动修正所有发电机的有功出力和机端电压设置值(P_{Gset} 和 V_{Gset})。新的 P_{Gset} 一方面被转化为等值的调节脉冲(PULSE)作用到调速系统模型上，另一方面还作用到励磁系统模型中的 APFR 模式上；新的 V_{Gset} 将直接作用在励磁系统模型的 AVR 模式上。当发电机处于 AQR 模式下时，无功出力不受发电和电压计划曲线的影响。

对发电机有功出力(或机端电压)的调节是通过叠加到发电(电压)计划曲线上产生影响的，这种做法保证了调节作用的持续有效性，同时，设置值 P_{Gset}(或 V_{Gset})即时被重新修正，保证了调节操作响应的实时性。当发电机处于 AQR 模式下时，通过直接调整设定值 Q_{Gset} 来改变发电机的无功出力。

2. 负荷模型

系统采用统一的负荷模型为

$$\begin{cases} P_D = (a_P V_D^2 + b_P V_D + c_P)\cdot(1 + k_{Pf}\cdot\Delta f)\cdot(1 + r_P)\cdot P_{\text{Dset}} \\ Q_D = (a_Q V_D^2 + b_Q V_D + c_Q)\cdot(1 + k_{Qf}\cdot\Delta f)\cdot(1 + r_Q)\cdot Q_{\text{Dset}} \end{cases}$$

式中，(P_{Dset}，Q_{Dset})为负荷功率设置值，(P_D，Q_D)为负荷电功率。在该负荷模型中：

(1) 模拟了负荷的随机扰动(r_P，r_Q)，由一个随机数发生器来产生；

(2) 模拟了负荷的频率静特性，Δf 是频率差，(k_{Pf}，k_{Qf})分别为有功、无功负荷的静态频率特性系数；

(3) 模拟了负荷的二次电压静特性，V_D 为负荷节点的电压幅值，(a_P，b_P，c_P)和(a_Q，b_Q，c_Q)分别为电压特性系数。

在系统正常运行过程中，每隔1min，根据教案中的负荷曲线，自动修正所有负荷的功率设置值(P_{Dset}，Q_{Dset})。在修正时，负荷的变化并非一步到位，而是模拟了负荷升降的速率。与发电机调节类似，对负荷的调节是通过按比例叠加到负荷曲线上产生影响的，同时即时修正设置值(P_{Dset}，Q_{Dset})。

3. 有载调压变压器的分接头模型

在图10.9所示的有载调压变压器分接头模型中，主要考虑了分接头调节的升降速率以及分接头位置的上下限约束，另外，归整环节体现了分接头挡位的离散特征。

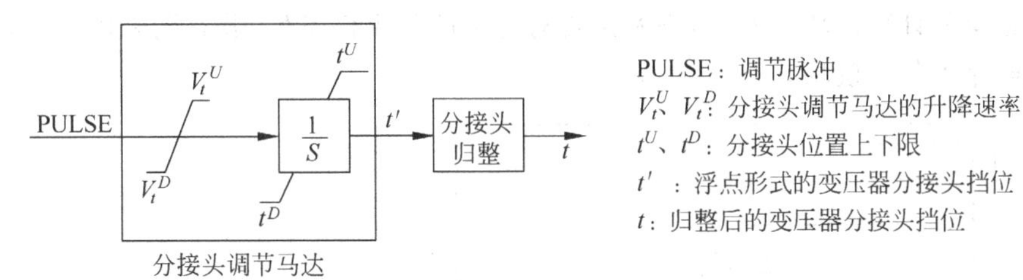

图10.9 有载调压变压器分接头模型

对变压器分接头的调节量均被转化为等值的调节脉冲(PULSE)，作用到该模型上。

4. 频率模型

频率模型可模拟故障或操作后各解列岛的频率变化过程，主要考虑一次调频的长期动态，频率计算时认为计算岛内全部发电机同摆，即一个计算岛有一个频率，因此，对每一个电气上独立的计算岛而言，都有如图10.10的频率模型。

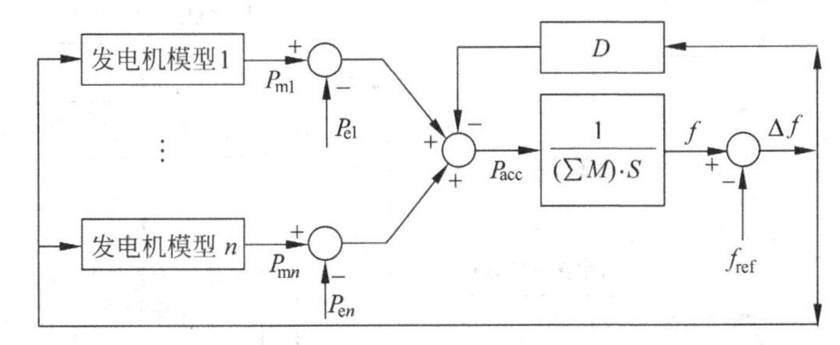

P_{mi}：计算岛内第i台发电机的机械出力
P_{ei}：计算岛内第i台发电机的电气出力
n：计算岛内投运发电机总数
P_{acc}：计算岛的加速功率
$\sum M$：计算岛内所有投运发电机的转动惯量之和
Δf：计算岛频率偏差
f、f_{ref}：计算岛频率及其参考值
D：计算岛内总负荷的频率静特性系数

图10.10 计算岛的频率模型

图10.10中的发电机模型即为发电机调速系统模型，发电机电气出力和计算岛加速功率的初值均由潮流计算出。频率偏差Δf采用改进欧拉法计算而得，计算步长取为0.5s，每5s计算10步。当电网中有并网操作时，引入了惯性中心(COI)的概念，来统一并网后的新的计算岛的频率。该模型与第8章介绍的一次调频模型是一致的。

10.5.2 稳态仿真

1. 稳态仿真的一般流程

电力系统稳态仿真又称静态仿真，其核心技术是动态潮流、考虑系统操作或调整后发电机和负荷功率的变化、潮流的变化和系统频率的变化，采用潮流型算法来模拟，不考虑机电暂态过程，可用稳态电量来启动自动装置，并用逻辑方法来模拟继电保护、这种模型主要应用于调度员培训、运行方式安排、反事故演习等。

稳态仿真基本流程如图10.11所示，右边的稳态模型计算模块在没有发生新事件的情况下，按5s的时间间隔循环计算电网的潮流分布和频率变化，同时根据计算的结果驱动自动装置模型。其中，频率计算模块每0.5s做一次频率积分。左边是一个事件处理器，它判断是否有新的事件发生，并对事件进行处理使之能被电力系统模型仿真器所接收，并驱动电力系统稳态模型计算模块。同时，判断是否有电网故障事件发生，若有则采用逻辑判别的方式驱动继电保护仿真模块。

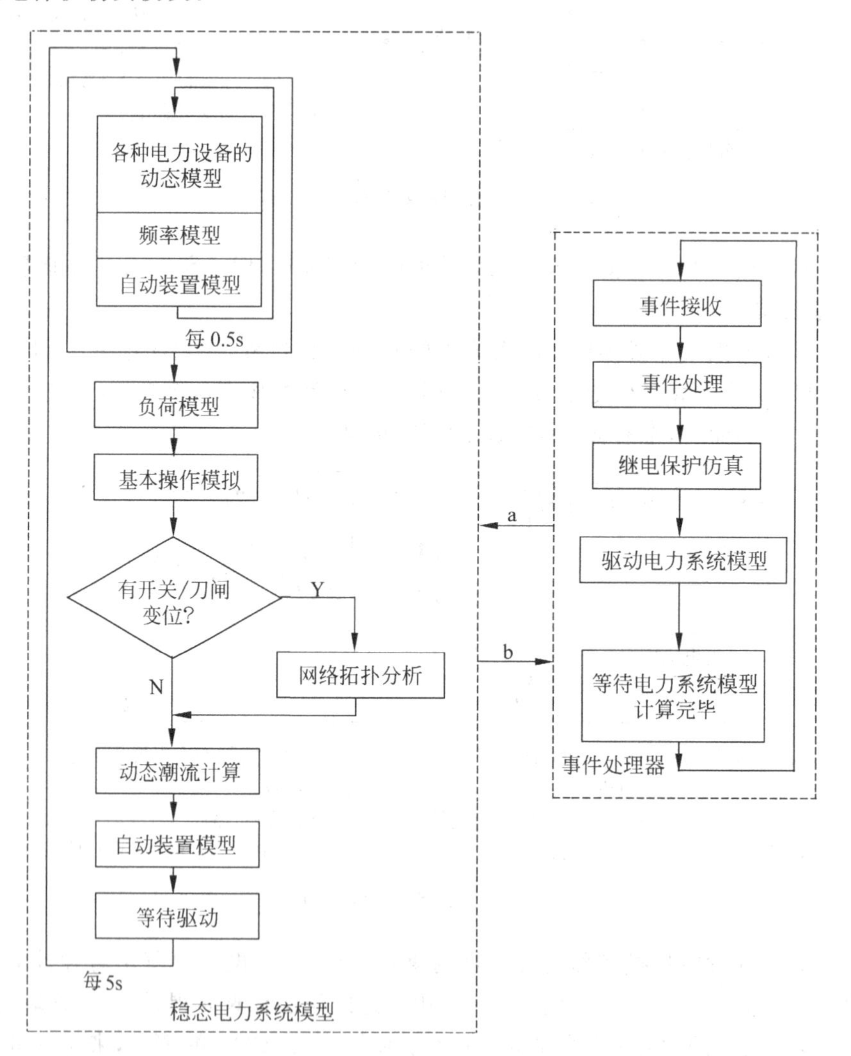

图10.11　稳态仿真基本流程

在稳态仿真中，除了基本的潮流计算和频率模拟外，还具有如下功能：

(1) 基本操作模拟

包括开关操作(分/合)、倒闸操作(分/合)、电容器投切、电抗器投切、负荷调节、发电机的并网/退出、发电机有功出力调节、发电机无功出力调节、变压器分接头挡位调节、消弧线圈挡位调节、中性点地刀操作(分/合)、AGC 控制操作、保护定值/时限的修改及投停操作、自动装置的定值修改/投停/复位操作、故障处理和恢复操作、发电厂总出力调节、变电站总负荷调节、地区总负荷调节、系统总负荷调节和一次设备运行状态间(备用/检修)的切换操作。

(2) 综合令的解析和模拟

包括倒母线、倒负荷、旁路代、变压器、线路、母线停送电/检修等综合令。能根据电网拓扑结构和操作规程,对综合令进行解析,解析的同时进行安全性校验,并能给出相关的安全操作提示,能起到自我培训的目的。

(3) 操作票模拟

系统根据电力设备的实时运行状态和运行约束来检查操作票是否正确。可对错误的操作给出报警或拒绝操作,例如:带地线/接地刀闸合开关、带电合地刀、带负荷拉/合刀闸、刀闸拉/合空载线路或变压器、非同期合环、非同期并列均是不允许的,对违章操作给出报警并拒绝操作。

(4) 保护逻辑仿真和自动装置仿真

2. 动态潮流

在常规潮流计算中,隐含着全系统有功功率平衡的假定条件:

$$\sum_i P_{\mathrm{G}i} - \sum_i P_{\mathrm{L}i} - P_{\mathrm{loss}}(V,\theta) = 0 \tag{10-1}$$

式中,$P_{\mathrm{G}i}$为第 i 台发电机的有功出力;$P_{\mathrm{L}i}$为第 i 个负荷的有功负载;P_{loss}是系统网损。

在实际系统的运行过程中,由于发电机的起、停和出力的改变,负荷的增、减以及其他干扰,系统中会出现不平衡功率(也称加速功率):

$$P_{\mathrm{acc}}(V,\theta) = \sum_i P_{\mathrm{G}i} - \sum_i P_{\mathrm{L}i} - P_{\mathrm{loss}}(V,\theta) \neq 0 \tag{10-2}$$

加速功率的存在引起系统频率的变化,各发电机将按各自的频率响应特性改变出力,而负荷也会根据负荷频率静特性改变负载,从而分担这一加速功率。

在这种频率变化的动态过程中,网络单元的有功功率是平衡的,只是发电单元的机械输入功率($P_{\mathrm{G}i}$)与发电机输出到电网的电气功率(P_{ei})不平衡。动态潮流就是研究发电单元输入、输出有功不平衡引起的系统频率变化过程中的潮流,它仍为稳态潮流,如图 10.12 所示。

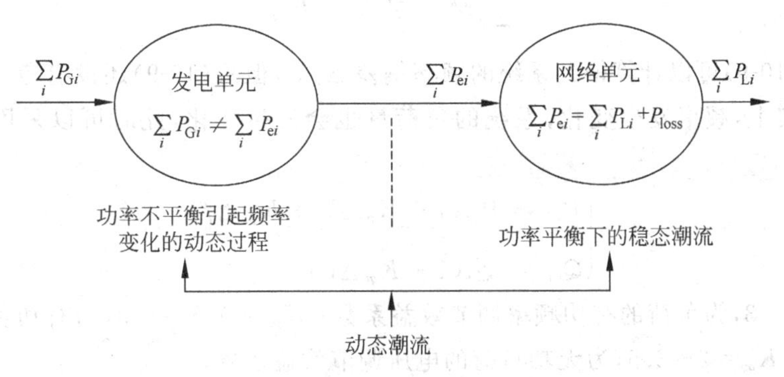

图 10.12 动态潮流说明图

为了反映实际电力系统中由于加速功率引起系统频率的变化的动态过程，动态潮流一般采用分配因子法。分配因子法取消了一般潮流计算中平衡发电机的概念，只选择一个发电机节点作为参考节点，然后根据发电机单元数学模型将加速功率按发电机调频特性分配到相应的发电机节点，求得各发电机注入电网的有功功率，再由网络单元的数学模型求解电网的潮流分布。在动态潮流计算中，做了动态过程中各子系统所有发电机具有相同频率的假设，并考虑了发电机有功功率静特性和负荷的频率静特性，由此建立了仿真系统中电力系统稳态运行的动态数学模型。

1）动态模型的计算

（1）系统有功-频率特性

发电机 i 的转子运动方程为

$$\frac{M_i}{f_i}\frac{\partial \Delta f_i}{\partial t}=P_{Gi}-P_{ei} \tag{10-3}$$

其中，M_i 为发电机 i 的惯性常数。由于 $f_i=f_0+\Delta f_i$，$\Delta f_i \ll f_0$，所以 $f_i \approx f_0$，故式(10-3)可改写为

$$\frac{M_k}{f_0}\frac{\partial \Delta f_k}{\partial t}\approx P_{Gk}-P_{ek} \tag{10-4}$$

设系统只有一个频率：$f_1=f_2=\cdots=f_{sys}$，且采用标么值 $f_0=1$，则

$$M_i\frac{\partial \Delta f_{sys}}{\partial t}\approx P_{Gi}-P_{ei} \tag{10-5}$$

对式(10-5)求和：

$$\sum_i M_i\frac{\partial \Delta f_{sys}}{\partial t}=\sum_i P_{Gi}-\sum_i P_{ei} \tag{10-6}$$

由全网功率平衡，知

$$\sum_i^{N_{un}} P_{ei}=\sum_{i=1}^{N_{ld}} P_{L_i}+P_{loss} \tag{10-7}$$

通过潮流计算可以得到全系统的功率损耗 P_{loss}，进而得到系统的加速功率：

$$P_{acc}=\sum_i P_{Gi}-\sum_i P_{ei}=\sum_i P_{Gi}-\sum_i P_{Li}-P_{loss} \tag{10-8}$$

所以

$$\sum_i M_i\frac{\partial \Delta f_{sys}}{\partial t}=P_{acc} \tag{10-9}$$

利用式(10-9)可以计算得到系统的频率偏差 Δf_{sys}，但式(10-9)还没有考虑到负荷的频率特性。事实上，频率发生变化，系统的负荷量也会发生变化，此时可以采用下面的负荷模型：

$$\begin{cases} P_{Li}=P_{Li}^0(1+K_{pv}\Delta V+K_{pf}\Delta f) \\ Q_{Li}=Q_{Li}^0(1+K_{qv}\Delta V) \end{cases} \tag{10-10}$$

式中，$K_{pf}=1\sim3$，为负荷的有功频率调节效益系数；$K_{pv}=0.6\sim1.0$，为有功负荷的电压调节效益系数；$K_{qv}=2\sim3.5$，为无功负荷的电压调节效益系数。

系统发生频率变化后，负荷 i 的有功功率可以表示为

$$P_{Li}=P_{Li}^{0}(1+K_{pf}\Delta f)=P_{Li}^{0}(1+K_{pf}\Delta f_{sys})=P_{Li}^{0}+\Delta P_{Li}$$
$$\Delta P_{Li}=K_{pf}\Delta f_{sys}P_{Li}^{0}=D_{i}\Delta f_{sys},D_{i}\triangleq K_{pf}P_{Li}^{0} \tag{10-11}$$

根据式(10-8)和式(10-11),有：

$$P_{acc}=\sum_{i}P_{Gi}-\sum_{i}P_{Li}-P_{loss}=\sum_{i}P_{Gi}-\sum_{i}P_{Lk}^{0}-\sum_{i}D_{i}\Delta f_{sys}-P_{loss}$$
$$=P_{acc}^{0}-\sum_{i}D_{i}\Delta f_{sys}=P_{acc}^{0}-D\Delta f_{sys} \tag{10-12}$$

式中，

$$D=\sum_{i}D_{i}=K_{pf}\sum_{i}P_{Li}^{0}$$

将式(10-12)代入式(10-19)得

$$\sum_{i}M_{i}\frac{\partial\Delta f_{sys}}{\partial t}=P_{acc}^{0}-D\Delta f_{sys} \tag{10-13}$$

式(10-13)就是考虑了负荷频率静特性的系统的有功-频率特性关系式。将式(10-13)转换成频域表达式为

$$\Delta f_{sys}=\frac{1}{\sum_{i}M_{i}\cdot S+D}P_{acc}^{0}(s)=\frac{K_{s}}{1+T_{s}\cdot S}P_{acc}^{0}(s) \tag{10-14}$$

其中，

$$K_{s}=\frac{1}{D},\quad T_{s}=\frac{\sum_{i}M_{i}}{D}$$

(2) 发电机调节特性

前面的分析并没有考虑发电机调速器的影响。实际上当系统频率发生变化后，必然导致发电机调速器的动作，从而引起发电机原动机机械功率 P_{Gi} 的变化，由此影响全系统的不平衡功率，达到一个新的频率。当系统频率有一个增量 Δf_{sys}，则原动机机械功率 P_{Gi} 也产生一个增量 ΔP_{Gi}，即

$$\Delta P_{Gi}=-K_{Gi}\Delta f_{sys} \tag{10-15}$$

式(10-15)中的负号表示当系统频率下降时，ΔP_{Gi} 为正。

如果进一步考虑调速器的时延，可将调速器调节作用看作一个一阶惯性环节，则其表达式为

$$\Delta P_{Gi}+T_{Gi}\frac{\mathrm{d}\Delta P_{Gi}}{\mathrm{d}t}=-K_{Gi}\Delta f_{sys} \tag{10-16}$$

将式(10-15)写成频域表达式为

$$\Delta P_{Gi}=\frac{-K_{Gi}}{1+T_{Gi}S}\Delta f_{sys} \tag{10-17}$$

用 $\sum_{i}\Delta P_{Gi}$ 修正 P_{acc} 即可求解新的频率偏差，再考虑调节系统的非线性环节，可得如下动态模型框图，如图 10.13 所示。

式中，P_{Gi} 为电机 i 的机械功率输出；P_{ei} 为电机 i 注入系统的有功功率；P_{Li} 为节点 i 的有功负荷；Δf_{sys} 为系统的频率偏差；P_{acc} 为系统的净加速功率；K_{n}，K_{t} 分别为水、汽轮机调速系统的增益；T_{n}，T_{t} 分别为水、汽轮机调速系统的时间常数；上角标“0”表示上一次计算值。

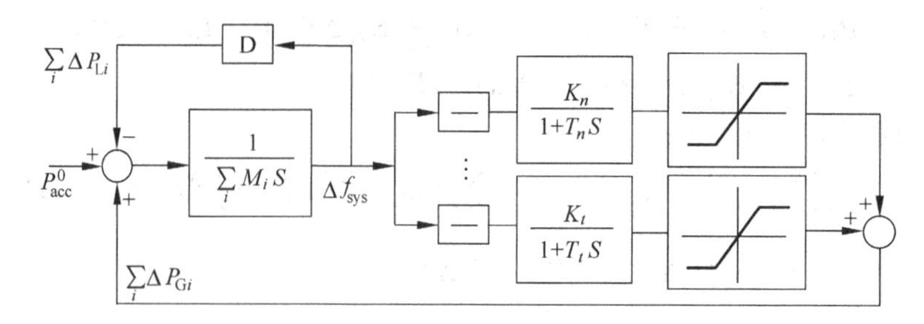

图 10.13 动态模型框图

假设系统初始加速功率为 P_{acc}^0，则 T 时段系统频率偏差的计算步骤如图 10.14 所示。

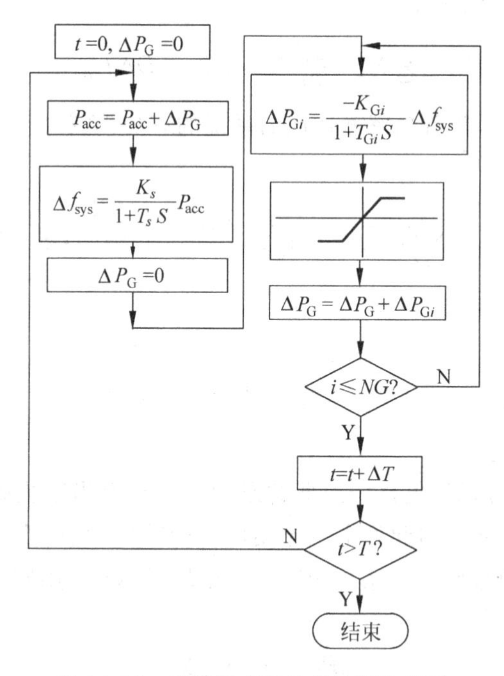

图 10.14 系统频率偏差的计算流程图

2) 潮流计算与频率偏差的关系

电网操作引起功率不平衡，产生净加速功率 P_{acc}，引起系统频率变化和发电机调速器动作等。因此，需要将加速功率按某种原则分布到各节点上。在经济调度中，是按等微增率原则分布的，而在长期稳定研究中，是按发电机惯性常数的大小分布的：

$$P_{ei}=P_{Gi}-M_i\frac{\mathrm{d}f_{sys}}{\mathrm{d}t} \tag{10-18}$$

$$\frac{\mathrm{d}f_{sys}}{\mathrm{d}t}=\frac{\sum_i P_{Gi}-\sum_i P_{ei}}{\sum_i M_i}=\frac{P_{acc}}{\sum_i M_i} \tag{10-19}$$

所以

$$P_{ei}=P_{Gi}-\frac{M_i}{\sum_i M_i}P_{acc} \tag{10-20}$$

由式(10-20)可知，节点注入网络的功率是其机械功率减去一部分全系统的加速功率。换而言之，为满足全系统同一频率的要求，系统的加速功率应按发电机的惯性常数大小分布，以达到系统的电气平衡。

3) 考虑加速功率的潮流计算方法

当考虑加速功率时，节点的有功注入功率为

$$P_i = P_{Gi} - P_{Li} - x_i P_{acc} \tag{10-21}$$

式中，$x_i = \dfrac{M_i}{\sum\limits_i M_i}$。

所以，功率方程应为

$$\Delta P_i = P_{Gi} - P_{Li} - V_i \sum_j V_j (G_{ij}\cos\theta_{ij} + B_{ij}\sin\theta_{ij}) - x_i P_{acc} \tag{10-22}$$

式中：$i=2,3,\cdots,N$

对于非发电机节点，$x_i=0$。

计算前 P_{acc} 未知，式(10-22)中多了一个未知数 P_{acc}，故需增加一个方程。对于参考节点，V_1，θ_1 已知，所以

$$\Delta P_1 = P_{G1} - P_{L1} - V_1 \sum_{j\in 1} V_j (G_{1j}\cos\theta_{1j} + B_{1j}\sin\theta_{1j}) - x_1 P_{acc} \tag{10-23}$$

把式(10-23)放在式(10-22)的最后一行，并且参照 PQ 分解法，将式(10-22)及式(10-23)泰勒展开，略去高次项，有

$$\begin{bmatrix} \Delta \boldsymbol{P} \\ \Delta P_1 \end{bmatrix} = \begin{bmatrix} \boldsymbol{H} & \boldsymbol{F}_1 \\ \boldsymbol{F}_2 & \boldsymbol{F}_3 \end{bmatrix} \begin{bmatrix} \Delta \boldsymbol{\theta} \\ \Delta P_{acc} \end{bmatrix} \tag{10-24}$$

其中，$\Delta\boldsymbol{\theta} = [\Delta\theta_i]$，$2\leqslant i\leqslant N$

上式可简化为：

$$\begin{bmatrix} \Delta \boldsymbol{P}/\boldsymbol{V} \\ \Delta P_1/V_1 \end{bmatrix} = \begin{bmatrix} \boldsymbol{B}' & \boldsymbol{F}'_1 \\ \boldsymbol{F}'_2 & \boldsymbol{F}'_3 \end{bmatrix} \begin{bmatrix} \Delta \boldsymbol{\theta}\boldsymbol{V} \\ \Delta P_{acc}/V_1 \end{bmatrix} \tag{10-25}$$

式中，$[\Delta\boldsymbol{P}/\boldsymbol{V}]$，$[\Delta\boldsymbol{\theta}\ \boldsymbol{V}]$，$[\boldsymbol{B}']$ 与 PQ 分解潮流法中的对应项完全相同；$\boldsymbol{F}'_1=\partial(\Delta\boldsymbol{P}/\boldsymbol{V})/\partial(P_{acc}/V_1)=[\boldsymbol{F}'_{1j}]$，$2\leqslant j\leqslant N$，为列向量；$F'_{1j}=\partial(\Delta P_j/V_j)/\partial(P_{acc}/V_1)=-x_jV_1/V_j$；$F'_2=\partial(\Delta P_1/V_1)/\partial(\boldsymbol{\theta V})=[F'_{2j}]$，$2\leqslant j\leqslant N$，为行向量；$F'_{2j}=\partial(\Delta P_1/V_1)/\partial(\theta_j V_j)=-B_{1j}$；$F'_3=\partial(\Delta P_1/V_1)/\partial(P_{acc}/V_1)=-x_1$。

由式(10-25)得

$$[\Delta\boldsymbol{P}/\boldsymbol{V}] = [\boldsymbol{B}'][\Delta\boldsymbol{\theta V}] + [\boldsymbol{F}'_1]\frac{\Delta P_{acc}}{V_1}$$

令 $[\Delta\boldsymbol{P}'/\boldsymbol{V}]=[\Delta\boldsymbol{P}/\boldsymbol{V}]-[F'_1]\dfrac{\Delta P_{acc}}{V_1}$

可得

$$[\Delta\boldsymbol{P}'/\boldsymbol{V}] = [\boldsymbol{B}'][\Delta\boldsymbol{\theta V}] \tag{10-26}$$

由式(10-25)得

$$\frac{\Delta P_1}{V_1} = [\boldsymbol{F}'_2][\Delta\boldsymbol{\theta V}] + [\boldsymbol{F}'_3]\frac{\Delta \boldsymbol{P}_{acc}}{V_1} \tag{10-27}$$

将式(10-26)代入式(10-27)，并展开得

$$\frac{\Delta P_1}{V_1}=[-B_{12},\cdots,-B_{1N}][\boldsymbol{B}']^{-1}\left[\frac{\Delta\boldsymbol{P}'}{\boldsymbol{V}}\right]-\frac{x_1}{V_1}\Delta P_{\mathrm{acc}} \tag{10-28}$$

又因为

$$[-B_{12},\cdots,-B_{1N}][B']^{-1}=[-1,\cdots,-1]$$

所以

$$\frac{\Delta P_1}{V_1}=[-1,\cdots,-1]\left[\frac{\Delta P_i}{V_i}+\frac{x_i}{V_i}\Delta P_{\mathrm{acc}}\right]-\frac{x_1}{V_1}\Delta P_{\mathrm{acc}}$$

$$=-\sum_{i=2}^{N}\frac{\Delta P_i}{V_i}-\sum_{i=2}^{N}\frac{x_i}{V_i}\Delta P_{\mathrm{acc}}-\frac{x_1}{V_1}\Delta P_{\mathrm{acc}}$$

故

$$\Delta P_{\mathrm{acc}}=\frac{-\sum\limits_{i=1}^{N}\frac{\Delta P_i}{V_i}}{\sum\limits_{i=1}^{n}\frac{x_i}{V_i}} \tag{10-29}$$

网络部分的动态潮流计算流程如图10.15所示。

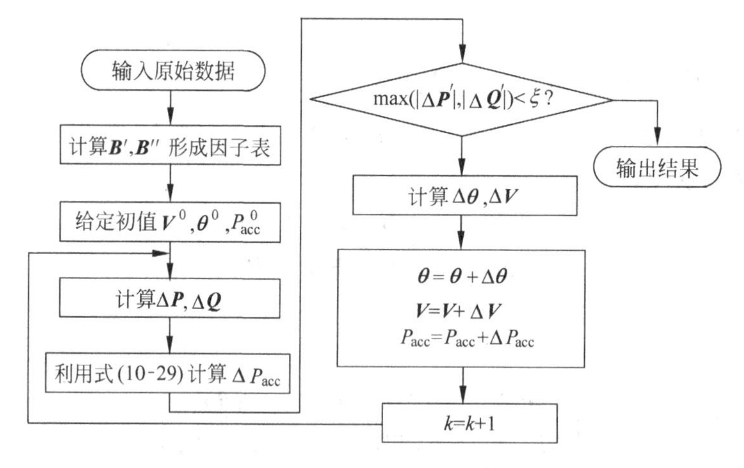

图10.15 网络部分的动态潮流计算流程

4) 发电机单元与网络单元数学模型的衔接

在由于系统有功功率不平衡引起的频率变化的动态过程中,DTS每5s计算并显示一次动态潮流。发电机单元模型采用改进欧拉法进行系统频率、发电机注入电网的有功 P_{ei},以及受发电机调节的机械输入功率 P_{Gi} 的计算。网络单元模型则用于网络的潮流计算,可以求得系统加速功率 P_{acc} 和全网节点状态。在发电机单元和网络单元模型的交替计算过程中,网络单元潮流模型的计算结果 P_{acc} 是发电机单元计算所需的,而发电机单元模型的计算结果 P_{Gi} 又是网络单元模型计算所需要的。这一关系可用图10.16表示。

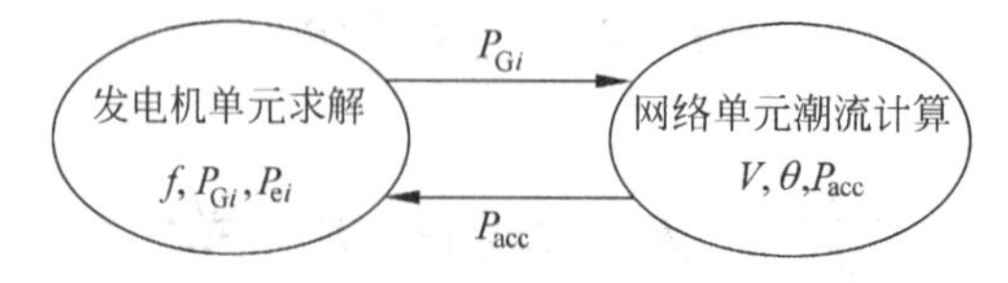

图10.16 动态潮流计算中发电单元与网络单元的关系

10.5.3 动态模型

动态元件包括同步发电机、原动机调速器、发电机励磁调节器、电力系统稳定器(PSS)、动态负荷等。

1. 同步发电机模型

DTS 中的同步发电机模型根据需要采用实用的 2 阶模型、3 阶模型、4 阶模型或 5 阶模型。

2 阶模型中认为 E_q'或 E'恒定,只考虑转子动态,ω,δ 为状态变量。

3 阶模型中忽略阻尼绕组 D,Q 的作用,只计及励磁绕组暂态和转子动态,E_q',ω,δ 为状态变量。

4 阶模型中 E_q',E_d',ω,δ 作为状态变量。

5 阶模型中 E_q',E_d',E_q'',ω,δ 作为状态变量。

各阶模型的具体微分方程可参见其他教科书。

2. 原动机调速器

原动机分水轮机和汽轮机,其机组调速器的通用模型的传递函数框图和微分方程可参见其他教科书。

3. 励磁器模型

励磁调节器的种类很多,在 DTS 中使用的主要是他励系统(Ⅰ型)和自并励系统(Ⅱ型)。这两种励磁调节器的传递函数框图和微分方程可参见其他教科书。

4. PSS 模型

DTS 中使用的 PSS 传递函数框图和微分方程参见其他教科书。

5. 动态负荷

DTS 暂态仿真中负荷模型分为两类,即稳态的 ZIP 负荷和动态负荷。动态负荷主要考虑感应电动机负荷,其处理较为复杂。感应电动机负荷的等值电路图和微分方程参见其他教科书。

6. 各动态模型之间的关系

各元件动态模型的关系如图 10.17 所示。图中,负荷和发电机模型通过电力网络模型联系在一起。虚线框中是发电机模型方程,包括发电机的机械暂态过程方程和电磁暂态过程方程,前者和调速系统模型交互,后者和励磁系统模型交互。

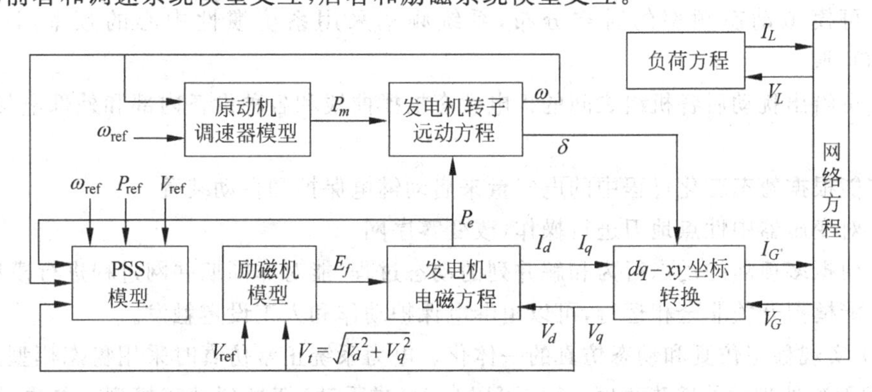

图 10.17 各动态模型之间的关系

10.5.4 暂态时域仿真

电力系统发生故障后，根据系统机、电、磁的暂态特性可以划分为暂态过程和中长期动态过程。

当系统发生故障后，首先进入暂态过程。由于这时系统处于剧烈变化之中，为了详细而正确地模拟系统的这种剧烈变化，准确反映各变量的变化情况，必须采用较小步长。这时，由于每台发电机的变化情况各不相同，必须计算每台发电机的功角和角速度。在元件模型方面，除应选用较为详细的发电机模型外，还须考虑诸如励磁系统和调速系统等时间常数并不很大的调节装置的动态特性，而忽略时间常数较大的调节装置的作用，如锅炉的调节特性。

暂态仿真考虑故障或操作后发电机的机电暂态变化过程，可用暂态变化过程中电量值来启动自动装置和继电保护，这种模型考虑了暂态过程，主要应用于运行方式研究、事故分析和继电保护校核等。

暂态时域仿真的网络求解有两种方法。一种是将差分方程和网络代数方程联立，用牛顿法求解。这种方法无交接误差，计算精度高；但计算规模大，且由于动态元件与网络之间无明显接口，要扩充新元件时必须重新形成联立方程及雅可比矩阵，维护性和扩展性差。另一种方法是交替迭代方法，在这种方法下，动态元件与网络方程有接口，容易加入新的动态元件，但交接误差需用迭代来消除。目前实用的DTS中的暂态时域仿真一般采用交替迭代法，下面对其进行简单介绍。

如图10.18所示为暂态数字仿真的基本流程图，核心模块有网络拓扑、动态元件(发电机和负荷等)的积分、节点电流注入方程的求解和继电保护/自动装置仿真模块等。

一般的暂态仿真可以提供如下功能：

(1) 模拟发生在发电机、变压器、输电线路、母线、电抗器、电容器、开关等电力设备上的故障，故障类型、相别和重数可以任意设置，故障计算结果给出三相电量和正负零序电量和各台发电机的功角曲线。

(2) 设置和模拟发电机(定子、转子、励磁等)和变压器(绕组、铁芯等)的内部故障，均采用逻辑方法进行模拟，经逻辑保护处理后，转换为开关操作后计算动态。

(3) 动态计算过程中实现了完整的网络拓扑分析功能，可在动态计算过程中继续进行故障设置、切机、切负荷、快关汽门、开合开关等稳定控制操作和稳态调度操作。

(4) 可模拟动态频率的时空分布，系统频率采用系统惯性中心的频率，计算步长为0.05s(可调)。

(5) 可给出扰动后各机组之间的机电暂态摇摆曲线和各种设备内部和外部电量的变化曲线。

(6) 能根据暂态变化过程中的电气量来启动继电保护和自动装置。

(7) 对变压器中性点地刀进行操作，改变零序网。

(8) 模拟多孤岛的动态行为和解并列的动态过程，能对非同期并网过程进行模拟。

(9) 能模拟开关非全相运行，可以由继电保护动作和人工设定触发。

(10) 实现稳态仿真和动态仿真的一体化。电力系统正常仿真时采用稳态模型，当发生稳态模型无法处理的故障事件时，系统可以自动(或手动)切换到动态模型。如果动态过程

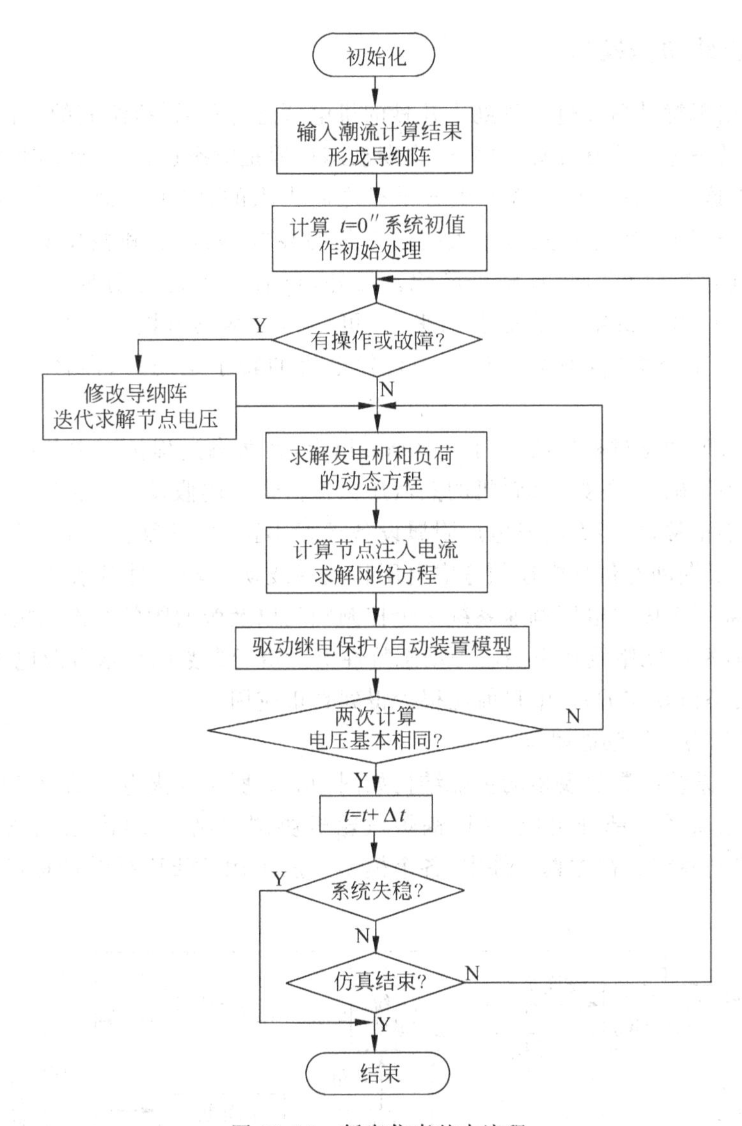

图 10.18　暂态仿真基本流程

中发生失稳事件，系统将在继续积分一段时间后自动转入稳态(扰动前的初态)，也可以采用手工终止动态的办法来返回扰动前的初态。如果动态过程中电网逐渐稳定后，可自动返回稳态模型。

暂态仿真的作用如下：

(1) 提高调度员对暂态稳定性的理解，了解当系统发生何种扰动时，会引起系统失去同步稳定。

(2) 让调度员认识导致发生失去同步稳定或解列的系统状态以及如何规避这种状态。特别是在紧急情况下(如系统恢复时)，这种培训是很重要的。

(3) 教员能够评估和点评学员处理能力。

(4) 教员可以在培训前分析培训教案。

10.5.5 中长期动态模型

电力系统出现扰动后经过几秒到十几秒的机电暂态过程后，机组间的摇摆逐渐减小后，即可转入中期动态过程仿真计算。因此，中期动态过程是暂态过程的延续，相对于暂态过程仿真而言，由于这一过程是在事件发生若干秒之后进入的，除了考虑励磁系统、PSS、调速系统等调节装置外，还须计及具有较大时间常数的装置，如锅炉和核反应堆的动态特性。同时，那些时间常数较小的装置则可简化。另外，还必须考虑自动装置的动作特性。在长期动态过程中，由于机组间的摇摆已平息，可认为全网具有同一频率。发电机的功角和角速度由惯性中心决定，不必计算每一台发电机的转子运动，只需计算惯性中心的转子运动。

电力系统长期动态过程持续时间在10min以上，在暂态过程仿真中某些动态特性的简化假设可能就不正确了，例如，汽轮机的蒸汽压力保持恒定的假设就不正确；事故过程中电网频率和电压不正常，可能引起发电厂附属设备运行不正常，以致引起锅炉停炉、发电机停机等。因此，在长期动态仿真中还须考虑电压和频率波动比较大时对系统各元件的动态特性的影响。如需要考虑火电厂调速系统多个控制阀门以及旁通阀门对汽轮机输出功率的影响，AGC中的频率和联络线功率控制等动态特性等。由于参数的获取以及电网调度问题的特点，中长期动态仿真在DTS中目前还很少得到真正应用。

1. 火电厂动力系统动态模型

火电厂动力系统的数学模型的主要结构如图10.19所示。火电厂的数学模型有以下几个独立而又互相联系的部分组成：(1)锅炉汽轮机协调控制；(2)汽轮机及其调速系统；(3)锅炉及其控制系统。在仿真软件中，各个模型一般采用IEEE推荐的标准模型，此处不再赘述。

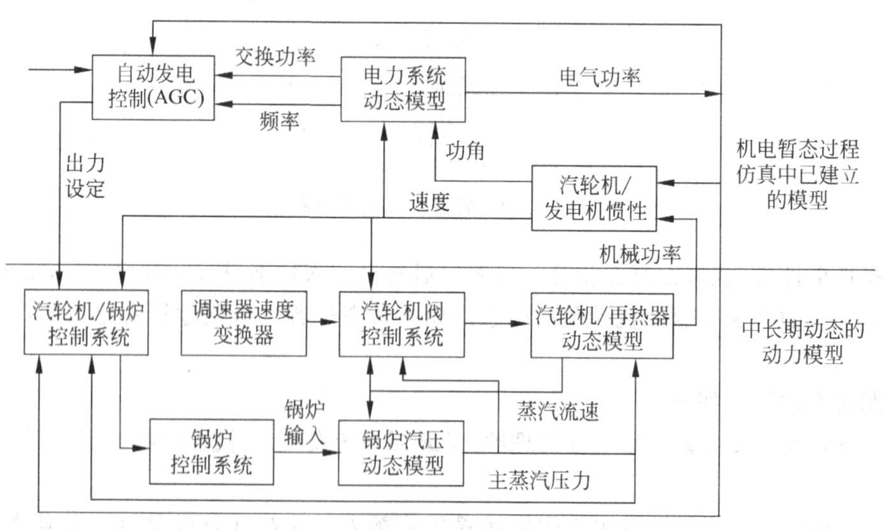

图10.19 火电厂基本数学模型框图

2. 水电厂动态模型

水电厂基本数学模型如图10.20所示，由水轮机动态模型、水轮机控制系统模型、水轮机导管动态模型、发电机动态模型和电厂自动发电控制模型组成。

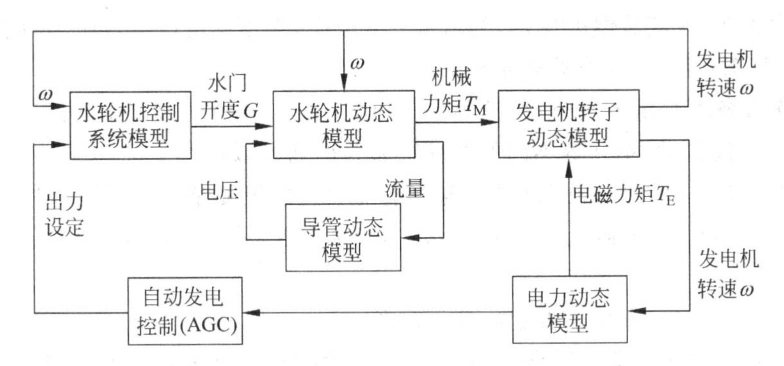

图 10.20 水电厂基本数学模型框图

3. 压水反应堆核电站动态模型

压水堆核电站主要由核反应堆、稳压器、蒸汽发生器、汽轮发电机及其附属设备组成。核燃料在反应堆内裂变，释放出热能，由冷却剂带出，经过热线进入蒸汽发生器传递给工作介质，经过预热、蒸发后转为饱和蒸汽去驱动汽轮发电机。图 10.21 是压水堆核电站模型的基本框图。

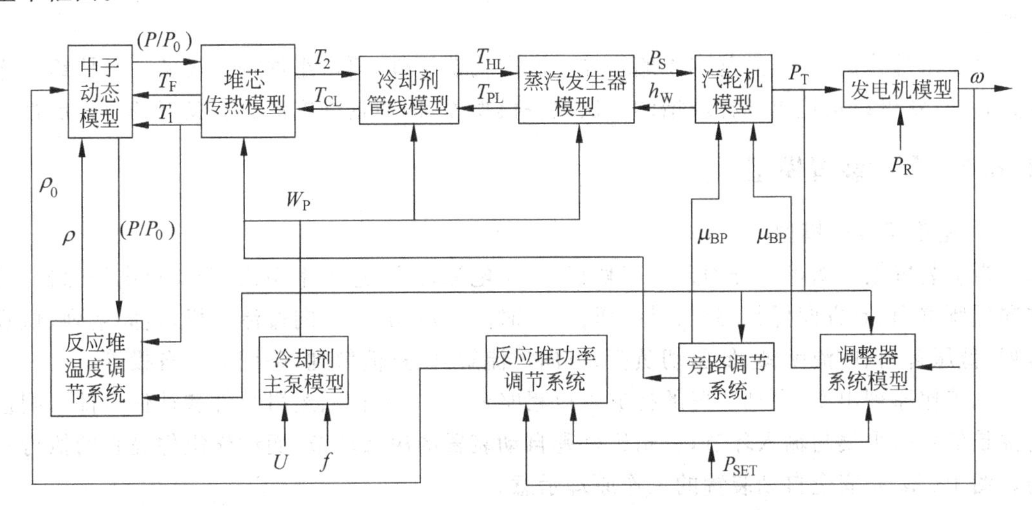

图 10.21 压水堆核电站模型的基本框图

10.6 二次设备模型

10.6.1 概述

安全自动装置和继电保护是电力系统二次设备的重要组成部分，它们是保证电网安全、稳定运行的第一道防线，在电力系统的运行中起着重大作用。现代 DTS 系统一般需要对安全自动装置和继电保护进行详细的仿真。

二次设备的以下特点使得其仿真具有很大的难度：

(1) 二次设备种类繁多，设备数目庞大；

(2) 各种新型保护、自动装置不断出现，仿真软件需要持续升级；

(3) 二次设备(尤其是继电保护)的运行方式复杂,在不同的电压等级、不同的电网运行方式下,设备状态不同,动作方式也不同;

(4) 二次设备本身由于检修、维护等操作可能处于不同的状态(停运、闭锁等),由于装置出错又可能出现误动、拒动等不同的情况都需要得到模拟;

(5) 二次设备(尤其是继电保护)在电力系统中的配置复杂,既要满足可靠性、速动性,又要满足选择性、灵敏性;既要考虑在本级电网的正确动作,又要考虑上下级电网的相互配合。

所以,在二次设备仿真中需要解决如下问题:

(1) 如何定义二次设备的模型,既要能逼真地模拟种类繁多的设备,又要考虑设备模型的可扩展性;

(2) 如何保证对数目庞大的二次设备仿真的速度,保证实时性;

(3) 如何仿真在不同的电压等级、不同的运行方式下二次设备的不同状态,和由于二次设备本身故障而出现的各种状态;

(4) 如何仿真二次设备在电网中的配置,并考虑不同电压等级和不同地区的特点;

(5) 如何体现继电保护装置在上下级电网间的配合,体现继电保护动作的速动性、选择性。

基于组件化的思想,其基本思路是先由底层构造组件,再由组件构成设备。只要组件库是完备的,就可以构造出各种新增的二次设备模型库,因而这种方法具有良好的可扩展性。

10.6.2　自动装置模型

1. 基于组件的模型

自动装置按类型可以分为差功率切机、大小电流切机、过频率切机、开关过电压保护、无方向低频解列、有方向低频解列、过电压保护、时限过流切机、方向过流切机、过频解列、低频解列、低压解列、电流闭锁、低压切负荷、方向过流解列、过流解列、备用电源自投等。

从工作原理出发,自动装置的构成可以粗略分为测量组件、逻辑组件和动作组件。测量组件是信号的采集与输入环节,逻辑组件是自动装置的决策环节,而动作组件是它的执行机构。图10.22是安全自动装置的工作原理示意。

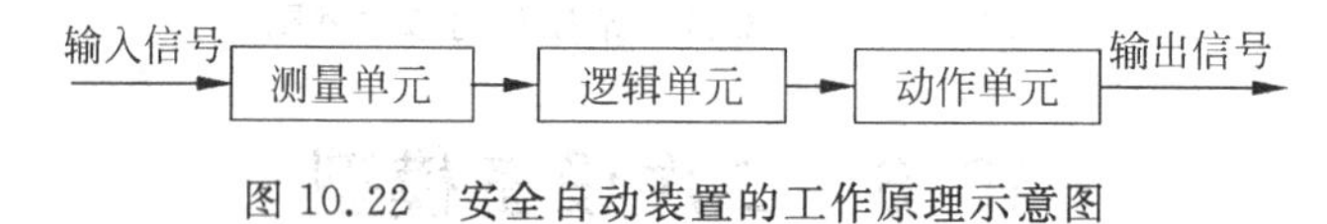

图10.22　安全自动装置的工作原理示意图

在对大量的自动装置的结构和原理进行剖析和总结的基础上,可以抽象出一个适用面较广的自定义模型,通过该模型可以装配出自己系统的新型的自动装置模型,而无须进行编程。这种使用者不用编程,通过系统提供的工具来配置实际系统的自动装置模型的过程,称为自动装置组态。

图10.23给出了基于层次关系的自动装置的模型结构。模型定义每一个自动装置从属于一个厂站。

若干闭锁计时器、测量组件和逻辑计算器组成一个判据组件。判据组件根据所属的量测组件信息及其逻辑关系和内部的动作时延、启动计时器、回调速率等来决定动作组件的行

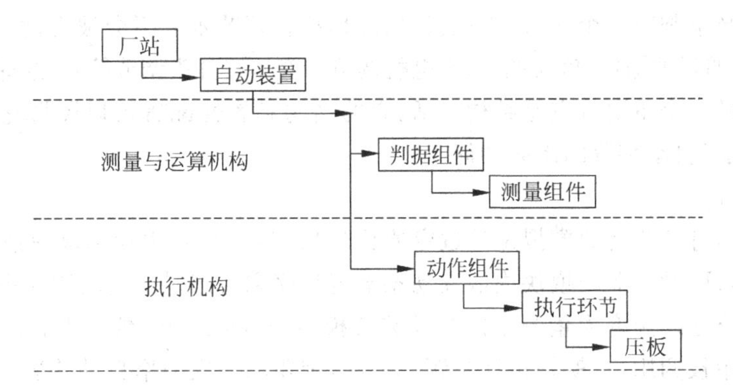

图 10.23 自动装置模型的层次结构图

为。判据组件的工作原理如下：

当量测组件发出肯定信号后，启动计时器开始计时；反之，启动计时器按模型设定的回调速率减时直至归零。当启动计时器计时达到动作时延，判据组件根据内部闭锁计时器的状态和所属各个量测组件的情况以及它们之间的逻辑关系决定动作组件的行为。动作组件一旦启动就闭锁自动装置，此时判据组件的闭锁计时器开始计时。当闭锁计时器的计时达到装置的预定闭锁时间时，模型自动把该自动装置解锁。若装置的预定闭锁时间为负数，则该自动装置不能被自动解锁除非手工解锁。

类似地，动作组件也由若干个执行环节组成，而执行环节的动作行为是由组件的动作指令来驱动。当动作组件的某一执行环节成功执行，动作组件就反过来给判据组件发送调节指令，以调节判据组件的启动计时器、闭锁计时器等属性。本章采用相容或相斥来描述同一动作组件下的各执行环节的协调关系，多个相容的执行环节在满足条件时可以同时起动，而相斥的执行环节，在第一个执行环节起动时把其他执行环节闭锁。

如图 10.24 所示，判据组件由若干个测量组件组成，并具有算术和逻辑运算的能力。测量组件对应一种量测类型，也可以是不同测点上多个同类量测的测量值的运算值。测量组件支持的量测类型包括功率（有功、无功）、电流、频率、开关状态、电压相角、电压幅值和天文时间序列等。

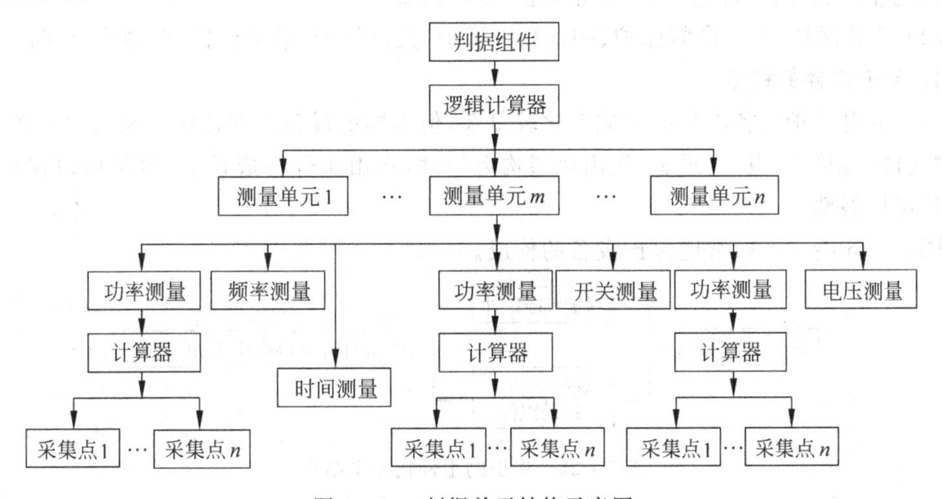

图 10.24 判据单元结构示意图

每个执行环节都有一个压板，当压板打开时，执行环节永远不会被启动。执行环节支持多种操作类型(如开关操作、负荷调节、发电机调节和变压器分头调节等)或这些操作的组合。

以上模型的一个重要特点是结构灵活，它的结构和属性配置可以图形化的工具进行定制和修改，实现了自动装置的组态功能。

2. 仿真流程

在DTS中，自动装置的模拟是通过定值比较来实现的，利用动态潮流或暂态时域仿真的计算结果进行驱动。驱动模块内嵌在动态潮流程序和暂态时域仿真程序中。该模块分为两部分：一部分是以频率为量测量的自动装置模型，这类自动装置模型在动态潮流计算的动态仿真过程中被调用，也就是每计算频率一次，则驱动一次频率自动装置；另一部分是其他类型的自动装置模型，它们在算完一次动态潮流后被驱动。在暂态时域仿真程序中，则每步积分后就驱动自动装置模型一次。

10.6.3 继电保护模型

继电保护按保护的设备类型可以分为线路保护、变压器保护、母线保护、发电机保护以及电容器保护。

线路保护的模拟是DTS保护仿真中最重要的部分，常见的线路保护类型有以下几大类：

(1) 相间距离Ⅰ段(偏移特性阻抗继电器)、相间距离Ⅱ段(偏移特性阻抗继电器)、相间距离Ⅲ段(偏移特性阻抗继电器)、接地距离Ⅰ段(偏移特性阻抗继电器)、接地距离Ⅱ段(偏移特性阻抗继电器)、接地距离Ⅲ段(偏移特性阻抗继电器)、相间距离Ⅰ段(多边形特性阻抗继电器)、相间距离Ⅱ段(多边形特性阻抗继电器)、相间距离Ⅲ段(多边形特性阻抗继电器)、接地距离Ⅰ段(多边形特性阻抗继电器)、接地距离Ⅱ段(多边形特性阻抗继电器)、接地距离Ⅲ段(多边形特性阻抗继电器)；

(2) 电流速断、限时电流速断、定时限过电流、相间过流、零序过流、零序电流Ⅰ段、零序电流Ⅱ段、零序电流Ⅲ段、零序电流Ⅳ段、不灵敏零序电流Ⅰ段、不灵敏零序电流Ⅱ段；

(3) 复合电压电流速断、复合电压方向过流、电压闭锁电流速断、电压闭锁方向过流、低压闭锁电流速切、复合电压闭锁过流、零序电流Ⅰ段正、零序电流Ⅱ段正、零序电流Ⅰ段反、零序电流Ⅱ段反、间隙过电压、非全相保护、负序过流；

(4) 高频保护、方向高频保护、相差高频保护、失灵保护、平衡保护、自动重合闸。

1. 基于组件的模型

每个继电保护设备的具体构成都比较复杂，但不同的设备之间往往有相同的功能模块。采用“元件—组件—设备”思想，先由底层构造组件，再由组件构成设备，这样可以保证仿真软件的可扩展性。

图10.25给出一般继电保护设备的构成。

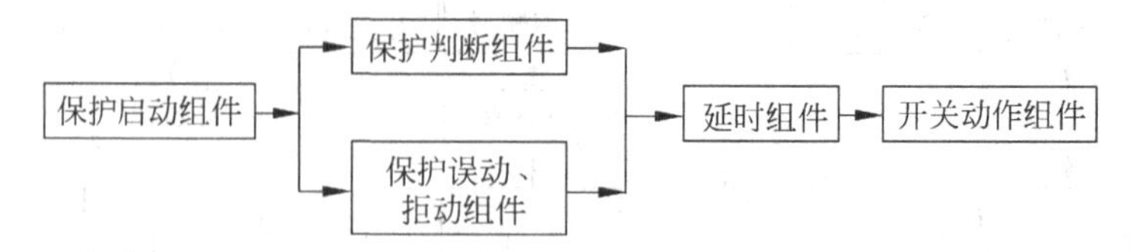

图10.25 保护的组件化模型结构

以距离保护为例，它的模型框图如图 10.26 所示。

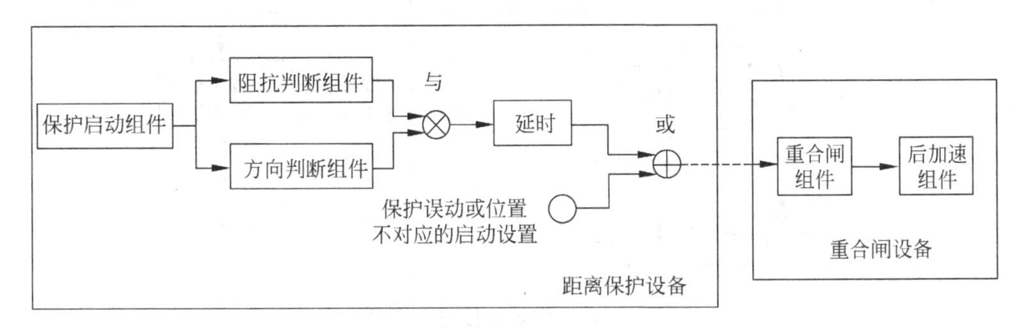

图 10.26 组件化的距离保护模型

从图 10.26 可以充分看到组件带来的好处：当阻抗判断组件的特性不同时（如分别为偏移圆特性和多边形特性），仅需要替换这一组件就可以定义新的模型；而当出现新的特性时，也仅需要实现这一组件，这样，无须修改程序就能适应二次设备的发展。

2. 仿真流程

继电保护仿真可以分为逻辑仿真和定值仿真两种方法。

继电保护逻辑仿真是根据继电保护的动作原理，仿真软件根据电力系统模型发生的故障的地点、类型和持续时间，触发对应的开关动作；若存在保护拒动和误动、开关拒动和误动以及其他异常工况等情况，仿真软件能够依据保护之间的配合关系和电网的拓扑关系，触发后备保护的动作。继电保护逻辑仿真过程中，不计算系统的故障电流，只计算开关变位后的稳态潮流分布，因此计算速度非常快。由于继电保护逻辑仿真具有计算速度快、可靠，以及保护动作原理能被清晰地展现的优点，所以广泛应用于培训调度员和联合反事故演习中。

与定值保护相比，DTS 中的逻辑保护可以使调度员在稳态的情况下设置各种设备各种类型的故障，根据得到的故障位置、故障类型和故障时延等数据快速而准确地模拟故障引起的保护和相应的开关动作的情况以及保护或开关拒动时后备动作的情况。

(1) 继电保护定值仿真

继电保护定值仿真是通过电力系统模型的故障计算，来计算出发生故障后全系统的电流、电压分布，仿真软件根据继电保护的动作定值与当前系统计算值进行比较来决定继电保护是否动作，其基本原理如图 10.27 所示。定值保护仿真计算的主程序流程框图如图 10.28 所示。

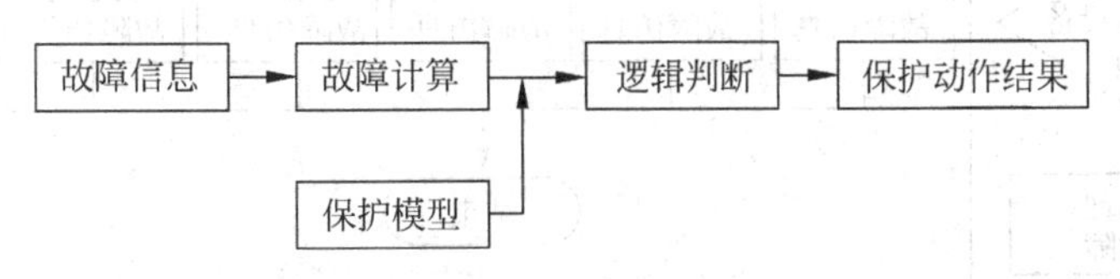

图 10.27 保护定值仿真基本原理示意图

继电保护定值仿真是通过电力系统模型的故障计算或暂态时域仿真，来计算出发生故障后全系统的电流、电压分布，仿真软件根据继电保护的动作定值与当前系统计算值进行比较来决定继电保护是否动作。继电保护定值仿真需要持续计算故障发生时期内以及保护相

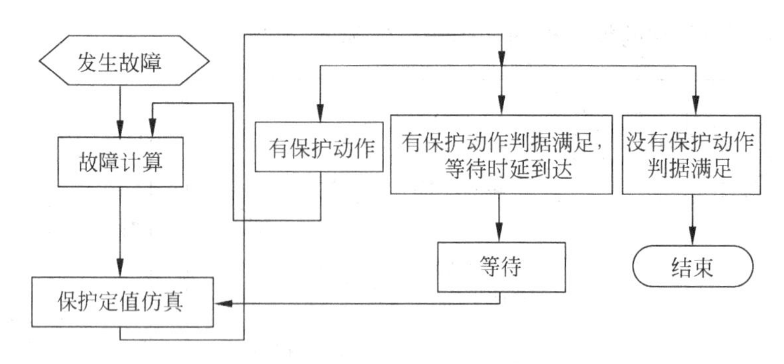

图 10.28 保护定值仿真流程

继动作后电网的故障电流和电压分布，因此计算量较大。继电保护定值仿真的优点是能真实地展现电力系统发生故障后保护的动作，以及保护拒动或开关拒动所引起的多级保护的配合动作情况。其缺点是需要维护继电保护的所有定值以及确保电网模型与实际电网一致以及较合理的外网等值模型，否则继电保护仿真结果的正确性难以保证。继电保护定值仿真一般应用于DTS保护定值的校核研究和暂态仿真中。

(2) 继电保护逻辑仿真

继电保护逻辑仿真是根据继电保护的动作原理，仿真软件根据电力系统模型发生的故障的地点、类型和持续时间，触发对应的开关动作，其基本原理如图10.29所示。继电保护的仿真是由故障事件驱动的。在正常情形下，事件处理器每隔5s周期性地驱动电力系统模型，计算系统潮流和周期内的长期动态过程。当有事故发生时，事件处理器完成事件的接收、处理并负责提供相应的故障信息，立即驱动逻辑保护的仿真计算，以确保对事件响应的实时性。逻辑保护仿真计算的主程序流程框图如图10.30所示。

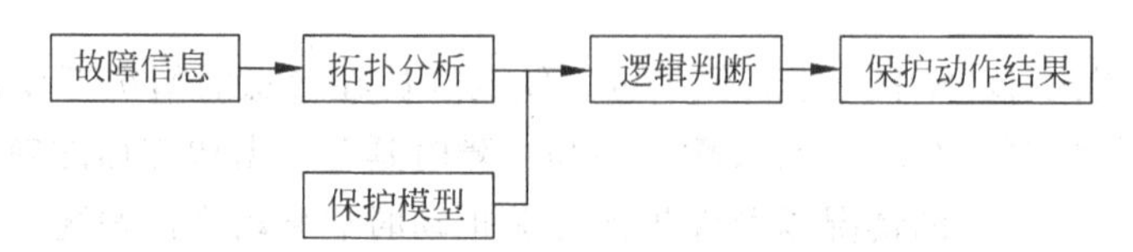

图 10.29 保护逻辑仿真基本原理示意图

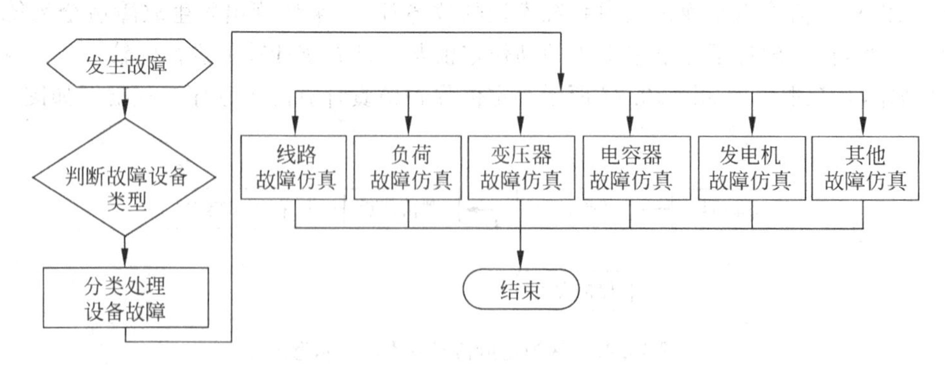

图 10.30 保护逻辑仿真流程

故障发生后，程序首先判断是何种设备发生了故障并调用相应的函数，进而根据此类故障及设备的特点搜索相应的开关，查找此开关上是否装有对应的保护，最后通过时延判断动作相应的保护和开关。

但是实际情况中并不是所有的保护和开关都能正常工作,因此对保护和开关拒动误动的处理必不可少。在每一种设备故障的函数中都包含若干个判别函数,处理开关或保护拒动时相邻设备作为后备动作,各判别函数之间也存在相互调用。例如母线故障开关拒动时,与之相连线路上的保护作为后备动作,这就需要在母线保护中调用线路保护函数。

逻辑保护最大的特点就是不需要判断保护的整定值,它只需要故障类型、故障持续时间、故障位置等故障信息及安装的保护类型、保护的动作时延等保护安装信息的数据,因此计算速度非常快。

与定值保护相比,逻辑保护仿真具有计算速度快、可靠以及保护动作原理能被清晰地展现的优点,因而广泛应用于培训调度员和联合反事故演习中。

3. 仿真效率

继电保护仿真应满足实时性,要求能够快速地把动作的结果反映出来。然而继电保护数量非常大,十分耗时。可以引入"窗口"技术,即只对故障点周围的保护进行定值计算和判断,把需要判断的保护限制在相当小的范围之内,以提高仿真速度。

10.7 控制中心模型

控制中心模型(调度中心模型)是调度自动化主站系统(或称控制中心系统)的模拟系统,它可以是直接采用实际的控制中心系统或是与之功能和人机界面相似的模拟系统。

控制中心模型与其他系统(模块)的关系如图 10.31 所示。控制中心模型由 FEP(前置机模块,负责通信和规约转换)、SCADA/AGC 以及 PAS/AVC 组成。它与实际的控制中心系统在软件结构和功能上基本相同,在某些时候可以充当控制中心系统的备用系统。当数据链路的开关 K 合到左侧时,数据来自实际电力系统通过 RTU 传上来的实时数据,此时它就是控制中心系统;当数据链路的开关 K 合到右侧时,则数据来自实际电力系统模型通过 RTU 模型传上来的模拟数据,此时它就是控制中心系统模型。因此,为了节省篇幅本章只对控制中心系统模型做原理性介绍,详细技术细节可参阅调度自动化系统的有关内容。

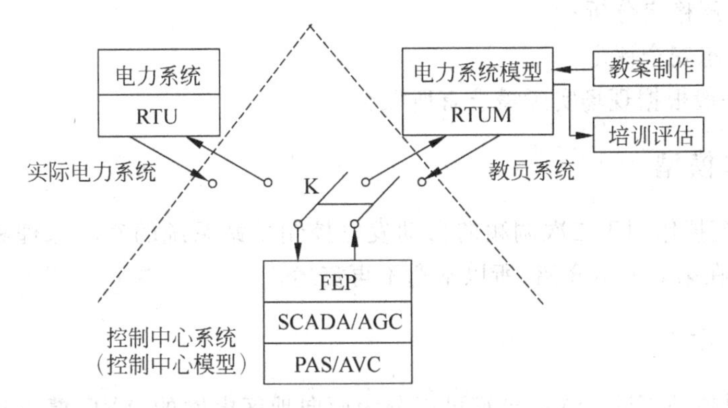

图 10.31 控制中心模型与其他系统(模块)的关系

10.7.1 SCADA模型

SCADA模型是控制中心模型最基本的组成部分，可为学员提供一个真实的培训环境。SCADA模型模拟了SCADA主站系统的所有基本功能：

(1) 数据采集与刷新，接收RTU模型传送的电力系统模型数据，包括模拟量、数字量和仿真时钟等；

(2) 事件顺序记录(SOE)和事故追忆(PDR)模拟；

(3) 派生数据计算与数据处理；

(4) 遥测越限和遥信变位监视；

(5) 网络拓扑动态着色；

(6) 电力系统事件处理与告警；

(7) 遥控/遥调功能；

(8) 挂牌与维护操作；

(9) 历史数据存储与查询；

(10) 提供SCADA系统中的图表、曲线、单线图显示等。

除了数据采集部分，它与SCADA主站系统的软件结构和功能上基本一致，其技术细节可参阅调度自动化系统的前面章节。

10.7.2 PAS模型(EMS高级应用模型)

由于一般采用EMS/DTS一体化技术，EMS高级应用模型直接采用EMS软件，功能与第9章中EMS功能的描述一致。一般包含如下功能：

(1) 网络拓扑分析和动态着色；

(2) 实时状态估计；

(3) 超短期负荷预测；

(4) 在线潮流；

(5) 自动故障选择与静态安全评定；

(6) 最优潮流；

(7) 在线故障计算；

(8) 静态电压稳定分析；

(9) 在线动态安全评定。

以上功能一般根据现场实际需求有所取舍。

10.7.3 AGC模型

AGC模型模拟作用于二次调频的自动发电控制主站系统的基本原理和工作特性。由于AGC系统已在第8章节介绍，所以本章不再赘述。

10.7.4 AVC模型

根据仿真对象的不同，AVC模型可以分为面向地区电网的AVC模型和面向省网调电网的AVC模型，两者分别模拟地区电网的AVC和省网调电网的AVC。它们在算法与功能方面有较大的区别，同时与各自对应的实际 AVC 系统在模型算法方面应保持高度的一致。由于 AVC 系统已在第 9 章节介绍，所以本章不再赘述。

10.8 培训评估

该模块自动记录培训过程中的各种统计信息，包括运行中各子系统的频率、出力和负荷情况，各厂站出力和负荷总加，各类元件、各电压等级的有/无功损耗排序，各条线路的有/无功损耗排序，各台变压器的有/无功损耗排序，仿真中各元件潮流、电压越界的历史记录，系统越界预报，仿真过程中学员调度操作的记录表，教员操作的记录表，误操作记录表，失电记录表，自动装置动作记录表，继电保护动作记录表。

教员根据培训教案的难易确定基准分，计算机根据培训过程中电网运行的误操作、供电可靠性、安全性、电能质量、经济性等几个方面以及调度失误自动分门别类打分，给出评估报告。

10.9 DTS 与 EMS 的一体化

由于历史原因，以往的 EMS 和 DTS 曾经是 2 套独立的系统，分别独立进行开发和研制用户使用时，需要掌握和维护 2 套系统，人机界面风格不一致，分析计算结果不尽相同，不同数据库之间通过数据接口相连，使用维护十分不便，影响了系统的实用性。随着 EMS 和 DTS 系统应用的普及，目前 EMS/DTS 一体化系统的设计、开发和使用已成趋势。本节简单介绍 EMS/DTS 一体化的基本内涵。

EMS/DTS 一体化系统的内涵主要有以下 3 个层次：

(1) 支撑平台的一体化。EMS 和 DTS 采用统一的支撑平台，包括数据库管理系统、图形和人机交互系统、网络通信系统、进程管理系统等。

(2) 应用功能的一体化。EMS 和 DTS 功能一体，应用系统内部无缝连接，每台工作站可以同时运行 EMS 和 DTS 应用系统。

(3) 数据结构和应用程序级的一体化。EMS 和 DTS 应用系统的数据库定义和数据结构保持一致，相同的功能和算法细节采用完全相同的源代码，使 EMS 和 DTS 在软件上实现了最大程度的可重用性。

上述 3 个一体化层中，层次(3)是最高程度的一体化。该层次实现了 EMS 和 DTS 在软件上最大程度的可重用性，进一步降低程序的冗余度，提高了系统的可扩展性，模型和算法的改进会同时给 EMS 和 DTS 系统带来益处；此外，EMS 和 DTS 的模型、算法和计算结果相同，还避免了独立的 EMS 和 DTS 系统计算结果的不一致性。

10.10 多调度中心联合培训和反事故演习

在我国的统一调度体制下，电网的调度是一种上级调度中心协调下级调度中心，平级相互配合的模式。因此，在互联电网中，如何实现多调度中心联合培训和反事故演习显得非常重要。

联合培训和反事故演习的组织形式可以是：国调组织各网调以及直调电厂的联合反事故演习，网调组织各省调以及直调电厂的联合反事故演习，省调组织各地调以及变电站和发电厂的联合反事故演习，以及各地调度组织县调和核心变电站的联合反事故演习。更高级的联合反事故演习甚至可以发展到全国的联合反事故演习，但是各级别的调度单位只与其上级的调度单位的DTS进行协调仿真。

根据实际的要求和具体条件，培训和反事故演习的软件实现模式可以有模型集中式和分解协调模式（还可能发展出新的模式）。

10.10.1 模型集中式

模型集中式的逻辑结构如图10.32所示。采用这种模式的系统，各个下级的调度中心把他所管辖的电网模型集中到上级调度中心的DTS系统中，形成完整的全模型系统。由于各个调度中心的EMS一般是由不同的开发商提供系统，所以一般采用IEC 61970标准的CIM实现电网模型的导入/导出。其中，CIM是基于XML文件为载体的电网公共信息模型，他描述了电网的网络拓扑和设备参数。上级控制中心获得各下级控制中心电网模型后，采用模型合并工具实现模型的合并，并生成DTS的教案，从而可以直接启动DTS系统。

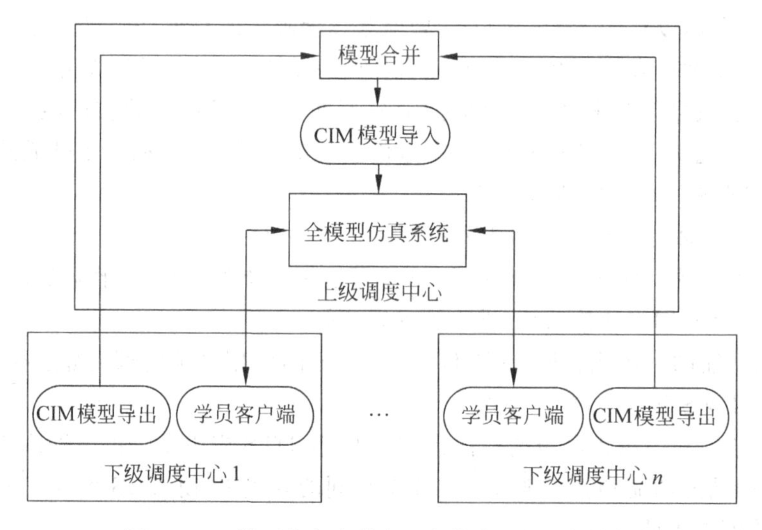

图10.32 模型集中式联合反事故演习的逻辑结构

在各个下级控制中心安装学员客户端，该客户端是一个界面程序，实现与上级DTS服务器互联。通过该客户端，参与演习的人员可以监视DTS系统的主接线图、报警、系统潮流图以及各种统计报表，只要通过授权还可以对所管辖范围的电网模型进行各种调度操作，从而实现联合互动过程。

学员客户端的实现形式可以是客户/服务器模式、浏览器/WEB模式，也可以是通过X终端形式实现。

模型集中式的优缺点都十分明显：优点是软件实现简单，可靠性高，责任明确；缺点是服务端负载较大，全模型的维护比较困难，涉及多个单位的协调。

10.10.2 分解协调模式

如图 10.33 所示，上级调度中心和下级调度中心都安装了完整的教员系统和学员系统。上、下级调度中心之间采用 WEB 技术和基于 TCP/IP 协议的高速广域网通信。上级调度中心所管辖的电力系统模型由上级调度中心各专业科室维护，各下级调度中心电力系统模型由各下级调度中心实现维护，可实现在下级调度中心进行单独的调度员培训，或上、下级调度中心调度员进行远程联合反事故演习的目标。

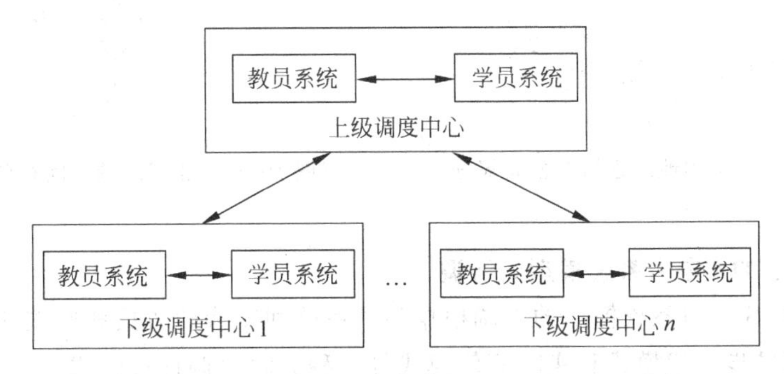

图 10.33 分解协调模式的联合反事故演习逻辑结构

这种模式的技术关键点有：(1)如何对电力系统模型的维护实现分层管理；(2)上、下级 DTS 的电力系统模型的协调。

下面以省、地调联合反事故演习为例来说明。

1. 省地联网 DTS 中的电力网络模型分层维护

省网主要分析 500kV 及 220kV 电网，220kV 变电站变压器低压侧作为等值负荷；地网主要分析 35kV、110kV 和部分 220kV 电网，220kV 变电站变压器高压侧作为其电源点。

建模原则应保证省调、地调各自独立建模、独立维护、独立使用的要求，还要计及省地联合反事故演习时两者之间协调，保证联合计算各自结果正确。

省调 DTS 建模时，按他们单独使用 DTS 时的建模范围和建模深度建模，就像现在的情况；地调建模时也是以地调单独使用 DTS 时的建模范围和建模深度建模。这时，在两者界面交界处有重叠，只要重叠处两者命名规则相同，计算机可以自动拨冗处理；如果录入有错误，可以校核并报警，请求改正。

具体范围见图 10.34 的说明，层 L1 是省级 220kV 网，是环网，可以将 220kV 变电站按地区电网的覆盖范围进行划分，分成某地区的 220kV 网。每个地区级 220kV 网上一般有 2～10 个 220kV 变电站。

由每个 220kV 变电站供电的 110kV 电网通常是辐射状的，不同 220kV 变电站供电的 110kV 电网之间正常运行时并不握手，但有握手的可能性。地区级 110kV 电网称为层 L2，如图 10-34 所示。

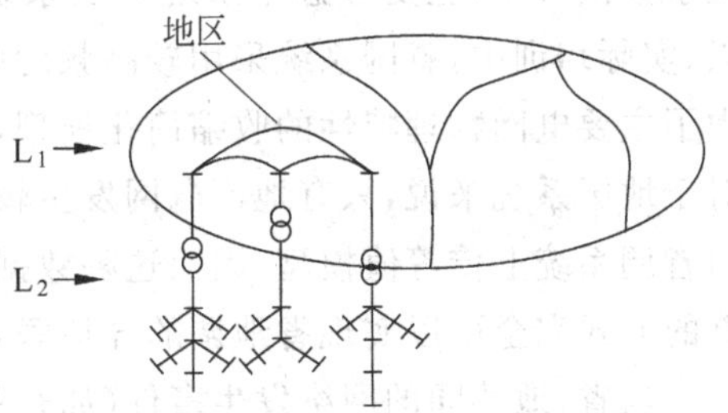

图 10.34 按地区划分 220kV 电网

以一个省网 M 和 3 个地区级电网 A,B,C 为例来说明(图 10.35)。建模时，省网 M 与地网

A,B,C有部分重叠。例如地网A中的220kV变电站在地网A中作为电源点应建模,在省网M中作为负荷点也应建模。程序可以识别这个交集部分并拨冗,并以220kV/110kV降压变压器为边界点对省/地的模型进行融合。其中,变压器高压侧以上的模型采用省调数据,而变压器低压侧以下的模型采用地调数据。如果地网之间也有公共部分,如图10.36所示,则在系统校核时也应做拨冗处理。

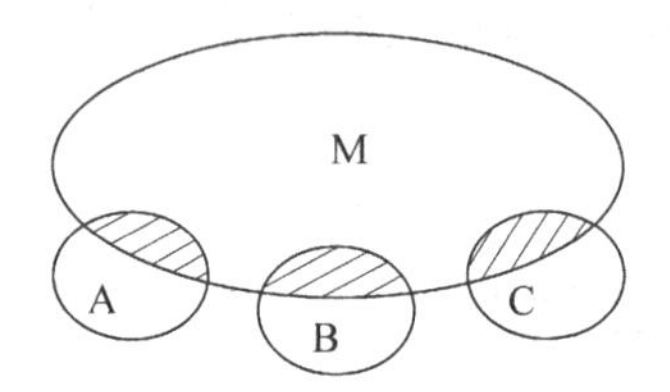

图10.35 省网和地网之间有公共部分

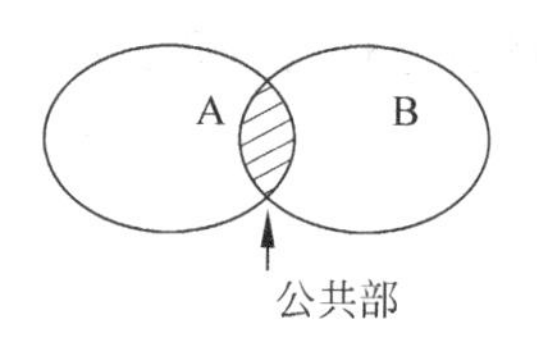

图10.36 相邻地调之间有公共部分

2. 上、下级DTS电力系统模型的协调

上、下级DTS电力系统模型的协调根据各子系统间交换的数据和次数的不同可以分为同步迭代模式、异步迭代模式和实时等值模式等三种分解协调计算模式。

同步迭代模式是在每个子系统的迭代计算过程中,每步都需要交换外部系统的等值信息,因此数据交换量大,并且每步都需要数据同步,对于处于广域网的分布式DTS,由于网络效率和可靠性得不到保证,因此同步迭代的方法很难实用。

异步迭代是把全系统的计算过程分为子系统的内部迭代和子系统间的边界信息修正迭代,也就是当子系统内部迭代收敛后,然后进行子系统间的边界信息修正迭代,如此反复,直到系统收敛。这种方法相对于同步迭代的数据交换次数大大降低,具有一定的应用前景。

实时等值模式仅需在网络结构发生变化时才交换实时等值信息。信息交换量小,该模式可实时跟踪电网运行方式的变化,是目前实用的分解协调计算模式。下面以省、地调联合反事故演习为例,介绍一种实用的实时等值模式的协调模式。

如图10.37所示是省调DTS在省地联合反事故演习中的模型。当地区DTS电网模型中发生开关变位和较大的负荷扰动时,地调自动向省调转发等值负荷和边界联络阻抗。对于地区DTS,如图10.38所示,当省调DTS的电网模型有开关变位和其他较大扰动时,省调DTS自动向各地区电网DTS下发改变后的等值发电机出力和边界等值网络。从电网结构和物理特性分析,省网和地区电网的模拟中省网是主系统,而地区电网是从系统。在联合反事故演习中,主要考虑主系统对从系统的影响,而从系统对主系统的影响相对要小。所以,实际培训中,省网系统采用较高频度向地区系统下发等值模型。由于这种等值模型是考虑了主要电网物理特性的收缩简化模型,所以在保证很大精度的前提下,其数据量很小。而对于地区系统来说,只有地区电网发生较大的扰动,如发生解/合环或很大的负荷变化时,才向省调系统上传等值模型,因而这种数据上传的频度是很低的。通过这种主从协调等值计算的方式完全可以实现省地调的异地联合反事故演习。

当省、地共同的网络发生事件(如开关操作或故障等)时,不管事件源是省调还是地调都要向对方发送该事件,以确保该部分状态的一致。

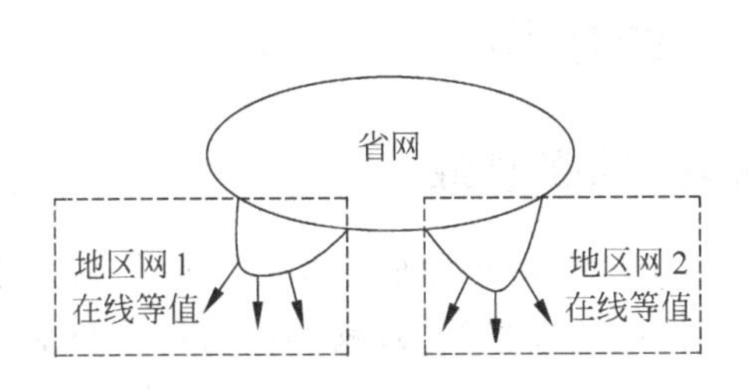

图 10.37 省调 DTS 在省地联合反事故演习中的电网模型

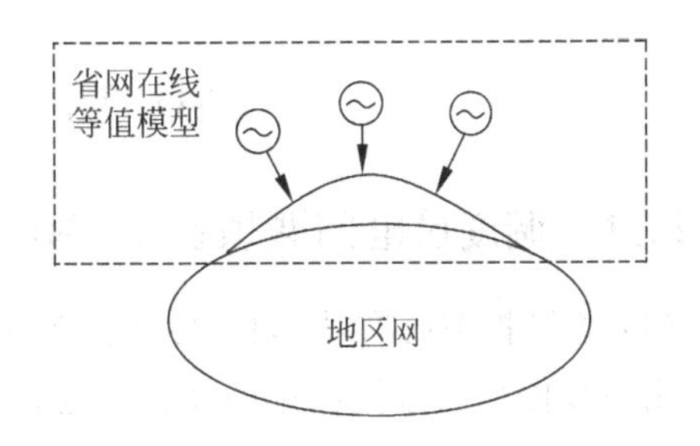

图 10.38 地调 DTS 在省地联合反事故演习中的电网模型

3. 简化的上、下级交互模式

虽然,实时等值模式可以达到实用化的程度,但还是涉及复杂的网络模型交换,在实际应用中,特别是上、下级的调度中心的 DTS 的开发商不同导致系统异构,所以在现场应用时会采用一种更简单的交互模式。这是一种工程化的方法,适合于省、地调的反事故演习。

现有的调度体制下,220kV 及以上设备由省调控制,110kV 及以下设备主要由地调控制,以 220kV 变电站的主变作为省、地调的关口。地调的负荷分布和变化决定了该主变中低压侧的负荷水平。而省调控制大多数的发电设备,决定了关口节点的电压、相角和频率。因此,省地调 DTS 做到如下数据交换,就可以达到联合反事故演习的目的。

(1) 省调 DTS 跟踪地调 DTS 系统的关口负荷变化

地调的负荷发生变化或者故障后发生的负荷转移,体现在省调侧主要是关口的负荷变化。在省地联合时,负荷主要应该由地调 DTS 系统来调节。省调 DTS 系统通过跟踪关口负荷变化保证省、地联合系统的负荷大小一致。

(2) 地调 DTS 跟踪省调 DTS 关口的电压、相角,确保联络线潮流一致

省调决定了关口节点的电压、相角。地调系统应能够跟踪关口的电压、相角变化,以确保地调 DTS 系统的联络线潮流与省调一致。同时地调 DTS 应能够按照关口电压计算出本地区设备的电压水平,以此来驱动地区的低压、过压保护或自动装置动作。

(3) 地调 DTS 跟踪省调 DTS 的频率变化,确保频率一致

大部分发电机都由省网调节,系统频率是全网的发电机组和负荷共同响应的结果,其中主要是发电机。因此应由省调 DTS 统一计算电网的频率。地调 DTS 系统需要根据省网的频率计算结果来驱动本地区的频率相关自动装置的动作,如低频减载、高频切机等,响应省调 DTS 的频率计算的结果。地调减载装置的动作会影响省、地关口的潮流,从而改变省网 DTS 的潮流分布。联合培训比省调单独培训更加逼真地体现了低频装置对系统的作用。

在联合培训仿真中,发电机出力主要由省 DTS 系统来调节。地调系统通过响应省调发电机调节的事件来跟踪发电机调节,确保省、地调 DTS 系统的发电机出力一致。

(4) 通过事件和状态跟踪,实现省、地调 DTS 重叠的电网模型的设备状态同步

省、地调 DTS 的设备操作都转换成事件,并发布到上、下级的 DTS 中。因此,可以实现省、地调 DTS 重叠的电网模型的设备状态同步。

10.11 DTS的应用

10.11.1 调度员电网调频操作、调压与无功控制的训练

(1) 能模拟系统有功、频率控制。观察负荷的突然增减对系统频率的影响，了解发电机增降出力或停机与系统频率的变化。通过采用不同的负荷模型，理解不同特性的负荷在事故过程中对系统动态频率变化的不同影响。

(2) 练习在系统负荷、发电不平衡、系统频率不正常下的各种调频方法，如启动备用机组，在极端情况下切除部分负荷。

(3) 通过调整地区负荷分布、发电出力分布，理解和掌握线路有功、无功潮流与发电、负荷、电压水平之间的关系。在部分设备过载，通过改变网络拓扑、投切线路、调整发电机出力和投切无功补偿装置来消除过载。

(4) 了解AGC工作原理，通过系统扰动、对联络线控制功率的调整，观察AGC的工作方式和系统频率响应。

(5) 观察发电机无功出力、机端电压对系统中枢母线电压的影响；了解调整调相机、投切并联电容/电抗器对系统电压水平及无功潮流的影响。

(6) 通过调整有载调压变压器分接头挡位，观察其对高低压母线电压水平及无功潮流的影响。

(7) 了解AVC工作原理，通过负荷、发电的扰动和无功/电压调节，观察AVC的工作方式和系统电压/无功的响应。

(8) 进行超高压线路在不同负荷水平下线路充电无功与电压效应的试验，观察线路一侧开断时线路容升与工频过电压现象。

(9) 采用多个学员台，实现调度班组的协同调度培训。

(10) 通过学员台系统的使用，熟悉和掌握SCADA/EMS系统的使用和操作。

10.11.2 调度员倒闸操作训练

电力系统中每个设备都有三种状态，即检修、备用及运行。状态之间的改变，或电网拓扑结构的变化都需要通过操作来实现。电气设备的倒闸操作是各厂站值班员的日常工作，任一倒闸操作的错误都可能导致电网故障。开出正确的操作票是调度员的基本技能，所以调度员必须熟悉倒闸操作。常见的倒闸操作有以下几种：

(1) 元件倒母线，出线或变压器从变电站内的一根母线倒到另一母线运行。

(2) 检修线路断路器，线路不停电，用旁路开关代替出线开关。检修完毕后线路开关投入运行，恢复正常方式。

(3) 线路停电检修。

(4) 主变或主变断路器停电检修。

(5) 一段母线停运，母线分段断路器检修及再投运。

(6) 检修母联断路器，母线不停电，以旁路断路器代替母联断路器。

(7) 系统解列后或全站停电后的恢复操作，包括母线充电、同期并列等。

（8）桥式开关，3/2 接线开关检修及再投入。

10.11.3 事故处理的训练

电力系统突发事故往往十分凶猛，发展迅速。对于事故后的暂态过程，调度员来不及干预和处理。但是，对于暂态过后的长过程，调度员可以依据 SCADA 系统了解电力系统的概况，对事故原因、过程和可能进一步的发展做出判断，根据规程和经验迅速做出调度决策。事故演变的过程和后果与调度员的水平和决策的正确性有很大的关系。由于电力系统事故的多样性，许多事故调度员很少能遇到。另外，同一类事故在不同地点也可能有不同的现象和后果。事故发展过程还受到保护与自动装置整定配置、厂站值班员干预操作的影响。所以，事故处理十分复杂，对调度员进行事故训练是 DTS 最重要的功能之一。DTS 具有如下功能特点，适合培训调度员事故处理能力：

（1）能正确模拟电力系统事故时的行为，可模拟电网设备，从发电机、输电线、负荷等一次设备的动态特性，也可模拟全网的保护和自动装置等二次设备的动作行为。

（2）可以模拟电力系统的各种故障，可以根据需要任意设置事故前的运行方式、保护装置的状态。

（3）可以设定任何故障类型和故障地点。

（4）具有仿真重演功能，可以让调度员对同一事故反复训练。

（5）可以模拟外部网络，模拟外网及外网操作对内网的影响，内网扰动对外网的影响，因此，可以进行内、外网的协同控制和共同处理系统的事故训练。

（6）具有事件记录、趋势曲线和系统潮流图等各种支持功能，有助于加深学员对事故过程的理解。

10.11.4 恢复操作的训练

电网发生大事故后，系统可能失去部分负荷和发电，部分设备被切除。此时，系统处于非正常运行方式，频率、电压可能都不正常。恢复操作的目的是在短时间内恢复全部负荷的供电，恢复正常的发电机出力，保持一定的电网安全裕度。恢复操作训练主要包括：

（1）恢复系统频率的操作，如调整调峰机组出力，快速启动水电机组带负荷，调相机改为发电运行工况，启动燃气轮机等。

（2）对局部停电区域恢复供电，通过系统联络线使地区带电，逐步恢复负荷及本区发电出力。

（3）孤立系统与系统并列操作。首先调整孤立系统频率和电压，在系统并列点进行一系列倒闸操作，调整孤立系统与主系统的频率差、电压差，通过母联开关（或线路断路器）同周并列。

（4）逐步恢复已切除的负荷、已切除的线路、变压器和发电机，逐步恢复正常运行方式。

（5）与外网调度员配合，恢复正常联络线功率定值。

10.11.5 二次系统的学习

DTS 不仅可模拟一次设备，还可以模拟全网的保护和自动装置。了解全网保护和自动装置配置、时限和特性，对理解断路器动作情况、系统行为有重要意义。通过 DTS 系统的训练,使运行人员较容易熟悉二次系统。

10.11.6　运行方式研究和事故分析

运行方式人员负责电网运行计划的安排,DTS可以成为运方人员安排短期运行计划的重要工具。短期计划一般指一小时到一周内的运行计划,在DTS上可以进行以下研究:

(1) 发电机出力安排,包括检修计划、事故停机、局部地区功率平衡等。

(2) 区域功率交换计划的安排,制定从电网送、受电计划,力求做到安全经济调度。

(3) 安排线路、变压器、断路器和隔离开关检修停运及恢复运行计划。

(4) 对短期计划方式进行$N-1$静态安全分析,检查在$N-1$方式下元件过负荷和电压水平,了解未来方式可能出现的最严重事故以及此时调度员应采取的安全措施与对策。

(5) 事故分析研究。研究电网在各种运行方式和负荷水平下发生故障时,全电网的三相和三序电量,进行继电保护定值及其配合的研究,可进行定值的校核,以及稳定水平分析。

10.11.7　电网规划研究

利用DTS现有的网络模型数据库,增加待选线路及新厂站画面,即可进行电网规划计算:

(1) 采用不同的待选线开断方式即可进行不同架线方案的研究。

(2) 采用负荷曲线变化模拟规划年份不同时期的负荷水平可一次连续仿真模拟出多个潮流端面。

(3) 在DTS上采用无功补偿装置的投切来模拟,可以解决传统潮流验证收敛性不好的问题。

(4) 利用教案的事件模拟$N-1$扫描,实现电网设计的$N-1$准则。

(5) 采用DTS的暂态仿真功能,验证规划电网的稳定水平。

10.11.8　SCADA/EMS的测试考核工具

EMS系统在现场投运前,可以利用DTS作为系统调试和出厂试验的工具。利用DTS模拟实际电网、RTU和通道,产生实时数据,并人工制造发生在电网或远动系统中的各种事件或故障,来全面测试EMS在各种情况下的功能和性能。DTS系统还可作为EMS新功能开发的工具。EMS系统的功能开发和算法研究可以利用DTS作为仿真手段。

参 考 文 献

[1] 于尔铿. 电力系统状态估计. 北京：水利电力出版社，1985
[2] 吴际舜. 电力系统静态安全分析. 上海：上海交通大学出版社，1985
[3] 王梅义，吴竞昌，蒙定中. 大电网系统技术. 北京：中国电力出版社，1995
[4] 张伯明，陈寿孙. 高等电力网络分析. 北京：清华大学出版社，1996
[5] 于尔铿，刘广一，周京阳. 能量管理系统(EMS). 北京：科学出版社，1998
[6] 张力平. 电网调度员培训模拟(DTS). 北京：中国电力出版社，1999
[7] 黄益庄. 变电站综合自动化技术. 北京：中国电力出版社，2000
[8] 中华人民共和国电力法. http://www.jincao.com/fa/law09.19.htm
[9] 电网调度管理条例. http://www.zgpower.com.cn/law-3.shtml
[10] DL755-2001. 电力系统安全稳定导则. 北京：中国电力出版社，2001
[11] Allen J Wood, Bruce F. Wollenberg. Power Generation, Operation and Control (Second Edition). John Wiley & Sons Inc. 2003
[12] Abur A, Gómez-Expósito A. Power system state estimation: theory and implementation. New York: Marcel Dekker, 2004
[13] 编委会. 电力系统调频与自动发电控制. 北京：中国电力出版社，2006
[14] Schweppe F, Wildes J. Power System Static-State Estimation, Part Ⅰ: Exact Model. IEEE Trans. Power App. Syst., 1970, PAS-89(1): 120-125
[15] Schweppe F, Rom D. Power System Static-State Estimation, Part Ⅱ: Approximate Model. IEEE Trans. Power App. Syst, 1970. PAS-89(1): 125-130
[16] Schweppe F. Power System Static-State Estimation, Part Ⅲ: Implementation. IEEE Trans. Power App. Syst, 1970. PAS-89(1): 130-135
[17] 相年德，王世缨，于尔铿. 电力系统状态估计中的不良数据估计识别法(第一部分——理论和方法). 清华大学学报，1979，19(4)：1-19
[18] 于尔铿，相年德，王世缨. 电力系统状态估计中的不良数据估计识别法(第二部分——检测系统). 清华大学学报，1980，20(1)：1-15
[19] Xiang N D, Wang S Y, Yu E K. A New Approach for Detection and Identification of Multiple Bad Data in Power System State Estimation. IEEE Trans. on PAS, 1982, PAS-101(2): 454-462
[20] Zhang B M, Lo K L. A recursive measurement error estimation identification method for bad data analysis in power system state estimation. IEEE Trans. on Power Systems, 1991, 6(1): 191-198
[21] Zhang B M, Wang S Y, Xiang N D. A linear recursive bad data identification method with real-time application to power system state estimation. IEEE Trans. on Power Systems. 1992, 7(3): 1378-1385
[22] 张海波，张伯明，孙宏斌，吴文传. 电力系统状态估计可观测性分析中关于量测岛合并的理论分析. 中国电机工程学报，2003，23(2)：46-49
[23] 吴文传，郭烨，张伯明. 指数型目标函数电力系统抗差状态估计(一)：估计模型与性质. 中国电机工程学报，2011，31(4)：67-71
[24] 郭烨，张伯明，吴文传. 指数型目标函数电力系统抗差状态估计(二)：解法与性能. 中国电机工程学报，2011，31(7)：89-95
[25] DyLiacco T E. The Adaptive Reliability Control System, IEEE Trans. on Power App. Syst., 1967,

PAS-86：517-531

[26] Wu F F, Moslehi K, Bose A. Power System Control Centers：Past, Present, and Future, Proc. of the IEEE. Nov. 2005, 93(11)：1890- 1908

[27] 张伯明，孙宏斌，邓佑满，吴文传等. 面向地区电网的EMS高级应用软件，电力系统自动化，2000，24(5)：40-44

[28] 张伯明，孙宏斌，吴文传. 三维协调的新一代电网能量管理系统. 电力系统自动化，2007，31(13)：1-6

[29] 吴文传，张伯明，孙宏斌等. 基于Windows NT的SCADA/EMS/DTS一体化支撑平台. 电网技术，1999，23(9)：54-59

[30] 吴文传，张伯明，孙宏斌. 一体化系统的分布式实时数据库管理系统的研究. 中国电力，2000，33(10)：85-89

[31] 吴文传，张伯明，王鹏，汤磊. 支持SCADA/EMS/DTS一体化的图形系统. 电力系统自动化，2001，25(5)：45-48

[32] Zhang B M, Sun H B, Wu W C. Recent Requirements and Future Development of Integrated EMS/DTS System in China. Electricity. V., June 2001, 12(2)：20-24

[33] Carpentier J. Optimal Power Flows. Int J Elec Power and Energy Syst, 1979, 1(1)：3-15

[34] Stott B, Marinho J L, Alsac O. Review of Linear Programming Applied to Power System Rescheduling. Proc. 1979 PICA Conf.：142-154

[35] Sun D I, et al. Optimal Power Flow by Newton Approach, IEEE Trans on Power Apparatus & Systems, 1984, PAS-103(10)：2864-2880

[36] Yan Z, Xiang N D, Zhang B M, Wang S Y, Chung T S. A Hybrid Decoupled Approach to Optimal Power Flow, IEEE Trans. on Power Systems, May 1996, PWRS-11(2)：947-954

[37] 张伯明，相年德，王世缨. 大扰动灵敏度分析的快速算法. 清华大学学报，1988，28(1)：1-9

[38] 孙宏斌，张伯明，相年德. 准稳态灵敏度的分析方法. 中国电机工程学报，1999，19(4)：9-13

[39] 冯永青，吴文传，孙宏斌，张伯明等. 现代能量控制中心的运行风险评估研究初探. 中国电机工程学报，2005，25(13)：73-79

[40] Wu W C, Zhang B M, Sun H B, Zhang Y. Development and Application of On-Line Dynamic Security Early Warning and Preventive Control System in China. IEEE General Meeting 2010, July 25-29, Mineapolis, Minesota, USA

[41] Paul J P, Leost J Y, Tesseron J M. Survey of the Secondary Voltage Control in France：Present Realization and Investigations. IEEE Transactions on Power Systems, 1987, 2(2)：505-512

[42] Ilic M D. Secondary Voltage Control Using Pilot Information. IEEE Transactions on Power Systems, 1988, 3(2)：660-668

[43] Lagonotte P, Sabonnadiere J C, Leost J Y, Paul J P. Structural analysis of the electrical system：application to secondary voltage control in France. IEEE Transactions on Power Systems, 1989, 4(2)：479-486

[44] Arcidiacono V, Corsi S, Natale A, Raffaelli C. New Devolopments in the Applications of ENEL Transmission System Automatic Voltage and Reactive Control. CIGRE, Report 38/39-06, Paris 1990

[45] Piret J P, Antoine J P, Stubbe M, Janssens N, Delince J M. The Study of a Centralized Voltage Control Method Applicable to the Belgian System. CIGRE, Report 39-201, Paris 1992

[46] S. K. Chang, F. Albuyeh, M. L. Gilles, et al. Optimal real-time voltage control. IEEE Transactions on Power Systems, 1990, 5(3)：750-758

[47] 孙宏斌，张伯明，郭庆来等. 基于软分区的全局电压优化控制系统设计. 电力系统自动化，2003，27(8)：16-20

[48] 胡金双，吴文传，张伯明，孙宏斌等. 基于分级分区的地区电网无功电压闭环控制系统. 继电器，

2005,33(1)：50-56

[49] 郭庆来，孙宏斌，张伯明，吴文传等.协调二级电压控制的研究. 电力系统自动化，2005，29(23)：19-24

[50] 郭庆来，张伯明，孙宏斌，吴文传. 电网无功电压控制模式的演化分析.清华大学学报(自然科学版)，2008，48(1)：16-19

[51] Sun H B, Guo Q L, Zhang B M, Wu W C, Tong J Z. Development and Applications of System-Wide Automatic Voltage Control System in China, IEEE PES General Meeting, July 26-30, 2009, Calgary, Alberta

[52] 潘志宏，孙宏斌，张伯明，吴文传，王永福. 新一代 DTS 的动态仿真程序. 清华大学学报，1999，39(9)：18-21

[53] 孙宏斌，张伯明. EMS/DTS 一体化系统设计. 中国电力，1999，32(8)：23-27

[54] 孙宏斌，吴文传，张伯明. 电网调度员培训仿真系统的新特征和概念扩展. 电力系统自动化，2005，29(7)：6-11

[55] 吴文传，孙宏斌，张伯明等. 基于 IEC 61970 标准的 EMS/DTS 一体化系统的设计与开发. 电力系统自动化，2005，29(4)：53-57

[56] 孙宏斌，张伯明，吴文传等.面向地区电网的调度员培训仿真系统.电力系统自动化，2001，25(4)：49-52

[57] Gissinger S P Chaumes P, Antoine J P, et al Advanced Dispatcher Training Simulator. IEEE Computer Application in Power, 2000, 13(2)：25-30

[58] 吴文传，孙宏斌，张伯明. 新一代 EMS/DTS 一体化系统中基于自定义建模的自动装置模拟. 电力系统自动化，2000，24(4)：57-60

[59] 吴文传，张伯明，孙宏斌等. 省、地广域互联的分布式 DTS 系统. 电力系统自动化，2008，32(22)：6-11